学术引领系列

国家科学思想库

中国学科发展战略

无中微子双贝塔衰变实验

中国科学院

科学出版社

北 京

内 容 简 介

　　无中微子双贝塔(0νββ)衰变实验是当前国际粒子物理与核物理研究的重要前沿,有可能发现超越标准模型的新物理。我国参加这一国际竞争具有潜在的优势。全书共 8 章。第 1 章概述了 0νββ 衰变的粒子物理学机制,尤其是与中微子的马约拉纳属性及轻子数不守恒的内在关联。第 2 章综述了 0νββ 衰变核矩阵元的主要理论计算方法以及国内外的特色工作和最新进展,强调了发展不同算法和考虑多体关联效应以提高计算精度。第 3 章介绍了我国锦屏地下实验室的优越自然条件,其 2400 米的岩石埋深为开展极低本底的 0νββ 衰变实验提供了极佳场所。第 4 章至第 7 章提出利用高纯锗 γ 探测器阵列、Topmetal 芯片读出系统的高压气体时间投影室(TPC)、低温晶体量热器阵列和大型液体 TPC 及高压气体 TPC 分别探寻 ^{76}Ge、^{82}Se、^{100}Mo 和 ^{136}Xe 的 0νββ 衰变的实验方案,预估了各自前期和最后采用吨量级同位素分别达到的本底压低水平和探测 0νββ 衰变的半衰期及中微子有效质量的灵敏度。第 8 章介绍了离心分离技术富集 ^{76}Ge、^{82}Se、^{100}Mo 和 ^{136}Xe 同位素以满足吨量级探测器与高丰度实验需求的可能性和可行性。

　　本书可作为科技主管部门、关心我国科技发展和从事前沿研究的科学工作者以及高等院校理科研究生和高年级本科生的参考读物。

图书在版编目(CIP)数据

　无中微子双贝塔衰变实验/中国科学院编著. —北京:科学出版社,2020.10
(中国学科发展战略)
　ISBN 978-7-03-066284-2

　I. ①无… Ⅱ. ①中… Ⅲ. ①β 衰变–实验 Ⅳ. ①O571.32–33

　中国版本图书馆 CIP 数据核字(2020)第 189244 号

责任编辑:钱　俊　陈艳峰/责任校对:杨　然
责任印制:吴兆东/封面设计:陈　敬

科学出版社 出版
北京东黄城根北街 16 号
邮政编码:100717
http://www.sciencep.com

北京虎彩文化传播有限公司 印刷
科学出版社发行　各地新华书店经销
＊

2020 年 10 月第　一　版　　开本:720 × 1000　B5
2021 年 3 月第二次印刷　　印张:20 3/4
字数:360 000

定价:178.00 元
(如有印装质量问题,我社负责调换)

中国学科发展战略

指 导 组

组　　长：白春礼

副组长：侯建国　秦大河

成　　员：王恩哥　朱道本　傅伯杰

陈宜瑜　李树深　杨　卫

工 作 组

组　　长：王笃金

副组长：苏荣辉

成　　员：钱莹洁　余和军　薛　淮

赵剑峰　冯　霞　王颢澎

李鹏飞　马新勇

"无中微子双贝塔衰变实验战略研究"
主要成员名单

组　长：

　　张焕乔　院　士　　中国原子能科学研究院

成　员：

　　王乃彦　院　士　　中国原子能科学研究院

　　张宗烨　院　士　　中国科学院高能物理研究所

　　沈文庆　院　士　　中国科学院上海高等研究中心

　　赵政国　院　士　　中国科技大学

　　罗民兴　院　士　　浙江大学

　　马余刚　院　士　　复旦大学

　　季向东　教　授　　上海交通大学

　　刘江来　教　授　　上海交通大学

　　何小刚　教　授　　上海交通大学

　　韩　柯　副教授　　上海交通大学

　　黄焕中　教　授　　复旦大学

　　陈金辉　研究员　　复旦大学

　　许咨宗　教　授　　中国科技大学

　　彭海平　教　授　　中国科技大学

　　许　怒　研究员　　中国科学院近代物理研究所

　　房栋梁　研究员　　中国科学院近代物理研究所

　　孙向明　教　授　　华中师范大学

梅　元　副研究员　洛伦兹·伯克利国家实验室
王恩科　教　授　华南师范大学
程建平　教　授　北京师范大学
岳　骞　教　授　清华大学
曾　志　副研究员　清华大学
曾　鸣　副教授　清华大学
马　豪　副教授　清华大学
邢志忠　研究员　中国科学院高能物理研究所
曹　俊　研究员　中国科学院高能物理研究所
温良剑　研究员　中国科学院高能物理研究所
孟　杰　教　授　北京大学
白春林　教　授　四川大学
谢全新　研究员　中核理化工程研究院
林承键　研究员　中国原子能科学研究院
贾会明　研究员　中国原子能科学研究院

秘　书

贾会明　研究员　中国原子能科学研究院
谢　翊　行政助理　中国原子能科学研究院

执 笔 人

第1章 执笔：李玉峰、邢志忠、赵振华、周　顺

　　　审稿：廖　益、司宗国

第2章 执笔：白春林、房栋梁、孟　杰、牛一斐、牛中明

　　　审稿：张宗烨、周善贵

第3章 执笔：程建平、曾　志、潘兴宇、岳　骞

　　　审稿：王乃彦、罗民兴

第4章 执笔：岳　骞、马　豪、田　阳、杨丽桃、刘仲智、佘　泽、
　　　　　　张炳韬、张震宇

　　　审稿：李　金、刘江来

第5章 执笔：孙向明、梅　元、许　怒、张冬亮

　　　审稿：赵政国、林承键

第6章 执笔：曹喜光、何万兵、黄焕中、马　龙、许咨宗、杨俊峰
　　　　　　朱　勇

　　　审稿：马余刚、冒亚军

第7章 执笔：韩　柯、王少博、林　横、倪恺翔、刘江来、季向东

　　　审稿：曹　俊、温良剑

第8章 执笔：谢全新、牟　宏

　　　审稿：王黎明、周明胜

九层之台，起于累土①

白春礼

近代科学诞生以来，科学的光辉引领和促进了人类文明的进步，在人类不断深化对自然和社会认识的过程中，形成了以学科为重要标志的、丰富的科学知识体系。学科不但是科学知识的基本单元，同时也是科学活动的基本单元：每一学科都有其特定的问题域、研究方法、学术传统乃至学术共同体，都有其独特的历史发展轨迹；学科内和学科间的思想互动，为科学创新提供了原动力。因此，发展科技，必须研究并把握学科内部运作及其与社会相互作用的机制及规律。

中国科学院学部作为我国自然科学的最高学术机构和国家在科学技术方面的最高咨询机构，历来十分重视研究学科发展战略。2009 年 4 月与国家自然科学基金委员会联合启动了“2011~2020 年我国学科发展战略研究”19 个专题咨询研究，并组建了总体报告研究组。在此工作基础上，为持续深入开展有关研究，学部于 2010 年底，在一些特定的领域和方向上重点部署了学科发展战略研究项目，研究成果现以“中国学科发展战略”丛书形式系列出版，供大家交流讨论，希望起到引导之效。

根据学科发展战略研究总体研究工作成果，我们特别注意到学科发展的以下几方面的特征和趋势。

一是学科发展已越出单一学科的范围，呈现出集群化发展的态势，

---

① 题注：李耳《老子》第 64 章：“合抱之木，生于毫末；九层之台，起于累土；千里之行，始于足下。”

呈现出多学科互动共同导致学科分化整合的机制。学科间交叉和融合、重点突破和"整体统一"，成为许多相关学科得以实现集群式发展的重要方式，一些学科的边界更加模糊。

二是学科发展体现了一定的周期性，一般要经历源头创新期、创新密集区、完善与扩散期，并在科学革命性突破的基础上螺旋上升式发展，进入新一轮发展周期。根据不同阶段的学科发展特点，实现学科均衡与协调发展成为了学科整体发展的必然要求。

三是学科发展的驱动因素、研究方式和表征方式发生了相应的变化。学科的发展以好奇心牵引下的问题驱动为主，逐渐向社会需求牵引下的问题驱动转变；计算成为了理论、实验之外的第三种研究方式；基于动态模拟和图像显示等信息技术，为各学科纯粹的抽象数学语言提供了更加生动、直观的辅助表征手段。

四是科学方法和工具的突破与学科发展互相促进作用更加显著。技术科学的进步为激发新现象并揭示物质多尺度、极端条件下的本质和规律提供了积极有效手段。同时，学科的进步也为技术科学的发展和催生战略新兴产业奠定了重要基础。

五是文化、制度成为了促进学科发展的重要前提。崇尚科学精神的文化环境、避免过多行政干预和利益博弈的制度建设、追求可持续发展的目标和思想，将不仅极大促进传统学科和当代新兴学科的快速发展，而且也为人才成长并进而促进学科创新提供了必要条件。

我国学科体系由西方移植而来，学科制度的跨文化移植及其在中国文化中的本土化进程，延续已达百年之久，至今仍未结束。

鸦片战争之后，代数学、微积分、三角学、概率论、解析几何、力学、声学、光学、电学、化学、生物学和工程科学等的近代科学知识被介绍到中国，其中有些知识成为一些学堂和书院的教学内容。1904 年清政府颁布"癸卯学制"，该学制将科学技术分为格致科（自然科学）、农业科、工艺科和医术科，各科又分为诸多学科。1905 年清朝废除科举，此后中国传统学科体系逐步被来自西方的新学科体系取代。

民国时期现代教育发展较快，科学社团与科研机构纷纷创建，现代学科体系的框架基础成型，一些重要学科实现了制度化。大学引进欧美的通才教育模式，培育各学科的人才。1912年詹天佑发起成立中华工程师会，该会后来与类似团体合为中国工程师学会。1914年留学美国的学者创办中国科学社。1922年中国地质学会成立，此后，生理、地理、气象、天文、植物、动物、物理、化学、机械、水利、统计、航空、药学、医学、农学、数学等学科的学会相继创建。这些学会及其创办的《科学》《工程》等期刊加速了现代学科体系在中国的构建和本土化。1928年国民政府创建中央研究院，这标志着现代科学技术研究在中国的制度化。中央研究院主要开展数学、天文学与气象学、物理学、化学、地质与地理学、生物科学、人类学与考古学、社会科学、工程科学、农林学、医学等学科的研究，将现代学科在中国的建设提升到了研究层次。

中华人民共和国建立之后，学科建设进入了一个新阶段，逐步形成了比较完整的体系。1949年11月新中国组建了中国科学院，建设以学科为基础的各类研究所。1952年，教育部对全国高等学校进行院系调整，推行苏联式的专业教育模式，学科体系不断细化。1956年，国家制定《十二年科学技术发展远景规划纲要》，该规划包括57项任务和12个重点项目。规划制定过程中形成的"以任务带学科"的理念主导了以后全国科技发展的模式。1978年召开全国科学大会之后，科学技术事业从国防动力向经济动力的转变，推进了科学技术转化为生产力的进程。

科技规划和"任务带学科"模式都加速了我国科研的尖端研究，有力带动了核技术、航天技术、电子学、半导体、计算技术、自动化等前沿学科建设与新方向的开辟，填补了学科和领域的空白，不断奠定工业化建设与国防建设的科学技术基础。不过，这种模式在某些时期或多或少地弱化了学科的基础建设、前瞻发展与创新活力。比如，发展尖端技术的任务直接带动了计算机技术的兴起与计算机的研制，但科研力量长期跟着任务走，而对学科建设着力不够，已成为制约我国计算机科学技术发展的"短板"。面对建设创新型国家的历史使命，我国亟待夯实学科基础，为科学技术的持续发展与创新能力的提升而开辟知识源泉。

反思现代科学学科制度在我国移植与本土化的进程，应该看到，20

世纪上半叶，由于西方列强和日本入侵，再加上频繁的内战，科学与救亡结下了不解之缘，新中国建立以来，更是长期面临着经济建设和国家安全的紧迫任务。中国科学家、政治家、思想家乃至一般民众均不得不以实用的心态考虑科学及学科发展问题，我国科学体制缺乏应有的学科独立发展空间和学术自主意识。改革开放以来，中国取得了卓越的经济建设成就，今天我们可以也应该静下心来思考"任务"与学科的相互关系，重审学科发展战略。

现代科学不仅表现为其最终成果的科学知识，还包括这些知识背后的科学方法、科学思想和科学精神，以及让科学得以运行的科学体制、科学家的行为规范和科学价值观。相对于我国的传统文化，现代科学是一个"陌生的""移植的"东西。尽管西方科学传入我国已有一百多年的历史，但我们更多地还是关注器物层面，强调科学之实用价值，而较少触及科学的文化层面，未能有效而普遍地触及到整个科学文化的移植和本土化问题。中国传统文化以及当今的社会文化仍在深刻地影响着中国科学的灵魂。可以说，迄20世纪结束，我国移植了现代科学及其学科体制，却在很大程度上拒斥与之相关的科学文化及相应制度安排。

科学是一项探索真理的事业，学科发展也有其内在的目标，即探求真理的目标。在科技政策制定过程中，以外在的目标替代学科发展的内在目标，或是只看到外在目标而未能看到内在目标，均是不适当的。现代科学制度化进程的含义就在于：探索真理对于人类发展来说是必要的和有至上价值的，因而现代社会和国家须为探索真理的事业和人们提供制度性的支持和保护，须为之提供稳定的经费支持，更须为之提供基本的学术自由。

20世纪以来，科学与国家的目的不可分割地联系在一起，科学事业的发展不可避免地要接受来自政府的直接或间接的支持、监督或干预，但这并不意味着，从此便不再谈科学自主和自由。事实上，在现当代条件下，在制定国家科技政策时充分考虑"任务"和学科的平衡，不但是最大限度实现学术自由、提升科学创造活力的有效路径，同时也是让科学服务于国家和社会需要的最有效的做法。这里存在着这样一种辩证法：科学技术系统只有在具有高度创造活力的情形下，才能在创新型国家建设过程中发挥最大作用。

在全社会范围内创造一种允许失败、自由探讨的科研氛围；尊重学科发展的内在规律，让科研人员充分发挥自己的创造潜能；充分尊重科学家的个人自由，不以"任务"作为学科发展的目标，让科学共同体自主地来决定学科的发展方向。这样做的结果往往比事先规划要更加激动人心。比如，19世纪末德国化学学科的发展史就充分说明了这一点。从内部条件上讲，首先是由于洪堡兄弟所创办的新型大学模式，主张教与学的自由、教学与研究相结合，使得自由创新成为德国的主流学术生态。从外部环境来看，德国是一个后发国家，不像英、法等国拥有大量的海外殖民地，只有依赖技术创新弥补资源的稀缺。在强大爱国热情的感召下，德国化学家的创新激情迸发，与市场开发相结合，在染料工业、化学制药工业方面进步神速，十余年间便领先于世界。

中国科学院作为国家科技事业"火车头"，有责任提升我国原始创新能力，有责任解决关系国家全局和长远发展的基础性、前瞻性、战略性重大科技问题，有责任引领中国科学走自主创新之路。中国科学院学部汇聚了我国优秀科学家的代表，更要责无旁贷地承担起引领中国科技进步和创新的重任，系统、深入地对自然科学各学科进行前瞻性战略研究。这一研究工作，旨在系统梳理世界自然科学各学科的发展历程，总结各学科的发展规律和内在逻辑，前瞻各学科中长期发展趋势，从而提炼出学科前沿的重大科学问题，提出学科发展的新概念和新思路。开展学科发展战略研究，也要面向我国现代化建设的长远战略需求，系统分析科技创新对人类社会发展和我国现代化进程的影响，注重新技术、新方法和新手段研究，提炼出符合中国发展需求的新问题和重大战略方向。开展学科发展战略研究，还要从支撑学科发展的软、硬件环境和建设国家创新体系的整体要求出发，重点关注学科政策、重点领域、人才培养、经费投入、基础平台、管理体制等核心要素，为学科的均衡、持续、健康发展出谋划策。

2010年，在中国科学院各学部常委会的领导下，各学部依托国内高水平科研教育等单位，积极酝酿和组建了以院士为主体、众多专家参与的学科发展战略研究组。经过各研究组的深入调查和广泛研讨，形成了"中国学科发展战略"丛书，纳入"国家科学思想库-学术引领系列"陆续出版。学部诚挚感谢为学科发展战略研究付出心血的院士、专家们！

　　按照学部"十二五"工作规划部署，学科发展战略研究将持续开展，希望学科发展战略系列研究报告持续关注前沿，不断推陈出新，引导广大科学家与中国科学院学部一起，把握世界科学发展动态，夯实中国科学发展的基础，共同推动中国科学早日实现创新跨越！

前　言

　　无中微子双贝塔衰变是当前国际上粒子物理与核物理领域研究的重要科学前沿，是可能突破粒子物理标准模型的研究方向之一。为了推动我国在锦屏地下实验室 (China Jinping Underground Laboratory, CJPL) 有效开展无中微子双贝塔实验工作，使我国能够尽快参与该项研究的国际竞争，力求走到国际前列，我们向中国科学院数学物理学部提出"无中微子双贝塔衰变实验"自主战略研究课题并获批准。

　　历史上，为了解决贝塔衰变连续谱的危机，1930 年泡利提出中微子假设。1956 年雷因斯 (F.Reinnes) 和柯恩 (C.L.Cowan) 在核反应堆上的实验中直接发现了中微子。1935 年迈耶 (M.Goeppert-Mayer) 从理论上提出可能存在放射 2 个中微子的双贝塔衰变 ($2\nu\beta\beta$)，预言在 35 个偶–偶核中存在此类衰变过程。

　　粒子物理标准模型允许存在 $2\nu\beta\beta$ 衰变，它是一种稀有事件，迄今已在 11 个偶–偶核中观测到，其衰变半衰期在 $10^{18} \sim 10^{24}$ 年。1937 年马约拉纳 (Ettore Majorana) 预言中微子可能是一类新的中性费米子，其反粒子和自身是等同的，因而相应的轻子数不守恒。1939 年弗里 (Wendell Furry) 指出，如果中微子是这种所谓的马约拉纳粒子，能产生 $2\nu\beta\beta$ 衰变的原子核会同时发生无中微子双贝塔衰变 ($0\nu\beta\beta$)，但这种模式至今实验上尚未发现。理论研究表明，这类无中微子双贝塔衰变不仅需要中微子是马约拉纳粒子，同时其衰变概率与有效电子中微子质量的平方成正比，故而被严重压低。

　　在粒子物理标准模型中，中微子质量为零。可是，现有中微子振荡实验表明中微子是有质量的基本粒子，但仅知道中微子质量平方之差，不知道中微子绝对质量。中微子振荡实验，可以得到不同质量的三种中微子本征态之间的混合角和它们的质量平方差。三种中微子质量之间的排序可以有两种可能的结果：正排序 (normal hierarchy) 和倒排序 (inverted hierarchy)。目前既不知道中微子质量的排序，也不知道中微子的绝对质量。

20 世纪 80 年代初，苏联理论与实验物理研究所鲁比莫伏等测量氚贝塔衰变谱的终点能量，给出反电子中微子质量在 14~46 eV，在当时引起国际轰动，并且推动广泛开展氚贝塔衰变谱的测量，最终日本给出反电子中微子质量上限是 1 eV。如今，德国卡尔斯鲁核研究中心 Guido Drexlin 等经过多年努力建成高精度谱仪 (KATRIN)，目前也达到了 1.1 eV 的灵敏度；预期该装置测定中微子质量的极限灵敏度为 0.2 eV。

中微子的质量也会影响宇宙的演化过程，特别是大尺度结构的形成。无中微子双贝塔衰变能提供高灵敏度的中微子质量标度的测量。无中微子双贝塔衰变破坏轻子数守恒，需要马约拉纳中微子有非零质量。在轻马约拉纳中微子交换框架下，马约拉纳中微子有效质量可以从实验测量的 $0\nu\beta\beta$ 衰变半衰期推出，其中需要知道相空间因子、轴矢量耦合常数和核矩阵元 (NME)。目前核矩阵元的计算不确定性有 2~3 倍之差，这是理论上需要加以解决的关键问题。

因此，对无中微子双贝塔衰变实验研究可以回答中微子物理的下列重要问题：① 轻子数是否不守恒；② 中微子的基本性质，即中微子是否为马约拉纳粒子；③ 中微子的绝对质量标度；④ 与中微子的马约拉纳属性相关的 CP 破坏相位；等等。这些都是超出粒子物理标准模型的新物理。现有实验表明，无中微子双贝塔衰变发生的概率非常小，其衰变半衰期大于 1.07×10^{26} 年。在 2015 年发表的美国能源部和自然科学基金委核科学长远规划书和 2017 年发表的欧洲长期科学发展规划中，都把下一代无中微子双贝塔衰变实验列为优先发展的大科学实验项目。

目前国际上正在运行的无中微子双贝塔衰变实验主要在美国、意大利、日本和法国的地下实验室进行。当前正在运行，且具有相当规模的有效同位素的无中微子双贝塔衰变实验主要有 GERDA, Majorana Demonstrator, CUORE, KamLAND-Zen, EXO-200 等。GERDA 和 Majorana Demonstrator 利用高纯锗 (HPGe) 探测器技术，已分别在意大利的格兰萨索实验室 (Laboratori Nationali Gran Sasso, LNGS) 和美国的 Sanford Underground Research Facility(SURF) 运行多年，目的是寻找 ^{76}Ge 的 $0\nu\beta\beta$ 衰变。CUORE 采用 TeO_2 晶体量热技术在意大利的 LNGS 运行，目的是寻找 ^{130}Te 的 $0\nu\beta\beta$ 衰变；KamLAND-Zen 在日本神冈地下实验室用液闪探测器运行，目的是寻找 ^{136}Xe 的无中微子双贝塔衰变；EXO-200 在美国用液氙探测器运行，目的是寻找 ^{136}Xe 无中微子双贝塔衰变。现阶段实验给出的 $0\nu\beta\beta$ 衰变的半衰期下限在 $10^{25} \sim 1.07 \times 10^{26}$ 年，相应的马约拉纳中微子有效质量上限在 60~520 meV。

下一代无中微子双贝塔衰变实验的科学目标是研究中微子质量的近简并区域和倒排序区域所对应的马约拉纳中微子有效质量，预计可达 10~50 meV。如果中微子质量谱是近简并或倒排序且中微子是马约拉纳粒子，新一代的无中微子双贝塔衰变实验将发现无中微子双贝塔衰变。这将是粒子物理领域革命性的研究成果。如果在这个区域找不到无中微子双贝塔衰变，下一代的实验寻找将进入非近简并的正排序区域，相应地马约拉纳中微子有效质量将更可能处在 $1\sim10$ meV 范围。

我国在锦屏具有世界上最深的地下实验室，埋深 2400 m，有极低本底，为无中微子双贝塔衰变提供了极好的场所。中国核工业集团有限公司下属的核工业理化工程研究院和有关工厂具备提供分离浓缩同位素的能力。目前国内已有 4 个科研合作团队正在进行无中微子双贝塔衰变实验的预研究，分别是：清华大学牵头用高纯锗 γ 探测器阵列寻找 ^{76}Ge 无中微子双贝塔衰变；中国科学院近代物理研究所牵头用高压气体时间投影室寻找 ^{82}Se 无中微子双贝塔衰变；复旦大学牵头用晶体量热器阵列寻找 ^{100}Mo 无中微子双贝塔衰变；上海交通大学用大型液氙探测器和高压气体探测器寻找 ^{136}Xe 无中微子双贝塔衰变。中国科学院高能物理研究所在完成中微子质量排序实验后，如果无中微子双贝塔衰变实验仍无结果，他们将开展无中微子双贝塔衰变实验工作。

经过战略研讨，请有关专家撰写了本书，全书共 8 章。

第 1 章概述无中微子双贝塔衰变的粒子物理学机制及探测各种可能的轻子数不守恒过程的科学意义。谢克特–瓦尔定理告诉我们，如果实验上观测到无中微子双贝塔衰变过程，那么中微子就一定是马约拉纳粒子，即中微子是其自身的反粒子。无中微子双贝塔衰变的实验观测对于粒子物理学的重要意义主要体现在以下三个方面：首先，检验自然界是否存在轻子数不守恒的过程；其次，确认中微子是否是马约拉纳粒子，为解决中微子质量起源问题指明前进的方向；最后，限制马约拉纳型 CP 破坏相位。此外，马约拉纳中微子的存在还能够为宇宙中物质–反物质不对称以及暗物质的本质等谜题提供一个自然而有效的解决方案。

第 2 章综述无中微子双贝塔衰变的核矩阵元的理论计算途径。无中微子双贝塔衰变依赖于原子核矩阵元的精确计算，涉及复杂的核多体方法和大规模的数值计算。主要的计算方法包括组态相互作用壳模型、准粒子无规相近似、生成坐标方法、相互作用玻色子模型等。国内关于无中微子双贝塔衰变矩阵元的计算也有一些有特色的工作，包括采用准粒子无规相近似和基于相对论和非相对论密度泛函理论的生成坐标方法和自洽准粒子无规相近似等。根据不同的理论方法以及考虑不同的多体关联效应，有望给出高精度的核矩阵元及其不确定度，为中国以及世界无中微子双贝塔衰变的研究提供重要的理论支撑。

第 3 章描述锦屏地下实验室的现状与未来发展趋势。中国锦屏地下实验室位于四川省凉山彝族自治州锦屏水电站工程区域内，是利用锦屏二级水电站贯穿锦屏山的深埋长隧洞为基础建设的世界上岩石埋深最大、实验条件最为优越的地下实验室,具有岩石埋深大、宇宙线通量极低、岩石天然辐射本底低、交通便利、配套设施完善等优点。锦屏地下实验室的建成,标志着中国已经具有开展物理学重大基础前沿科学研究的自主地下实验平台,对于推动我国相关领域的重大基础前沿课题的自主研究意义重大。该地下实验室不仅为我国开展暗物质、无中微子双贝塔衰变等低本底实验提供良好的场所,还可以开展极深地下岩土力学、地质构造等方面的实验研究。

第 4 章用高纯锗 γ 探测器阵列寻找 ^{76}Ge 无中微子双贝塔衰变:根据当前国际高纯锗实验以及我国 CDEX 实验系统本底探测情况,深入研究探测器系统的放射性本底种类、来源和相对强度,对高纯锗晶体自身、探测器结构材料等的宇生放射性本底、U、Th 等原生放射性核素本底进行解谱分析,结合蒙特卡罗模拟研究,确定各类本底的贡献进而研究和建立针对这些本底的控制和降低方法。研究和掌握地下实验室 ^{76}Ge 富集高纯锗探测器的制作工艺。建立 ~10kg ^{76}Ge 富集的高纯锗探测器阵列系统,运行实验系统并获取数据,得到 0.001 counts/keV/kg/year 量级的本底水平,给出国际水平的半衰期下限结果,为未来达到 5~15 meV 中微子有效质量的探测灵敏度奠定基础。

第 5 章用 Topmetal 芯片读出系统的高压气体时间投影室寻找 ^{82}Se 无中微子双贝塔衰变:研制以高压气体 ^{82}SeF$_6$ 为介质的时间投影室 (TPC) 技术,开展 "No neutrino Double-beta-decay Experiment (NνDEx)" 实验。验证如下其他实验不可替代的优点:① 完全自主研发的低噪声 Topmetal 芯片电荷平面读出技术,可以直接收集初始电离产生的电荷,无须放大,从而避免雪崩放大过程引入的涨落,并提高能量分辨率,在 Q 值附近达到 1%;② TPC 的读出可以重建粒子径迹,使得该实验可以实现逐个事件的径迹测量,大大降低本底提高事件区分能力。

第 6 章用晶体量热器阵列寻找 ^{100}Mo 无中微子双贝塔衰变:建立能够测试高纯晶体的低温冷却系统,稳定工作温度保持在 10 mK 左右,有效控制震动噪声,在本底 2615 keVγ 射线能量附近使能量分辨率低于 10 keV,设计有效的屏蔽系统压低测试晶体外部的本底;研制高纯 Li$_2$MoO$_4$(LMO) 晶体;设计和模拟 LMO 晶体的探测器系统,争取在 ^{100}Mo 同位素的无中微子双贝塔衰变的 Q 值区间达到 10^{-4}counts/keV/kg/year 的本底目标。为在锦屏地下实验室建设新一代的大型的基于国产 LMO 晶体的国际合作探测器建立技术基础和研究队伍。

第 7 章分别用大型液体和高压气体时间投影室寻找 ^{136}Xe 无中微子双贝塔衰变。在液氙方向,近期建设 Pandax-4T 探测器 (4 吨液氙),通过研发该探测器中光电倍增管的分压和读出电路,将感兴趣的能区的能量分辨提高一倍。同时研发在线蒸馏系统和活性炭过滤系统等, 可将探测器中 ^{222}Rn 含量降低一个量级。该探测器运行 3 年有效时间采集数据, 预期无中微子双贝塔衰变半衰期限制可达 10^{25} 年灵敏度。未来计划建设 30 吨液氙探测器, 预期半衰期限制提高到 6×10^{25} 年。在气氙方向, 近期开发 PandaX-III, 开始载量 150 公斤富集 ^{136}Xe 气体, 利用 micromegas 微结构读出探测器信号, 可实现信号径迹重建, 极大地压低本底和提高信号筛选。蒙特卡罗模拟表明径迹信息可以进一步压低本底 35 倍以上, 从而可以确保 PandaX-III 首个探测器本底低至 10^{-4}/keV/kg/year 的量级。预期半衰期灵敏度可达 9×10^{25} 年。未来计划实现吨级实验, 预期半衰期下限可提高到 10^{27} 年, 相应的中微子有效质量为 20~50meV。

第 8 章离心分离技术浓缩 ^{76}Ge、^{82}Se、^{100}Mo 和 ^{136}Xe 同位素: 采用离心分离 ^{76}Ge、^{82}Se、^{100}Mo 和 ^{136}Xe 同位素是实际可行的方法, 在无中微子双贝塔衰变实验中对这些同位素需求是吨量级, 且同位素丰度一般要求在 90% 左右, 在设定的初始条件下对这 4 种同位素进行级联理论计算, 并对具体同位素的分离方案进行优化设计, 从而对这 4 种同位素规模化生产的难易程度进行了比较, 数据表明: ① 从分离工质看, Xe 分离工质为单质氙, 其他分离工质都是该元素的氟化物, 在无中微子双贝塔衰变实验中, ^{136}Xe 和 ^{82}SeF$_6$ 可直接使用。② 从生产周期看, 生产 1 吨丰度为 90% 的 ^{136}Xe 仅需 320 天, 其他同位素在 700~1500 天。③ 从原料利用率看, 生产 1 吨 ^{136}Xe、^{76}Ge、^{82}Se 和 ^{100}Mo 所需原料分别为 10 吨、25 吨、25 吨和 20 吨, 对应的原料利用率以 Xe 的原料为最高。综上所述, ^{136}Xe 同位素的规模化生产比其他 3 种同位素容易得多。从目前国内研发状况看, ^{136}Xe 同位素浓缩技术已经完全掌握, 只要资金投入到位, 可短期实现规模化生产。^{76}Ge、^{82}Se 和 ^{100}Mo 三种同位素目前尚不具备规模化生产条件, 但基本已有研究基础, 如果有项目牵引或经费支持, 有望在不久的将来突破相关技术, 最终实现规模化生产。所以, 从 4 种同位素无中微子双贝塔衰变的预研究中通过与实际结果的比较, 择优选取同位素是重要的。

无中微子双贝塔衰变物理是粒子物理与核物理的重大前沿课题, 值得 CJPL 作为一个重大科学研究方向开展。今后 3~5 年是中国物理领域在 CJPL 发展世界一流的大型无中微子双贝塔衰变实验的时间窗口。我们建议尽快启动国内在无中微子双贝塔衰变实验探测器技术方面的预研, 然后通过 3~5 年预研结果的比较, 择优选取 2 种同位素源的测量, 确定可以在 CJPL 建设下一代具有世界领先水平的无中微子双贝塔衰变实验的探测器技术方案。争取在不长的时间内集中优势力量, 实现在 CJPL 开展无中微子双贝塔衰变实验, 达到与国际上新一代的无中微子双贝塔衰变实验相比具有我们特定的科学和技术优势。同时, 我们必须从现在起, 在国内进一步提升无中微子双贝塔衰变理论的研究，特别是核矩阵元的计算，为下一代实验探索无中微子双贝塔衰变物理提供强有力的理论依据。

　　这本战略思想库的图书，经过 30 多位专家组成员和邀请专家共同开展近两年的深入调查研究和认真讨论，广泛听取同行专家意见，进行认真修改，每篇文章通过专家审核，最后定稿形成。所有专家 (包括战略组成员和邀请专家) 和工作人员在他们繁忙的科研工作中抽出宝贵的时间，参加这项自主战略研讨，对他们的重要贡献表示衷心感谢。也衷心感谢中国科学院数学物理学部一直对这一项目的开展给予的领导和支持。希望本书对科技主管部门、关心我国科技发展和从事这方面研究的工作者以及高等院校理科高年级本科生和研究生提供参考。

　　由于我们的知识水平有限，书中在所难免有不当之处，请读者批评指正。

张焕乔　季向东

2019 年 10 月

摘　　要

一、引言

无中微子双贝塔衰变是当前国际上粒子物理与核物理研究领域的重要科学前沿，是可能突破粒子物理标准模型的研究方向之一。为了推动我国在锦屏地下实验室 (CJPL) 有效开展无中微子双贝塔实验工作，使我国能够尽快参与该项研究的国际竞争，力求走到国际前列，在中国科学院数学物理学部"无中微子双贝塔衰变实验"自主战略研究课题资助下，经过国内三十多位相关领域专家近两年的深入调查研究和认真讨论，广泛听取同行意见，形成中国科学院数学物理学部"无中微子双贝塔衰变实验"战略研究组的建议报告，并在此基础上撰写了本书，其内容包括科学意义、国际动态、国内现状、实验方案、建议等方面。

二、开展无中微子双贝塔衰变实验研究的科学意义

1930 年，奥地利物理学家泡利 (Wolfgang Pauli) 提出中微子假说，以解释当时实验所发现的贝塔衰变电子能谱为连续谱的事实。1933 年，意大利物理学家费米 (Enrico Fermi) 由此建立了贝塔衰变的有效场论。1935 年，美国物理学家格佩特 - 梅耶 (Maria Goeppert-Mayer) 首次计算了原子核的双贝塔衰变，预言 35 个原子序数 Z 和质量数 A 均为偶数的原子核可以发生此类稀有衰变过程。1937 年，意大利物理学家马约拉纳 (Ettore Majorana) 指出中微子若拥有微小的质量，其反粒子可能是它自身，从而造成轻子数不守恒。1939 年，美国物理学家弗里 (Wendell Furry) 发现中微子的马约拉纳属性可以导致双贝塔衰变过程 $^A_ZN \rightarrow \, ^{\ \ A}_{Z+2}N + 2e^-$ 的发生，其末态不含有中微子，因此被称为无中微子双贝塔衰变，简记为 0νββ 衰变。

关于无中微子双贝塔衰变的实验研究有望回答或部分解决下列科学问题，因此具有极其重要的科学意义: 1) 轻子数是否不守恒; 2) 中微子是否具有马约拉纳属性; 3) 中微子的绝对质量标度; 4) 与中微子的马约拉纳属性相关的 CP 破坏相位; 5) 核矩阵元的可靠理论计算; 6) 其他超出粒子物理标准模型的新物理贡献。现

有实验表明，无中微子双贝塔衰变发生的概率非常小，其衰变半衰期大于 1.07×10^{26} 年。在 2015 年发表的美国能源部和自然科学基金委核科学长远规划书和 2017 年发表的欧洲长期科学发展规划中，都把下一代无中微子双贝塔衰变实验列为优先发展的大科学实验项目。

三、国际研究动态与国内研究现状

1. 国际研究动态

目前国际上正在运行的无中微子双贝塔衰变实验主要在美国、意大利、日本和法国的地下实验室进行。当前正在运行且具有相当规模的有效同位素的无中微子双贝塔衰变实验主要有 GERDA, MAJORANA Demonstrator, CUORE, KamLAND-Zen, EXO-200 等。GERDA 和 MAJORANA Demonstrator 利用的是高纯锗 (HPGe) 探测器技术，已分别在意大利的 Laboratori Nationali Gran Sasso (LNGS) 和美国的 Sanford Underground Research Facility(SURF) 运行多年，目的是寻找 ^{76}Ge 的 0νββ 衰变。CUORE 采用 TeO$_2$ 晶体量热技术在意大利的 LNGS 运行，目的是寻找 ^{130}Te 的 0νββ 衰变；KamLAND-Zen 在日本神冈地下实验室用液闪探测器运行，目的是寻找 ^{136}Xe 的无中微子双贝塔衰变；EXO-200 在美国用液氙探测器运行，目的是寻找 ^{136}Xe 无中微子双贝塔衰变。现阶段实验给出的 0νββ 衰变的半衰期下限为 $10^{25} \sim 1.07 \times 10^{26}$ 年，相应的马约拉纳中微子有效质量的上限为 60~520 meV。

经过几十年的不断努力，无中微子双贝塔衰变实验的探测器和本底技术取得了数量级的提升，已经接近或达到建设下一代吨级大型实验的要求。下一代无中微子双贝塔衰变实验的科学目标是研究中微子质量的近简并区域和倒排序区域所对应的马约拉纳中微子有效质量，实现覆盖质量区间约 10~50 meV 的实验灵敏度。如果中微子质量谱是近简并或倒排序且中微子是马约拉纳粒子，新一代的无中微子实验将发现无中微子双贝塔衰变。这将是粒子物理和核物理领域革命性的研究成果。如果在这个区域找不到无中微子双贝塔衰变，再下一代的实验寻找将进入非近简并的正排序区域，针对马约拉纳中微子有效质量的实验灵敏度必须推进到优于 1~10meV 范围。

2. 国内研究现状

中国锦屏地下实验室位于四川省凉山彝族自治州锦屏水电站工程区域内，是利用锦屏二级水电站贯穿锦屏山的深埋水平长隧洞为基础建设的世界上岩石埋深最大、实验条件最为优越的地下实验室，具有岩石埋深大、宇宙线通量极低、岩石天然辐射本底低、交通便利、配套设施完善等优点。锦屏地下实验室的建成，标志着中国已经具有开展物理学极低本底重大基础前沿科学研究的自主地下实验平台，对于推动我国开展相关领域的重大基础前沿课题的自主研究意义重大。该地下实验室不仅为我国开展暗物质、无中微子双贝塔衰变、核天体物理等低本底实验提供良好的场所，还可以开展极深地下岩土力学、地质构造等方面的实验研究。

我国在锦屏具有世界上最深的地下实验室，埋深 2400 米，有极低本底，为无中微子双贝塔衰变提供了极好的场所。中国核工业集团有限公司所属的核工业理化研究院和有关工厂具备提供分离浓缩同位素的能力。目前国内已有 4 个科研合作团队正在进行无中微子双贝塔衰变实验的预研究，分别是：清华大学牵头用高纯锗 γ 探测器阵列寻找 ^{76}Ge 无中微子双贝塔衰变；中国科学院近代物理研究所牵头用高压气体时间投影室 (TPC) 寻找 ^{82}Se 无中微子双贝塔衰变；复旦大学牵头用晶体量热器阵列寻找 ^{100}Mo 无中微子双贝塔衰变；上海交通大学用大型液氙探测器寻找 ^{136}Xe 无中微子双贝塔衰变。中国科学院高能物理所主导的江门中微子振荡实验在完成中微子质量排序的首要科学目标后，如果无中微子双贝塔衰变实验仍无结果，他们拟利用巨型液闪探测器开展无中微子双贝塔衰变探测实验。

四、无中微子双贝塔衰变实验的可能中国方案

1. CDEX 实验

中国暗物质合作组 (China Dark Matter Experiments, CDEX) 成立于 2009 年，由清华大学主导，成员单位包括清华大学、四川大学、南开大学、中国原子能科学研究院、北京师范大学、北京大学、中山大学和雅砻江流域水电开发有限公司等。CDEX 合作组依托于世界上岩石覆盖最深的地下实验室——中国锦屏地下实验室 (CJPL)——致力于采用吨量级点电极高纯锗探测器 (point contact germanium detector, PCGe) 阵列来进行轻质量暗物质直接探测和 ^{76}Ge 无中微子双贝塔衰变实验。

PCGe 探测器继承了一般高纯锗探测器 (high purity germanium detector, HPGe) 能量分辨率高、能量线性好的优点，并且具有超低能量阈值、极低本底等优势。在 CDEX 合作组成立之前，清华大学暗物质研究团队就开始利用 PCGe 探测器，在韩国 Y2L 地下实验室进行轻质量暗物质直接探测。2009 年，清华大学暗物质研究组参与的 TEXONO 实验发表了项目组第一个暗物质直接探测实验结果，确定了利用 PCGe 探测器进行轻质量暗物质直接探测的可行性。这也是我国自主进行暗物质直接探测实验的开端。

用高纯锗探测器阵列寻找 ^{76}Ge 无中微子双贝塔衰变方面，根据当前国际高纯锗实验以及 CDEX 实验系统本底探测情况，深入研究探测器系统的放射性本底种类、来源和相对强度，确定各类本底的贡献进而研究和建立针对这些本底的控制和降低方法。研究和掌握地下实验室 ^{76}Ge 富集高纯锗晶体生长和探测器制作的工艺。建立 $\sim$100 kg ^{76}Ge 富集的高纯锗探测器阵列系统，运行实验系统并获取数据，预

期得到 1 counts/keV/ton/year 量级以下的本底水平, 给出国际水平的半衰期下限结果, 为未来达到 5~15 meV 中微子有效质量的探测灵敏度奠定基础。同时 CDEX 合作组与欧洲 GERDA 实验组以及美国 Majorana 实验组共同组建了 LEGEND 吨级高纯锗国际合作组, 正在推动未来国际合作的吨量级 ^{76}Ge 大型无中微子双贝塔衰变实验, 希望在中微子质量排序问题和中微子马约拉纳属性研究等前沿科学问题上取得重大成果。

2. NvDEx 实验

NvDEx 实验通过使用 Q 值大于自然界辐射本底能量区域的 ^{82}Se 同位素来减少环境带来的本底, 并使用高能量分辨和位置分辨能量的 Topmetal 探测芯片来进一步减小信号能量窗口, 以及利用径迹重构的信息减少环境本底。同时, 采用高能物理实验中广泛使用的气体 TPC 可以相对容易地实现吨量级甚至更多的探测材料。此外, 锦屏地下实验室是目前世界最深的地下实验室, 它的深度有效地减少了宇宙线引起的本底。通过在这些关键方面改进以提高灵敏度, NvDEx 实验计划在未来 3 年实现一个可以稳定运行的小型的样机, 在 5 年后开始 200 kg 探测器取数并逐步扩展到吨量级。预计 1 吨的 ^{82}Se 同位素运行 5 年的数据可以测到的等效马约拉纳质量范围在 5 meV $< |\langle m \rangle|_{ee} <$ 20 meV, 对应 10^{28} 年量级半衰期的灵敏度, 并且具备置信度 90% 以上的单事件判定能力。

NvDEx 实验用 Topmetal 芯片读出系统的高压气体时间投影室寻找 ^{82}Se 无中微子双贝塔衰变: 研制以高压气体 ^{82}SeF$_6$ 为媒介的 TPC 技术, 开展 "No neutrino Double-beta-decay Experiment (NvDEx)" 实验。验证如下其他实验不可替代的优点: (1) 完全自主研发的低噪声 Topmetal 芯片电荷平面读出技术, 可以直接收集初始电离产生的电荷, 无须放大, 从而避免雪崩放大过程引入的涨落, 并提高能量分辨率, 在 Q 值附近达到 1%; (2) TPC 的读出可以重建粒子径迹, 使得该实验可以实现逐个事件的径迹测量, 大大提高事件-本底区分能力。

3. 基于 CUPID 技术的晶体量热器实验

以 CUORE 为代表的无中微子双贝塔晶体量热器技术在过去二十多年里取得了重大突破, 目前下一代晶体量热器实验研发集中在 CUORE 技术的升级版方案 CUPID(CUORE Upgrade with Particle Identification)。CUPID 拟采用 CUORE 现有低温冷却系统设计, 采用新型的 Li$_2$MoO$_4$(LMO) 闪烁晶体和光 - 热双读出技术, 可以有效压低在无中微子双贝塔衰变 Q 值区域的本底, 开展下一代大质量低本底无中微子双贝塔衰变晶体量热器实验研究, 达到 10 meV 中微子有效马约拉纳质量测量灵敏度, 实现对有效质量倒序区间的覆盖。

晶体是低温量热器无中微子双贝塔衰变实验探测器系统的核心单元, 晶体材料提纯和生长技术的发展对于提升晶体探测器性能至关重要。制备高纯度、低放射性本底的晶体是开展高灵敏度 0νββ 实验测量的基础。中国合作组在高纯晶体制备技术方面具有国际领先水平。

CUPID-China 合作组拟在锦屏地下实验室发展 CUPID 晶体量热器技术寻找 ^{100}Mo 无中微子双贝塔衰变。锦屏无中微子双贝塔衰变晶体量热器实验将分三步发展: 1) 建立低温晶体量热器和高纯晶体测试平台; 2) 建设有效同位素质量大于 20 公斤的 Mo-100 演示实验,完善富集材料提纯和富集晶体生长技术,达到大型实验的本底水平; 3) 建设和运行 1000 公斤级的无中微子双贝塔衰变实验,实现 10 meV 中微子有效质量的科学目标。近期研发目标包括: 首次在国内研制低温晶体量热器,建立能够测试高纯晶体的低温实验平台,稳定工作温度保持在 10 mK 左右,有效控制震动噪声,在本底 2615 keVγ 能区的能量分辨率低于 10 keV,设计有效的屏蔽系统压低测试晶体外部的本底;研制高纯 LMO 晶体;设计和模拟大型基于 LMO 晶体的 CUPID 探测器系统,争取在 ^{100}Mo 同位素的无中微子双贝塔衰变的 Q 值区间达到 10^{-4}counts/keV/kg/year 的本底目标。为在锦屏地下实验室建设新一代的大型低温晶体量热器国际合作实验建立技术基础和培养研究队伍。

4. PandaX 实验

PandaX (Particle and Astrophysical Xenon TPC) 实验使用大型液体时间投影室和高压气体时间投影室两种技术寻找 ^{136}Xe 的无中微子双贝塔衰变。PandaX 合作组成立于 2009 年,包括上海交通大学、北京大学、山东大学、中国科学技术大学、复旦大学、南开大学、北京航空航天大学、中国原子能科学研究院、中山大学、雅砻水电公司、美国马里兰大学、法国新能源与原子能委员会、西班牙萨拉戈萨大学、泰国苏拉那里技术大学等成员单位。合作组自 2009 年起发展了一系列液体氙 TPC 来寻找暗物质粒子,近期也在不断投入无中微子双贝塔衰变方向的研究。2019 年合作组利用 PandaX-II 的 500 公斤级探测器 (自然氙) 发表了首个液氙探测器的无中微子双贝塔衰变结果。同时合作组自 2016 年起,开始研发高压气体 TPC 技术,希望利用气体 TPC 独特的径迹重构功能来寻找可能的无中微子双贝塔衰变信号。

液氙方向,我们将利用即将建成的 PandaX-4T 探测器,开展暗物质和无中微子双贝塔衰变研究。在无中微子双贝塔衰变区间,我们重点研究光电倍增管的双读出问题和氙气中的氡 (^{222}Rn) 本底的去除。重新设计的光电倍增管的分压和读出电路可将 PandaX-4T 在无中微子双贝塔衰变信号区的预期能量分辨率提高一倍。新的在线气体精馏系统和改进的关键部件表面钝化处理工艺预期将把 PandaX-4T 中 ^{222}Rn 的含量降低一个数量级。预期 PandaX-4T 利用 3 年的有效取数时间,对 ^{136}Xe 的无中微子双贝塔衰变半衰期限制可以达到 10^{25} 年的灵敏度。未来计划建设的 30 吨甚至更大的液氙探测器，包含约 2.7 吨以上的 ^{136}Xe，从而可以将此半衰期限制提高到 6×10^{26} 年。如果探测器材料本身的放射性可以完全去除，灵敏度限制可以进一步提高到 8×10^{27} 年，完全覆盖中微子质量的近简并区域和倒排序区域所对应的马约拉纳中微子有效质量。

气氙方向，PandaX 组正在积极研发 PandaX-III 探测器，利用微结构气体探测器 (Micromegas) 精确读出可能的无中微子双贝塔衰变信号的径迹，极大地提高了筛选信号和压低本底的能力。蒙特卡洛模拟表明径迹信息可以进一步压低本底 35 倍以上，从而可以确保 PandaX-III 首个探测器本底低至 10^{-4}/keV/kg/year 的量级。PandaX-III 将于近期开始运行包含约 150 公斤富集 ^{136}Xe 气体的首个探测器，其预期半衰期灵敏度可达 9×10^{25} 年。未来吨级实验将进一步提高能量分辨率，压低本底，将半衰期灵敏度提高到 1×10^{27} 年，其对应的中微子有效质量约为 20 到 50 meV。

此外，举世瞩目的中国江门反应堆中微子振荡实验在完成中微子质量顺序的测量等主要科学目标之后，其 2 万吨的液闪探测器也拟改造成探测无中微子双贝塔衰变的大型实验装置并达到国际领先的实验灵敏度。

五、离心分离技术富集 ^{76}Ge、^{82}Se、^{100}Mo 和 ^{136}Xe 同位素

离心分离技术富集 ^{76}Ge、^{82}Se、^{100}Mo 和 ^{136}Xe 同位素：采用离心分离 ^{76}Ge、^{82}Se、^{100}Mo 和 ^{136}Xe 同位素是实际可行的方法，在无中微子双贝塔衰变实验中对这些同位素需求是吨量级，且同位素丰度一般要求在 90% 左右，在设定的初始条件下对 4 种同位素进行级联理论计算，并对具体同位素的分离方案进行优化设计，从而对 4 种同位素规模化生产难易程度进行了比较，数据表明：1) 从分离工质看，Xe 分离工质为单质氙，其他分离工质都是该元素的氟化物，在无中微子双贝塔衰变实验中，^{136}Xe 和 ^{82}SeF$_6$ 可直接使用。2) 从生产周期看，生产 1 吨丰度为 90% 的 ^{136}Xe 仅需 320 天，其他同位素在 700~1500 天之间。3) 从原料利用率看，生产 1 吨 ^{136}Xe、^{76}Ge、^{82}Se 和 ^{100}Mo 所需原料分别为 10 吨、25 吨、25 吨和 20 吨，对应原料利用率以 Xe 的原料为最高。综上所述，^{136}Xe 同位素的规模化生产比其他 3 种同位素容易得多。从目前国内研发状况看，^{136}Xe 同位素富集技术已经完全掌握，只要资金投入到位，可短期实现规模化生产。^{76}Ge、^{82}Se 和 ^{100}Mo 三种同位素目前尚不具备规模化生产条件，但基本已有研究基础，如有项目牵引或经费支持，有望在不久的将来突破相关技术，最终实现规模化生产。所以，从 4 种同位素无中微子双贝塔衰变的预研中通过实际结果的比较，择优选取同位素是重要的。

六、推荐与建议

无中微子双贝塔衰变物理是粒子物理与核物理的重大前沿课题，值得在中国

锦屏地下实验室作为一个重大科学研究方向开展。今后 3~5 年是中国物理领域在 CJPL 发展世界一流的大型无中微子双贝塔衰变实验的最佳时间窗口。抓住机会利用锦屏实验室的地理优势，中国有望在锦屏建立具有国际一流竞争力的无中微子双贝塔衰变前沿研究中心。

　　我们建议尽快启动国内在无中微子双贝塔衰变实验探测器技术方面的预研，然后通过 3~5 年预研结果的比较，择优选取 2 种同位素源的测量，确定可以在 CJPL 建设下一代具有世界领先水平的无中微子双贝塔衰变实验的探测器技术方案。争取在不长的时间内集中优势力量，实现在 CJPL 开展无中微子双贝塔衰变实验，达到与国际上新一代的无中微子双贝塔衰变实验相比具有我们特定的科学和技术优势。

　　同时，我们必须从现在起，在国内进一步提升无中微子双贝塔衰变相关理论的研究。特别是原子核理论方面，未来的核矩阵元计算亟需建立和发展高精度的理论模型，考虑超越平均场的各种高阶效应和多体关联效应，提高模型的预言能力，为下一代实验探索无中微子双贝塔衰变物理提供强有力的理论依据。

孟杰 (北京大学)
邢志忠 (中国科学院高能物理研究所)
张焕乔 (中国原子能科学研究院)

Abstract

I. Introduction

The neutrinoless double-beta ($0\nu\beta\beta$) decay is an important scientific frontier in the field of particle physics and nuclear physics in the world, and is one of the scientific goals that may lead to break through for the standard model in particle physics. In order to promote effectively the experimental research on $0\nu\beta\beta$ decays in China Jinping Underground Laboratory (CJPL), and participate earlier in the international competition in this field as well as strive to be its forefront, a Strategic Research Group with more than 30 experts in related fields in China is formed and founded by Division of Mathematics and Physics of the Chinese Academy of Sciences. After nearly two years of in-depth investigation and careful discussion as well as consulting the peers widely, the output is summarized in the recommendation Strategy Research Report which includes scientific significance, international status, domestic status, experimental programs, and recommendations, etc. That constitutes the very basis of this book.

II. Scientific significance

The existence of a new sort of fermions, called "neutrinos", was first conjectured by Wolfgang Pauli in 1930 to interpret the fact that the observed continuous energy spectrum of the final-state electrons emitted from the nuclear beta decay. In 1933, Enrico Fermi formulated the effective field theory for beta decays based on Pauli's hypothesis. It was Maria Goeppert-Mayer who first calculated the double beta decays of some nuclei with both even atomic number Z and even atomic mass number A in 1935, and she predicted 35 decay modes of this kind. Two years later, Ettore Majorana assumed that a massive neutrino might be its own antiparticle, the so-called

Majorana neutrino, which means lepton number violation. In 1939, Wendell Furry pointed out that the Majorana nature of massive neutrinos would allow the decays $^A_Z N \rightarrow ^{\ A}_{Z+2} N + 2e^-$ to happen. Such special double-beta decays have no neutrinos in their final states, and thus they are referred to as the 0νββ decays.

The experimental studies of the 0νββ decays will offer decisive answers to the following fundamentally important questions or, at least, a part of them: 1) whether lepton number is conserved or not; 2) whether massive neutrinos are intrinsically of the Majorana nature; 3) the absolute scale of neutrino masses; 4) the Majorana-type CP-violating phases; 5) reliable theoretical calculations of nuclear matrix elements; and 6) other new physics beyond the standard model which contributes to the 0νββ decays. Current experiments indicate that the probability of a given 0νββ decay is very small, and its half-life should be longer than 1.07×10^{26} years. In both the long-term strategic program released by the Department of Energy and Natural Science Foundation in the United States in 2015 and that published by the APPEC Scientific Advisory Committee in Europe in 2017, the next-generation underground experiments of 0νββ decays have been recommended as the big science projects with the highest priority.

III. Current status and trends

1. International status and trends

Current international 0νββ-decay experiments are mainly conducted in some underground laboratories of the United States, Italy, Japan and France, and the experiments running with the isotopes of considerable scales include GERDA, MAJORANA Demonstrator, CUORE, KamLAND-Zen, EXO-200, etc. GERDA and MAJORANA Demonstrator use the technology of the high-purity Germanium detector. They have been operating respectively in the Laboratori Nazionali del Gran Sasso (LNGS) in Italy and the Sanford Underground Research Facility in the United States for many years, and have achieved competitive limits for the 0νββ process of ^{76}Ge. CUORE employs the technology of the TeO_2 crystal calorimeter to operate in LNGS, with the goal of observing the 0νββ process of ^{130}Te. KamLAND-Zen uses the liquid scintillation technology and operates at the Kamioka Observatory in Japan. Meanwhile, EXO-200 has been operating in the United States with a liquid Xenon detector. Both KamLAND-Zen and EXO-200 are designed to find the 0νββ decay of ^{136}Xe. Current lower limits on the half-lives of the 0νββ processes are around $10^{25} \sim 1.07\times 10^{26}$ years, which correspond to the upper bounds for the effective Majorana neutrino mass of 60~520 meV.

After several decades of continuous efforts, scientists have achieved the orders-of-magnitude improvement for the detection and background-reduction technologies of the 0νββ-decay experiments, which are approaching or have reached the requirement of the next generation ton-scale experiments. The scientific goal of the next-generation 0νββ-decay experiments is to study the quasi-degenerate and inverted hierarchy regions of the neutrino mass spectrum, covering the experimental sensitivity for the effective Majorana mass range of about 10~50 meV. If massive neutrinos are the Majorana particles and have the quasi-degenerate or inverted mass spectrum, the next-generation experiments will hopefully be able to discover the 0νββ-decay signals, and this which will be a revolutionary discovery in the fields of particle physics and nuclear physics. If no 0νββ-decay signal is observed in this mass range, then the future 0νββ-decay searches beyond the next-generation experiments will have to do everything possible to cover the non-degenerate normal mass ordering region, and the experimental sensitivity for the effective Majorana neutrino mass needs to reach the unprecedented precision range of 1~10 meV.

2. Domestic status and trends

CJPL is located in Jinping hydropower project area of Liangshan Yi Autonomous Prefecture, Sichuan Province, southwest China. Based on the deep-lying horizontal long tunnel of Jinping-II Hydropower Station through Jinping Mountain, CJPL is the first-class underground laboratory with the deepest rock overburden and best experimental conditions in the world. It has the advantages of deep rock overburden, ultra-low cosmic ray flux, low natural background radiation of rocks, convenient transportation and complete supporting facilities. The completion of CJPL marks that China already has an independent underground experimental platform for key frontier fundamental scientific research in physics with ultra-low radiation background, which is of great significance for promoting independent research on key frontier fundamental subjects in related fields in China. The underground laboratory has provided an excellent platform for China to carry out not only low background experiments on dark matter, 0νββ decays, nuclear astrophysics, etc., but also experimental research on deep underground geomechanics and geological structure.

China has the world's deepest underground laboratory in Jinping, with 2400m rock overburden and ultra-low background, providing an excellent place for the 0νββdecay research. The Institute of Physical and Chemical Engineering of Nuclear Industry and the related factories affiliated to China National Nuclear Corporation have the capability to provide services of separating and enriching isotopes. At present, there are four scientific research teams in China conducting preliminary research on $0\nu\beta\beta$ decays, including the CDEX collaboration led by Tsinghua University searching for the ^{76}Ge $0\nu\beta\beta$ decay with HPGe gamma detector arrays, the NvDEx team led by the Institute of Modern Physics (IMP) of the Chinese Academy of Sciences searching for the ^{82}Se $0\nu\beta\beta$ decay with high pressure gaseous Time Projection Chamber (TPC), the CUPID-China Collaboration led by Fudan University searching for the ^{100}Mo $0\nu\beta\beta$ decay with a crystal bolometer array, and the PandaX Collaboration led by Shanghai Jiaotong University searching for the ^{136}Xe $0\nu\beta\beta$ decay with large liquid xenon detectors. After completing the primary scientific goal of determining the neutrino mass hierarchy, the Jiangmen Underground Neutrino Observatory (JUNO) Collaboration led by the Institute of High Energy Physics (IHEP) of the Chinese Academy of Sciences plans to use a giant liquid scintillator detector to conduct experiments on the $0\nu\beta\beta$-decay detection if necessary.

IV. Possible projects in China

1. The CDEX experiment

The CDEX (China Dark Matter Experiment) collaboration, established in 2009 and led by Tsinghua University, consists of more than 70 members from Sichuan University, Nankai University, China Institute of Atomic Energy, Beijng Normal University, Peking University, Sun Yat-Sen University, Yalong River Hydropower Development Company, Tsinghua University and so on. CDEX takes the advantage of the world's deepest underground laboratory CJPL, and is now devoted to developing a ton-scale point contact germanium detector (PCGe) array for light dark matter direct detection and the ^{76}Ge $0\nu\beta\beta$-decay experiment.

Besides the high energy resolution and good energy linearity, PCGe can realize ultra-low energy threshold and ultra-low background. The dark matter research group of Tsinghua University, jointed by the TEXONO collaboration had carried out light dark matter direct detection experiment at South Korea Y2L underground laboratory from 2003 before the CDEX collaboration was founded. The first dark matter direct detection result from the TEXONO experiment was published in 2009, which testified the feasibility of using PCGe in dark matter direct detection. After that, the CDEX collaboration is founded and start the direct dark matter search experiment based on CJPL.

In a ^{76}Ge 0νββ-decay experiment, the radioactive background of the germanium detector array is being carefully studied according to the data and experience of the current international germanium experiments and CDEX's PCGe detector system, including the sources, classes, and relative intensities. The method to identify and suppress the backgrounds can be established based on the knowledge of the contribution of different background sources. The technique of growing ^{76}Ge enriched HPGe crsytal and detector fabricating in the underground facility is also being studied and developed by CDEX. A ~100kg ^{76}Ge enriched high purity germanium (HPGe) detector array will be constructed and operated for data collecting in years. The estimated background level is approximately 1 counts/keV/ton/year for the first stage, and will be the foundation of the future ton-scale ^{76}Ge 0νββ-decay experiment with a detecting sensitivity at 5~15 meV effective neutrino mass level. Meanwhile CDEX, GERDA collaboration from Europe and Majorana collaboration from USA have established a new LEGEND collaboration to jointly push forward an internationally collaborated ton-scale ^{76}Ge the 0νββ-decay experiment, hoping to make breakthroughs in several neutrino science frontiers, such as neutrino hierarchy.

2. The NνDEx experiment

The newly developed Topmetal pixel technology will be used as read-out electronics for the NνDEx TPC with the pressurized ^{82}SeF$_6$ gas. The uniqueness of the device can be summarized as: (a) the newly developed Topmetal offers high sensitivity for ion charge collection. It has been tested that the Topmetal can be operated effectively without gains and the energy resolution of 1% will be reached at the Q-value; (b) the designed array of Topmetal also provide track by track identification. Combined with the decay topology, the background will be further suppressed.

The NνDEx Experiment is planned to be placed inside the deepest underground laboratory CJPL. The double-beta decay Q-value of the isotope of ^{82}Se, 2.9996 MeV, higher than the end-point of the natural gamma radioactivity around 2.6 MeV, will help to reduce the influence of the background. The tailored design of the Topmetal pixel technology offers unique high resolution for both measured ion energy and positions allowing track by track identification, discrimination and decay topology, further suppress other backgrounds. Furthermore, with the TPC technology, a ton of the ^{82}Se medium can be ready constructed. It is also straightforward to scale up to a multi-ton system with the adequate gas and protecting infrastructure. Within the next three-year, the plan is to make a 100 kg prototype, NvDEx0, that will be operated in the underground laboratory. Few years later, a full scale 200 kg NvDEx1 detector will be constructed up to 1 ton. Simulation results show that with 1% energy resolution five-year of running the system could reach the sensitivity of the effective Majorana mass 5 meV $< |\langle m \rangle_{ee}| <$ 20 meV, corresponding to the half-life of 10^{28} years.

3. Crystal Bolometer Experiment based on CUPID Technology

The cryogenic crystal bolometer technology, represented by the CUORE experiment at LNGS, has achieved revolutionary breakthrough in the past twenty years. The current R&D for next generation of bolometer detector centers on CUPID (CUORE Upgrade with Particle IDentification) technology. CUPID plans to deploy CUORE cryogenic system and utilize newly developed scintillating Li_2MoO_4(LMO) crystal and light-heat duel readout scheme to suppress further background in the Q value region for the 0νββ decay. The major scientific goal of the next generation ultra-low background large-scale crystal bolometer experiment for the 0νββ decay is to reach a sensitivity of the effective Majorana neutrino mass of 10 meV, covering the full regime of the inverted neutrino mass hierarchy.

Crystal is the key component of cryogenic bolometer detector for the 0νββ decay experiment. The development of both material purification and growth technique for crystal production plays an essential role in determining the performance characteristics of crystal bolometer. The production of ultra-pure crystals with extremely low radioactive contaminants is a fundamental requirement for any advanced 0νββ bolometer detector with high sensitivity. The Chinese collaborating institutions have the technical expertise and are leaders for ultra-pure crystal growth in the world.

The Chinese collaboration plans to develop a CUPID technology-based cryogenic crystal bolometer detector at CJPL to search for the 0νββ decay from ^{100}Mo isotope. The cryogenic bolometer experimental program will be developed in three phases. The phase one will be the establishment of cryogenic bolometer prototype and testing facility for ultra-pure crystal production. The phase two will be the construction of a demonstrator with an effective 20 kg of enriched ^{100}Mo isotope, improvement of technology for enriched material purification and enriched crystal production, and further suppression of background to achieve the sensitivity necessary for large ton-scale experiments. The phase three will include the construction and operation of a ton-scale 0νββ cryogenic detector experiment with the scientific goal of 10 meV sensitivity of the effective Majorana neutrino mass. The near- to mid-term goals include: 1) Development and construction of a cryogenic particle detector in China for the first time; 2) Establishment of a cryogenic facility for ultra-pure crystal testing whose working temperature to be stabilized around 10 mK; 3) Effective control of mechanical vibration to achieve an energy resolution of 10 keV near the 2615 keV γ background region; and 4) Design of an innovative shielding system to suppress radioactive background external to crystals. The team will continue to improvise the technique for ultra-pure crystal production, and to work towards a technical design and Monte Carlo of a large scale next generation CUPID-technology based cryogenic detector with a goal of background index of approach 10^{-4} counts/keV/kg/year in the 0νββ-decay Q-value region for ^{100}Mo isotope. The collaboration will strive to lay a solid technical foundation and build up an experienced Chinese research team for possible new generation of a large ton-scale international cryogenic detector experiment at CJPL dedicated to the 0νββ decay science.

4. The PandaX experiments

The PandaX (Particle and Astrophysical Xenon TPC) experiments utilize large TPC with liquid and gaseous xenon to search for the 0νββ decay of ^{136}Xe. The collaboration was founded in 2009 and current member institutes include Shanghai Jiao Tong University, Peking University, Shandong University, University of Science and Technology of China, Fudan University, Nankai University, Beihang University, China Institute of Atomic Energy, Sun Yat-sen University, Yalong River Hydropower Development Company, Maryland University (USA), CEA Saclay (France), Zaragoza University (Spain), and Suranaree University of Technology (Thailand). The collaboration has developed a series of liquid xenon TPC to search for dark matter candidate particles and invested in double beta decay searches increasingly in recent years. In 2019, the collaboration published the 0νββ-decay results using PandaX-II data with 500 kg of natural xenon. This is the first of such results from a dark matter dual-phase xenon detector. Starting in 2016, PandaX started the R&D work on high pressure gaseous TPC, focusing on its unique capability of track reconstruction for the 0νββ-decay signal identification.

The PandaX collaboration will search for dark matter particle as well as the 0νββ-decay signals with the upcoming PandaX-4T detector. In the region of interest (ROI) of the 0νββ decay, emphasis will be on the dual readout scheme of Photomultipliers (PMT) and removal of radon, especially ^{222}Rn from xenon medium. With the newly designed PMT biasing and readout circuits, we expect to improve the energy resolution in the ROI for the 0νββ-decay search by a factor of two with respect to PandaX-II. The online gas distillation system, together with better surface passivation treatment of key internal parts will suppress the contamination of ^{222}Rn by an order of magnitude. Assuming three years of live data, the expected half-life sensitivity to the 0νββ decay reaches 10^{25} year level (90% CL). Future, even larger liquid TPC detectors with 30 ton of xenon or more may consist of more than 2.7 ton of ^{136}Xe, and the subsequent half-life sensitivity can reach 6×10^{26}year. If dramatic improvement over radiopurity of detector materials can be expected, the half-life sensitivity can be further enhanced to 8×10^{27} year and the corresponding effective Majorana neutrino mass sensitivity can be better than the inverted hierarchy and nearly degenerate region of the parameter space.

The PandaX collaboration is also working on the R&D of gaseous PandaX-III TPC, which utilizes Micromegas (Micro-MEsh Gaseous Structure Detector) as charge readout modules to track possible 0νββ-decay trajectories with high granularity. Monte Carlo simulation indicates that the tracking capability can be used to suppress background rate by at least a factor of 35. The expected background budget of the first PandaX-III detector is as low as 10^{-4} /keV/kg/year, and the half-life sensitivity is 9×10^{25} year with 150 kg of enriched ^{136}Xe for an exposure of 3 years. Future ton-scale experiment aims to further improve the energy resolution, lower the background level, and enhance the half-life sensitivity to 1×10^{27} year (90% CL). The corresponding effective Majorana neutrino mass sensitivity is in between 20 to 50 meV.

Last but not least, another ambitious project aiming to search for a positive signal of the 0νββ decay is expected to be based on the 20-kiloton liquid scintillator detector of the JUNO reactor antineutrino oscillation experiment in China. After the primary scientific goals of this experiment (e.g., to determine the neutrino mass ordering) are achieved, its detector can be properly changed to serve as a huge device to detect the 0νββ decay to an unprecedented degree of sensitivity.

V. Enrichment of ^{136}Xe, ^{76}Ge, ^{82}Se and ^{100}Mo by the centrifugation method

The centrifugation method is feasible to enrich isotopes ^{136}Xe, ^{76}Ge, ^{82}Se and ^{100}Mo. The demand of those isotopes with concentration abundance of about 90% will be of the ton scale in the next-generation 0νββ-decay experiments. Under some given initial conditions, the cascade calculation is carried out and the separation schemes for the above-mentioned four isotopes are optimized, also the levels of difficulties of producing them in a large amount are compared. The following observations can be obtained from our analysis. 1) The working medium for Xe-isotope separation is mono-element xenon, and that for the other isotopes is their fluoride. So enriching ^{136}Xe is easier than enriching other isotopes. 2) It only takes 320 days to produce one ton of ^{136}Xe isotope with abundance of 90%; while producing one ton of the other isotopes takes more time, roughly between 700 and 1500 days. 3) In this connection 10, 25, 25 and 20 tons of the raw materials are needed, respectively, to produce one ton of ^{136}Xe, ^{76}GeF$_4$, ^{82}SeF$_6$ and ^{100}MoF$_6$. So it is obvious that the utilization rate of raw materials for Xe is the highest. In summary, the large-scale production of ^{136}Xe isotope is much easier than the others. In view of the current domestic research and development situation, the ^{136}Xe isotope enrichment technology has been fully mature. As long as the investment is enough, a large-scale production of ^{136}Xe isotope can be realized in a short time. However, it remains difficult for a large-scale production of ^{76}Ge, ^{82}Se and ^{100}Mo isotopes at present time. Based on the existing studies, it is expected to make some technological breakthroughs in the near future and finally achieve the goal of a large-scale production. One of the prerequisites is certainly the financial support via a research project. Therefore, it is important to focus on the most appropriate isotope for a realistic 0νββ-decay experiment once the results from the pre-research projects of different isotopes are available.

VI.   Suggestions and recommendations

The 0νββ-decay physics is a major frontier topic in particle physics and nuclear physics, and it is worth carrying out as a major scientific goal in CJPL. The next 3-5 years are the best time window for a world-class large-scale 0νββ-decay experiment in the field of Chinese physics in CJPL. Seizing the opportunity to take advantage of the geographical advantages of this underground laboratory, China is expected to establish a cutting-edge research center with world-class competitiveness for the 0νββ decay experiments.

We suggest that a domestic pre-research on the technology of the 0νββ-decay experiment be initiated as early as possible. Then after the comparison of the results of 3-5 years of pre-research, the measurement of 2 isotope sources on the basis of merit is selected, and the detector technology scheme that can build the next-generation 0νββ-decay experiment with world-leading level in CJPL is determined. In a short period of time, superior force is concentrated and the 0νββ-decay experiments are implemented in CJPL with specific scientific and technological advantages in comparison with the international new-generation of the 0νββ-decay experiment.

At the same time, the theoretical study of 0νββ decays in China must be further enhanced from now on. Especially in the field of nuclear theory, the future nuclear matrix element calculation is in urgent need in establishing and developing high-precision theoretical models, considering the various high-order effects and many-body correlation effects beyond the mean field, improving the predictive power of the model, and providing strong theoretical support for the next-generation experiments to explore the physics of 0νββ decays.

MENG Jie (Peking University)

XING Zhi-zhong (Institute of High Energy Physics, Chinese Academy of Sciences)

ZHANG Huan-qiao (China Institute of Atomic Energy)

目　　录

第 1 章　无中微子双贝塔衰变的粒子物理学机制

李玉峰　　　邢志忠　　　赵振华　　　周　顺

1.1　引　　言

1.1.1　从贝塔衰变到无中微子双贝塔衰变

随着放射性和原子核的发现及 (狭义) 相对论和量子力学的诞生，核物理学也在 20 世纪初期逐渐发展起来，其研究重点之一就是原子核的贝塔 (beta) 衰变。当时理论预期 $^3_1\text{H} \rightarrow \, ^3_2\text{He} + \text{e}^-$ 二体贝塔衰变反应的末态电子能谱是分立谱，即电子具有确定的能量和动量①，但是实验观测到的电子能谱却是连续谱。为了解释这一出人意料的 "新物理" 现象，即理论预期与实验结果之间的矛盾，奥地利物理学家泡利 (Wolfgang Pauli) 于 1930 年 12 月底猜想：氚原子核的贝塔衰变可能是三体过程 $^3_1\text{H} \rightarrow \, ^3_2\text{He} + \text{e}^- + \bar{\nu}_e$，即该反应的产物还包含一个电中性、自旋 1/2、质量很小的 "隐身" 粒子 $\bar{\nu}_e$。这个当时被泡利称作 "中子" 的新粒子带走了一部分能量和动量，因此实验上测得的电子能量分布才变成了连续谱。

为了将泡利的假想粒子 "中子" 与后来英国物理学家查德威克 (James Chadwick) 于 1932 年发现的真正中子 (neutron) 区分开来，意大利物理学家费米 (Enrico Fermi) 等为前者取了更加贴切的名字：中微子 (neutrino)，即微小的中性粒子。1933 年底，费米将泡利的中微子假说、英国物理学家狄拉克 (Paul Dirac) 关于产生与湮灭算符的概念以及德国物理学家海森伯 (Werner Heisenberg) 提出的同位旋对称性有机地结合在一起，建立了贝塔衰变的有效场论 [1–3]。基于这一理论，最简单、最基本的贝塔衰变过程 $\text{n} \rightarrow \text{p} + \text{e}^- + \bar{\nu}_e$ 实质上是通过由质子和中子构成的核子流与由电子和电子型反中微子构成的轻子流之间的相互作用而发生的，两者的耦合系数就是费米耦合常数 $G_\text{F} = 1.166 \times 10^{-5} \, \text{GeV}^{-2}$。

1935 年，德裔美国物理学家格佩特–迈耶 (Maria Goeppert-Mayer) 基于费米两年前提出的贝塔衰变理论首次计算了原子核的双贝塔衰变过程 [4]，即 $^A_Z\text{N} \rightarrow \, ^{\ \ A}_{Z+2}\text{N} + 2\text{e}^- + 2\bar{\nu}_e$。这类原子序数 Z 和质量数 A 均为偶数的原子核之所以可以发生双贝塔衰变，是因为神奇的核子配对效应会使得偶偶核 ^A_ZN 和 $^{\ \ A}_{Z+2}\text{N}$ 的质

---

① 注意当时科学家主要研究的其实是镭等具有天然放射性的重元素的贝塔衰变过程，以及氮和锂等轻元素的贝塔衰变反应，而更轻的氚元素直到 1934 年才被卢瑟福 (Ernest Rutherford) 等合成出来。但为了简单起见，这里以氚元素为例介绍贝塔衰变的能谱危机问题。

量低于奇奇核 $_{Z+1}^{A}N$ 的质量，故而原子核 $_{Z}^{A}N$ 虽然无法衰变到比它重的原子核 $_{Z+1}^{A}N$，但却可以衰变到 $_{Z+2}^{A}N$，尽管其反应概率比单个贝塔衰变过程的反应概率要低得多。在实验中探测此类稀有过程很不容易，直到 1987 年，美国物理学家莫伊 (Michael Moe) 等才在实验室中第一次观测到了核素 $_{34}^{82}Se$ 的双贝塔衰变过程 [5]，即 $_{34}^{82}Se \rightarrow \,_{36}^{82}Kr + 2e^{-} + 2\overline{v}_{e}$。

1937 年，意大利物理学家马约拉纳 (Ettore Majorana) 指出中微子的反粒子可能是它自身，因此对应中微子的轻子数 ($L = +1$) 和对应反中微子的轻子数 ($L = -1$) 不再是好量子数，即轻子数不守恒 [6]。需要注意的是，中微子只有在空间自由传播时才具有确定的质量，其质量本征态记为 v_i(其中 $i = 1, 2, 3$)；而它们在与物质发生相互作用时处于 "味" 本征态，即 v_{α}(其中 $\alpha = e, \mu, \tau$)，后者是质量本征态的线性叠加。所以只有当马约拉纳中微子处于质量本征态时，$v_i^c = v_i$ 成立 (其中 "c" 代表电荷共轭变换)，才可以说它们的反粒子等于其自身。就在马约拉纳提出他的新型费米子的概念之后不久，意大利物理学家拉卡 (Giulio Racah) 也撰文探讨了这一崭新的概念及其对贝塔衰变过程的影响 [7]，并强调了它适用于描述有质量的中微子。

1939 年，美国物理学家弗里 (Wendell Furry) 发现中微子的马约拉纳属性可以导致双贝塔衰变过程 $_{Z}^{A}N \rightarrow \,_{Z+2}^{A}N + 2e^{-}$，其末态不含有中微子，因此被称为无中微子双贝塔衰变 [8]。某些原子序数和质量数均为偶数的原子核内部两个中子各自发生贝塔衰变，所释放出来的马约拉纳中微子与其反粒子等价而相互 "吸收"，导致整个反应的轻子产物仅为两个电子，故而这类不含中微子的双贝塔衰变过程从初态到末态的轻子数变化为 $\Delta L = 2$。由马约拉纳中微子 "传递" 的无中微子双贝塔衰变的反应概率不仅依赖于相空间因子和核矩阵元 (NME)，还依赖于有效的中微子质量项 (后者记为 $\langle m \rangle_{ee}$)，其数值远低于同一原子核的双贝塔衰变的反应率。

1982 年，美国物理学家谢克特 (Joseph Schechter) 和西班牙物理学家瓦尔 (Jose Valle) 提出了一个著名的定理 [9]：倘若无中微子双贝塔衰变反应果真发生了，那么不论该过程是否由马约拉纳中微子 "传递"，理论上都一定存在一个有效的马约拉纳质量项。换句话说，该轻子数不守恒的过程可用来确认有质量中微子的马约拉纳属性。事实上，由于中微子的微小质量压低了几乎所有可能发生的轻子数不守恒的过程，无中微子双贝塔衰变就成为目前在实验上唯一有希望确认中微子的马约拉纳属性的稀有过程。

1.1.2　无中微子双贝塔衰变的分类与核素选取

原子核是强核力作用下由质子和中子组成的束缚态系统，根据内部包含的质子和中子数目的奇偶性可分为 "奇奇核" "奇偶核" "偶偶核" 等。由于质子与质子之间或者中子与中子之间可以形成类似于超导理论中 "库珀对" 的束缚态，这种奇妙

的核配对效应使得 "偶偶核" 相对于其邻近的同位旋相似态 "奇奇核" 具有更低的基态能级，即具有更小的质量，因此这类 "偶偶核" 无法发生常规的贝塔衰变，但是相差两个原子序数的相邻 "偶偶核" 之间有机会发生双贝塔衰变。

图 1-1 给出了 $_{32}^{76}\mathrm{Ge}$ 所在的 $A = 76$ 同位旋相似态系统。其中核素 $_{32}^{76}\mathrm{Ge}$、$_{34}^{76}\mathrm{Se}$ 是原子序数分别为 32 和 34 的 "偶偶核"，而核素 $_{33}^{76}\mathrm{As}$ 是原子序数等于 33 的 "奇奇核"。该图的纵坐标是以 $_{34}^{76}\mathrm{Se}$ 为参考的各个核素的相对质量差[10]，所以 $_{32}^{76}\mathrm{Ge}$ 核素内部可以发生两个中子同时转化为两个质子的双贝塔衰变过程，从而转化为 $_{34}^{76}\mathrm{Se}$ 核素。

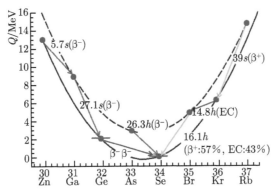

图 1-1　$A = 76$ 的同位旋相似态系统的基态结合能分布示意图

其中 $_{32}^{76}\mathrm{Ge}$ 只能发生双贝塔衰变，转化成 $_{34}^{76}\mathrm{Se}$。Zn, Ga, Ge, As, Se, Br, Kr, Rb: 不同种类的原子核；

Q: 相对于 Se 原子核的质量差；$\beta^\pm$: 贝塔衰变；$\beta^-\beta^-$: 双贝塔衰变；EC: 电子俘获衰变

贝塔衰变可分为放出电子的贝塔衰变 (β^- 衰变)、放出正电子的贝塔衰变 (β^+ 衰变) 及俘获轨道电子的电子俘获过程 (EC 过程)。双贝塔衰变过程与上述情况类似，其中有中微子放出的过程也分为放出两个电子的双贝塔衰变 $_{Z}^{A}\mathrm{N} \to {}_{Z+2}^{A}\mathrm{N} + 2\mathrm{e}^- + 2\bar{\nu}_\mathrm{e}$ (β^- 衰变)、放出两个正电子的双贝塔衰变 $_{Z}^{A}\mathrm{N} \to {}_{Z-2}^{A}\mathrm{N} + 2\mathrm{e}^+ + 2\nu_\mathrm{e}$ (β^+ 衰变) 以及俘获单个或两个轨道电子的双贝塔衰变过程 $_{Z}^{A}\mathrm{N} + \mathrm{e}^- \to {}_{Z-2}^{A}\mathrm{N} + \mathrm{e}^+ + 2\nu_\mathrm{e}$ 或 $_{Z}^{A}\mathrm{N} + 2\mathrm{e}^- \to {}_{Z-2}^{A}\mathrm{N} + 2\nu_\mathrm{e}$ (EC 过程)。无中微子双贝塔衰变的分类和有中微子的情况一一对应，也包含上述四种衰变过程。此外，如果满足能级跃迁条件，上述双贝塔衰变对应的末态核素为激发态的过程也可以发生，从而放出额外的光子信号。

无中微子双贝塔衰变实验的具体设计涉及很多方面，诸如核素的天然丰度、探测器的靶质量、探测器的能量分辨率以及信号区域的探测器本底等[11]。首先，双贝塔衰变的端点能量 $Q_{\beta\beta}$ 代表其末态轻子的总能量，通常情况下也是无中微子双贝塔衰变的信号所在的位置。从具体实验的角度来看，更大 $Q_{\beta\beta}$ 值的核素可以减少实验材料和来自环境的放射性的影响，从而获得更高的实验灵敏度。目前常见的无中微子双贝塔衰变实验的核素 $Q_{\beta\beta}$ 值都大于 2 MeV。由于无中微子双贝塔衰变的相空间因子正比于 $Q_{\beta\beta}$ 的五次方，因此在相同条件下 $Q_{\beta\beta}$ 越大衰变率也越大。其次，核素获取的难易程度和实际价格也是设计实验需要考虑的重要因素，这其中最关键的参数就是核素的天然丰度。比方说，虽然 $^{48}_{20}$Ca 核素的 $Q_{\beta\beta}$ 值高达 4.3 MeV，但是其天然丰度只有 0.19%，这就使得开展高丰度的 $^{48}_{20}$Ca 双贝塔衰变实验的成本极高。与此相反，$^{130}_{52}$Te 核素的天然丰度超过 30%，是在不进行人工富集的前提下用于无中微子双贝塔衰变实验的最好选择。最后，具体的核素选择还需要考虑实验技术的成熟度、能量分辨率、核矩阵元的计算难度等因素。到目前为止，并没有发现各方面因素都达到最优的理想核素，只能针对部分因素进行相应的优化选择。$^{76}_{32}$Ge、$^{136}_{54}$Xe、$^{130}_{52}$Te 等核素都已经被证明是合适的选择方案，实验上已经测量到它们相应的双贝塔衰变的寿命，并给出了具有国际竞争力的无中微子双贝塔衰变半衰期的下限。表 1-1 列出了常用核素的主要参数特征，包括其天然丰度 [12] 和 $Q_{\beta\beta}$ 值。

表 1-1　若干常用无中微子双贝塔衰变的核素特征（包括其天然丰度和 $Q_{\beta\beta}$ 值）

核素符号	核素的天然丰度/%	$Q_{\beta\beta}$/MeV
$^{48}_{20}$Ca	0.19	4.263
$^{76}_{32}$Ge	7.8	2.039
$^{82}_{34}$Se	8.7	2.998
$^{96}_{40}$Zr	2.8	3.348
$^{100}_{42}$Mo	9.8	3.035
$^{116}_{48}$Cd	7.5	2.813
$^{130}_{52}$Te	34.1	2.527
$^{136}_{54}$Xe	8.9	2.459
$^{150}_{60}$Nd	5.6	3.371

1.1.3　理论与实验研究现状及其面临的挑战

过去 20 多年间，中微子振荡现象的发现证明了中微子具有微小的质量和较大的味混合效应 [13]，这为利用无中微子双贝塔衰变实验确定中微子的马约拉纳属性提供了重要基础。在此期间无中微子双贝塔衰变的实验与理论研究都取得了长足进展，但也遇到了很多挑战。本节将对这两方面进行简单的总结和展望。

1987 年，美国物理学家莫伊等首次观测到核素 $^{82}_{34}$Se 的双贝塔衰变过程 ($2\beta_{2\nu}$)，并测得 $^{82}_{34}$Se $\rightarrow$ $^{82}_{36}$Kr $+ 2e^- + 2\bar{\nu}_e$ 的半衰期为 $1.1^{+0.8}_{-0.3} \times 10^{20}$ a [1-5]。此后，各种不同类型的实验也发现了其他核素的双贝塔衰变现象，其基态到基态反应过程的半衰期如表 1-2 的第二列所示 [14]。与此同时，实验上对这些核素还进行了无中微子双贝塔衰变 ($2\beta_{0\nu}$) 的探测，但都没有发现令人信服的信号，只是分别给出了相应核素的半衰期的下限，其数值如表 1-2 的第三列所示 [11]。

表 1-2　若干常见核素的基态到基态 $2\beta_{2\nu}$ 衰变的半衰期和 $2\beta_{0\nu}$ 衰变半衰期的下限

核素符号	$2\beta_{2\nu}$ 半衰期/a	$2\beta_{0\nu}$ 半衰期下限/a
$^{48}_{20}$Ca	$4.4^{+0.6}_{-0.5}\times10^{19}$	5.8×10^{22}
$^{76}_{32}$Ge	$1.65^{+0.14}_{-0.12}\times10^{21}$	8.0×10^{25} (GERDA)
		2.7×10^{25} (MD)
$^{82}_{34}$Se	$0.92^{+0.07}_{-0.07}\times10^{20}$	3.6×10^{23}
$^{96}_{40}$Zr	$2.3^{+0.2}_{-0.2}\times10^{19}$	9.2×10^{21}
$^{100}_{42}$Mo	$7.1^{+0.4}_{-0.4}\times10^{18}$	1.1×10^{24}
$^{116}_{48}$Cd	$2.87^{+0.13}_{-0.13}\times10^{19}$	1.0×10^{23}
$^{130}_{52}$Te	$6.9^{+1.3}_{-1.3}\times10^{20}$	1.5×10^{25}
$^{136}_{54}$Xe	$2.19^{+0.06}_{-0.06}\times10^{21}$	10.7×10^{25} (KZ)
		1.8×10^{25} (EXO-200)
$^{150}_{60}$Nd	$8.2^{+0.9}_{-0.9}\times10^{18}$	2.0×10^{22}

$^{76}_{32}$Ge、$^{136}_{54}$Xe 和 $^{130}_{52}$Te 三种核素是现阶段无中微子双贝塔衰变实验的主流选择 [15-19]。GERDA 和 Majorana Demonstrator (MD) 两个实验组都选用了 $^{76}_{32}$Ge 作为其研究对象。GERDA 实验位于意大利的格兰萨索国家实验室 (Laboratori Nazionali del Gran Sasso, LNGS)，它利用富集度为 86% 的 $^{76}_{32}$Ge 探测器所收集到的观测数据，在 90% 的置信度水平给出 $^{76}_{32}$Ge 发生 $2\beta_{0\nu}$ 衰变的半衰期下限为 8.0×10^{25} a。与此同时，美国的 MD 实验组建造了 29.7 kg 88% 富集度的 $^{76}_{32}$Ge 探测器，其最新测得的 $^{76}_{32}$Ge 发生 $2\beta_{0\nu}$ 衰变的半衰期下限为 2.7×10^{25} a。针对 $^{136}_{54}$Xe 核素的测量主要有 Enriched Xenon Observatory (EXO)-200 和 KamLAND-Zen (KZ) 实验。美国的 EXO-200 实验使用 110kg 80.6% 富集度的 $^{136}_{54}$Xe 作为有效靶质量，其 $2\beta_{0\nu}$ 衰变半衰期下限的最新结果是 1.8×10^{25} a。日本的 KZ 双贝塔衰变实验采用的是 320 kg 90% 富集度的 $^{136}_{54}$Xe 核素，给出了迄今为止国际领先的 $2\beta_{0\nu}$ 衰变测量结果——半衰期的下限达到了 1.07×10^{26} a。在意大利 LNGS 开展的 Cryogenic Underground Observatory for Rare Event (CUORE) 实验，使用具有天然丰度的 $^{130}_{52}$Te 核素和低温晶体量能器技术，得到了 $^{130}_{52}$Te 核素发生 $2\beta_{0\nu}$ 衰变的半衰期下限为 1.3×10^{25} a。

下一代无中微子双贝塔衰变实验的目标是将半衰期的灵敏度提高到 $10^{27}\sim10^{28}$a，因此需要在提高核素的靶质量、提高探测器的能量分辨率和降低信号区域本底等方面挑战国际低本底稀有事例探测的最前沿。$2\beta_{0\nu}$ 衰变半衰期的灵敏度可以用如下公式描述：

$$T^{0\nu}_{1/2}\propto\begin{cases} aM\varepsilon t, & \text{没有本底情况} \\ a\varepsilon\sqrt{\dfrac{Mt}{B\,\Delta E}}, & \text{存在本底情况} \end{cases}$$

其中 a 为核素的丰度，M 为有效靶质量，ε 为探测效率，t 为实验运行时间，ΔE

为探测器的能量分辨率，B 为信号区域单位宽度单位质量及单位时间的本底指数。从公式可以看出，半衰期的灵敏度在无本底的情况下随运行统计量线性变化，但在有本底的情况下随统计量的平方根变化。因此，下一代实验在提高靶质量的同时所面临的另一个关键挑战是降低信号区域的本底指数——这包括来自 $2\beta_{2\nu}$ 衰变信号的干扰、放射性本底、宇宙线本底、太阳中微子本底等方面。除了提高能量分辨率、减少材料放射性和提高岩石覆盖率等常用技术手段之外，对衰变过程的末态原子核进行测量是实现无本底测量的关键性新技术。在这方面，已有实验组针对 $^{136}_{54}$Xe 衰变末态原子核 $^{136}_{56}$Ba 的标记技术进行了很多有意义的尝试 [20]。

　　无中微子双贝塔衰变的理论方面包括其粒子物理学产生机制的研究以及核矩阵元的计算。而后者是未来可靠地提取中微子有效质量和分辨无中微子双贝塔衰变产生机制的前提条件，面临非常大的挑战 [21] (详见第 2 章的系统论述)。这其中最大的难题在于如何计算多体问题的初末态原子核波函数。由于缺少精确的多体计算方法，目前不同的近似模型对常见核素的核矩阵元的计算结果差别在 2~3 倍，这导致无中微子双贝塔衰变的半衰期会有一个数量级的差异。图 1-2 总结了常见核素在假设轻马约拉纳中微子机制的情况下的核矩阵元 (NME) 的计算结果 [21]。

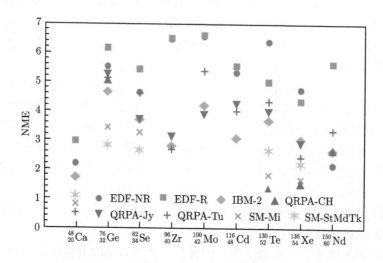

图 1-2　常见核素在轻马约拉纳中微子机制的情况下核矩阵元的大小

其中不同颜色和符号的点代表不同的原子核多体计算方法。Ca, Ge, Se, Zr, Mo, Cd, Te, Xe, Nd：不同种类的原子核；NME：核矩阵元；EDF-NR：非相对论性密度泛函模型；EDF-R：相对论性密度泛函模型；IBM-2：相互作用玻色模型；QRPA-CH：北卡大学准粒子无规相近似模型；QRPA-Jy：于韦斯屈莱大学准粒子无规相近似模型；QRPA-Tu：艾伯哈特–卡尔斯–图宾根大学准粒子无规相近似模型；SM-Mi：密西根大学原子核壳模型；SM-StMdTk：斯特拉斯堡–马德里–东京原子核壳模型

　　图 1-2 中总结的原子核多体计算方法包括相对论和非相对论性密度泛函模型

(EDF-R/EDF-NR)、原子核壳模型 (SM)、相互作用玻色模型 (the microscopic interacting boson model, IBM)、准粒子无规相近似模型 (quasiparticle random phase approximation, QRPA) 等。这些方法各自都存在一些缺陷，主要体现在无法包含所有的原子核组态空间或者无法包含原子核间的关联效应，其中前者低估了核矩阵元而后者高估了核矩阵元。针对上述核模型的进一步完善工作未来将有望给出一致的核矩阵元计算结果，并估计计算所带来的系统误差。此外，基于 "第一性原理" 的核结构理论方法是近年发展较快的一个方向。利用 "第一性原理" 进行核结构计算的技术已经可以应用到轻核，随着计算能力的进一步提升，将来可能应用于计算 $^{48}_{20}$Ca 甚至更重的 $^{76}_{32}$Ge、$^{136}_{54}$Xe 与 $^{130}_{52}$Te 等核素的无中微子双贝塔衰变的核矩阵元。

1.1.4　确定中微子的马约拉纳属性的科学意义

倘若中微子像电子或夸克那样属于普通的狄拉克费米子，那么它们的质量起源就都可以通过标准模型的希格斯机制和汤川相互作用来定性地解释。但就定量而言，中微子的质量远低于所有带电轻子和夸克的质量 (至少低六个数量级) 这一事实意味着前者的起源很可能不同于后者。如果中微子是马约拉纳型费米子，即中微子的反粒子是其自身，那么它们所具有的小得不可思议的质量值就可以通过著名的跷跷板机制 (seesaw mechanism) 定性地得到解释。

以第一类跷跷板机制为例 [22]，在远高于费米能标 (即电弱对称性自发破缺的能标 $\langle H \rangle \approx 174$ GeV) 处引入右手征中微子场，使之与标准模型已有的左手征中微子场及希格斯场耦合；同时在允许轻子数不守恒的前提下写出右手征中微子场与其电荷共轭场相耦合的有效马约拉纳质量项——该质量项不违反电弱规范不变性和洛伦兹不变性，于是在低能标积掉重自由度后就可以得到有效的轻中微子质量项，后者大致处在 $\langle H \rangle^2 / M$ 的数量级，其中 $M \gg \langle H \rangle$ 代表重自由度所在的典型能标。当 M 接近大统一能标 ($\sim 10^{15}$ GeV) 时，就可以自然地得到处于 1 eV 以下的轻中微子质量 [23–26]。由于轻子数不守恒，轻中微子和重中微子都是马约拉纳粒子。因此电中性的中微子如果是马约拉纳型费米子，其质量起源的上述理论机制就显得很合理。

跷跷板机制之所以受到重视，还在于与之相关的重自由度若在宇宙早期发生轻子数不守恒和 CP 对称性破坏的衰变过程，就有可能造成宇宙的轻子数与反轻子数之间的不对称；后者随着宇宙的膨胀和冷却，可以通过电弱反常过程转化为宇宙的重子数与反重子数之间的不对称，进而得以解释今天的宇宙空间中只存在重子而不存在原初的反重子的事实。这一借助中微子质量起源的跷跷板机制所涉及的重自由度来实现早期宇宙的 "轻子生成"，从而解释宇宙的物质–反物质不对称现象的物理机制——即著名的轻子生成机制 (leptogenesis mechanism)，是由日本物理

学家福来正孝 (Masataka Fukugita) 和柳田勉 (Tsutomu Yanagida) 在 1986 年提出来的 [27]。随着各种中微子振荡现象在实验中相继被发现，轻子生成机制的有效性得到了理论学家的广泛关注。

　　更为重要的是，中微子的马约拉纳属性代表着对粒子物理学的标准模型的巨大超越，因为跷跷板机制的实现需要引入若干新粒子甚至新的相互作用形式，而后者的存在对于微观世界和宇宙演化的影响都是难以估量的。比如，旨在将电磁力、弱核力和强核力统一起来的 SO(10) 大统一理论就自然地包含了右手征中微子等一系列新粒子和新相互作用，而且这样的理论不仅允许无中微子双贝塔衰变等轻子数不守恒过程的发生，甚至还允许质子衰变等重子数不守恒过程的发生。

　　正如诺贝尔物理学奖得主维尔切克 (Frank Wilczek) 在 2009 年所强调的那样，中微子的马约拉纳属性代表了自然界中一种崭新的物态的存在 [28]。事实上，近年来在凝聚态物理学中所观测到的马约拉纳 "零模"(zero modes)[29] 即某些超导体中电子所处的特殊状态 (如中国科学家最近在铁基超导体中发现的马约拉纳束缚态 [30])，相当于在复合粒子的层面上证实了马约拉纳物态的存在。这无疑是令人鼓舞的重要发现，也许意味着在基本粒子的层面上也应该存在马约拉纳型费米子。果真如此的话，那么毫无疑问：只有电中性的中微子才可能具有马约拉纳属性。

　　值得一提的是，一些理论模型所预言的暗物质粒子也可以是马约拉纳型费米子，比如，作为宇宙中温暗物质的候选者的惰性中微子，其质量处于 keV 的量级 [31–32]。如果通过无中微子双贝塔衰变实验得以证实中微子的马约拉纳属性，那必将打开认识微观物质世界、宏观宇宙和暗物质世界的新窗口。

1.2　无中微子双贝塔衰变的粒子物理学机制

1.2.1　活性马约拉纳中微子交换机制

　　不论马约拉纳中微子的质量起源是否与著名的跷跷板机制有关，由于后者所涉及的重自由度在能标很低的情况下并不直接体现出来，因此总可以借助一个对称的质量矩阵 M_ν 来描述马约拉纳中微子的低能有效质量项：$\bar{\nu}_L M_\nu \nu_L^c$，其中 ν_L 表示中微子味本征态 ν_e、ν_μ 和 ν_τ 对应的左手征的场所构成的列矢量，而 ν_L^c 表示后者的电荷共轭态——具有右手征。利用幺正变换 $U^\dagger M_\nu U^* = \mathrm{diag}\{m_1, m_2, m_3\}$ 将质量矩阵对角化，则相应的中微子味本征态转化为质量本征态 ν_1、ν_2 和 ν_3，即

$$\begin{pmatrix} \nu_e \\ \nu_\mu \\ \nu_\tau \end{pmatrix}_L = \begin{pmatrix} U_{e1} & U_{e2} & U_{e3} \\ U_{\mu1} & U_{\mu2} & U_{\mu3} \\ U_{\tau1} & U_{\tau2} & U_{\tau3} \end{pmatrix} \begin{pmatrix} \nu_1 \\ \nu_2 \\ \nu_3 \end{pmatrix}_L$$

若取带电轻子的味本征态与其质量本征态相互等价的基，则三阶幺正矩阵 U 就是

著名的 PMNS 轻子味混合矩阵，其中字母 P 以及 M、N 和 S 分别代表意大利物理学家庞蒂科夫 (Bruno Pontecorvo) 与日本物理学家牧二郎 (Ziro Maki)、中川昌美 (Masami Nakagawa) 和坂田昌一 (Shoichi Sakata)[33−35]。在标准参数化下，轻子味混合矩阵 U 具有如下形式：

$$U = \begin{pmatrix} c_{12}c_{13} & s_{12}c_{13} & s_{13}e^{-i\delta} \\ -s_{12}c_{23} - c_{12}s_{23}s_{13}e^{i\delta} & c_{12}c_{23} - s_{12}s_{23}s_{13}e^{i\delta} & s_{23}c_{13} \\ s_{12}s_{23} - c_{12}c_{23}s_{13}e^{i\delta} & -c_{12}s_{23} - s_{12}c_{23}s_{13}e^{i\delta} & c_{23}c_{13} \end{pmatrix} P$$

其中 $c_{ij} = \cos\theta_{ij}$, $s_{ij} = \sin\theta_{ij}$, δ 为可以在中微子振荡中引发 CP 破坏效应的狄拉克 CP 相位。倘若中微子是狄拉克费米子，P 可取为单位矩阵，在这种情况下 U 可由三个混合角 $(\theta_{12}, \theta_{13}, \theta_{23})$ 和一个狄拉克 CP 相位 δ 来描述；如果中微子是马约拉纳型费米子，则 $P = \mathrm{diag}(e^{i\rho/2}, 1, e^{i(\delta+\sigma/2)})$ 是一个对角的相位矩阵，包含两个马约拉纳 CP 相位 ρ 和 σ。请注意，在 P 矩阵中包含 δ 的目的是为了使整个 PMNS 矩阵的第一行不依赖于 δ，这将为讨论无中微子双贝塔衰变的有效中微子质量及其参数空间提供便利。两个额外的马约拉纳 CP 相位 (即 ρ 和 σ) 对中微子振荡实验不敏感，但会影响轻子数不守恒的稀有过程。综上所述，马约拉纳中微子共涉及 9 个物理参数：三个中微子质量 m_1、m_2、m_3，三个混合角 θ_{12}、θ_{23}、θ_{13} 和三个相位 δ、ρ、σ。

无中微子双贝塔衰变 ${}_Z^A\mathrm{N} \to {}_{Z+2}^A\mathrm{N} + 2e^-$(其中原子质量数 A 和原子序数 Z 均为偶数)，例如，${}_{32}^{76}\mathrm{Ge} \to {}_{34}^{76}\mathrm{Se} + 2e^-$, ${}_{54}^{136}\mathrm{Xe} \to {}_{56}^{136}\mathrm{Ba} + 2e^-$ 及 ${}_{52}^{130}\mathrm{Te} \to {}_{54}^{130}\mathrm{Xe} + 2e^-$ 等衰变模式，就是轻子数不守恒的稀有过程。如图 1-3 所示，此类原子核内部任意两个中子各自发生贝塔衰变，它们所释放出来的具有确定质量的马约拉纳中微子与其反粒子是等价的，两者可以相互 "吸收"，从而导致整个反应过程的末态中不再含有中微子，而只含有两个电子和两个质子。特别值得注意的是，从中微子到反中微子的转化过程其实对应着马约拉纳中微子的质量项 (即正比于 m_i)，因为这一转化涉及左手与右手手征的反转。与一个贝塔衰变过程中 $\mathrm{W}^- \to e^- + \bar{\nu}_i$ 跃迁有关的 PMNS 矩阵元为 U_{ei}，而与另一个贝塔衰变过程中 $\mathrm{W}^- + \nu_i \to e^-$ 跃迁有关的 PMNS 矩阵元也是 U_{ei}。因此交换活性马约拉纳中微子所引发的无中微子双贝塔衰变的有效中微子质量项可表达成 $\langle m \rangle_{ee} = m_1 U_{e1}^2 + m_2 U_{e2}^2 + m_3 U_{e3}^2$。

由于马约拉纳中微子的质量项 $\overline{\nu_L} M_\nu \nu_L^c$ 在与时空坐标无关的整体相位变换 $\nu_L \to e^{i\Phi}\nu_L$ 下会出现一个新的相位 $e^{-2i\Phi}$，故而该质量项并不遵守轻子数守恒。这也是诸如图 1-3 所示的轻子数不守恒的过程得以发生的原因。具体到无中微子双贝塔衰变过程的有效质量项 $\langle m \rangle_{ee}$，它依赖的物理参数包括三个中微子质量、两个中微子混合角和两个马约拉纳 CP 相位。$|\langle m \rangle_{ee}|$ 对相关参数的依赖将在 1.3.2 小节讨论。

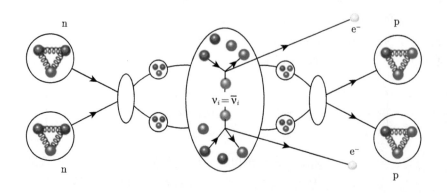

图 1-3　由马约拉纳中微子传递的无中微子双贝塔衰变过程的示意图

其中原子核内"红色球"代表 d 夸克,"蓝色球"代表 u 夸克,而"绿色球"代表中微子。n: 中子;

p: 质子;e$^-$: 电子;ν_i: 中微子;$\bar{\nu}_i$: 反中微子

1.2.2　惰性马约拉纳中微子交换机制

惰性 (sterile) 中微子 [36](用 ν_S 标记) 是指不携带任何标准模型规范量子数的费米子,它们可以具有不依赖于希格斯机制的马约拉纳质量。本小节考虑的是与活性中微子有所混合的惰性中微子,因为正是这种微小的混合使得它们也能够传递无中微子双贝塔衰变。假设存在 n 个惰性中微子,则在味本征态的基下,完整的中微子质量矩阵为

$$\overline{(\nu_L, \nu_S^c)} \begin{pmatrix} M_{LL} & M_{LS} \\ M_{LS}^T & M_{SS} \end{pmatrix} \begin{pmatrix} \nu_L^c \\ \nu_S \end{pmatrix}$$

其中 ν_L 表示活性中微子味本征态 ν_{eL}、$\nu_{\mu L}$ 和 $\nu_{\tau L}$ 所构成的列矢量,而 ν_S 表示惰性中微子味本征态 $\nu_{S1}, \cdots, \nu_{Sn}$ 所构成的列矢量。M_{LL} 和 M_{SS} 分别为活性中微子和惰性中微子自身的马约拉纳质量矩阵,M_{LS} 为描述两类中微子混合的质量矩阵。使用 $(3+n) \times (3+n)$ 的幺正矩阵 U 将整个中微子质量矩阵对角化,则中微子由味本征态转化为具有马约拉纳质量 m_i 的质量本征态 ν_i (其中 $i = 1, \cdots, (3+n)$)。这里的 U 矩阵描述了味本征态是如何由质量本征态叠加而成的,例如,$\nu_{eL} = U_{e1}\nu_{1L} + U_{e2}\nu_{2L} + U_{e3}\nu_{3L} + U_{e4}\nu_{S1}^c + \cdots + U_{e(3+n)}\nu_{Sn}^c$ (其中 U_{ei} 为 U 矩阵第一行的第 i 个元素)。值得注意的是,此时的 PMNS 矩阵——U 矩阵左上角的 3×3 子矩阵,不再是严格幺正的 [37]。实验观测对 PMNS 矩阵的可能非幺正性给出了比较强的限制 [38],因此活性中微子与惰性中微子之间的混合效应即使存在的话也应该比较小:ν_1、ν_2、ν_3 主要由活性中微子组成,而 $\nu_4, \cdots, \nu_{3+n}$ 主要由惰性中微子组成。为

了方便起见, 我们在后面的讨论中将直接称前者 (后者) 为活性 (惰性) 中微子。

任何一个参与带电流相互作用的马约拉纳中微子 ν_i 都可以通过图 1-3 所示的过程来传递无中微子双贝塔衰变。如 1.2.1 小节所述, 该反应中的两个 $W^- + \nu_i \to e^-$ 相互作用顶点各贡献一个 U_{ei} 因子。由于该过程涉及中微子的手征反转, 因此中微子传播子对振幅的贡献为 $m_i/(q^2 - m_i^2)$, 其中 $|q| \approx 100$ MeV 描述了无中微子双贝塔衰变的动量转移程度。综上所述, ν_i 交换过程的振幅正比于 $m_i U_{ei}^2/(q^2 - m_i^2)$。我们可以根据 m_i 和 $|q|$ 的相对大小把中微子分为轻中微子 ($m_i \ll |q|$) 和重中微子 ($m_i \gg |q|$)。轻中微子和重中微子交换过程有以下两方面的重要区别: ① 在很好的精度下, 轻中微子交换过程的振幅近似正比于 $m_i U_{ei}^2/q^2$, 而重中微子交换过程的振幅近似正比于 U_{ei}^2/m_i; ② 轻中微子和重中微子交换过程分别属于长程和短程相互作用, 依赖于不同的核矩阵元 [39-40] (后者对原子核的内部结构更为敏感)。因此所有轻中微子交换过程的总振幅正比于 $\sum' m_i U_{ei}^2$ $\left(\sum' \text{表示对轻中微子求和} \right)$, 而所有重中微子交换过程的总振幅正比于 $\sum'' U_{ei}^2 \big/ m_i$ $\left(\sum'' \text{表示对重中微子求和} \right)$。考虑相应的核矩阵元的贡献之后 [41-45], 目前的无中微子双贝塔衰变实验结果给出 $\left| \sum' m_i U_{ei}^2 \right| < O(0.1)$ eV 和 $\left| \sum'' U_{ei}^2 \big/ m_i \right| < O(10^{-8})$ GeV^{-1} 的限制。

之所以假设轻惰性中微子的存在, 主要是因为考虑到如下的实验 "反常": 首先, LSND 实验在 3σ 程度上观测到了短基线的 $\bar{\nu}_\mu \to \bar{\nu}_e$ 转变 [46]; 其次, 人们在重新计算反应堆中微子的通量时发现之前的结果存在 6% 的低估 [47-49], 因此之前极短基线反应堆中微子实验的零结果事实上可以解释为中微子数量的亏损。如果要用中微子振荡来解释这两类反常, 就需要引入一种质量处于 eV 量级、与活性中微子有所混合的惰性中微子 [50], 相应地无中微子双贝塔衰变的有效马约拉纳中微子质量可以表示为 $\langle m \rangle_{ee}' = m_1 U_{e1}^2 + m_2 U_{e2}^2 + m_3 U_{e3}^2 + m_4 U_{e4}^2$。我们将在 1.3.3 小节详细讨论新引入的第四项对有效中微子质量所产生的影响。

重惰性中微子的一个自然来源是第一类跷跷板模型中所引入的右手中微子 N_R——上述 ν_S 的一个具体实现。需要注意的是, 在这一类模型中 M_{LL} 为零矩阵。为了能够自然地解释活性中微子的质量极其微小的事实, 我们需要极重的 (与活性中微子的混合因而极弱的) N_R, 这使得它们对无中微子双贝塔衰变的贡献可以忽略不计。作为第一类跷跷板模型的直接后果, $\sum' m_i U_{ei}^2 + \sum'' m_i U_{ei}^2 = 0$ 严格成立。因此对 $\left| \sum' m_i U_{ei}^2 \right|$ 的限制可以直接转化为 $\left| \sum'' m_i U_{ei}^2 \right| < O(0.1)$eV [51]。在不存在严重相消的情形下, 该限制要比 $\left| \sum'' U_{ei}^2 \big/ m_i \right| < O(10^{-8})$GeV^{-1} 严得多。值得一提的是, 倘若 N_R 的质量小于 $|q|$ (低能跷跷板机制), 则关系式 $\sum' m_i U_{ei}^2 + \sum'' m_i U_{ei}^2 = 0$ 将使得无中微子双贝塔衰变的概率为零 [52]。

1.2.3　与中微子无关的新物理机制

除了马约拉纳中微子之外, 一些其他破坏轻子数的新物理也可以引起无中微子双贝塔衰变, 比如, 本小节将要介绍的左、右手对称模型和 R 宇称破坏的超对称模型。另外, 针对低能标的物理过程, 有效场论提供了一个很好的理论框架, 并在最近几年被广泛地应用到无中微子双贝塔衰变的具体研究当中 [53-60]。

左、右手对称模型 [61-63] 是一个引人瞩目的对标准模型的扩展, 它可以自然地为宇称破坏和中微子质量提供来源。在该模型中, 标准模型的规范群 $SU(2)_L \times U(1)_Y$ 被扩展为 $SU(2)_L \times SU(2)_R \times U(1)_{B-L}$, 其中 $SU(2)_R$ 具有与 $SU(2)_L$ 相同的规范耦合常数, B 和 L 分别代表重子数和轻子数。与夸克和轻子的左手场组成 $SU(2)_L$ 的二重态类似, 它们的右手场组成 $SU(2)_R$ 的二重态。因此, 左、右手对称模型自然地需要三个右手中微子场 $N_{\alpha R}$(其中 $\alpha = e, \mu, \tau$) 来与相应的右手带电轻子场配对构成 $SU(2)_R$ 的二重态。希格斯场部分包含 "左手" 三重态 Δ_L、"右手" 三重态 Δ_R 和双二重态 Φ, 它们在 $SU(2)_L \times SU(2)_R \times U(1)_{B-L}$ 下的量子数分别为 $(3,1,2)$、$(1,3,2)$ 和 $(2,2,0)$。Δ_L 和 Δ_R 中性分量的真空期望值 v_L 和 v_R 将分别为左手中微子和右手中微子提供马约拉纳质量 hv_L (即第二类跷跷板机制 [64-69]) 和 fv_R (h 和 f 均为味空间中的常数耦合矩阵), 而 Φ 中性分量的真空期望值将导致把左手中微子与右手中微子混合起来的质量矩阵 M_{LR}。因此在味本征态的基下, 完整的中微子质量矩阵为

$$\overline{(\nu_L, N_R^c)} \begin{pmatrix} hv_L & M_{LR} \\ M_{LR}^T & fv_R \end{pmatrix} \begin{pmatrix} \nu_L^c \\ N_R \end{pmatrix}$$

其中 ν_L 表示左手中微子味本征态 ν_{eL}、$\nu_{\mu L}$ 和 $\nu_{\tau L}$ 所构成的列矢量, 而 N_R 表示右手中微子味本征态 N_{eR}、$N_{\mu R}$ 和 $N_{\tau R}$ 所构成的列矢量。使用 6×6 的幺正矩阵 $\begin{pmatrix} U & R \\ S & V \end{pmatrix}$ (其中 U、V、S 和 R 都是 3×3 矩阵) 将中微子质量矩阵对角化, 给出 3 个较小的质量 m_i 和 3 个较大的质量 M_i, 相应地质量本征态分别记为 ν_i 和 N_i (其中 $i = 1, 2, 3$)。由于混合效应比较小, ν_i 主要由左手中微子组成, 而 N_i 主要由右手中微子组成。为方便起见, 我们在后面将直接称前者 (后者) 为左手 (右手) 中微子。这里的左手 (右手) 中微子分别对应于 1.2.2 节的活性 (惰性) 中微子, 只是由于侧重点不同而采用了不同的命名方式。与此类似, 传递 $SU(2)_L$ 和 $SU(2)_R$ 带电流相互作用的规范玻色子 W^I 和 W_R^I 混合组成质量分别记为 m_W 和 m_{W_R} 的 W (主要成分为 W^I) 和 W_R (主要成分为 W_R^I) 场。

在左、右手对称模型中, 无中微子双贝塔衰变除了通过左手中微子 (1.2.1 小节) 和右手中微子 (1.2.2 小节) 的交换来进行之外, 还可以通过以下几个过程来进行。第一, 图 1-4(a) 的费曼图展示了 Δ_L 传递的无中微子双贝塔衰变 [70], 其

振幅正比于 $h_{ee}v_L/m_{\Delta_L}^2$。如果第一类和第二类跷跷板模型对左手中微子质量的贡献不存在严重相消的话,我们有 $|h_{ee}v_L| \leqslant \langle m \rangle_{ee}$。实验上对 Δ_L 质量给出的下限 $m_{\Delta_L} \geqslant O(100)\,\text{GeV}$ [13] 远大于 $|q| \approx 100\,\text{MeV}$。因此,$\Delta_L$ 对无中微子双贝塔衰变的贡献远小于左手中微子。其次,Δ_R 传递的无中微子双贝塔衰变与 Δ_L 传递的过程类似,只不过它耦合到 W_R 而非 W。该过程的振幅正比于 $f_{ee}v_R/(m_{\Delta_R}^2 m_{W_R}^4)$。第三,图 1-4(b) 的费曼图展示了耦合到右手带电流的右手中微子所传递的无中微子双贝塔衰变 [71],其振幅正比于 $\sum V_{ei}^{*2}\big/(M_i m_{W_R}^4)$ (其中 V_{ei} 为 V 矩阵第一行的第 i 个元素)。第四,图 1-5(a) 的费曼图所展示的无中微子双贝塔衰变来自于左手中微子的交换。但与标准情形不同的是,这里的带电规范玻色子为 W_R 而非 W,因此该过程不涉及中微子的手征反转,其振幅正比于 $\sum U_{ei}S_{ei}^*\big/(q m_{W_R}^2 m_W^2)$,其中 $1/q$ 因子来自于中微子传播子的贡献,U_{ei} 和 S_{ei} 分别为 U 矩阵和 S 矩阵第一行的第 i 个元素。最后,W 含有少量的 W_R^I 成分,因而可以替代 W_R 来传递无中微子双贝塔衰变 (如图 1-5(b) 所示右侧的费曼图所示),该过程的振幅正比于 $\tan\xi \sum U_{ei}S_{ei}^*\big/(q m_W^4)$,其中 ξ 为 W^I 与 W_R^I 的混合角。考虑相应的核矩阵元后 [72-75],无中微子双贝塔衰变实验的结果对参数组合 $|f_{ee}v_R/(m_{\Delta_R}^2 m_{W_R}^4)|$,$\left|\sum V_{ei}^{*2}\big/(M_i m_{W_R}^4)\right|$,$\left|\sum U_{ei}S_{ei}^*\right|\big/(q m_{W_R}^2 m_W^2)$ 及 $\tan\xi\left|\sum U_{ei}S_{ei}^*\right|\big/(q m_W^4)$ 给出了限制,其上限的数量级分别为 $O(10^{-15})\text{GeV}^{-5}$、$O(10^{-16})\text{GeV}^{-5}$、$O(10^{-13})\text{GeV}^{-5}$ 和 $O(10^{-15})\text{GeV}^{-5}$。

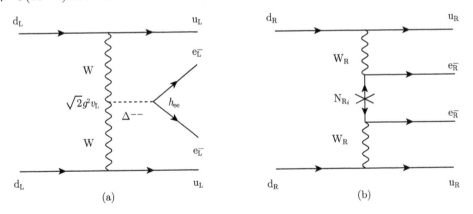

图 1-4　由 Δ_L 的双荷电分量传递的无中微子双贝塔衰变过程的费曼图 (a) 和由耦合到右手带电流的右手中微子传递的无中微子双贝塔衰变过程的费曼图 (b)

u_L, u_R: 左手和右手上夸克;d_L, d_R: 左手和右手下夸克;e_L^-, e_R^-: 左手和右手电子;W: 左手带电弱相互作用规范玻色子;W_R: 右手带电弱相互作用规范玻色子;N_{R_i}: 右手中微子;Δ^{--}: 带双电荷的标量三重态粒子;g: SU(2)$_L$ 规范耦合常数;v_L: 标量三重态标量场的真空期望值;h_{ee}: 标量三重态与电子的汤川耦合系数

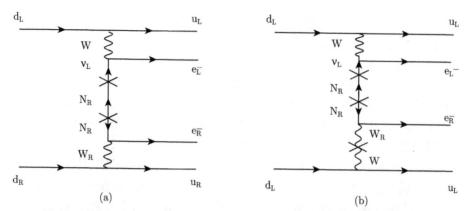

图 1-5　左、右手两部分的混合所导致的无中微子双贝塔衰变过程的费曼图

u_L, u_R: 左手和右手上夸克；d_L, d_R: 左手和右手下夸克；e_L^-, e_R^-: 左手和右手电子；W: 左手带电弱相互作用规范玻色子；W_R: 右手带电弱相互作用规范玻色子；N_R: 右手中微子；v_L: 左手中微子

超对称 [76] 是一种联系费米子和玻色子的对称性：每个费米子 (玻色子) 都有一个玻色子 (费米子) 作为其超对称伴子，二者的自旋相差 1/2。对标准模型的超对称扩充 [77-80] 原则上能够解决诸如规范等级、暗物质候选者等基本问题，因此广受欢迎。在超对称标准模型中，为了保持重子数和轻子数守恒，人们引入了 R 宇称，其定义为 $(-1)^{3B+L+2s}$ (其中 s 为自旋)。对于普通粒子和超对称粒子，分别有 $R = 1$ 和 -1。如果允许 R 宇称破坏 (RPV)[81]，那么拉氏量中将出现如下可重整的规范不变项：

$$\lambda_{ijk}\hat{L}_i\hat{L}_j\hat{e}_k^c, \quad \lambda'_{ijk}\hat{L}_i\hat{Q}_j\hat{d}_k^c, \quad \lambda''_{ijk}\hat{u}_i^c\hat{d}_j^c\hat{d}_k^c, \quad \epsilon_i\hat{L}_i\hat{H}_u$$

其中 $i, j, k = 1, 2, 3$ 为代指标，$\hat{L}$ ($\hat{Q}$) 为包含标准模型轻子 (夸克) 二重态及其超对称伴子的超场，$\hat{e}^c$、$\hat{d}^c$ 和 $\hat{u}^c$ 为包含单态粒子及其超对称伴子的超场，而 $\hat{H}_u$ ($\hat{H}_d$) 包含了希格斯二重态及其超对称伴子 $\tilde{H}_u$ ($\tilde{H}_d$)。由于第三项会导致重子数破坏，因此其系数 λ''_{ijk} 必须非常小以避免引起过快的质子衰变。其余三项均会导致 $\Delta L = 1$ 的轻子数破坏 (LNV) 效应，因此具有两个这种顶点的过程可以引起无中微子双贝塔衰变 [82-84]。在此类过程中，两个 $\Delta L = 1$ 的顶点共同起到一个 $\Delta L = 2$ 的中微子质量项的作用。

研究表明双线性项 $\epsilon_i\hat{L}_i\hat{H}_u$ 对无中微子双贝塔衰变的贡献远小于活性马约拉纳中微子的贡献 [85]，因此我们将专注于三线性项的贡献。图 1-6 和图 1-7 展示了两类 RPV 超对称对无中微子双贝塔衰变的贡献的费曼图。图 1-6 中的过程是由 χ (电弱相互作用中性规范玻色子的超对称伴子与 $\tilde{H}_u$ 和 $\tilde{H}_d$ 中性分量的混合态) 或胶子的超对称伴子 $\tilde{g}$ 传递的。作为简单的估计，这些过程的振幅正比于 $\lambda_{111}^2/\Lambda_{\text{SUSY}}^5$，这里所有超对称伴子的质量被取为一个共同的超对称能标 Λ_{SUSY}，而唯一相关的

耦合常数为 λ'_{111}(其他顶点都是量级为 1 的规范耦合)。图 1-7 展示的无中微子双贝塔衰变过程则是由 b 夸克的超对称伴子 $\tilde{b}$ 和 $\tilde{b}^c$ 传递的 [86]。该过程的振幅正比于 $\lambda'_{131}\lambda'_{113}U_{ei}m_b/(qm_W^2\Lambda_{SUSY}^3)$，其中 m_b 因子源自 $\tilde{b}-\tilde{b}^c$ 混合正比于 m_b/Λ_{SUSY} 的事实 [87] (这也是此处只考虑 b 夸克的超对称伴子的贡献的原因，因为 d 夸克和 s 夸克的超对称伴子的贡献分别被 m_d 和 m_s 压低)。考虑相应的核矩阵元 [88-91] 之后，无中微子双贝塔衰变实验的结果给出限制 $\lambda'^2_{111}/\Lambda_{SUSY}^5 \leqslant O(10^{-17})\text{GeV}^{-5}$ 及 $\lambda'_{131}\lambda'_{113}/\Lambda_{SUSY}^3 \leqslant O(10^{-14})\text{GeV}^{-3}$。值得一提的是，在 RPV 超对称的贡献中 π 介子核矩阵元占据主导地位 [92-94]。这意味着核介质内的 π 介子会经历类似 $\pi^- \to \pi^+e^-e^-$ 的转变，即夸克层次的强子化过程不同于到目前为止所讨论的两核子模式：初始夸克中的一个或两个处于 π 介子之中。虽然在核介质内发现 π 介子的概率小于 1，但是这种模式避免了两核子模式中短程性所带来的压低效应。

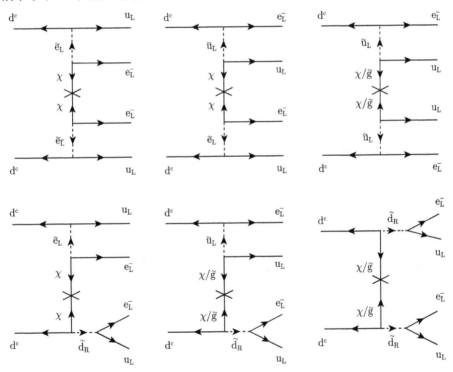

图 1-6 正比于 λ'^2_{111} 的 RPV 超对称模型对无中微子双贝塔衰变的贡献的费曼图

$u_L, \tilde{u}_L$: 左手上夸克和其超对称伴子；$d^c, \tilde{d}_R$: 右手下夸克和其超对称伴子；$e_L^-, \tilde{e}_L^-$: 左手电子和其超对称伴子；χ: 电弱相互作用中性规范玻色子的超对称伴子与希格斯二重态中性分量的超对称伴子的混合态；$\tilde{g}$: 胶子超对称伴子

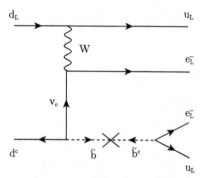

图 1-7   正比于 $\lambda'_{131}\lambda'_{113}$ 的 RPV 超对称对无中微子双贝塔衰变的贡献的费曼图

u_L：左手上夸克；d_L,d^c：左手和右手下夸克；e_L^-：左手电子；W：左手带电弱相互作用规范玻色子；ν_e：

电子中微子；$\tilde{b},\tilde{b}^c$：左手和右手底夸克超对称伴子

1.2.4   谢克特–瓦尔定理及其唯象学意义

谢克特–瓦尔定理的核心意义在于无论引起无中微子双贝塔衰变的微观物理机制如何，只要实验上观测到这一类轻子数不守恒的衰变过程，就能判定中微子是马约拉纳粒子。因此，无中微子双贝塔衰变的实验观测的重要性不言而喻。

无中微子双贝塔衰变就是原子核内两个中子转变成两个质子的同时放出两个电子的物理过程。在基本粒子的层次上，这对应着两个下夸克 d 衰变成两个上夸克 u 和两个电子 e^-，如图 1-3 所示，或者更一般地如图 1-8(a) 所示，其中标有 “$2\beta_{0\nu}$” 的方框代表导致无中微子双贝塔衰变的某种微观物理机制。谢克特–瓦尔定理的基本物理含义可以从图 1-8(b) 看出：只要无中微子双贝塔衰变发生，就可以通过粒子物理标准模型中夸克和轻子的带电流相互作用产生电子型中微子的马约拉纳质量项，即中微子必定为马约拉纳粒子。

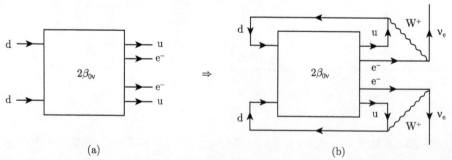

图 1-8   (a) 无中微子双贝塔衰变在夸克和轻子层次上的费曼图，其中标有 “$2\beta_{0\nu}$” 的方框代表导致该衰变发生的某种微观物理机制；(b) 基于无中微子双贝塔衰变过程构造的电子型中微子的自能辐射修正的费曼图，此图对应电子型中微子的马约拉纳质量项 [95]

u, d：上夸克和下夸克；e^-,ν_e：电子和电子型中微子；W^+：带电弱相互作用规范玻色子

具体来讲，假设无中微子双贝塔衰变由短程相互作用主导，即图 1-8(a) 中标有 "$2\beta_{0\nu}$" 的方框表示由两个上夸克场 $u(x)$、两个下夸克场 $d(x)$ 和两个电子场 $e(x)$ 组成的质量量纲为 9 的算符[40]。这样的算符需要满足一定的限制条件：首先，它们必须保持标准模型的基本对称性，如洛伦兹协变性；其次，它们虽然破坏轻子数，但是满足重子数守恒条件，这与无中微子双贝塔衰变过程的特征相符。系统的分析表明，相关的量纲为 9 的算符总可以写成两个夸克流算符 $J_{\mathrm{L/R}} \equiv 2\bar{u}P_{\mathrm{L/R}}d$，$J_{\mathrm{L/R}}^{\mu} \equiv 2\bar{u}\gamma^{\mu}P_{\mathrm{L/R}}d$，$J_{\mathrm{L/R}}^{\mu\nu} \equiv 2\bar{u}\sigma^{\mu\nu}P_{\mathrm{L/R}}d$ 和一个轻子流算符 $j_{\mathrm{L/R}} \equiv 2\bar{e}P_{\mathrm{L/R}}e^{c}$，$j_{\mathrm{L/R}}^{\mu} \equiv 2\bar{e}\gamma^{\mu}P_{\mathrm{L/R}}e^{c}$，$j_{\mathrm{L/R}}^{\mu\nu} \equiv 2\bar{e}\sigma^{\mu\nu}P_{\mathrm{L/R}}e^{c}$ 的乘积形式，其中 $P_{\mathrm{L/R}} \equiv (1 \mp \gamma_{5})/2$ 为手征投影算符，$e^{c} \equiv C\bar{e}^{\mathrm{T}}$ 为电子场的电荷共轭变换。这里 $C \equiv i\gamma^{2}\gamma^{0}$ 是电荷共轭变换矩阵，$\sigma^{\mu\nu} \equiv i[\gamma^{\mu},\gamma^{\nu}]/2$ 是狄拉克矩阵组成的反对称张量。根据狄拉克场算符的反对易性和狄拉克矩阵的基本性质 $C\gamma_{\mu}^{\mathrm{T}}C^{-1} = -\gamma_{\mu}$，可以证明轻子流张量算符 $j_{\mathrm{L/R}}^{\mu\nu}$ 自动为零，而且轻子流矢量算符 $j_{\mathrm{L/R}}^{\mu}$ 中只有轴矢量的部分作出贡献。因此，所有可能的量纲为 9 的算符具有以下形式：$\epsilon_{1}JJj$，$\epsilon_{2}J^{\mu\nu}J_{\mu\nu}j$，$\epsilon_{3}J^{\mu}J_{\mu}j$，$\epsilon_{4}J^{\mu}J_{\mu\nu}j^{\nu}$ 和 $\epsilon_{5}J^{\mu}Jj_{\mu}$，其中 ϵ_{i} ($i = 1,2,3,4,5$) 是相互作用耦合系数，而且对应的夸克和轻子流算符的手征性都需要区分左手和右手两种情况。

在粒子物理标准模型中，夸克和轻子都以左手场的形式参与带电流弱相互作用，所以导致无中微子双贝塔衰变的量纲为 9 的算符可以通过两个弱相互作用规范玻色子 W^{+} 的传播子连接成电子型中微子的四圈自能图，如图 1-8(b) 所示，它对应着电子型中微子左手场构成的马约拉纳质量项 $\delta m_{ee}^{\nu}\overline{\nu_{eL}}\nu_{eL}^{c}$。值得注意的是，上夸克、下夸克和电子的质量必须不为零，这样才能保证无论量纲为 9 的算符中的夸克场和电子场是左手还是右手的，它们都可以通过非零的质量项转化成左手场来参与弱相互作用。举例来说，给定量纲为 9 的算符 $\epsilon_{3}J_{\mathrm{R}}^{\mu}J_{\mu\mathrm{R}}j_{\mathrm{L}}$，我们就能计算出由这个算符引起的 $^{76}_{32}\mathrm{Ge}$ 或 $^{136}_{54}\mathrm{Xe}$ 原子核的无中微子双贝塔衰变的半衰期。目前的实验都没有观测到这一衰变过程，因此给出了相应耦合系数的上限 $\epsilon_{3} < 1.5 \times 10^{-8}$。进一步，我们计算图 1-8(b) 中展示的四圈自能图[96]，发现与之对应的电子型中微子的马约拉纳质量的上限为 $\delta m_{ee}^{\nu} < 7.4 \times 10^{-29}$ eV。由此可见，虽然谢克特–瓦尔定理定性上保证电子型中微子具有不为零的马约拉纳质量项，但是这一质量项有可能很小，并不足以解释中微子振荡实验中测量到的两个独立的中微子质量平方差[97]。

当然，引起无中微子双贝塔衰变的微观物理机制也可能是由长程相互作用主导的，这包括交换质量很轻的马约拉纳中微子[39]。在这种情况下，谢克特–瓦尔定理依然成立。研究表明导致无中微子双贝塔衰变的长程相互作用对应的量纲为 7 的算符可以在圈图层次上产生中微子的马约拉纳质量，其在量级上与中微子振荡实验的观测结果相符[98]。综上所述，谢克特–瓦尔定理告诉我们，只要观测到无中微子双贝塔衰变过程，电子型中微子就一定具有不为零的马约拉纳质量。定量上来讲，通过圈图产生的中微子质量有可能难以解释中微子振荡实验，所以确定中微子质量的产生机制还需要更多和更精确的实验证据。

1.3   无中微子双贝塔衰变的有效中微子质量项

1.3.1   中微子质量谱与味混合参数

自 20 世纪 60 年代以来，人们已经在大气 [99]、太阳 [100]、反应堆 [101] 等实验中观测到了中微子振荡现象：当中微子在空间传播时，其产生时所具有的轻子味 α (其中 $\alpha = e, \mu, \tau$) 可在之后转化成不同的味 β；相应的转化概率随距离呈现出周期性的变化。中微子振荡现象的发现表明中微子具有非简并的质量并存在味混合效应，描述轻子味混合的 PMNS 矩阵的定义及其参数化形式可以参考 1.2.1 小节。

中微子振荡对混合角、质量平方差 $\Delta m_{ij}^2 = m_i^2 - m_j^2$ 和狄拉克 CP 相位敏感，但不依赖于中微子的绝对质量和马约拉纳 CP 相位。不同类型的中微子振荡对上述参数的敏感度不同：太阳中微子和长基线反应堆中微子振荡主要依赖于 θ_{12} 和 Δm_{21}^2；大气中微子和长基线加速器中微子振荡主要由 θ_{23} 和 Δm_{32}^2 控制；短基线反应堆中微子和长基线 $\nu_\mu \to \nu_e$ 振荡则对 θ_{13} 和 Δm_{31}^2 更为敏感。几个研究组 [102–104] 对现有的中微子振荡实验数据进行了全局拟合并得到了一致的结果，这里以其中一个研究组的结果 (表 1-3) 为例加以说明。目前的实验结果允许两种可能的中微子质量顺序，正质量顺序 $m_1 < m_2 < m_3$ 和倒质量顺序 $m_3 < m_1 < m_2$，但在一定程度上更倾向于正质量顺序。表 1-3 的第二栏和第三栏分别给出了在正质量顺序 ($\Delta m_{3l}^2 = \Delta m_{31}^2 > 0$) 和倒质量顺序 ($\Delta m_{3l}^2 = \Delta m_{32}^2 < 0$) 情形下中微子振

表 1-3   全局拟合给出的中微子振荡参数的数值结果

	正质量顺序 (最佳拟合 $\pm 1\sigma$)	倒质量顺序 ($\Delta\chi^2 = 4.7$)
$\sin^2\theta_{12}$	$0.310^{+0.013}_{-0.012}$	$0.310^{+0.013}_{-0.012}$
$\theta_{12}/(°)$	$33.82^{+0.78}_{-0.76}$	$33.82^{+0.78}_{-0.76}$
$\sin^2\theta_{23}$	$0.580^{+0.017}_{-0.021}$	$0.584^{+0.016}_{-0.020}$
$\theta_{23}/(°)$	$49.6^{+1.0}_{-1.2}$	$49.8^{+1.0}_{-1.1}$
$\sin^2\theta_{13}$	$0.02241^{+0.00065}_{-0.00065}$	$0.02264^{+0.00066}_{-0.00066}$
$\theta_{13}/(°)$	$8.61^{+0.13}_{-0.13}$	$8.65^{+0.13}_{-0.13}$
$\delta/(°)$	215^{+40}_{-29}	284^{+27}_{-29}
$\Delta m_{21}^2/(10^{-5}\ \text{eV}^2)$	$7.39^{+0.21}_{-0.20}$	$7.39^{+0.21}_{-0.20}$
$\Delta m_{3l}^2/(10^{-3}\ \text{eV}^2)$	$+2.525^{+0.033}_{-0.032}$	$-2.512^{+0.034}_{-0.032}$

荡参数的全局拟合结果。与夸克部分的小角混合不同,中微子混合角呈现出 "两大一小" 的模式:θ_{12} 和 θ_{23} 是大角,后者更是接近于最大混合的 $45°$;θ_{13} 相对较小,这也是它直到 2012 年才被我国的大亚湾中微子实验测得的原因 [105]。虽然目前的实验结果倾向于中微子振荡 CP 破坏效应的存在 (即 $\delta \neq 0$ 或 π),但 CP 守恒 (相对于最佳拟合值 $\Delta\chi^2 < 2$) 的可能性还没有被排除。此外,两个中微子质量平方差之间存在显著的等级性,即 $|\Delta m_{3l}^2| \approx 34\Delta m_{21}^2$。

由于中微子振荡实验只对中微子的质量平方差敏感,因此必须通过非振荡型的实验测量才能获得有关中微子绝对质量的信息。目前,有如下三类可行的测量中微子质量的实验。① β 衰变实验:中微子的质量会影响 β 衰变末态电子的能谱,通过测量后者末端的行为可以获取有关有效中微子质量 $m_\beta = \sqrt{m_1^2|U_{e1}|^2 + m_2^2|U_{e2}|^2 + m_3^2|U_{e3}|^2}$ 的信息。目前最精确的 KATRIN 实验对 m_β 给出约为 1.1 eV 的上限 (置信度 90%)[106],该实验最终有望达到 0.2 eV 的灵敏度 [107]。② 宇宙学观测:中微子的质量会影响宇宙微波背景辐射各向异性和大尺度结构形成的细节行为,相关的宇宙学观测因而可以用来获取有关中微子质量之和 $\Sigma = m_1 + m_2 + m_3$ 的信息 [108]。目前最新的宇宙学观测结果给出限制 $\Sigma < 0.12$ eV (置信度 95%)[109]。需要注意的是,宇宙学观测对中微子质量的限制强烈地依赖于对宇宙学模型和观测数据的选取。③ 无中微子双贝塔衰变实验:如果中微子是马约拉纳粒子,通过对无中微子双贝塔衰变的观测可以获取有关有效中微子质量 $\langle m \rangle_{ee} = m_1 U_{e1}^2 + m_2 U_{e2}^2 + m_3 U_{e3}^2$ 的信息。相关实验给出的限制为 $|\langle m \rangle_{ee}| < 0.2 \sim 0.4$ eV [110−112],这里的变化范围来自理论上计算无中微子双贝塔衰变的核矩阵元的不确定性。

1.3.2 有效中微子质量 $|\langle m \rangle_{ee}|$ 的参数空间

在 1.2.1 小节给出的轻子味混合矩阵的参数化下,有效中微子质量 $\langle m \rangle_{ee} = m_1 c_{12}^2 c_{13}^2 e^{i\rho} + m_2 s_{12}^2 c_{13}^2 + m_3 s_{13}^2 e^{i\sigma}$ 依赖于中微子部分 9 个物理参数中的 7 个 (只有 θ_{23} 和 δ 没有出现)。$\langle m \rangle_{ee}$ 是目前唯一现实的马约拉纳 CP 相位出现于其中的可观测量,而对于其他几个物理参数则可以从振荡型实验或其他探测中微子质量的实验中获得相关信息。分析 $\langle m \rangle_{ee}$ 参数空间的一种典型方法为:画出 $|\langle m \rangle_{ee}|$ 随最轻的中微子质量 m_L (在正质量顺序和倒质量顺序情形下分别有 $m_L = m_1$ 和 $m_L = m_3$) 的变化情况 [113],如图 1-9 所示 [114]。在得到图中的结果时,两个马约拉纳 CP 相位在理论允许的 $[0 \sim 2\pi]$ 范围内变动,中微子振荡参数则在实验结果的 3σ 范围内变动。因此,$|\langle m \rangle_{ee}|$ 的最大值 $|\langle m \rangle_{ee}|_{max} = m_1 c_{12}^2 c_{13}^2 + m_2 s_{12}^2 c_{13}^2 + m_3 s_{13}^2$ 在 $\rho = \sigma = 0$ 时取到,最小值 $|\langle m \rangle_{ee}|_{min}$ 则由 $\langle m \rangle_{ee}$ 中三项的最大相消给出。

我们对 $|\langle m \rangle_{ee}|$ 的可能取值给出如下一些观察:① 在正质量顺序情形下,当 m_1 非常小时 (即 $m_1^2 \ll \Delta m_{21}^2$),$|\langle m \rangle_{ee}|_{max/min} \approx \sqrt{\Delta m_{21}^2} s_{12}^2 c_{13}^2 + / - \sqrt{\Delta m_{31}^2} s_{13}^2$。② 在倒质量顺序情形下,由于 m_3 和 s_{13}^2 的共同压低,$\langle m \rangle_{ee}$ 的第三项可以忽略,

此时有 $|\langle m \rangle_{ee}|_{\max} \approx \sqrt{|\Delta m_{32}^2|} c_{13}^2$ 和 $|\langle m \rangle_{ee}|_{\min} \approx \sqrt{|\Delta m_{32}^2|} \cos 2\theta_{12} c_{13}^2$。③ 当三个中微子质量接近简并时 $(m_L \gg \sqrt{\Delta m_{31}^2}$ 或 $m_L \gg \sqrt{|\Delta m_{32}^2|})$，由于 s_{13}^2 的压低，$\langle m \rangle_{ee}$ 的第三项可以忽略，此时有 $|\langle m \rangle_{ee}|_{\max} \approx m_L c_{13}^2$ 和 $|\langle m \rangle_{ee}|_{\min} \approx m_L \cos 2\theta_{12} c_{13}^2$。需要注意的是，中微子质量接近简并的情形似乎已不被现有的宇宙学观测所支持。④ 在倒质量顺序情形下，$|\langle m \rangle_{ee}|$ 在整个参数空间内具有下限 $\sqrt{|\Delta m_{32}^2|} \cos 2\theta_{12} c_{13}^2$。⑤ 在正质量顺序情形下，$|\langle m \rangle_{ee}|$ 在 2 meV$< m_1 < 7$ meV 区域内有一个井状的结构。井的底部代表着 $\langle m \rangle_{ee}$ 的三项严重相消所导致的 $|\langle m \rangle_{ee}| \to 0$ 这样一个对无中微子双贝塔衰变实验极为不利的可能性。

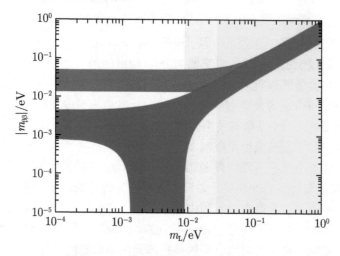

图 1-9　在正质量顺序 (蓝色区域) 和倒质量顺序 (红色区域) 两种情形下，$|m_{\beta\beta}| = |\langle m \rangle_{ee}|$ 随最轻的中微子质量 m_L 的变化情况

黄色区域代表宇宙学限制 $\Sigma < 0.12$ eV 的排除范围 (对于正和倒质量顺序分别有 $m_L > 26$ meV 和 $m_L > 9$ meV)。m_L：最轻的中微子质量；$|m_{\beta\beta}|$：无中微子双贝塔衰变有效中微子质量 $|\langle m \rangle_{ee}|$

图 1-9 所示的二维图没有明确显示 $|\langle m \rangle_{ee}|$ 对马约拉纳 CP 相位的依赖，因而不能给出怎样的马约拉纳 CP 相位取值可以使 $\langle m \rangle_{ee}$ 的三项发生严重相消等信息。有鉴于此，我们在正质量顺序情形下画出了图 1-10 所示的 $|\langle m \rangle_{ee}|$ 随 m_1 和 ρ 变化的三维图 [115-116]。这里选择 ρ 而非 σ 的原因在于：在 2 meV$< m_1 < 7$ meV 区域内，$|\langle m \rangle_{ee}|$ 对 ρ 更为敏感。借助于这样一个三维图，我们可以更细致地研究 $|\langle m \rangle_{ee}|$ 的井状结构以及它落入井内的可能性。图中 $|\langle m \rangle_{ee}|$ 的上 (用 U 表示)、下 (用 L 表示) 表面由表达式 $|\langle m \rangle_{ee}|_{U/L} = |\bar{m}_{12} + / - m_3 s_{13}^2|$ 描写，其中 $\bar{m}_{12} = |m_1 c_{12}^2 c_{13}^2 e^{i\rho} + m_2 s_{12}^2 c_{13}^2|$。这很容易从直观上理解：当 $\langle m \rangle_{ee}$ 的前两项之和与第三项具有相同 (相反) 的相位时给出 $|\langle m \rangle_{ee}|_U(|\langle m \rangle_{ee}|_L)$。显而易见，$|\langle m \rangle_{ee}|_L = 0$ (对应于井的底部) 成立的条件为 $\bar{m}_{12} - m_3 s_{13}^2 = 0$。数值计算结果表

明只有在 2 meV< m_1 < 7 meV 和 0.86 < ρ/π < 1.14 的狭窄区域内这一条件才能满足,因此 $|\langle m\rangle_{ee}|$ "触底" 是一个非常小概率的事件。井的另一个显著特征是 $|\langle m\rangle_{ee}|_L$ 的 "类子弹头" 结构,其顶点位于 $(m_1,\rho,|\langle m\rangle_{ee}|)=(4\text{ meV},\pi,1\text{ meV})$。1 meV 可视为正质量顺序情形下的一个临界值:一方面,$|\langle m\rangle_{ee}|$ 小于该值的参数空间很小;另一方面,它代表未来无中微子双贝塔衰变实验的灵敏度所能达到的极限。如果未来的无中微子双贝塔衰变实验对 $|\langle m\rangle_{ee}|$ 的灵敏度达到 1 meV,那么它将对最轻的中微子质量 m_1 和马约拉纳 CP 相位 ρ 做出很强的限制[117]。

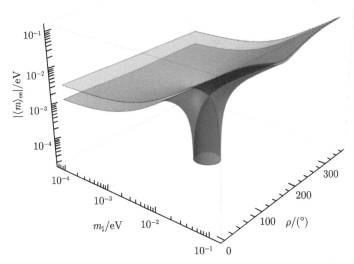

图 1-10　在正质量顺序情形下,$|\langle m\rangle_{ee}|$ 随 m_1 和 ρ 的变化情况

橙色 (蓝色) 曲面表示 $|\langle m\rangle_{ee}|$ 的上限 (下限)。$|\langle m\rangle_{ee}|$:无中微子双贝塔衰变有效中微子质量的绝对值;m_1:中微子质量;ρ:马约拉纳相位

1.3.3　新物理对有效中微子质量 $\langle m\rangle_{ee}$ 的修正

无中微子双贝塔衰变的微观物理机制可以按照相互作用力程分为两类,即长程和短程相互作用[118]。以第一类跷跷板模型为例,理论中存在三代质量很轻 (m_i < 1 eV) 的马约拉纳中微子 ν_i 和三代质量很重 (M_i > 100 GeV) 的马约拉纳中微子 N_i,它们都对无中微子双贝塔衰变过程有贡献,而且其贡献都来自对应的马约拉纳中微子的传播子。对于轻中微子,核子间的典型的转移动量 $|\boldsymbol{p}|\sim\mathcal{O}(100\text{ MeV})$ 远大于中微子质量 m_i,因此轻中微子的传播子简化为有效中微子质量 $\langle m\rangle_{ee}$ 和依赖于转移动量大小的有效势,后者会影响核子跃迁矩阵元的计算。对于重中微子,中微子质量 M_i 远大于转移动量 $|\boldsymbol{p}|$,所以重中微子的传播子中转移动量可以

忽略，且其贡献会被重中微子质量压低。与无中微子双贝塔衰变过程中的转移动量 $|\boldsymbol{p}| \sim \mathcal{O}(100\ \text{MeV})$ 作比较，我们通常把质量很轻的粒子传递的相互作用称作长程相互作用，反之则为短程相互作用。新物理对无中微子双贝塔衰变的影响可分别类比轻的和重的中微子的情况来理解。

为了简单起见，我们这里只考虑长程相互作用，并假定新物理的贡献可以描述为其对有效中微子质量的修正[115]，相应的核矩阵元的计算也不会发生显著的变化。比如说，存在一个质量大约为 1 eV 的惰性中微子，它只通过与三代活性中微子的味混合参与弱相互作用。最新中微子振荡实验的全局拟合结果表明[119]，与惰性中微子相关的中微子质量平方差 $\Delta m_{41}^2 \equiv m_4^2 - m_1^2 = 1.7\ \text{eV}^2$ 和混合角 $\sin^2\theta_{14} = 0.019$ 是与实验观测一致的最佳拟合值。在这种情况下，无中微子双贝塔衰变的过程中除了交换三代活性中微子之外，还有一代惰性中微子，因此有效中微子质量的表达式可写成

$$\langle m\rangle_{\text{ee}}' \equiv m_1\,|U_{\text{e}1}|^2\,\text{e}^{\text{i}\rho} + m_2|U_{\text{e}2}|^2 + m_3|U_{\text{e}3}|^2\text{e}^{\text{i}\sigma} + m_4|U_{\text{e}4}|^2\text{e}^{\text{i}\omega}$$

其中 $|U_{\text{e}1}| = c_{14}c_{13}c_{12}$，$|U_{\text{e}2}| = c_{14}c_{13}s_{12}$，$|U_{\text{e}3}| = c_{14}s_{13}$，$|U_{\text{e}4}| = s_{14}$。另外，$\rho$、$\sigma$ 和 ω 是马约拉纳型 CP 破坏相位，它们原则上可能会导致不同中微子质量本征态对无中微子双贝塔衰变的贡献相互抵消。

1.3.2 小节讨论了三代活性中微子味混合情况下的有效中微子质量 $\langle m\rangle_{\text{ee}}$ 的取值范围，以及中微子在正质量顺序时出现严重相消的条件。当把 $\langle m\rangle_{\text{ee}}'$ 中的混合角 θ_{14} 设为零时，该有效中微子质量就回到了标准的三代中微子的情形。接下来，我们按照三代活性中微子的两种不同的质量顺序分析 $\langle m\rangle_{\text{ee}}'$ 的基本性质[120]，并将其与标准情形的结果作比较。

(1) 正质量顺序 $(m_1 < m_2 < m_3)$：在标准情况下，当最轻的中微子的质量处于 2 meV $< m_1 <$ 7 meV 的范围内且马约拉纳 CP 破坏相位 $\rho \approx \pi$ 时，$\langle m\rangle_{\text{ee}}$ 会由于存在相消而变得很小。在存在惰性中微子的情况下，只有当 $\langle m\rangle_{\text{ee}}'$ 中与 ν_4 相关的一项与三代活性中微子的贡献之和大小相等、符号相反才可能出现相消，此时这两部分贡献的绝对值大约是 $m_4\tan^2\theta_{14} \approx 25.3$ meV。如图 1-11 所示，紫色和橙色曲面分别代表 $\langle m\rangle_{\text{ee}}'$ 的绝对值的上限和下限。下限的最小值，即 $|\langle m\rangle_{\text{ee}}'| = 0$，只有在 m_1 和 ρ 的二维平面上对应着 25.8 meV $< m_1 <$ 72.1 meV 的一个狭窄的区域内才能达到。

(2) 倒质量顺序 $(m_3 < m_1 < m_2)$：在标准情况下，即使 $m_3 = 0$，我们也会得到 $m_1 \approx m_2 \approx 50$ meV。$\theta_{12} \approx 34°$ 意味着有效中微子质量中不存在完全相消的可能性。当前的中微子振荡参数给出 $|\langle m\rangle_{\text{ee}}| \geqslant 15$ meV。当存在惰性中微子时，如图 1-12 所示，$|\langle m\rangle_{\text{ee}}'| = 0$ 可能在 $0 < m_3 <$ 72.1 meV 和 $0.74\pi < \rho < 1.26\pi$ 的参数范围内发生。

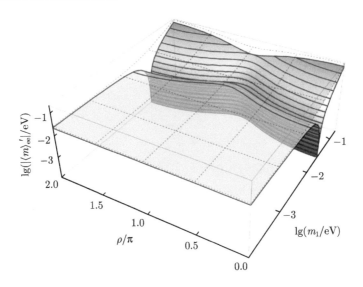

图 1-11　当三代活性中微子具有正质量顺序时，有效中微子质量 $\langle m \rangle'_{ee}$ 的绝对值的上限和下限

这里中微子混合角和质量平方差已取全局拟合的最佳值。$|\langle m \rangle'_{ee}|$：含惰性中微子情况下的无中微子双贝塔衰变有效中微子质量的绝对值；m_1：中微子质量；ρ：马约拉纳相位；lg：以 10 为底的对数

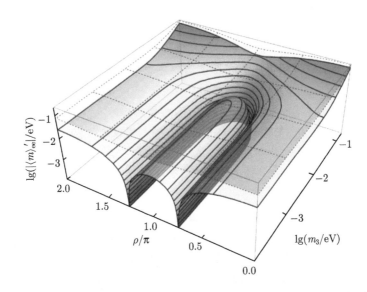

图 1-12　当三代活性中微子具有倒质量顺序时，有效中微子质量 $\langle m \rangle'_{ee}$ 的绝对值的上限和下限

这里中微子混合角和质量平方差已取全局拟合的最佳值。$|\langle m \rangle'_{ee}|$：含惰性中微子情况下的无中微子双贝塔衰变有效中微子质量的绝对值；m_3：中微子质量；ρ：马约拉纳相位；lg：以 10 为底的对数

以上分析告诉我们, 新物理对有效中微子质量的修正可能会非常显著。也就是说, 下一代的无中微子双贝塔衰变实验有能力对新物理模型的参数给出更加严格的限制。对于惰性中微子的情形, 无论是正质量顺序还是倒质量顺序, 有效中微子质量都存在严重相消的可能性。但在绝大部分参数空间内, 其取值都远大于标准三代中微子的结果, 这意味着将来的实验对惰性中微子的质量和混合角会很敏感。

1.3.4   有效中微子质量 $\langle m \rangle_{ee}$ 的后验概率

1.3.2 小节和 1.3.3 小节我们利用有效中微子质量 $|\langle m \rangle_{ee}|$ 和 $|\langle m \rangle'_{ee}|$ 的解析公式讨论了其可能的取值范围以及未来无中微子双贝塔衰变的探测前景。这种方法简单直观, 很容易理解其对物理参数的依赖关系。但是局限性在于无法获得 $|\langle m \rangle_{ee}|$ 在其允许范围内的概率分布, 即无法得到不同条件下 $|\langle m \rangle_{ee}|$ 概率最大的取值。本小节我们将对此进行讨论。

为了使研究直观易懂, 我们采用贝叶斯参数抽样的方法, 对所有物理参数根据其概率密度分布进行抽样, 然后利用有效中微子质量的解析关系得到 $|\langle m \rangle_{ee}|$ 的概率分布 [121]。这里振荡参数的概率分布来自中微子振荡实验的结果, 绝对质量参数的概率分布可以利用贝塔衰变、无中微子双贝塔衰变和宇宙学的限制。此外, 在贝叶斯统计中还需要给定所有参数的先验概率分布。由于实验测量结果已足够精确, 所有振荡参数的先验概率的选取对结果没有影响。但对于绝对质量参数, 先验概率将影响最终的抽样结果, 因此我们选取两种不同的先验概率进行比较研究。最后, 所有马约拉纳 CP 相位的先验概率将取其理论范围 $[0 \sim 2\pi]$ 内的均匀分布。

图 1-13 给出了三代活性中微子情况以及存在轻惰性中微子的情况下有效中微子质量 $|m_{ee}| \equiv |\langle m \rangle_{ee}|$ 或者 $|m'_{ee}| \equiv |\langle m \rangle'_{ee}|$ 的后验概率分布。其中 m_L 代表最轻的中微子质量 (正质量顺序时 $m_L \equiv m_1$, 倒质量顺序时 $m_L \equiv m_3$)。图 1-13(a) 和 (c) 表示绝对质量参数的先验概率分布取 m_L 的对数函数, 图 1-13(b) 和 (d) 表示绝对质量参数的先验概率分布取 $\Sigma \equiv m_1 + m_2 + m_3$ 的对数函数。从图中可以看出对先验概率取 m_L 的对数函数的情况, 有效中微子质量的分布倾向于取更小 m_L 的区域。

图中蓝色实线代表概率密度分布的 68%、95%、99% 和 99.7% 的边界区域。因此, 对于三代活性中微子情况, $|\langle m \rangle_{ee}| < 10^{-3}$ eV 的概率小于 5%, 而 $|\langle m \rangle_{ee}| < 10^{-4}$ eV 的概率小于 0.3%, 这与前面关于三维几何图的分析结果一致; 对于存在轻惰性中微子的情况, $|\langle m \rangle'_{ee}|$ 的概率密度分布往更大的有效中微子质量区域移动, 依赖于 m_L 的取值, $|\langle m \rangle'_{ee}|$ 只有 0.3%~5% 的概率落在小于 10^{-2} eV 的区域, 因此未来吨量级实验将有很大机会检验轻惰性中微子的假设。

进一步地, 我们还可以结合中微子有效质量的概率分布和核矩阵元的分布范围来讨论未来无中微子双贝塔衰变实验的发现概率 [122]。如图 1-14 所示, 左、中、右三列分别代表基于 $^{76}_{32}$Ge、$^{130}_{52}$Te、$^{136}_{54}$Xe 核素实验的发现概率, 上、下两行分别代表正质量顺序和倒质量顺序的结果。每个实验的上下限的宽度代表核矩阵元的变化范围 (EDF、QRPA、ISM 和 IBM 等核多体计算模型见 1.1.3 小节的简介以及本书第 2 章的详述)。

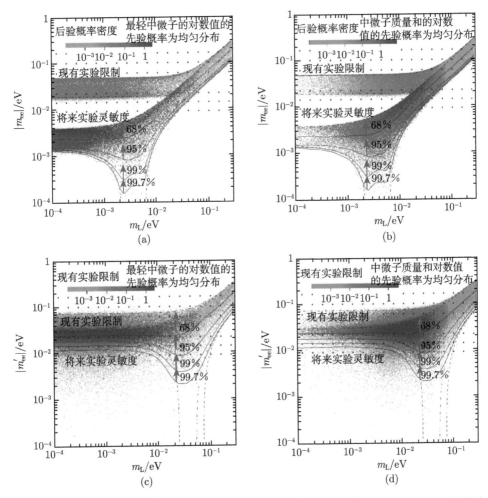

图 1-13 三代活性中微子情况 (a) 和 (b) 以及存在轻惰性中微子的情况 (c) 和 (d) 下有效中
微子质量 $|m_{ee}| \equiv |\langle m \rangle_{ee}|$ 或者 $|m'_{ee}| \equiv |\langle m \rangle'_{ee}|$ 的后验概率分布

其中 m_L 代表最轻的中微子质量 (正质量顺序时 $m_L \equiv m_1$, 倒质量顺序时 $m_L \equiv m_3$)。68%, 95%, 99%,
99.73%: 真实有效中微子质量的分布概率

我们以若干基于 $^{76}_{32}$Ge、$^{130}_{52}$Te、$^{136}_{54}$Xe 核素的未来实验为例来讨论无中微子双贝塔衰变的发现潜力: 基于 $^{76}_{32}$Ge 的实验 LEGEND 200 和 LEGEND 1k 将分别使用

200 kg 和 1000 kg 的 $^{76}_{32}$Ge 核素；基于 $^{130}_{52}$Te 的实验有 SNO+ Phase Ⅰ、SNO+ Phase Ⅱ 和 CUPID，将分别使用 1.4 t、8.0 t 以及 550 kg 的 $^{130}_{52}$Te 核素；最后，基于 $^{136}_{54}$Xe 核素的实验有 KamLAND-Zen 800、KamLAND2-Zen、NEXT 1.5k、PandaX-III 1k 以及 nEXO，将分别使用 750 kg、1.0 t、1.4 t、900 kg 和 4.5 t 的 $^{136}_{54}$Xe 核素。从图 1-14 中我们可以看出：对于倒质量顺序的情况，三种核素的下一代吨量级实验都有超过 90% 的概率在 5 年内观测到无中微子双贝塔衰变的信号；对于正质量顺序的情况，三种核素的吨量级实验也有 50% 的概率在 5 年内观测到无中微子双贝塔衰变的信号。这个结论来源于图 1-13 关于有效中微子质量的概率分布，其严重相消的参数空间在中微子振荡和绝对质量的限制条件下只存在非常小的可能性。

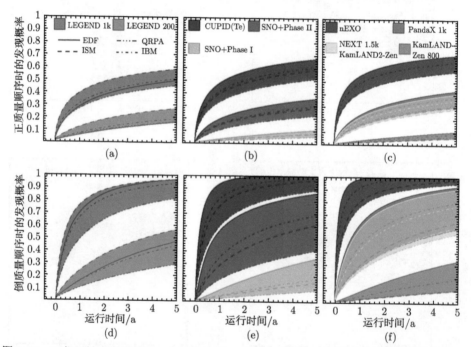

图 1-14　三代活性中微子情况，未来基于 $^{76}_{32}$Ge(左图)、$^{130}_{52}$Te(中图)、$^{136}_{54}$Xe(右图) 核素的无中微子双贝塔衰变实验的发现概率。上、下两行分别代表正质量顺序和倒质量顺序的情况

LEGEND, CUPID, SNO+, nEXO, NEXT, PandaX, KamLAND2-Zen：不同的无中微子双贝塔衰变实验；EDF, QRPA, ISM, IBM：不同的核矩阵元模型

　　综上所述，无论从有效中微子质量项的三维几何结构还是从其后验概率密度分布，或者更进一步从上述未来实验的发现概率的角度考虑，未来吨量级的低本底实验将有很大的机会发现无中微子双贝塔衰变的信号。即使对于正质量顺序的情况，下一代实验也有 50% 左右的发现概率。

1.4 其他可能的轻子数不守恒过程

1.4.1 轻子数不守恒的强子稀有衰变过程

迄今为止,所有实验和观测都证明电荷守恒是自然界的基本定律。在粒子物理学标准模型中,电荷守恒定律可以理解为严格保持的局域 U(1) 规范对称性的直接推论。但标准模型中还存在偶然的对称性,即重子数和轻子数守恒,它们对应着整体 U(1) 对称性。然而,这样的偶然对称性并不是严格保持的,它们由于量子反常效应而被破坏 [123–124]。20 世纪 70 年代,粒子物理学的重要理论进展之一是大统一规范理论的提出。在大统一理论模型中,强、弱和电磁三种基本相互作用能够用唯一的规范对称群 SU(5) 或 SO(10) 来统一描述 [125–126],而其相互作用强度由相应的规范耦合常数给出。大统一理论预言重子数和轻子数不守恒,比如说质子可以衰变到其他粒子 $p \rightarrow e^+ + \pi^0$。因此,实验上发现重子数和轻子数破坏的现象是寻找超出标准模型新物理的重要突破口。

在质子衰变 $p \rightarrow e^+ + \pi^0$ 的过程中,重子数和轻子数同时被破坏一个单位,即 $\Delta B = \Delta L = 1$,但重子数与轻子数之差 $B - L$ 是守恒的。另外,中子与反中子振荡和原子核内中子转化为反中子是典型的 $\Delta B = 2$ 物理过程。与之对应,无中微子双贝塔衰变是最具代表性的 $\Delta L = 2$ 过程。除了无中微子双贝塔衰变,实验上有可能观测到的轻子数破坏 (LNV) 过程主要可以分为以下三类:① 强子的 LNV 稀有衰变 $M^- \rightarrow M'^+ + \alpha^- + \beta^-$ 及其 CP 共轭过程,其中 α、$\beta = e$、μ、τ 表示带电轻子,M^- 和 M'^+ 分别代表初末态的介子或重子;② 中微子与反中微子振荡 $(\nu_\alpha \rightarrow \bar{\nu}_\beta)$ 过程及其逆过程 [127–132];③ 大型强子对撞机 (LHC) 实验中寻找末态含有同号带电轻子的 LNV 过程。本小节及后面 1.4.2 节和 1.4.3 小节将分别阐述这三类 LNV 过程,诸如 μ 原子中 $\mu^- \rightarrow e^+$ 转换和 $\tau^- \rightarrow e^+ \pi^- \pi^-$ 等其他过程将不在此讨论。

谢克特–瓦尔定理表明,只要观测到无中微子双贝塔衰变过程,电子型中微子就一定有不为零的马约拉纳质量。事实上,这个定理也可以推广到其他 LNV 过程 [133]。如图 1-15(a) 所示,如果中微子具有不为零的马约拉纳质量项 $M_{\alpha\beta}^\nu \overline{\nu_{\alpha L}} \nu_{\beta L}^c$,我们就能够利用标准模型中已存在的相互作用来构造破坏两个单位的轻子数的相互作用顶点 $\Phi_k \bar{\alpha} \Gamma_{\alpha\beta}^k \beta^c$ 和轻子数守恒的顶点 $\Phi_k S^{\mu\nu} W_\mu^+ W_\nu^+$,其中 Φ_k 是由标准模型中的基本粒子场构成的算符,$S^{\mu\nu}$ 描述对应顶点的洛伦兹结构。Φ_k 携带的轻子数和重子数均为零,但电荷数为 -2,例如、$\bar{u}d\bar{u}d$、$\bar{u}d\bar{u}d$ $\{\bar{u}u, \bar{d}d\}$ $\{\bar{\alpha}\alpha, \gamma, Z_\mu\}$,其下标表示算符不同的具体形式。反过来,如果存在破坏轻子数的相互作用顶点 $\Phi_k \bar{\alpha} \Gamma_{\alpha\beta}^k \beta^c$,我们可以构造图 1-15(b) 中的中微子自能修正的费曼图,它给出中微子的马约拉纳质量项 $M_{\alpha\beta}^\nu \overline{\nu_{\alpha L}} \nu_{\beta L}^c$。

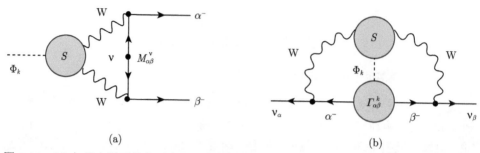

图 1-15　(a) 如果中微子具有不为零的马约拉纳质量项 $M^{\nu}_{\alpha\beta}\overline{\nu_{\alpha L}}\nu^{c}_{\beta L}$，那么就存在轻子数破坏过程 $\Phi_k \to \alpha^- + \beta^-$，其中 Φ_k 是由标准模型粒子场构成的重子数和轻子数为零但电荷数为 -2 的算符；(b) 如果存在轻子数破坏的相互作用顶点 $\Phi_k\bar{\alpha}\Gamma^k_{\alpha\beta}\beta^c$，那么就一定可以产生中微子的马约拉纳质量项 $M^{\nu}_{\alpha\beta}\nu^c_{\alpha L}\nu^c_{\beta L}$

Φ_k: 有效算符；$\Gamma^k_{\alpha\beta}$: 轻子数破坏的相互作用顶点；$\alpha^-\beta^-$: 带电轻子；S: 有效相互作用顶点；$\nu_\alpha\,\nu_\beta\,\nu$: 中微子；$M^{\nu}_{\alpha\beta}$: 中微子质量矩阵的矩阵元；W: 带电弱相互作用规范玻色子

　　由此可见，只要中微子的马约拉纳质量矩阵的矩阵元 $M^{\nu}_{\alpha\beta}$ 不全为零，就一定会导致 LNV 过程。通过味空间的基变换使得带电轻子质量矩阵处于对角的情况下，中微子的马约拉纳质量矩阵元 $M^{\nu}_{\alpha\beta}$ 由轻子味混合矩阵 U 和中微子的绝对质量 m_i 来决定，具体形式为

$$M^{\nu}_{\alpha\beta} = \langle m \rangle_{\alpha\beta} \equiv m_1 U_{\alpha 1} U_{\beta 1} + m_2 U_{\alpha 2} U_{\beta 2} + m_3 U_{\alpha 3} U_{\beta 3}$$

其中 α、$\beta = $ e、μ、τ，而 $\langle m \rangle_{ee}$ 正好是无中微子双贝塔衰变中的有效中微子质量。当 α、β 取其他轻子味指标时，有效中微子质量 $\langle m \rangle_{\alpha\beta}$ 的绝对值的大小标志着相应的 LNV 过程发生概率的大小 [134]。根据最新的中微子振荡实验的全局拟合的结果，对于给定的最轻中微子的质量 (正质量顺序时是 m_1 而倒质量顺序时是 m_3)，有效中微子质量的绝对值 $|\langle m \rangle_{\alpha\beta}|$ 的取值范围见图 1-16，其中绿色点区域对应倒质量顺序、红色点区域对应正质量顺序。从有效中微子质量 $\langle m \rangle_{\alpha\beta}$ 出发，我们原则上就能够计算图 1-15(a) 所示的 LNV 过程发生的概率。

　　介子的 LNV 稀有衰变过程 $M^{\pm} \to M^{\prime\mp} + \alpha^{\pm} + \beta^{\pm}$ 一直是粒子物理学实验和唯象学的研究热点。20 世纪 60 年代末，利用美国布鲁克海汶国家实验室产生的 65000 个 K^- 介子衰变事例的样本，实验物理学家们并没有发现 $K^- \to \pi^+ + e^- + e^-$ 衰变的迹象，所以推断出其衰变分支比的上限 (即 $Br(K^- \to \pi^+ + e^- + e^-) < 1.5 \times 10^{-5})$[136]。随着高亮度的 τ 轻子与粲介子工厂和 B 介子工厂的快速发展，大量的实验数据将 K、D 和 B 介子的 LNV 稀有衰变的限制不断改进。根据最新的粒子数据工作组 (Particle Data Group) 的系统分析，一些具有代表性的强子的 LNV 稀有衰变分支比的上限总结如下 (90% 置信度)[13]：

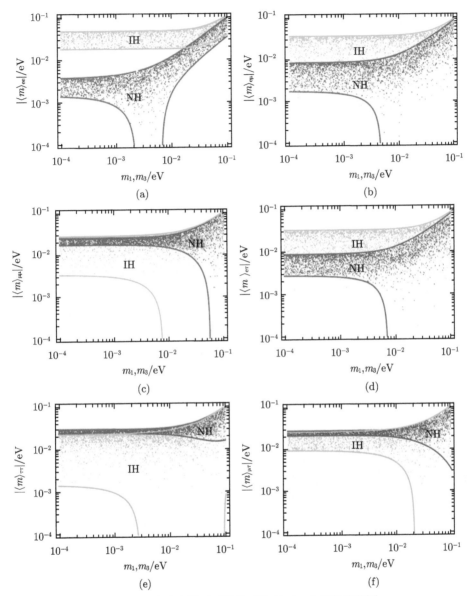

图 1-16 有效中微子质量绝对值 $|\langle m\rangle_{\alpha\beta}|$ 的取值范围

其中绿色区域对应倒质量顺序，而红色区域对应正质量顺序，相应颜色的实线表示取值的上、下限。计算中
使用的混合参数取中微子振荡实验的最佳拟合值 [135]，CP 相位在允许的范围内任意取值。NH：正质量顺
序；IH：倒质量顺序；$|\langle m\rangle_{\alpha\beta}|$：有效中微子质量的绝对值，其中 α,β 均可取 e, μ, τ；m_1, m_3：分别对应正
质量顺序和倒质量顺序时的最轻中微子质量

$\mathrm{Br}\,(\mathrm{K}^+ \to \pi^- \mathrm{e}^+ \mathrm{e}^+) < 6.4 \times 10^{-10}$, $\mathrm{Br}\,(\mathrm{D}^+ \to \pi^- \mathrm{e}^+ \mathrm{e}^+) < 1.1 \times 10^{-06}$;

$\mathrm{Br}\,(\mathrm{K}^+ \to \pi^- \mathrm{e}^+ \mu^+) < 5.0 \times 10^{-10}$, $\mathrm{Br}\,(\mathrm{D}^+ \to \pi^- \mathrm{e}^+ \mu^+) < 2.0 \times 10^{-06}$;

$\mathrm{Br}\,(\mathrm{K}^+ \to \pi^- \mu^+ \mu^+) < 8.6 \times 10^{-11}$, $\mathrm{Br}\,(\mathrm{D}^+ \to \pi^- \mu^+ \mu^+) < 2.2 \times 10^{-08}$;

$\mathrm{Br}\,(\mathrm{B}^+ \to \mathrm{K}^- \mathrm{e}^+ \mathrm{e}^+) < 3.0 \times 10^{-08}$, $\mathrm{Br}\,(\mathrm{B}^+ \to \pi^- \mathrm{e}^+ \mathrm{e}^+) < 2.3 \times 10^{-08}$;

$\mathrm{Br}\,(\mathrm{B}^+ \to \mathrm{K}^- \mathrm{e}^+ \mu^+) < 1.6 \times 10^{-07}$, $\mathrm{Br}\,(\mathrm{B}^+ \to \pi^- \mathrm{e}^+ \mu^+) < 1.5 \times 10^{-07}$;

$\mathrm{Br}\,(\mathrm{B}^+ \to \mathrm{K}^- \mu^+ \mu^+) < 4.1 \times 10^{-08}$, $\mathrm{Br}\,(\mathrm{B}^+ \to \pi^- \mu^+ \mu^+) < 4.0 \times 10^{-09}$;

$\mathrm{Br}\,(\Xi^- \to \mathrm{p}\mu^- \mu^-) < 4 \times 10^{-08}$, $\mathrm{Br}\,(\Lambda_c^+ \to \Sigma^- \mu^+ \mu^+) < 7.0 \times 10^{-04}$。

类比无中微子双贝塔衰变的谢克特-瓦尔定理的讨论，我们假设导致介子的 LNV 衰变 $\mathrm{M}^- \to \mathrm{M}'^+ + \alpha^- + \beta^-$ 的微观机制是由短程相互作用主导的。例如，前面介绍过的量纲为 9 的算符 $\epsilon_3 J_{\mathrm{R}}^\mu J'_{\mu \mathrm{R}} j_{\mathrm{L}}$ 就可以引起介子的 LNV 衰变，不过这里的夸克流 $J_{\mathrm{R}}^\mu = 2\overline{U}\gamma^\mu P_{\mathrm{R}} D$ 和 $J'_{\mu \mathrm{R}} = 2\overline{U'}\gamma_\mu P_{\mathrm{R}} D'$ 不仅包含上夸克 u 和下夸克 d，也可以是其他上型夸克 (U、U' = u、c) 和下型夸克 (D、D' = d、s、b)。相对于无中微子双贝塔衰变，当前介子的 LNV 衰变的实验限制还比较弱。以 $\mathrm{K}^+ \to \pi^- \mathrm{e}^+ \mathrm{e}^+$ 为例，实验观测给出的算符 $\epsilon_3 J_{\mathrm{R}}^\mu J'_{\mu \mathrm{R}} j_{\mathrm{L}}$ 系数的上限为 $\epsilon_3 < 9.0 \times 10^2$，而来自无中微子双贝塔衰变实验的限制为 $\epsilon_3 < 1.5 \times 10^{-8}$。尽管如此，介子的 LNV 衰变过程能够用来研究末态带电轻子是 $\mu^\pm \mathrm{e}^\pm$ 和 $\mu^\pm \mu^\pm$ 的相互作用，而后者是无中微子双贝塔衰变实验中无法检验的。

1.4.2　中微子与反中微子振荡过程

1957 年初，基于电子型反中微子的存在以及弱相互作用最大程度地破坏宇称对称性的实验事实，萨拉姆 (Abdus Salam)[137]、朗道 (Lev Landau)[138] 以及李政道和杨振宁 [139] 等著名理论物理学家相继提出了中微子的 "二分量" 理论——即中微子是没有质量的外尔 (Weyl) 费米子，只具有左手征；而反中微子只具有右手征。但就在同一年，他们的观点受到了庞蒂科夫的挑战。作为费米学派的代表人物之一，庞蒂科夫坚信中微子是马约拉纳型费米子，因此他猜测 [33]：倘若中微子的 "二分量" 理论被证明是错误的，而且轻子数并不守恒，那么原则上就有可能发生中微子与反中微子之间的相互转化。

既然大气、太阳、反应堆和加速器型中微子振荡实验都已经令人信服地证实了三种中微子具有微小的质量以及显著的味混合效应，那么中微子和反中微子倘若是马约拉纳型费米子，它们之间不仅会发生轻子数守恒的中微子–中微子振荡 ($\nu_\alpha \to \nu_\beta$) 和反中微子–反中微子振荡 ($\bar{\nu}_\alpha \to \bar{\nu}_\beta$) 过程，而且可能发生轻子数不守恒的中微子–反中微子振荡 ($\nu_\alpha \to \bar{\nu}_\beta$) 过程及其逆过程 [127–132]，如图 1-17 所示。

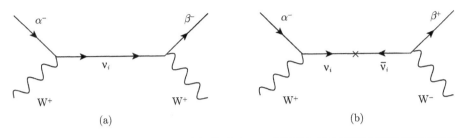

图 1-17 (a) 中微子与中微子之间的振荡以及 (b) 中微子与反中微子之间的振荡示意图
其中 α^- 和 $\beta^\pm$ 代表带电轻子 (希腊字母可取 e、μ、τ)，而 "×" 记号表示质量为 m_i 的马约拉纳中微子
(即 $\nu_i = \bar{\nu}_i$，其中 $i = 1, 2, 3$) 的手征反转。$W^\pm$：弱相互作用规范玻色子；α^-、β^-：带电轻子；β^+：带电
轻子的反粒子

整个中微子振荡过程可以分为 ν_α 型中微子的产生、中微子质量本征态 ν_i 的传播和 ν_β (或 $\bar{\nu}_\beta$) 型中微子的探测三部分，其中味本征态与质量本征态之间的关联是由 PMNS 矩阵 U 来描述的，后者包含了三个味混合角和三个 CP 破坏相位参数。第一部分通过带电流弱相互作用 $W^+ + \alpha^- \to \nu_\alpha$ 实现，对应的味混合系数为 $U_{\alpha i}^*$；第三部分通过带电流弱相互作用 $\nu_\beta \to W^+ + \beta^-$ (或 $\bar{\nu}_\beta \to W^- + \beta^+$) 实现，相应的味混合系数为 $U_{\beta i}$ (或 $U_{\beta i}^*$)；处于这两部分之间的则是中微子质量本征态 ν_i (或 $\bar{\nu}_i$) 在空间的传播过程，后者在平面波近似下依赖一个相位因子 $\exp\left(-\mathrm{i}m_i^2 L/2E\right)$，其中 m_i 为第 "i" 种中微子的质量，$E \gg m_i$ 为中微子束流的能量，而 L 为中微子源到探测器的距离 (即基线长度)。值得注意的是，对于图 1-17(b) 所描述的振荡而言，从中微子转化为反中微子的过程还涉及一个螺旋度压低因子 m_i/E，它代表了马约拉纳中微子质量项所导致的轻子数不守恒过程。于是图 1-17(a) 对应的振荡过程的振幅可以表达为 $U_{\alpha i}^* \exp\left(-\mathrm{i}m_i^2 L/2E\right) U_{\beta i}$ 关于 "i" 的求和，而图 1-17(b) 对应的振幅可以表达为 $U_{\alpha i}^* \exp\left(-\mathrm{i}m_i^2 L/2E\right) U_{\beta i}^* m_i/E$ 关于 "i" 的求和；取两者各自的绝对值及其平方，即可分别计算出振荡概率 $P\left(\nu_\alpha \to \nu_\beta\right)$ 和 $P\left(\nu_\alpha \to \bar{\nu}_\beta\right)$ 的具体形式 [140−141]。若考虑 CP 共轭或者 T 反演的振荡过程时，只需作 $U \to U^*$ 的替换即可得到相应的振荡概率。

进一步的计算就可以看出中微子–反中微子振荡概率与中微子–中微子振荡 (或反中微子–反中微子振荡) 概率的显著不同之处：

第一，$P\left(\nu_\alpha \to \bar{\nu}_\beta\right)$ 的表达式中与 L/E 无关的 "零距离" 效应项正比于 $|\langle m \rangle_{\alpha\beta}|^2 / E^2$，其中 $\langle m \rangle_{\alpha\beta} \equiv m_1 U_{\alpha 1} U_{\beta 1} + m_2 U_{\alpha 2} U_{\beta 2} + m_3 U_{\alpha 3} U_{\beta 3}$ 代表马约拉纳中微子的有效质量项。因此 $\nu_e \to \bar{\nu}_e$ 型振荡过程与无中微子双贝塔衰变过程类似，两者都对 $\langle m \rangle_{ee}$ 敏感。

第二，振荡概率 $P\left(\nu_\alpha \to \bar{\nu}_\beta\right)$ 中与 L/E 有关的 CP 守恒项正比于 $m_i m_j/E^2$ 和 $\mathrm{Re}\left(U_{\alpha i} U_{\beta i} U_{\alpha j}^* U_{\beta j}^*\right)$ 的乘积；而与 L/E 有关的 CP 不守恒振荡项则正比于 $m_i m_j/E^2$

和 $\mathrm{Im}\left(U_{\alpha i}U_{\beta i}U_{\alpha j}^*U_{\beta j}^*\right)$ 的乘积。由于 PMNS 矩阵元组合 $U_{\alpha i}U_{\beta i}U_{\alpha j}^*U_{\beta j}^*$ 既依赖狄拉克 CP 相位 δ 又依赖马约拉纳 CP 相位 ρ 和 σ, 因此中微子–反中微子振荡过程原则上允许我们测量所有三个 CP 破坏相位。相比之下, 出现在中微子–中微子振荡概率 $P\left(\nu_\alpha \to \nu_\beta\right)$ 中的 PMNS 矩阵元组合 $U_{\alpha i}U_{\beta j}U_{\alpha j}^*U_{\beta i}^*$ 只依赖狄拉克 CP 相位 δ, 因此这类振荡过程对马约拉纳 CP 相位 ρ 和 σ 完全不敏感。

第三, 虽然中微子–反中微子振荡概率原则上对所有九个中微子味参数——三个质量、三个混合角和三个 CP 相位都敏感, 而相应的中微子–中微子 (或反中微子–反中微子) 振荡只对两个质量平方差、三个混合角和一个 CP 相位敏感, 但是前者却几乎不可能付诸实验, 原因就在于螺旋度压低因子 m_i/E 的数值通常实在太小了。对于反应堆反中微子振荡实验而言, 取 $m_i = 1$ eV 和 $E = 1$ MeV 为例, 则振荡概率 $P\left(\bar{\nu}_e \to \nu_e\right)$ 将至少被压低到 $|m_i/E|^2 = 10^{-12}$ 的程度, 故而这类轻子数不守恒的振荡过程目前完全不具备可观测性。

倘若下一代的无中微子双贝塔衰变实验果真能够观测到令人信服的非零信号, 从而确认中微子的马约拉纳属性, 那么如何测定马约拉纳 CP 相位 ρ 和 σ 将成为实验物理学家们不可回避的问题。尽管在可以预见的未来无法测量诸如中微子–反中微子振荡这样的轻子数不守恒过程, 但或许一些崭新的物理想法和技术突破得以让我们向前更进一步, 从而洞悉马约拉纳中微子的全部性质。

1.4.3　在对撞机上寻找轻子数不守恒的信号

2012 年, 在欧洲核子研究中心的 (大型强子对撞机 (LHC) 上进行的 ATLAS 和 CMS 实验发现了标准模型预言的希格斯玻色子, 进一步证实了标准的电弱统一理论。未来几十年内, 粒子物理学的主要发展方向之一就是寻找超出标准模型的新物理, 一方面可以对标准模型中粒子的基本性质和相互作用进行精确检验, 另一方面是直接产生新粒子并观测新物理的信号。因此, LHC 的升级版以及将来要建造的希格斯工厂 (或者规模更大的下一代强子、轻子对撞机) 是寻找轻子数破坏等新物理现象的理想场所。

对于大型强子对撞机, 最理想的轻子数破坏的信号就是质子与质子碰撞产生的末态粒子中包含同号的带电轻子, 即 $\mathrm{pp} \to X + \alpha^\pm + \beta^\pm$, 其中 α、β = e、μ 而 X 表示末态中的其他粒子。一般来讲, 占主导地位的产生道、信号事例的挑选和标准模型背景的分析都依赖于具体的新物理模型, 包括新粒子的质量、相互作用形式和相关的耦合系数的大小。目前对撞机实验还没有发现任何轻子数破坏的信号, 这就对存在轻子数破坏相互作用的新物理模型给予一定的限制。为了开展更具体的讨论, 我们这里只关注可以产生马约拉纳中微子质量的第二类跷跷板模型 (type-II seesaw), 其他中微子质量模型的对撞机信号的最新进展可参考综述文章 [142]。

第二类跷跷板模型是标准模型的简单扩充, 它继承了后者的所有规范对称性和基本粒子构成, 只是额外引入了一个 $SU(2)_L$ 规范群的标量三重态 Δ, 其携带的 $U(1)_Y$ 的超荷数为 $Y = -2$。由盖尔曼-西岛公式 $Q = I_3 + Y/2$ 可知, 模型中存在四个带电的标量粒子 $H^{\pm\pm}$ 和 $H^{\pm}$, 还有三个中性的标量粒子 H^0、A^0 和 h^0, 其中 h^0 近似等同于标准模型中的希格斯玻色子。标量三重态 Δ 与轻子二重态 ℓ_L 的相互作用顶点为 $Y_\Delta \overline{\ell_L} i\sigma^2 \Delta \ell_L^c / 2$, 它与标准模型希格斯二重态 Φ 的相互作用项为 $\mu_\Delta \Phi^T i\sigma^2 \Delta \Phi$, 因此在第二类跷跷板模型中不存在对应着轻子数的整体 $U(1)$ 对称性, 也就是说轻子数是不守恒的。当标量场获得真空期望值 $\langle \Delta \rangle = v_\Delta$ 和 $\langle \Phi \rangle = v$ 时, 规范对称性 $SU(2)_L \times U(1)_Y$ 自发破缺, 中微子的马约拉纳质量矩阵写为 $M_{\alpha\beta}^\nu = (Y_\Delta)_{\alpha\beta} v_\Delta$, 这里 $\sqrt{v^2 + v_\Delta^2} = 174$ GeV 且 $v_\Delta \approx \mu_\Delta v^2 / M_\Delta^2$, 其中 M_Δ 是标量三重态的质量 (重标量粒子的质量近似简并, 即 $M_{H^{\pm\pm}} \approx M_{H^\pm} \approx M_{H^0} \approx M_{A^0} \approx M_\Delta$)。第二类跷跷板模型中轻子数破坏的信号及其实验寻找的主要特征可以总结为以下三点。

首先, 标量三重态具有 $SU(2)_L \times U(1)_Y$ 的规范相互作用, 因此重的标量粒子可以在大型强子对撞机上产生。主要的产生过程如图 1-18 所示: ① 碰撞的两个质子分别贡献一个正夸克和一个反夸克, 那么通过 Drell-Yan 过程交换光子或 Z^0 产生一对 $H^{\pm\pm}H^{\mp\mp}$, 或交换 $W^\pm$ 产生一对 $H^{\pm\pm}H^\mp$; ② 两个质子中的夸克也可以分别辐射出一个 $W^\pm$, 这样可以由 $W^\pm W^\pm$ 融合产生单个 $H^{\pm\pm}$。因为标量三重态粒子通过规范相互作用产生, 所以相应的反应过程的截面只依赖于其质量。对于 $M_{H^{\pm\pm}} = 1$ TeV, 在质心能为 14 TeV (100 TeV) 的强子对撞机上, 对产生的截面可以达到 0.1 fb (10 fb)。也就是说, 当对撞机的积分亮度达到 ab^{-1} 量级时, 可以产生 $10^2(10^4)$ 个事例。

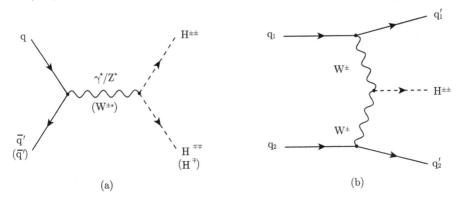

图 1-18 (a) 标量三重态粒子 $H^{\pm\pm}$ 和 $H^\mp$ 在强子对撞机上的对产生过程的费曼图; (b) 标量三重态粒子 $H^{\pm\pm}$ 在强子对撞机上的单产生过程的费曼图

q, q_1, q_2, q_1', q_2': 夸克; $\bar{q}, \overline{q'}$: 反夸克; $W^\pm, Z$: 弱相互作用规范玻色子; γ: 光子; $H^{\pm\pm}$: 带双电荷的三重态标量粒子; $H^\pm$: 带单电荷的三重态标量粒子; $W^{\pm*}, Z^*, \gamma^*$: 虚规范玻色子

其次, 正是因为标量三重态参与规范相互作用, 所以该模型会受到标准模型精确检验实验的严格限制。标量三重态直接参与规范对称性的自发破缺, 它在树图层次上就会对标准模型规范玻色子的质量产生贡献, 为了不严重影响标准模型的理论预言, 其真空期望值必须满足 $v_\Delta < 1$ GeV。另外, v_Δ 的大小决定着带双电荷的标量粒子 $H^{\pm\pm}$ 的衰变模式。当 $v_\Delta > 10^{-4}$ GeV 时 $H^{\pm\pm} \to W^\pm W^\pm$ 衰变分支比占主导, 否则 $H^{\pm\pm} \to \alpha^\pm \beta^\pm$ 是主要的衰变道。值得注意的是, 后一种情况的衰变分支比是 $\mathrm{Br}\,(H^{\pm\pm} \to \alpha^\pm \beta^\pm) = 2\,|\langle m\rangle_{\alpha\beta}|^2 \Big/ \left[(1+\delta_{\alpha\beta})\sum_i m_i^2\right]$, 其中 $\delta_{\alpha\beta}$ 为克罗内克符号、$\langle m\rangle_{\alpha\beta}$ 是有效中微子质量 (即马约拉纳中微子质量项 $M^\nu_{\alpha\beta}$)[143]。假设 $H^{\pm\pm} \to e^\pm e^\pm$ 或 $H^{\pm\pm} \to \mu^\pm \mu^\pm$ 是唯一的衰变模式, ATLAS 实验对标量三重态粒子质量的限制为 $M_{H^{\pm\pm}} > 800$ GeV。如果采用中微子振荡实验允许的有效中微子质量的范围, 我们容易计算真实的衰变分支比 $\mathrm{Br}\,(H^{\pm\pm} \to \alpha^\pm \beta^\pm)$, 这样对撞机实验对 $M_{H^{\pm\pm}}$ 的限制会稍微变弱一些。

最后, 可观测的轻子数破坏过程在标准模型中并不存在, 因此原则上没有标准模型物理导致的背景[144]。考虑最具有代表性的产生和衰变过程 $pp \to H^{++}H^{--} \to \mu^+\mu^+\mu^-\mu^-$, 同号带电轻子 $\mu^+\mu^+$ 和 $\mu^-\mu^-$ 分别来自重的标量粒子 H^{++} 和 H^{--} 的衰变, 所以事例挑选可以使用 $\mu^+\mu^+$ 和 $\mu^-\mu^-$ 的不变质量谱, 并要求两个不变质量峰对应着同一个质量。对于同号带电轻子, 可能的背景是 $W^\pm$ 的轻子衰变伴随一个重味介子衰变中误判的喷注或带电轻子。要求带电轻子与邻近喷注之间的快度差大于 0.5 以及丢失的横向能量小于 25 GeV 可以有效地压低这样的背景。

由此可见, 未来的对撞机实验将会提供与无中微子双贝塔衰变互补的重要信息, 这将使我们对轻子数破坏的物理过程有更深刻和更全面的认识。

1.4.4　其他想法与实验探测的可能性

为了检验中微子的马约拉纳性质, 除了无中微子双贝塔衰变过程之外, 我们还相继介绍了强子的稀有衰变过程、中微子与反中微子振荡过程以及对撞机上的轻子数不守恒信号等可能性。这里我们进一步探讨其他可能的想法以及实验探测的可行性。

由于弱作用的手征特性, 任何轻子数改变的相互作用过程也同时改变轻子的手征性。考虑粒子的手征本征态与螺旋度本征态的转化关系, 中微子相关的轻子数破坏过程都直接依赖于 (m/E), 其中 m 和 E 分别是中微子的质量和能量。对于相对论性的中微子态, 其参与的轻子数破坏过程总是受到此因子的压低, 从而大大增加了实验探测的困难。为了克服这一难题, 有效途径之一是考虑非相对论性的中微子态。宇宙大爆炸之后产生的背景中微子随着宇宙的膨胀冷却到今天, 至少有两种中微子质量本征态属于非相对论性的粒子态, 因此是研究中微子的马约拉纳性质的理想工具。

　　热大爆炸之后宇宙开始膨胀，同时温度降低，宇宙膨胀速度随温度的平方减小，但大爆炸产生的中微子与物质的相互作用强度随温度的五次方减小。所以当温度处于 1 MeV 附近或时间为大爆炸之后 1 s 左右时，中微子会脱离热平衡，形成宇宙背景中微子[145]。背景中微子随宇宙膨胀继续冷却到今天，其平均温度只有 1.9 K，平均动量的大小只有 5×10^{-4} eV。因此根据中微子振荡实验对质量平方差的测量结果，今天的背景中微子至少有两种中微子质量本征态属于非相对论性的粒子态。背景中微子在宇宙演化过程中发挥了重要作用，其存在已获得大爆炸核合成、微波背景辐射各向异性和宇宙大尺度结构等宇宙学观测数据的间接支持，但背景中微子的存在还缺少实验室的直接测量证据。

　　1962 年，美国物理学家温伯格 (Steven Weinberg) 提出一种利用贝塔衰变 N → N′ + e⁻ + ν̄ₑ 的原子核 N 俘获中微子的直接探测方法 (即 $\nu_e + N \to N' + e^-$)[146]。由于原子核 N 的不稳定性，中微子俘获过程没有反应阈值，是直接测量宇宙背景中微子的理想方法。又因为中微子具有非零的质量，发生中微子俘获的特征信号是贝塔衰变能谱末端之外的单能俘获信号，其原理如图 1-19 所示。横坐标代表电子能量，Q_β 对应贝塔衰变能谱的末端，纵坐标的库里函数 (Kurie functions) 代表除去核矩阵元之后的约化微分电子能谱：中微子质量为零的贝塔衰变能谱由黑色虚线表示，有限中微子质量 m_ν 的贝塔衰变能谱由黑色实线表示，背景中微子的直接俘获信号由红色实线表示。

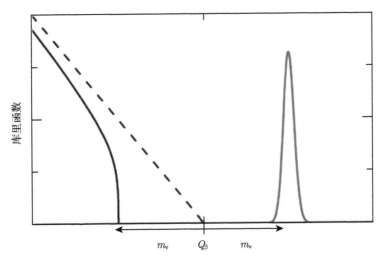

图 1-19　利用贝塔衰变原子核俘获背景中微子的原理示意图 [147-148]

横坐标代表电子能量，Q_β 对应贝塔衰变能谱末端，纵坐标的库里函数代表除去核矩阵元之后的约化微分电子能谱。m_ν：中微子质量；Q_β：贝塔衰变的 Q 值

　　背景中微子产生于宇宙早期，属于相对论性的粒子，但今天的背景中微子以非相对论性的粒子形式参与直接探测过程。由于自由传播过程的中微子保持其螺旋度不变，马约拉纳中微子在产生过程的所有手征态都可以参与其探测过程，但对于狄拉克中微子，有一半产生过程的"活性中微子态"变成了探测过程的"惰性中微子态"。因此对于背景中微子的探测，马约拉纳中微子的俘获率是狄拉克中微子的俘获率的两倍 [149,150]。这个显著差别是我们利用背景中微子来鉴别中微子的马约拉纳性质的基础。在不考虑引力凝聚效应情况下，热大爆炸宇宙学预测每立方厘米存在 336 个背景中微子。根据标准模型的弱相互作用理论，取 100 g 的 $^3_1$H 原子核作为探测器的靶物质，那么对应中微子的马约拉纳 (狄拉克) 属性，背景中微子的俘获事例率为每年 8 个 (4 个)。如果未来能够准确计算中微子的引力凝聚效应并实现大统计量的 $^3_1$H 原子核实验，将是具有重大意义的背景中微子直接探测和检验中微子马约拉纳属性的方法。目前国际上已经有托勒密 (PTOLEMY) 项目以此为目标，进行实验的可行性研究 [151]。

　　为了避免轻子数破坏过程中 m_i/E 因子的压低效应，另一种有效途径是考虑中微子的电磁相互作用 [152]。电磁相互作用是纯矢量流耦合，同时存在手征守恒的过程和手征变化的过程。但作为电中性粒子，中微子在树图阶并不与光子耦合，其电磁相互作用主要来自高阶量子效应的贡献。中微子的质量与味混合效应可以产生非零的中微子电磁性质，包括中微子磁矩、中微子电荷半径等。此外，超出标准模型的新物理也会产生不平庸的中微子电磁性质。电磁性质作为中微子的静态内禀属性，对于其马约拉纳或狄拉克属性表现出不同的后果，因此原则上也是检验中微子的马约拉纳属性的有效途径。

　　根据一般性的洛伦兹不变性要求，中微子的电磁相互作用顶点可分解为电荷形状因子、磁偶极形状因子、电偶极形状因子和阿纳波尔 (anapole) 形状因子。最常见的中微子磁矩就是磁偶极形状因子对应的静态物理量。根据狄拉克场和马约拉纳场变换性质的不同，上述形状因子及其对应的静态物理量表现出不同的物理性质，比如，狄拉克中微子的电偶和磁偶极矩都是实数；但由于马约拉纳条件的要求，马约拉纳中微子的对角型电偶和磁偶极矩都为零，只存在改变初末态中微子种类的转化型电偶和磁偶极矩。这一显著的差别是利用中微子电磁性质区别狄拉克和马约拉纳中微子的前提条件。

　　对中微子电磁性质的检验，可以利用天体环境中的中微子效应或者地面中微子的直接探测实验。中微子和电子的弹性散射以及中微子和原子核的相干散射过程具有极低的实验探测阈值，是检验中微子磁矩和电荷半径等电磁性质的理想工具。比如，狄拉克和马约拉纳中微子的上述磁偶极矩性质的差别，会导致中微子与电子弹性散射过程的动量和角分布的不同 [153]，从而带来散射实验上的可观测信号。在天体物理方面，狄拉克和马约拉纳中微子磁矩的差别可以导致超新星中微与反中微子之间能谱交换的可观测效应 [154,155]，从而为未来利用大型中微子望远镜检验中微子的马约拉纳性质提供可行性。

综上所述，非相对论性中微子的探测和中微子的电磁性质都可以避免中微子螺旋度因子 m_i/E 的压低效应，从而为检验中微子的马约拉纳性质提供了新的思路，值得进一步的理论和实验研究。

1.5　小　　结

谢克特-瓦尔定理告诉我们，如果实验上观测到无中微子双贝塔衰变过程，那么中微子就一定是马约拉纳粒子，即中微子的反粒子是其自身。无中微子双贝塔衰变的实验观测对于粒子物理学的重要意义主要体现在以下三个方面：

(1) 检验自然界是否存在轻子数不守恒的过程。正如用质子衰变来探测重子数不守恒一样，无中微子双贝塔衰变是目前寻找轻子数不守恒的唯一切实可行且最具潜力的途径。

(2) 探究中微子是否为马约拉纳粒子，为解决中微子质量起源问题指明前进的方向。中微子质量的产生必然需要超出粒子物理学标准模型的新物理，而理论上如何扩充标准模型却强烈地依赖于中微子的狄拉克或马约拉纳属性。

(3) 限制马约拉纳型 CP 破坏相位。如果中微子是马约拉纳粒子，轻子味混合矩阵中就存在两个额外的 CP 破坏相位，而这两个物理学基本参数只可能出现在轻子数不守恒的过程中。

除此之外，马约拉纳中微子的存在还能够为宇宙中物质-反物质不对称的谜题提供一个自然而有效的解决方案。

当然，在实验上发现无中微子双贝塔衰变信号之后，我们还需要大量的实验观测数据来唯一确定导致这一类轻子数不守恒过程的微观物理机制。另一方面，将来的强子稀有衰变、大型对撞机上的直接探测、中微子-反中微子振荡等其他寻找轻子数不守恒的实验将也会带来互补的重要线索。我们相信，无中微子双贝塔衰变实验的突破对解决中微子质量起源问题至关重要，也将开启粒子物理学研究的新时代。

审稿: 廖 益, 司宗国

参 考 文 献

[1] Fermi E. Tentativo di una teoria dell′ emissione dei raggi beta. Ric. Sci., 1933, 4: 491-495.

[2] Fermi E. Trends to a theory of beta radiation. Nuovo Cim., 1934, 11: 1-19.

[3] Fermi E. An attempt of a theory of beta radiation. 1. Z. Phys., 1934, 88: 161-177.

[4] Goeppert-Mayer M. Double beta-disintegration. Phys. Rev., 1935, 48: 512-516.

[5] Elliott S R, Hahn A A, Moe M K. Direct evidence for two-neutrino double-beta decay in ^{82}Se. Phys. Rev. Lett., 1987, 59: 2020-2023.

[6] Majorana E. Teoria simmetrica dell'elettrone e del positrone. Nuovo Cim., 1937, 14: 171-184.

[7] Racah G. On the symmetry of particle and antiparticle. Nuovo Cim., 1937, 14: 322-328.

[8] Furry W H. On transition probabilities in double beta-disintegration. Phys. Rev., 1939, 56: 1184-1193.

[9] Schechter J, Valle J W F. Neutrinoless double-β decay in SU(2)×U(1) theories. Phys. Rev. D, 1982, 25: 2951-2954.

[10] Wang M, Audi G, Wapstra A H, et al. The AME2012 atomic mass evaluation (II). Tables, graphs and references. Chin. Phys. C, 2012, 36: 1603-2014.

[11] Dolinski M J, Poon A W P, Rodejohann W. Neutrinoless double-beta decay: Status and prospects. [arXiv: 1902.04097 [nucl-ex]].

[12] Berglund M, Wieser M E. Isotopic compositions of the elements 2009 (IUPAC Technical Report). Pure Appl. Chem., 2011, 83: 397-410.

[13] Tanabashi M, et al. Review of particle physics. Phys. Rev. D, 2018, 98: 030001.

[14] Barabash A S. Average and recommended half-life values for two-neutrino double beta decay. Nucl. Phys. A, 2015, 935: 52-64.

[15] Agostini M, et al. Improved limit on neutrinoless double-β decay of ^{76}Ge from GERDA phase II. Phys. Rev. Lett., 2018, 120: 132503.

[16] Alvis S I, et al. A search for neutrinoless double-beta decay in ^{76}Ge with 26 kg-yr of exposure from the Majorana Demonstrator. Phys. Rev. C, 2019, 100, 025501

[17] Albert J B, Anton G, Badhrees I, et al. Search for neutrinoless double-beta decay with the upgraded EXO-200 detector. Phys. Rev. Lett., 2018, 120: 072701.

[18] Gando A, et al. Search for majorana neutrinos near the inverted mass hierarchy region with KamLAND-Zen. Phys. Rev. Lett., 2016, 117: 082503.

[19] Alduino C, et al. First results from CUORE: A search for lepton number violation via 0νββ decay of ^{130}Te. Phys. Rev. Lett., 2018, 120: 132501.

[20] Chambers C, Walton T, Fairbank D, et al. Imaging individual barium atoms in solid xenon for barium tagging in nEXO. Nature, 2019, 569: 203-207.

[21] Engel J, Menéndez J. Status and future of nuclear matrix elements for neutrinoless double-beta decay: A review. Rept. Prog. Phys., 2017, 80: 046301.

[22] Minkowski P. μ →eγ at a rate of one out of 10^9 muon decays? Phys. Lett. B, 1977, 67: 421-428.

[23] Yanagida T. Horizontal symmetry and masses of neutrinos // Sawada O, Sugamoto A. Proceedings of the Workshop on Unified Theory and the Baryon Number of the Universe. Tsukuba: KEK, 1979: 95.

[24] Gell-Mann M, Ramond P, Slansky R. Complex spinors and Unified Theories // van Nieuwenhuizen P, Freeman D Z. Supergravity eds. Amsterdam: North-Holland Publ. Co., 1979: 315.

[25] Glashow S L. The future of elementary particle physics. in Quarks and Leptons // Cargèse, Lévy M, Basdevant J-L, Speiser D, Weyers J, Gastmans R, Jacob M. Quarks and Leptons. New York: Plenum. 1980: 687.

[26] Mohapatra R N, Senjanovic G. Neutrino mass and spontaneous parity nonconservation. Phys. Rev. Lett., 1980, 44: 912-915.

[27] Fukugita M, Yanagida T. Baryogenesis without grand unification. Phys. Lett. B, 1986, 174: 45-47.

[28] Wilczek F. Majorana returns. Nature Phys., 2009, 5: 614-618.

[29] Elliott S R, Franz M. Colloquium: Majorana fermions in nuclear, particle and solid-state physics. Rev. Mod. Phys., 2015, 87: 137.

[30] Wang D, Kong L Y, Fan P, et al. Evidence for Majorana bound states in an iron-based superconductor. Science, 2018, 362: 1797.

[31] Kusenko A. Sterile neutrinos: The dark side of the light fermions. Phys. Rept., 2009, 481: 1-28.

[32] Feng J L. Dark matter candidates from particle physics and methods of detection. Ann. Rev. Astron. Astrophys., 2010, 48: 495-545.

[33] Pontecorvo B. Mesonium and anti-mesonium. Sov. Phys. JETP, 1957, 6: 429.

[34] Pontecorvo B. Neutrino experiments and the problem of conservation of leptonic charge. Sov. Phys. JETP, 1968, 26: 984-988.

[35] Maki Z, Nakagawa M, Sakata S. Remarks on the unified model of elementary particles. Prog. Theor. Phys., 1962, 28: 870-880.

[36] Abazajian K N, Acero M A, Agarwalla S K, et al. Light sterile neutrinos: A white paper. [arXiv: 1204.5379 [hep-ph]].

[37] Muto K, Bender E, Klapdor H V. Nuclear structure effects on the neutrinoless double beta decay. Z. Phys. A, 1989, 334: 187-194.

[38] Antusch S, Biggio C, Fernandez-Martinez E, et al. Unitarity of the leptonic mixing matrix. JHEP, 2006, 4(10): 883-898.

[39] Pas H, Hirsch M, Klapdor-Kleingrothaus H V, et al. Towards a superformula for neutrinoless double beta decay. Phys. Lett. B, 1999, 453: 194-198.

[40] Pas H, Hirsch M, Klapdor-Kleingrothaus H V, Kovalenko S G. A superformula for neutrinoless double beta decay II. The short range part. Phys. Lett. B, 2001, 498: 35-39.

[41] Blennow M, Fernandez-Martinez E, Lopez-Pavon J, et al. Neutrinoless double beta decay in seesaw models. JHEP, 2010, 7: 96.

[42] Faessler A, Gonzalez M, Kovalenko S, et al. Arbitrary mass Majorana neutrinos in neutrinoless double beta decay. Phys. Rev. D, 2014, 90: 096010.

[43] Barea J, Kotila J, Iachello F. Limits on sterile neutrino contributions to neutrinoless double beta decay. Phys. Rev. D, 2015, 92: 093001.

[44] Hyvarinen J, Suhonen J. Nuclear matrix elements for $0\nu\beta\beta$ decays with light or heavy Majorana-neutrino exchange. Phys. Rev. C, 2015, 91: 024613.

[45] Horoi M, Neacsu A. Shell model predictions for ^{124}Sn double-β decay. Phys. Rev. C, 2016, 93: 024308.

[46] Aguilar A, Auerbach L B, Burman R L, et al. Evidence for neutrino oscillations from the observation of anti-neutrino(electron) appearance in a anti-neutrino(muon) beam. Phys. Rev. D, 2001, 64: 112007.

[47] Mueller T A, Lhuillier D, Fallot M, et al. Improved predictions of reactor antineutrino spectra. Phys. Rev. C, 2011, 83: 054615.

[48] Mention G. et al., The Reactor Antineutrino Anomaly. Phys. Rev. D, 2011, 83: 073006.

[49] Huber P. On the determination of anti-neutrino spectra from nuclear reactors. Phys. Rev C, 2011, 84: 024617.

[50] Giunti C, Lasserre T. eV-scale Sterile Neutrinos. Annual Review of Nuclear and Particle Science, 2019, 69(1).

[51] Xing Z Z. Low-energy limits on heavy Majorana neutrino masses from the neutrinoless double-beta decay and non-unitary neutrino mixing. Phys. Lett. B, 2009, 679: 255-259.

[52] Gouvea A, Jenkins J, Vasudevan N. Neutrino phenomenology of very low-energy seesaws. Phys. Rev. D, 2007, 75: 013003.

[53] Prezeau G, Ramsey-Musolf M, Vogel P. Neutrinoless double beta decay and effective field theory. Phys. Rev. D, 2003, 68: 034016.

[54] Liao Y, Ma X D. Renormalization group evolution of dimension-seven baryon- and lepton-number-violating operators. JHEP, 2016, 11: 043.

[55] Liao Y, Ma X D. Operators up to dimension seven in standard model effective field theory extended with sterile neutrinos. Phys. Rev. D, 2017, 96: 015012.

[56] Cirigliano V, Dekens W, De Vries J, et al. Neutrinoless double beta decay in chiral effective field theory: Lepton number violation at dimension seven. JHEP, 2017, 12: 082.

[57] Graesser M L. An electroweak basis for neutrinoless double β decay. JHEP, 2017, 08: 099.

[58] Cirigliano V, Dekens W, De Vries J, et al. A neutrinoless double beta decay master formula from effective field theory. JHEP, 2018, 12: 097.

[59] Liao Y, Ma X D. Renormalization group evolution of dimension-seven operators in standard model effective field theory and relevant phenomenology. JHEP, 2019, 03: 179.

[60] Cirigliano V, Dekens W, De Vries J, et al. A renormalized approach to neutrinoless double-beta decay. [arXiv:1907.11254 [nucl-th]].

[61] Pati J C, Salam A. Lepton number as the fourth "color". Phys. Rev. D, 1974, 10: 275-289.

[62] Mohapatra R N, Pati J C. "Natural" left-right symmetry. Phys. Rev. D, 1975, 11: 2558-2561.

[63] Senjanovic G, Mohapatra R N. Exact left-right symmetry and spontaneous violation of parity. Phys. Rev. D, 1975, 12: 1502-1505.

[64] Konetschny W, Kummer W. Nonconservation of total lepton number with scalar bosons. Phys. Lett. B, 1977, 70: 433-435.

[65] Magg M, Wetterich C. Neutrino mass problem and gauge hierarchy. Phys. Lett. B, 1980, 94: 61-64.

[66] Schechter J, Valle J W F. Neutrino masses in SU(2)×U(1) theories. Phys. Rev. D, 1980, 22: 2227-2235.

[67] Cheng T P, Li L F. Neutrino masses, mixings and oscillations in SU(2)×U(1) models of electroweak interactions. Phys. Rev. D, 1980, 22: 2860-2868.

[68] Lazarides G, Shafi Q, Wetterich C. Proton lifetime and fermion masses in an SO(10) model. Nucl. Phys. B, 1981, 181: 287-300.

[69] Mohapatra R N, Senjanovic G. Neutrino masses and mixings in gauge models with spontaneous parity violation. Phys. Rev. D, 1981, 23: 165-180.

[70] Mohapatra R N, Vergados J D. A new contribution to neutrinoless double beta decay in gauge models. Phys. Rev. Lett., 1981, 47: 1713-1716.

[71] Mohapatra R N. Limits on the mass of the right-handed Majorana neutrino. Phys. Rev. D, 1986, 34: 909-910.

[72] Retamosa J, Caurier E, Nowacki F. Neutrinoless double beta decay of Ca-48. Phys. Rev. C, 1995, 51: 371-378.

[73] Caurier E, Nowacki F, Poves A, Retamosa J. Shell model studies of the double beta decays of Ge-76, Se-82, and Xe-136. Phys. Rev. Lett., 1996, 77: 1954-1957.

[74] Stefanik D, Dvornicky R, Simkovic F, et al. Reexamining the light neutrino exchange mechanism of the 0νββ decay with left- and right-handed leptonic and hadronic currents. Phys. Rev. C, 2015, 92: 055502.

[75] Horoi M, Neacsu A. Analysis of mechanisms that could contribute to neutrinoless double-beta decay. Phys. Rev. D, 2016, 93: 113014.

[76] Haag R, Lopuszanski J, Sohnius M. All possible generators of supersymmetries of the S-matrix. Nucl. Phys. B, 1975, 88: 257-274.

[77]　Fayet P. Supersymmetry and weak, electromagnetic and strong interactions. Phys. Lett. B, 1976, 64: 159-162.

[78]　Fayet P. Spontaneously broken supersymmetric theories of weak, electromagnetic and strong interactions. Phys. Lett. B, 1977, 69: 489-494.

[79]　Fayet P. Relations between the masses of the superpartners of leptons and quarks, the goldstino ouplings and the neutral currents. Phys. Lett. B, 1979, 84: 416-420.

[80]　Farrar G R, Fayet P. Phenomenology of the production, decay, and detection of new hadronic states associated with supersymmetry. Phys. Lett. B, 1978, 76: 575-579.

[81]　Barbier R, Berat C, Besancon M, et al. R-parity violating supersymmetry. Phys. Rept., 2005, 420: 1-202.

[82]　Mohapatra R N. New contributions to neutrinoless double beta decay in supersymmetric theories. Phys. Rev. D, 1986, 34: 3457-3461.

[83]　Vergados J D. Neutrinoless double β-decay without Majorana neutrinos in supersymmetric theories. Phys. Lett. B, 1987, 184: 55-62.

[84]　Hirsch M, Klapdor-Kleingrothaus H V, Kovalenko S G. Supersymmetry and neutrinoless double beta decay. Phys. Rev. D, 1996, 53: 1329-1348.

[85]　Hirsch M, Valle J W F. Neutrinoless double beta decay in supersymmetry with bilinear R-parity breaking. Nucl. Phys. B, 1999, 557: 60-78.

[86]　Babu K S, Mohapatra R N. New vector-scalar contributions to neutrinoless double beta decay and constraints on R-parity violation. Phys. Rev. Lett., 1995, 75: 2276-2279.

[87]　Martin S P. A Supersymmetry primer. Adv. Ser. Direct. High Energy Phys., 2010, 21: 1.

[88]　Hirsch M, Klapdor-Kleingrothaus H V, Kovalenko S G. New constraints on R-parity broken supersymmetry from neutrinoless double beta decay. Phys. Rev. Lett., 1995, 75: 17-20.

[89]　Hirsch M, Klapdor-Kleingrothaus H V, Panella O. Double beta decay in left-right symmetric models. Phys. Lett. B, 1996, 374: 7-12.

[90]　Horoi M. Shell model analysis of competing contributions to the double-β decay of ^{48}Ca. Phys. Rev. C, 2013, 87: 667-677.

[91]　Meroni A, Petcov S T, Simkovic F. Multiple CP non-conserving mechanisms of $(\beta\beta)_{0\nu}$-decay and nuclei with largely different nuclear matrix elements. JHEP, 2013, 2: 025.

[92]　Vergados J D. Pion double charge exchange contribution to neutrinoless double beta decay. Phys. Rev. D, 1982, 25: 914.

[93]　Faessler A, Kovalenko S, Simkovic F, et al. Dominance of pion exchange in R-parity violating supersymmetry contributions to neutrinoless double beta decay. Phys. Rev. Lett., 1997, 78: 183-186.

[94]　Faessler A, Kovalenko S, Simkovic F. Pions in nuclei and manifestations of supersymmetry in neutrinoless double beta decay. Phys. Rev. D, 1998, 58: 115004.

[95] Giunti C, Kim C W. Fundamentals of Neutrino Physics and Astrophysics. Oxford: Oxford University Press, 2007.

[96] Duerr M, Lindner M, Merle A. On the quantitative impact of the Schechter-Valle theorem. JHEP, 2011.

[97] Liu J H, Zhang J, Zhou S. Majorana neutrino masses from neutrinoless double-beta decays and lepton-number-violating meson decays. Phys. Lett. B, 2016, 760: 571.

[98] Helo J C, Hirsch M, Ota T. Long-range contributions to double beta decay revisited. JHEP, 2016, 1606: 6.

[99] Fukuda Y, Hayakawa T, Ichihara E, et al. Evidence for oscillation of atmospheric neutrinos. Phys. Rev. Lett., 1998, 81: 1562.

[100] Ahmad Q R, Allen R C, Andersen T C, et al. Direct evidence for neutrino flavor transformation from neutral current interactions in the Sudbury Neutrino Observatory. Phys. Rev. Lett., 2002, 89: 011301.

[101] Eguchi K, et al. First results from KamLAND: Evidence for reactor anti-neutrino disappearance. Phys. Rev. Lett, 2003, 90: 021802.

[102] Esteban I, Gonzalez-Garcia M C, Maltoni M, et al. Global analysis of three-flavour neutrino oscillations: Synergies and tensions in the determination of θ_{23}, δ_{CP}, and the mass ordering. JHEP, 2019, 1901: 106.

[103] Capozzi F, Lisi E, Marrone A, et al. Current unknowns in the three-neutrino framework. Prog. Part. Nucl. Phys., 2018, 102: 48-72.

[104] de Salas P F, Forero D V, Ternes C A, et al. Status of neutrino oscillations 2018: 3σ hint for normal mass ordering and improved CP sensitivity. Phys. Lett. B, 2018, 782: 633-640.

[105] An F P, Bal J Z, Balantekin A B, et al. Observation of electron-antineutrino disappearance at Daya Bay. Phys. Rev. Lett., 2012, 108: 171803.

[106] Aker M, Altenmüller K, Arenz M, et al. An improved upper limit on the neutrino mass from a direct kinematic method by KATRIN. [arXiv: 1909. 06048]

[107] Osipowicz A, et al. KATRIN: A Next generation tritium beta decay experiment with sub-eV sensitivity for the electron neutrino mass. Letter of Intent. [arXiv: hep-ex/ 0109033]

[108] Hannestad S. Neutrino physics from precision cosmology. Prog. Part. Nucl. Phys., 2010, 65: 185-208.

[109] Aghanim N, et al. Planck 2018 results. VI. Cosmological parameters. [arXiv: 1807. 06209]

[110] Gando A, et al. Limit on neutrinoless $\beta\beta$ decay of ^{136}Xe from the first phase of KamLAND-Zen and comparison with the positive claim in ^{76}Ge. Phys. Rev. Lett., 2013, 110: 062502.

[111] Agostini M, Allardt M, Andreotti E, et al. Results on neutrinoless double-β decay of ^{76}Ge from phase i of the GERDA experiment. Phys. Rev. Lett., 2013, 111: 122503.

[112] Albert J B, et al. Search for Majorana neutrinos with the first two years of EXO-200 data. Nature, 2014, 510: 229-234.

[113] Vissani F. Signal of neutrinoless double beta decay, neutrino spectrum and oscillation scenarios. JHEP, 1999, 9906: 022.

[114] Vergados J D, Ejiri H, Simkovic F. Neutrinoless double beta decay and neutrino mass. Int. J. Mod. Phys. E, 2016, 25: 1630007.

[115] Xing Z Z, Zhao Z H, Zhou Y L. How to interpret a discovery or null result of the 0ν2β decay. Eur. Phys. J. C, 2015, 75: 423.

[116] Xing Z Z, Zhao Z H. The effective neutrino mass of neutrinoless double-beta decays: How possible to fall into a well. Eur. Phys. J. C, 2017, 77: 192.

[117] Cao J, Huang G Y, Li Y F, et al. Towards the meV limit of the effective neutrino mass in neutrinoless double-beta decays. Chin. Phys. C, 2020, 44(3): 031001.

[118] Rodejohann W. Neutrino-less double beta decay and particle physics. Int. J. Mod. Phys. E, 2011, 20: 1833-1930.

[119] Gariazzo S, Giunti C, Laveder M, et al. Updated global 3+1 analysis of short-baseline neutrino oscillations. JHEP, 2017, 1706: 135.

[120] Liu J H, Zhou S. Another look at the impact of an eV-mass sterile neutrino on the effective neutrino mass of neutrinoless double-beta decays. Int. J. Mod. Phys. A, 2018, 33: 1850014.

[121] Huang G Y, Zhou S. Impact of an eV-mass sterile neutrino on the neutrinoless double-beta decays: A bayesian analysis. [arXiv: 1902. 03839]

[122] Agostini M, Benato G, Detwiler J. Discovery probability of next-generation neutrinoless double-β decay experiments. Phys. Rev. D, 2017, 96: 053001.

[123] 't Hooft G. Symmetry breaking through bell-jackiw anomalies. Phys. Rev. Lett., 1976, 37: 8-11.

[124] 't Hooft G. Computation of the quantum effects due to a four-dimensional pseudoparticle. Phys. Rev. D, 1976, 14: 3432-3450.

[125] Georgi H, Glashow S. Unity of all elementary-particle forces. Phys. Rev. Lett., 1974, 32: 438-441.

[126] Minkowski P, Fritzsch H. Unified interactions of leptons and hadrons. Annals Phys., 1975, 93: 193-266.

[127] Schechter J, Valle J W F. Neutrino-oscillation thought experiment. Phys. Rev. D, 1981, 23: 1666-1668.

[128] Li L F, Wilczek F. Physical processes involving Majorana neutrinos. Phys. Rev. D, 1982, 25: 143-148.

[129] Bernabeu J, Pascual P. CP properties of the leptonic sector for Majorana neutrinos. Nucl. Phys. B, 1983, 228: 21-30.

[130] Langacker P, Wang J. Neutrino anti-neutrino transitions. Phys. Rev. D, 1998, 58: 093004.

[131] de Gouvea A, Kayser B, Mohapatra R N. Manifest CP violation from Majorana phases. Phys. Rev. D, 2003, 67: 053004.

[132] Delepine D, Macias V G, Khalil S, et al. Probing Majorana neutrino CP phases and masses in neutrino-antineutrino conversion. Phys. Lett. B, 2010, 693: 438-442.

[133] Hirsch M, Kovalenko S, Schmidt I. Extended black box theorem for lepton number and flavor violating processes. Phys. Lett. B, 2006, 642: 106-110.

[134] Xing Z Z, Zhao Z H. A review of μ-τ flavor symmetry in neutrino physics. Rept. Prog. Phys., 2016, 79: 076201.

[135] Capozzi F, Fogli G L, Lisi E, et al. Status of three-neutrino oscillation parameters, circa 2013. Phys. Rev. D, 2014, 89: 093018.

[136] Chang C, Yodh G, Ehrlich R, et al. Search for double beta decay of k-meson. Phys. Rev. Lett., 1968, 20: 510-513.

[137] Elliott S R, Hahn A A, Moe M K. Direct evidence for two-neutrino double-beta decay in ^{82}Se. Phys. Rev. Lett., 1987, 59: 2020-2023.

[138] Landau L. On the conservation laws for weak interactions. Nucl. Phys., 1957, 3: 127-131.

[139] Lee T D, Yang C N. Parity nonconservation and a two component theory of the neutrino. Phys. Rev., 1957, 105: 1671-1675.

[140] Xing Z Z. Properties of CP violation in neutrino-antineutrino oscillations. Phys. Rev. D, 2013, 87: 111-130.

[141] Xing Z Z, Zhou Y L. Majorana CP-violating phases in neutrino-antineutrino oscillations and other lepton-number-violating processes. Phys. Rev. D, 2013, 88: 033002.

[142] Cai Y, Herrero-García J, Schmidt M A, et al. From the trees to the forest: A review of radiative neutrino mass models. Front. in Phys., 2017, 5: 63.

[143] Xing Z Z, Zhou Y L. Majorana CP-violating phases in neutrino-antineutrino oscillations and other lepton-number-violating processes. Phys. Rev. D, 2013, 88: 033002.

[144] Han T, Mukhopadhyaya B, Si Z, et al. Pair production of doubly-charged scalars: Neutrino mass constraints and signals at the LHC. Phys. Rev. D, 2007, 76: 075013.

[145] Lesgourgues J, Pastor S. Massive neutrinos and cosmology. Phys. Rept., 2006, 429: 307-379.

[146] Weinberg S. Universal neutrino degeneracy. Phys. Rev., 1962, 128: 1457.

[147] Cocco A G, Mangano G, Messina M. Probing low energy neutrino backgrounds with neutrino capture on beta decaying nuclei. JCAP, 2007, 0706: 015.

[148]　Li Y F. Detection prospects of the cosmic neutrino background. Int. J. Mod. Phys. A, 2015, 30: 1530031.

[149]　Long A J, Lunardini C, Sabancilar E. Detecting non-relativistic cosmic neutrinos by capture on tritium: Phenomenology and physics potential. JCAP, 2014.

[150]　Zhang J, Zhou S. Relic right-handed Dirac neutrinos and implications for detection of cosmic neutrino background. Nucl. Phys. B, 2016, 903: 211-225.

[151]　Betti M G, et al. Neutrino physics with the PTOLEMY project: Active neutrino properties and the light sterile case. [arXiv: 1902.05508 [astro-ph.CO]].

[152]　Giunti C, Studenikin A. Neutrino electromagnetic interactions: A window to new physics. Rev. Mod. Phys., 2015, 87: 531-591.

[153]　Rodejohann W, Xu X J, Yaguna C E. Distinguishing between Dirac and Majorana neutrinos in the presence of general interactions. JHEP, 2017, 1705: 024.

[154]　de Gouvea A, Shalgar S. Effect of transition magnetic moments on collective supernova neutrino oscillations. JCAP, 2012, 1210: 27.

[155]　de Gouvea A, Shalgar S. Transition magnetic moments and collective neutrino oscillations: three-flavor effects and detectability. JCAP, 2013, 1304: 18.

第2章 无中微子双贝塔衰变相关的原子核理论

白春林　　房栋梁　　孟　杰　　牛一斐　　牛中明

2.1 引　　言

2.1.1 原子核中的弱相互作用过程

弱相互作用是自然界中目前发现的四种基本相互作用之一，对于塑造我们今天观测到的世界起着非常重要的作用。

弱相互作用使得质子是自然界中目前已知唯一的稳定重子。而原子核中的中子，由于被束缚在核势阱中，从而可以稳定存在。根据 Mayer 和 Jensen 等的原子核壳模型[1,2]，质子和中子逐个填充核势阱中的轨道，所填充的最高能量轨道被称为费米面。如果中子和质子的费米面接近，则原子核是稳定的；如果相差较大，则它们可以通过弱相互作用互相转化，即发生贝塔衰变，使它们的费米面趋于一致。质子和中子费米面接近的原子核，对弱衰变是稳定的，这些原子核共同构成了核素图上的贝塔稳定线。由于质子之间的库仑排斥力，使得在核素图上，贝塔稳定线向丰中子一侧倾斜。贝塔稳定线两侧的原子核可以通过贝塔衰变或者电子俘获回到贝塔稳定线[3,4]。

自然界中，弱相互作用过程时刻都在发生。目前比较重要的科学问题，如中微子性质、天体演化和元素起源等，都与弱相互作用过程密切相关。

中微子是自然界中目前已知最轻的费米子，它只参与弱相互作用，即与 W 和 Z 玻色子发生反应，它的性质对许多原子核弱相互作用过程有重要影响。中微子与普通物质反应的截面很小，但是在很多高温或高密的系统，如恒星核芯或中子星内部，它是体系释放能量的重要途径，对这些体系的演化至关重要。鉴于此，中微子的很多性质是目前高能物理与核天体物理研究的热点问题。比如，中微子质量起源，包括中微子的绝对质量标度、中微子质量的本质、中微子的质量等级等。无中微子双贝塔衰变作为一种非常罕见的核过程，对于确定中微子的性质具有举足轻重的意义，对于无中微子双贝塔衰变的确认将影响高能物理、核天体物理及宇宙学等多个学科的发展。

由于对天体演化的重要影响，原子核的弱相互作用过程近年来在天体物理研究中受到越来越多的重视。原子核弱过程的重要性体现在两个方面：第一，对于重元素的合成以及宇宙的化学演化有着十分重要的意义；第二，弱相互作用过程产生的中微子及其所携带的能量对各种爆发性过程及核合成等有着很重要的作用。基于以上两点，对天体环境下弱相互作用过程的精确计算和实验测量是近年来核天体物理的一个热门研究领域。

在宇宙核合成中，弱相互作用过程是重元素合成的重要途径，它使得宇宙中的重元素含量不断增加，为生命元素的出现提供保障。宇宙中大部分重元素都是在丰中子环境下，通过中子俘获过程生成，而贝塔衰变率与相应的中子俘获率是决定重元素丰度的重要因素。在贝塔稳定线的另一侧，天体环境下的电子俘获率很大程度上决定了缺中子核素的丰度。

而在宇宙中能量最剧烈的过程之一，超新星的爆发过程中，电子俘获产生的中微子带走的能量决定了这些大质量恒星的最终命运。在这个过程中，由于中微子把能量传递到恒星的外壳层，使得星体的爆发能够持续下去。中微子在与富氢的恒星外壳层反应的过程中，可以产生大量的中子，这为快速中子俘获过程提供了可能的天体环境。目前，关于 II 型超新星爆发场景是否是快速中子俘获过程的发生场所，是核天体物理中的热点问题。这个问题很大程度上也牵涉到原子核中关键弱相互作用过程的反应率，需要我们对原子核中的弱相互作用过程有透彻的理解。

2.1.2 无中微子双贝塔衰变和中微子质量

双贝塔衰变是一种罕见的二阶弱相互作用过程。在该过程中，母核 (A, Z) 同时发射两个电子衰变到子核 $(A, Z+2)$。双贝塔衰变与两个单独的贝塔衰变不同，要求衰变母核和子核的结合能大于中间原子核 $(A, Z+1)$ 的结合能。原子核中的对相互作用使得满足该条件的双贝塔衰变候选核只能是特定的某些偶偶核。双贝塔衰变包括两中微子双贝塔衰变和无中微子双贝塔衰变。目前，实验上已经测得 14 个候选原子核中的两中微子双贝塔衰变的半衰期 [5]，见表 2-1。两中微子双贝塔衰变

表 2-1　两中微子双贝塔衰变半衰期实验值

原子核	半衰期/a	原子核	半衰期/a
^{48}Ca	$5.3^{+1.2}_{-0.8} \times 10^{19}$	^{130}Te	$7.91^{+0.21}_{-0.21} \times 10^{20}$
^{76}Ge	$1.88^{+0.08}_{-0.08} \times 10^{21}$	^{136}Xe	$2.18^{+0.05}_{-0.05} \times 10^{21}$
^{82}Se	$0.93^{+0.05}_{-0.05} \times 10^{21}$	^{150}Nd	$9.34^{+0.67}_{-0.64} \times 10^{18}$
^{96}Zr	$2.3^{+0.2}_{-0.2} \times 10^{19}$	^{150}Nd*	$1.2^{+0.3}_{-0.2} \times 10^{19}$
^{100}Mo	$6.88^{+0.25}_{-0.25} \times 10^{18}$	^{130}Ba	$2.2^{+0.5}_{-0.5} \times 10^{20}$
^{100}Mo*	$6.7^{+0.5}_{-0.4} \times 10^{21}$	^{78}Kr	$1.9^{+1.3}_{-0.8} \times 10^{22}$
^{116}Cd	$2.69^{+0.09}_{-0.09} \times 10^{19}$	^{124}Xe	$1.8^{+0.5}_{-0.5} \times 10^{22}$
^{128}Te	$2.25^{+0.09}_{-0.09} \times 10^{24}$	^{238}U	$2.0^{+0.6}_{-0.6} \times 10^{21}$

表中 * 代表从母核 0+ 基态到子核激发态的跃迁。

的实验数据, 可以用来检验各种核理论模型给出的核矩阵元, 从而检验相应的原子核模型。

如果中微子是所谓的马约拉纳粒子, 那么它的反粒子与自身完全相同。在这种情况下, 如果中微子有质量, 那么原子核弱衰变释放的左手反中微子可能改变手性, 成为右手的反中微子。右手的反中微子可以与中子发生反应, 生成质子并放出电子。这个过程如果发生在原子核内便是无中微子双贝塔衰变过程:

$$_{Z}^{A}\mathrm{X} \to {}_{Z+2}^{A}\mathrm{Y} + 2\mathrm{e}^- \tag{2.1}$$

上述过程在标准模型中是被禁止的, 因为它破坏了轻子数守恒。然而许多超越标准模型的新物理模型中, 轻子数和重子数都不是守恒量, 而且轻子数和重子数的破缺与宇宙早期正、反物质不对称性有着很强的关联, 所以无中微子双贝塔衰变研究可以验证中微子是否是马约拉纳粒子、轻子数是否守恒。因此, 无中微子双贝塔衰变的证实有着划时代的意义。

通过引入右手中微子并允许轻子数破坏, 利用左、右手中微子与希格斯粒子的汤川耦合, 中微子可以获得狄拉克质量和马约拉纳质量, 通过跷跷板机制, 我们可以得到质量远小于带电轻子质量的中微子。而无中微子双贝塔衰变是验证这一机制最直接的实验证据。在跷跷板机制的基础上, 目前的中微子振荡等实验数据, 倾向于支持轻中微子质量机制是无中微子双贝塔衰变的主导基本机制。

在轻中微子质量机制下, 无中微子双贝塔衰变通过三种轻中微子的质量本征态来传递。由于这些本征态有着极小的质量本征值 m_j, 在处理其传播子时可以按照无质量粒子来处理。这种情况下, 三种质量本征态传播子的唯一区别就是传播子分子上的质量本征值, 这些值通常与中微子混合角相联系, 构成中微子有效质量 $m_{\beta\beta} = \sum U_j^2 m_j$。如果不考虑原子核的弱作用形状因子, 即在领头阶近似下, 中微子在核子间的等效相互作用 (通常称为中微子势) 类似于库仑相互作用的形式。在次领头阶下, 由于原子核的弱作用形状因子以及弱作用诱导流的引入, 中微子势的表达变得更复杂。另一方面, 对于在此机制下衰变释放的电子, 通过求解原子核库仑势下连续态、电子的狄拉克方程, 发现 s 分波在原子核尺寸的范围内占到了电子波函数绝大多数, 而其他分波所占组分很小, 对最终结果的贡献可以忽略不记, 因而可以只考虑 s 分波的贡献。由于 s 分波对方位角没有依赖, 在长波近似 (即电子的波函数在原子核内恒定) 以及原子核中间态封闭近似 (即在相空间积分的计算中使用恒定的中间态能量) 下, 可以分离衰变宽度中的轻子部分与原子核部分 (即轻子部分只有动量空间积分而原子核部分只有坐标空间积分), 从而通过简单积分很容易地得到电子的相空间积分 $G^{0\nu}$。

基于上述轻中微子质量机制, 整个衰变宽度可以简单地写成三部分乘积:

$$\Gamma = \left| m_{\beta\beta} \right|^2 G^{0\nu} \left| M \right|^2 \tag{2.2}$$

从 (2.2) 式中可以看出, 要从实验上提取有效中微子质量, 依赖于精确的核矩阵元 M. 对于轻中微子质量机制, 从跃迁算符的角度, 原子核的矩阵元可以分成矢量流的费米部分以及轴矢流与诱导流的伽莫夫–特勒和张量部分. 由于传递有效相互作用的中微子势可以分解成不同轨道角动量的叠加, 意味着中微子在参与衰变的两个核子之间传递一定的轨道角动量, 这进一步要求在核结构计算中应该考虑所有自旋宇称的中间态以及相应的两体跃迁算符.

核矩阵元计算的另一个难点在于原子核弱作用形状因子的选取, 在传统计算中, 无论对于贝塔衰变还是双贝塔衰变, 一般使用冲量近似, 即利用自由核子的形状因子代替原子核的形状因子. 但是近来的研究发现, 这样的处理会带来一些问题, 例如, 贝塔衰变中的轴矢耦合常数压低问题. 所以, 目前利用基于手征有效场论的手征两体弱流取代通常的弱反应流的方法, 在研究原子核的贝塔衰变 [6] 及双贝塔衰变中都有应用 [7].

综上, 在对标准模型简单扩展的基础上, 可以通过双贝塔衰变来验证中微子质量跷跷板模型的有效性, 提取出重要的新物理参数, 即中微子有效质量, 进而可以确定中微子的绝对质量标度. 中微子质量起源问题的最终解决, 需要高精度的实验数据和理论计算结果, 离不开实验和理论工作者的共同努力.

在其他的新物理模型中, 例如, 大统一模型、超对称模型、额外维度模型等, 存在可能会影响无中微子双贝塔衰变的其他机制. 在这种情况下, 无中微子双贝塔衰变只能提供中微子绝对质量的上限. 这些候选机制的鉴别依赖于不同原子核半衰期的比较以及双贝塔衰变其他可观测量的测量.

2.1.3　无中微子双贝塔衰变矩阵元研究现状

无中微子双贝塔衰变核矩阵元依赖于跃迁算符和原子核的波函数. 原子核跃迁算符可以基于潜在的机制导出, 而原子核波函数则依赖于复杂的核多体计算. 目前采用的计算核矩阵元的原子核模型包括: 壳模型 [8-10] 和准粒子无规相近似 [11-14]. 相互作用玻色子模型 [15], 基于对相互作用和四极相互作用的角动量投影壳模型 [16], 基于 Gogny 相互作用的密度泛函 [17] 以及相对论密度泛函理论 (DFT)[18,19] 的生成坐标方法等. 不同理论模型预言的核矩阵元存在 2~3 倍的差异, 从而导致无中微子双贝塔衰变半衰期有约一个数量级的不确定性.

在计算核矩阵元时, 不同的理论模型具有不同的优缺点: 壳模型通过在给定的模型空间内对角化原子核有效多体哈密顿量, 给出核多体波函数. 其优点是在给定的模型空间内, 得到的波函数包含所有可能的多体关联效应. 其局限性在于模型空间太大, 需要人为引入截断, 且难以描述重原子核. 核矩阵元计算的不确定性主要来源于模型空间截断. 已有结果表明, 壳模型计算给出的核矩阵元几乎是所有结果中最小的. 最近, 东京大学研究组通过扩大模型空间, 计算了 ^{48}Ca 的核矩阵

元 [10]，发现扩大模型空间会得到更大的矩阵元，从而与其他模型的计算结果更接近。未来，在更大的模型空间内计算 ^{48}Ca 的核矩阵元，研究模型空间大小对核矩阵元的影响是非常必要的。此外，如何通过增大模型空间计算更重的原子核也是需要解决的问题。

准粒子无规相近似方法主要包含原子核在基态附近作小振幅振动的关联效应。与壳模型方法相比，准粒子无规相近似方法可以在更大的模型空间内进行计算，得到的核矩阵元大于壳模型的结果 [20]。更高阶的关联效应对核矩阵元的影响尚有待研究。因此，未来需要发展包含更高阶关联效应的准粒子无规相近似方法，例如，包含准粒子振动耦合的准粒子无规相近似方法、二阶准粒子无规相近似方法等。

密度泛函理论通过引入平均场近似，自然包含全模型空间，可以描述所有无中微子双贝塔衰变的候选核。但是，该理论通常只考虑一些最重要的多体关联效应，更多地超越平均场的关联效应还需要采用一些针对性的方法进行考虑，例如，对称性恢复的生成坐标方法等。

对称性恢复的生成坐标方法考虑了原子核在基态附近作大振幅涨落的关联效应，例如，原子核的形状涨落效应等。与准粒子无规相近似方法类似，对称性恢复的生成坐标方法也可以在比壳模型空间更大的模型空间内进行计算。目前的结果表明，对称性恢复的生成坐标方法得到的核矩阵元比其他方法结果大。可能的原因包括相对论效应的引入以及同位旋标量对关联效应的缺失等。壳模型与准粒子无规相近似方法的研究表明，同位旋标量对关联效应对核矩阵元有压低作用。因此，未来有待发展包含同位旋标量对关联效应的对称性恢复的生成坐标方法。

衰变算符是无中微子双贝塔衰变核矩阵元计算的另一个要素，它可以从带电强子流和轻子流所构成的二阶弱相互作用哈密顿量中导出。然而，上面提到的模型都是非相对论的，必须将跃迁算符进行非相对论约化后才可以用来计算核矩阵元。因此，通过完全相对论的研究去检验非相对论近似是很有必要的。相对论密度泛函理论就提供了一个这样的框架，在该框架中，可以同时采用相对论和非相对论跃迁算符进行核矩阵元的计算，进而研究跃迁算符中的相对论效应。

基于相对论密度泛函理论的生成坐标方法已用于研究无中微子双贝塔衰变核矩阵元 [18]，它可以统一描述包括重形变核在内的所有无中微子双贝塔衰变候选核。该方法考虑了初、末态原子核波函数中粒子数、转动、宇称等对称性的恢复以及形状涨落的动力学效应。在相对论密度泛函理论框架中，单粒子波函数是狄拉克旋量，可以直接将完全相对论性的衰变算符用于核矩阵元的计算当中。

目前，不同理论模型对原子核矩阵元的预言仍存在 2~3 倍的偏差。因此，从核物理角度来说，减小核矩阵元计算中的不确定性是当前无中微子双贝塔衰变研究中最重要、最具挑战性的目标。现有计算核矩阵元的理论模型侧重于考虑不同的关联效应，具有很好的互补，能够给出核矩阵元的可靠范围。未来需要进一步发展理论模型，通过正确考虑模型空间、多体关联效应等，减小核矩阵元计算中的不确定性。

2.2　弱相互作用哈密顿量和无中微子双贝塔衰变算符

在描述原子核无中微子双贝塔衰变的过程中，除了不同原子核模型之间存在差异外，无中微子双贝塔衰变的发生机制也存在一定的不确定性。目前，基于不同的超越标准模型的新物理理论，可能的无中微子双贝塔衰变机制包括中微子质量机制、Majoron 发射机制及超对称机制等 [21]。

目前，最常采用的无中微子双贝塔衰变的发生机制是中微子质量机制。在该机制中，一个弱相互作用顶点上产生的中微子 $(n \rightarrow p + e^- + \bar{\nu}_e)$ 能够被另一个弱相互作用顶点吸收 $(n + \bar{\nu}_e \rightarrow p + e^-)$，这要求中微子是马约拉纳粒子，即中微子是其本身的反粒子。中微子质量机制是标准模型的一个自然延伸，无需引入右手流或新粒子。在中微子质量机制下，弱相互作用哈密顿量可以写成如下的形式：

$$\mathcal{H}_\beta = \frac{G_F \cos\theta}{\sqrt{2}} 2(\bar{e}_L \gamma^\mu \nu_{eL}) j_\mu^\dagger + \text{h.c.} \tag{2.3}$$

其中 G_F 是费米常数，θ 是 Cabbibo 角。$\bar{e}_L$ 和 ν_{eL} 分别表示左手的电子和中微子场，$j_\mu^\dagger$ 表示奇异守恒带电强子流。就原子核而言，在脉冲近似下，带电强子流的形式为

$$j_\mu^\dagger = \bar{\psi} \left[g_V(q^2)\gamma_\mu + i g_M(q^2)\frac{\sigma_{\mu\nu}}{2m_p}q^\nu - g_A(q^2)\gamma_\mu\gamma_5 - g_P(q^2)q_\mu\gamma_5 \right] \tau_- \psi(x) \tag{2.4}$$

其中 $\psi(x)$ 表示核子场，$\tau_- \equiv (\tau_1 - i\tau_2)/2$ 是同位旋下降算符，$q^\nu = (p - p')$ 表示由强子到轻子的四动量转移（p 和 p' 表示中子和质子的四动量），$\sigma_{\mu\nu} = i/2[\gamma_\mu, \gamma_\nu]$。形状因子 $g_V(q^2)$，$g_M(q^2)$，$g_A(q^2)$ 及 $g_P(q^2)$ 是洛伦兹标量 q^2 的函数，在零动量转移极限下，它们分别表示矢量、弱磁、轴矢及赝标耦合常数。

无中微子双贝塔衰变是一个二阶的弱相互作用过程，二阶弱相互作用散射矩阵的形式如下 [3]：

$$\begin{aligned}
\langle f|S^{(2)}|i\rangle = &4\frac{(-i)^2}{2!}\left(\frac{G_F\cos\theta_C}{\sqrt{2}}\right)^2 \iint d^4x_1 d^4x_2 \\
&\times \bar{\psi}_L(p_1,x_1)\gamma^\mu \langle 0|T(\nu_{eL}(x_1)\nu_{eL}^T(x_2))|0\rangle \gamma^{\nu T}\bar{\psi}_L^T(p_2,x_2) \\
&\times \langle \Psi_F|T(\mathcal{J}_\mu^\dagger(x_1)\mathcal{J}_\nu^\dagger(x_2))|\Psi_I\rangle - (p_1 \leftrightarrow p_2)
\end{aligned} \tag{2.5}$$

其中 p_1 和 p_2 为出射电子的四动量，$\psi_L(p_1,x_1)$ 和 $\psi_L(p_2,x_2)$ 为出射电子的波函数，Ψ_I 和 Ψ_F 分别为初、末态原子核波函数，T 为编时算符，$\mathcal{J}_{\mu(\nu)}^\dagger(x)$ 表示海森伯表象下的强子流算符。

假定左手电子中微子场 $\nu_{\mathrm{eL}}(x)$ 可以写成如下质量本征态的混合:

$$\nu_{\mathrm{eL}}(x) = \sum_i U_{ei}\nu_{i\mathrm{L}}(x) \tag{2.6}$$

其中 $\nu_{i\mathrm{L}}(x)$ 表示左手轻质量中微子的质量本征态, U_{ei} 是中微子混合矩阵。左手中微子质量本征态需要满足如下的马约拉纳条件 [22]:

$$\nu_{i\mathrm{L}} = (\nu_{i\mathrm{L}})^{\mathrm{c}} = C\bar{\nu}_{i\mathrm{L}}^{\mathrm{T}} \tag{2.7}$$

C 表示电荷共轭算符。相应地, 中微子传播子 $\langle 0|T(\nu_{\mathrm{eL}}(x_1)\nu_{\mathrm{eL}}^{\mathrm{T}}(0)|0\rangle$ 可以表示为 [22]

$$-\sum_i |U_{ei}|^2 m_i \frac{\mathrm{i}}{(2\pi)^4} \int \frac{\mathrm{e}^{\mathrm{i}q(x_1-x_2)}}{q^2 - m_i^2} \mathrm{d}^4 q \frac{1-\gamma_5}{2} C \tag{2.8}$$

结合式 (2.5) 和式 (2.8), 并对 x_1, x_2 和 q 的时间分量 x_1^0, x_2^0 及 q^0 积分, 可得

$$
\begin{aligned}
&\langle f|S^{(2)}|\mathrm{i}\rangle \\
={}&\mathrm{i}\left(\frac{G_{\mathrm{F}}\cos\theta_{\mathrm{C}}}{\sqrt{2}}\right)^2 \sum_i (U_{ei})^2 m_i \iint \mathrm{d}^3 x_1 \mathrm{d}^3 x_2 \int \frac{\mathrm{d}^3 q}{(2\pi)^3} \frac{\mathrm{e}^{\mathrm{i}q\cdot(x_1-x_2)}}{\omega_i} \\
&\times \left[\sum_n \frac{\langle\Psi_{\mathrm{F}}|\mathcal{J}_\mu^\dagger(x_1)|n\rangle\langle n|\mathcal{J}_\nu^\dagger(x_2)|\Psi_{\mathrm{I}}\rangle}{\omega_i + p_2^0 + E_n - E_{\mathrm{I}} - \mathrm{i}\varepsilon} + \sum_n \frac{\langle\Psi_{\mathrm{F}}|\mathcal{J}_\nu^\dagger(x_2)|n\rangle\langle n|\mathcal{J}_\mu^\dagger(x_1)|\Psi_{\mathrm{I}}\rangle}{\omega_i + p_1^0 + E_n - E_{\mathrm{I}} - \mathrm{i}\varepsilon}\right] \\
&\times \bar{\psi}_{\mathrm{L}}(\boldsymbol{p}_1, \boldsymbol{x}_1)\gamma^\mu(1-\gamma_5)\gamma^\nu C\bar{\psi}_{\mathrm{L}}^{\mathrm{T}}(\boldsymbol{p}_2, \boldsymbol{x}_2)(2\pi)\delta(E_{\mathrm{F}} - E_{\mathrm{I}} + p_1^0 + p_2^0)
\end{aligned} \tag{2.9}
$$

其中 E_{I} 和 E_{F} 分别为初、末态原子核的能量, E_n 为中间原子核态的能量, $\omega_i = \sqrt{|\boldsymbol{q}|^2 + m_i^2}$。在实际计算中, 通常引入如下近似来简化计算:

(1) 零质量近似: 中微子质量远小于其动量, 因此有 $\omega_i = \sqrt{|\boldsymbol{q}|^2 + m_i^2} \approx |q| \equiv q$。此时, 式 (2.9) 中的能量分母上不再依赖于中微子质量 m_i, 从而可以定义如下形式的中微子有效质量

$$\langle m_\nu \rangle = \sum_i U_{ei}^2 m_i \tag{2.10}$$

(2) 长波近似: 在原子核的范围内, 电子波函数的变化很小, 并且 $|p_1|R, |p_2|R \leqslant 1$。在原子核范围内 s 分波占到了电子波函数绝大多数, 其他分波的贡献可以忽略不记。具体计算中, 电子波函数采用原子核表面处的 s 分波的数值。

(3) 封闭近似: 相互作用顶点上交换的虚中微子的动量 $q \approx 100$ MeV, 远大于激发能 $(E_n - E_{\mathrm{I}})$。因此, 式 (2.9) 中, 能量分母上对中间态原子核的能量依赖可以用一个平均值 $\bar{E}$ 来代替, 即能量分母与中间态无关。

基于上述近似, 散射矩阵式 (2.9) 可以写成

$$
\langle f|S^{(2)}|i\rangle = i\left(\frac{G_F \cos\theta_C}{\sqrt{2}}\right)^2 \frac{1}{(2\pi)^3}\frac{1}{\sqrt{p_1^0 p_2^0}}\frac{1}{R}\bar{\psi}_L(\boldsymbol{p}_1,\boldsymbol{x}_1)(1+\gamma_5)C\bar{\psi}_L^T(\boldsymbol{p}_2,\boldsymbol{x}_2)
$$

$$
\times\, g_A^2(0)\langle m_\nu\rangle M^{0\nu}\delta(E_F - E_I + p_1^0 + p_2^0) \tag{2.11}
$$

原子核矩阵元 $M^{0\nu} \equiv \langle \Psi_F | \hat{O}^{0\nu} | \Psi_I \rangle$, 衰变算符 $\hat{O}^{0\nu}$ 为

$$
\hat{O}^{0\nu} = \frac{4\pi R}{g_A^2(0)}\iint \mathrm{d}^3 x_1 \mathrm{d}^3 x_2 \int \frac{\mathrm{d}^3 q}{(2\pi)^3}\frac{\mathrm{e}^{\mathrm{i}q\cdot(x_1 - x_2)}}{q(q + E_d)}\mathcal{J}_\mu^\dagger(\boldsymbol{x}_1)\mathcal{J}^{\mu\dagger}(\boldsymbol{x}_2) \tag{2.12}
$$

其中 $E_d \equiv E_n - (E_I + E_F)/2$。

在非相对论核模型计算中, 需要将核子流约化为非相对论的形式。在 Breit 坐标系下, 坐标空间的非相对论核子流为 [11]

$$
\mathcal{J}^\mu(\boldsymbol{x}) = \sum_{n=1}^A \tau_n^- (g^{\mu 0}\mathcal{J}^0(\boldsymbol{q}^2) + g^{\mu k}\mathcal{J}_n^k(\boldsymbol{q}^2))\delta(\boldsymbol{x} - \boldsymbol{x}_n),\quad k = 1,2,3 \tag{2.13}
$$

其中

$$
\begin{cases}
\mathcal{J}^0(\boldsymbol{q}^2) = g_V(\boldsymbol{q}^2) \\
\mathcal{J}_n^2(\boldsymbol{q}^2) = g_M(\boldsymbol{q}^2)\mathrm{i}\dfrac{\boldsymbol{\sigma}_n \times \boldsymbol{q}}{2m} + g_A(\boldsymbol{q}^2)\boldsymbol{\sigma}_n - g_P(\boldsymbol{q}^2)\dfrac{q\boldsymbol{\sigma}_n \cdot \boldsymbol{q}}{2m}
\end{cases} \tag{2.14}
$$

$\boldsymbol{x}_n$ 是第 n 个核子的坐标。相应地, 式 (2.12) 中的双贝塔衰变强子流可以写为

$$
\mathcal{J}^{\dagger\mu}(\boldsymbol{x}_1)\mathcal{J}_\mu^\dagger(\boldsymbol{x}_2) = -\sum_{nm}[-h_F(\boldsymbol{q}^2) + h_{GT}(\boldsymbol{q}^2)\boldsymbol{\sigma}_m \cdot \boldsymbol{\sigma}_n - h_T(\boldsymbol{q}^2)S_{nm}]
$$

$$
\cdot\, \tau_-^n \tau_-^m \delta(\boldsymbol{x}_1 - \boldsymbol{x}_n)\delta(\boldsymbol{x}_2 - \boldsymbol{x}_m) \tag{2.15}
$$

其中

$$
S_{nm} = 3(\boldsymbol{\sigma}_n \cdot \hat{\boldsymbol{q}})(\boldsymbol{\sigma}_m \cdot \hat{\boldsymbol{q}}) - \sigma_{nm},\quad \sigma_{nm} = \boldsymbol{\sigma}_n \cdot \boldsymbol{\sigma}_m \tag{2.16}
$$

中微子势为

$$
h_F = -g_V^2(\boldsymbol{q}^2)
$$

$$
h_{GT} = -g_A^2(\boldsymbol{q}^2)\left[1 - \frac{2}{3}\frac{\boldsymbol{q}^2}{\boldsymbol{q}^2 + m_\pi^2} + \frac{1}{3}\left(\frac{\boldsymbol{q}^2}{\boldsymbol{q}^2 + m_\pi^2}\right)^2\right] - \frac{2}{3}\frac{g_M^2(\boldsymbol{q}^2)\boldsymbol{q}^2}{4m^2}
$$

$$
h_T = -g_A^2(\boldsymbol{q}^2)\left[\frac{2}{3}\frac{\boldsymbol{q}^2}{\boldsymbol{q}^2 + m_\pi^2} - \frac{1}{3}\left(\frac{\boldsymbol{q}^2}{\boldsymbol{q}^2 + m_\pi^2}\right)^2\right] - \frac{1}{3}\frac{g_M^2(\boldsymbol{q}^2)\boldsymbol{q}^2}{4m^2} \tag{2.17}
$$

形状因子一般采用如下形式 [11]:

$$
g_V(\boldsymbol{q}^2) = g_V/(1 + \boldsymbol{q}^2/\Lambda_V^2)^2,\quad g_M(\boldsymbol{q}^2) = (\mu_p - \mu_n)g_V(\boldsymbol{q}^2)
$$

$$
g_A(\boldsymbol{q}^2) = g_A/(1 + \boldsymbol{q}^2/\Lambda_A^2)^2,\quad g_P(\boldsymbol{q}^2) = 2m_P g_A(\boldsymbol{q}^2)/(\boldsymbol{q}^2 + m_\pi^2) \tag{2.18}
$$

2.3 无中微子双贝塔衰变核矩阵元的非相对论理论研究

2.3.1 基于 Woods-Saxon 平均场的准粒子无规相近似

David Bohm 和 David Pines 建立的无规相近似 (RPA) 是一种计算多粒子体系小振幅振动的有效近似方法, 被广泛应用于凝聚态物理和原子核物理等领域 [23-26]。RPA 方法考虑原子核单粒子–单空穴激发的简谐振动, 适用于描述闭壳原子核的振动态。对于开壳原子核, 需通过 Bardeen-Cooper-Schrieffer (BCS) 或者 Bogoliubov 方法考虑原子核的对关联, 构建其基态。准粒子无规近似 (QRPA) 方法在包括对关联基态的基础上构建激发态, 通过对角化 QRPA 矩阵得到激发态的能量和波函数, 将 RPA 方法推广到描述开壳核。用于贝塔和双贝塔衰变计算的质子中子 QRPA(pn-QRPA) 方法, 则把奇奇核看成是相邻的同质量数偶偶核的同位旋矢量激发态。

20 世纪 80 年代, 德国艾伯哈特–卡尔斯–图宾根大学的研究组基于单玻色子交换的核力模型, 通过求解 Brueckner 方程, 发展了基于 Brueckner 的 G 矩阵 QRPA 方法。在 Woods-Saxon 平均场的基础上, 用 G 矩阵作为剩余相互作用, 在描述原子核的对关联及声子激发等现象上取得了较大成功 [27]。这种方法能很好地描述一些重要的物理过程, 例如, 原子核的电磁跃迁与电荷交换跃迁等。

pn-QRPA 方法能够描述双贝塔衰变的中间状态, 即奇奇核的基态与激发态。与壳模型以及各种平均场模型相比, 该方法可以超越忽略中间态贡献的封闭近似, 计算对中间态能量有很大依赖的两中微子双贝塔衰变核矩阵元, 可靠预言无中微子双贝塔衰变。通过引入原子核的形变效应, 考虑初、末原子核之间的重叠系数, pn-QRPA 方法很好地描述了形变原子核的两中微子双贝塔衰变核矩阵元。pn-QRPA 方法的可靠性还体现在能同时给出子核和母核的电荷交换反应的伽莫夫–特勒跃迁强度 [28]。

通过分别拟合剩余相互作用中的同位旋矢量和同位旋标量的相互作用强度, 基于 Woods-Saxon 平均场的 pn-QRPA 方法在双贝塔衰变计算中部分地恢复了同位旋对称性。同位旋对称性的恢复导致了无中微子双贝塔衰变中费米矩阵元的压低。考虑形变效应后, 该方法得到了和壳模型方法相近的核矩阵元 [29]。这些结果进一步缩小了各种方法之间存在的分歧, 对于理解双贝塔衰变核矩阵元计算中各种方法误差的来源有很大的帮助。

目前 QRPA 方法仅考虑了单声子激发, 而更为复杂的多声子激发以及声子声子相互作用对于核矩阵元的影响未知。所以发展适用于双贝塔衰变计算的超越 QRPA 方法, 例如, 准粒子振动耦合方法或者二阶 QRPA 方法等对于理解 QRPA 方法中计算误差的来源特别重要。

QRPA 方法对计算资源的要求相对较少，还可以用于计算双贝塔衰变中的其他可观测量，如单电子能谱等 [30]。这有助于了解双贝塔衰变更多的信息，对了解无中微子双贝塔衰变的基本机制和新物理模型也至关重要。

2.3.2　基于密度泛函理论的准粒子无规相近似

DFT 可以很自然地描述双贝塔衰变的母核和子核的基态。DFT 最基本的思想是原子核的能量可以表示成核子数密度的泛函，通过变分原理，得到核子在核势阱中独立运动的方程，进而得到原子核的基态波函数。而双贝塔衰变的中间态可以很好地近似为单声子激发态，通过 QRPA 方法获得。

DFT 使用的有效相互作用通过拟合原子核性质获得。目前广泛使用的 DFT 包括基于 Skyrme 相互作用和 Gogny 相互作用的 DFT，以及基于介子交换和点耦合的相对论 DFT。这些有效相互作用都包含中心力部分、自旋轨道耦合部分及张量相互作用部分等贡献。其中，Skyrme 相互作用是密度依赖的零程相互作用，Gogny 相互作用包含了零程和有限程部分，相对论密度泛函的相互作用则基于介子交换理论。基于这些相互作用的 DFT 都取得了很大成功 [31−34]。在实际计算中，DFT 通过考虑 Hartree-Fock 或 Hartree 近似实现。对于开壳原子核，还需要通过 BCS 近似或 Bogoliubov 准粒子变换考虑核子核子的对相互作用。

QRPA 方法认为原子核的集体激发态是由所有可能的单准粒子激发线性叠加而成，即声子激发。通过求解 QRPA 方程可以得到任意激发态的声子波函数。基于 DFT 得到的原子核基态波函数，可以通过 QRPA 方法得到原子核集体激发态的全部信息。

QRPA 方法使用的相互作用称为剩余相互作用。对于剩余相互作用的选取有两种方式：一种是直接采用某种相互作用，例如，前面提到过的现实核力或有效核力。另一种方式是通过能量密度泛函对密度进行变分得到。基于 DFT 的 QRPA 方法属于后一种，一般被称为自洽的 QRPA 方法。该方法可以自洽地描述原子核的各种激发态，同时也具有很好的预言能力。自洽的 QRPA 方法可以很好地描述一些重要的物理过程，例如，原子核的电磁跃迁与电荷交换跃迁等。

北卡罗莱纳大学的研究组基于 Skyrme 有效相互作用，使用自洽的 QRPA 方法研究了双贝塔衰变 [14]。通常的 QRPA 计算得到的核矩阵元大于壳模型的结果。该工作利用形变的自洽 QRPA 方法，计算了 ^{76}Ge，^{130}Te，^{136}Xe 和 ^{150}Nd 的无中微子双贝塔衰变的核矩阵元，发现对 ^{130}Te 和 ^{136}Xe，自洽的 QRPA 方法计算的结果比壳模型更小，尤其是对 ^{130}Te，其结果只有壳模型的一半。

基于 Skyrme 有效相互作用的自洽 QRPA 方法，在计算无中微子双贝塔衰变核矩阵元时，具有无需采用封闭近似和可以使用比壳模型更大的模型空间等优势。此外，由于自洽性，它能给出更合理且有预言能力的结果。

该方法的不足之处主要是缺乏一套能很好地描述所有原子核性质的有效相互作用，当然这也是目前所有核理论模型都没有解决的问题。另外，亟需研究不同有效相互作用对双贝塔衰变的核矩阵元的影响。

未来研究中，需要研究有效相互作用的各个分量对无中微子双贝塔衰变核矩阵元的影响。已有研究表明，张量力和同位旋标量对相互作用能显著改进对中间核激发态的描述[35-37]。显然，张量力和同位旋标量对相互作用会对无中微子双贝塔衰变核矩阵元产生重要影响。同时，也需要考虑包括更高阶近似的理论方法，例如，准粒子振动耦合方法或二阶 QRPA 方法等。

2.3.3 基于对相互作用和四极相互作用的角动量投影壳模型

角动量投影壳模型所基于的对相互作用和四极相互作用哈密顿量为

$$\hat{H} = \hat{H}_0 + \hat{H}(P) + \hat{H}(QQ) \tag{2.19}$$

其中 $\hat{H}_0$ 表示球形单粒子哈密顿量，$\hat{H}(P)$ 和 $\hat{H}(QQ)$ 表示对相互作用和四极–四极相互作用。对相互作用的耦合常数通过拟合实验上原子核的奇偶质量差确定，四极–四极相互作用的耦合常数通过再现实验上原子核激发态的能谱及其跃迁确定。

基于对相互作用和四极相互作用哈密顿量，通过 Bogoliubov 变换，得到准粒子运动方程。求解准粒子运动方程，得到准粒子真空态。准粒子真空态破坏体系的转动不变性，即角动量不再是体系的好量子数。为了恢复体系的转动不变性，需要利用角动量投影技术得到确定角动量的态。

角动量投影壳模型能够统一处理对描述原子核非常重要的对关联和形变效应，已经被成功应用于原子核的激发谱和电磁跃迁性质的描述。由于计算条件的限制，B. M. Dixit 等利用角动量投影技术恢复了准粒子真空态的转动对称性，计算了 ^{100}Mo 中的两中微子双贝塔衰变核矩阵元，并得到了与实验相符的两中微子双贝塔衰变半衰期[38]。

通过再现原子核的晕带能谱、E_2 跃迁概率、2_1^+ 态的四极矩和 g 因子以及两中微子双贝塔衰变的半衰期等确定对相互作用和四极相互作用的耦合常数，K. Chaturvedi 等基于该模型研究了无中微子双贝塔衰变核矩阵元[16]。在轻中微子和重中微子交换机制下，基于该模型，已经开展了对 ^{94,96}Zr, ^{98,100}Mo, ^{104}Ru, ^{110}Pd, ^{128,130}Te 及 ^{150}Nd 等候选核中双贝塔衰变核矩阵元的系统研究，分析了形变效应对核矩阵元的影响，给出的核矩阵元值介于壳模型和密度泛函理论的结果之间。

与壳模型、准粒子无规相近似、密度泛函理论相比，角动量投影壳模型计算量相对较小，容易引入更多的原子核关联。但是，基于该模型，还应研究以下问题：

(1) 非轴对称自由度对核矩阵元的影响：生成坐标方法的研究表明，三轴形变会使核矩阵元减小约 10%[39]。因此，有必要研究角动量投影壳模型中，三轴形变对核矩阵元的影响。

(2) 准粒子激发对核矩阵元的贡献：壳模型计算表明，准粒子激发会改变核矩阵元的大小 [20]。因此，有必要在角动量投影壳模型框架下，考虑准粒子激发对核矩阵元的影响。

(3) 同位旋标量对关联对核矩阵元的贡献：准粒子无规相近似的研究表明，核矩阵元敏感地依赖于同位旋标量对相互作用强度。因此，有必要在角动量投影壳模型框架下，考虑同位旋标量对关联对核矩阵元的影响。

(4) 非封闭近似对核矩阵元的贡献：目前已有的角动量投影壳模型只能用于研究偶偶核，不能研究双贝塔衰变的中间态对核矩阵元的影响。因此，有必要发展描述偶偶核和奇奇核的角动量投影壳模型，研究中间态对核矩阵元的影响。

2.3.4　核矩阵元计算的不确定性

无中微子双贝塔衰变核矩阵元计算的误差来源于核物理理论、基本机制和强子化方法等的不确定性。这里主要讨论非相对论核多体理论方法带来的误差，它们源于多体方法的不足和核力的复杂性。

在多体方法方面，计算误差可以通过比较 QRPA 方法与超越 QRPA 的方法确定。对贝塔衰变的研究表明，超越 QRPA 的多声子耦合导致跃迁强度分布展宽、激发态能量改变、衰变寿命变短等 [40]。对于双贝塔衰变，目前亟需超越 QRPA 的方法研究。由于核力的复杂性，QRPA 方法所基于的平均场不能从核子–核子相互作用导出，具有不确定性，这导致了双贝塔衰变半衰期的不确定性。核力的复杂性还体现在 QRPA 方法所采用的剩余相互作用上。研究表明，同位旋标量对相互作用对核矩阵元影响很大。在 QRPA 计算中，同位旋标量对相互作用的强度一般通过拟合两中微子双贝塔衰变矩阵元来确定。由于 QRPA 的局限性，这种拟合会导致对相互作用强度的错误估计，从而导致误差。在无中微子双贝塔衰变的伽莫夫–特勒和张量核矩阵元计算中，这种误差可达 20%～30% [29]。

无中微子双贝塔衰变核矩阵元计算中的另一个不确定性来源于核子的短程关联。不同的核力给出的短程关联不同。在轻中微子交换机制中，核力的短程关联导致的误差在 10% 左右。在重粒子交换机制中，核力的短程关联导致的误差在 30%～40% [29]。

2.4　无中微子双贝塔衰变核矩阵元的相对论理论研究

2.4.1　基于相对论密度泛函理论的准粒子无规相近似

密度泛函理论成功描述了多体系统的基态性质。闭壳原子核的集体激发可以通过 RPA，即平均场中的单粒子–单空穴激发的相干叠加来描述。对关联对描述开壳原子核性质十分重要,它在平均场理论的基础上,可以通过 BCS 近似或 Bogoliubov 变换来处理。基于考虑对关联的平均场理论建立的 QRPA,成功描述了开壳原子核的集体激发性质。在自洽的 QRPA 中,其剩余相互作用可以通过能量泛函对密度的二阶导数直接导出。因此,自洽的 QRPA 无需额外引入相互作用参数,具有可靠的预言能力。

相对论密度泛函理论成功描述了大量原子核的现象 [34],例如,成功地解释了核物质的饱和性质 [41−42]、奇特原子核中的晕现象 [43]、核子谱中的赝自旋对称性 [44−46],预言了巨晕现象 [47] 以及反核子谱中的自旋对称性 [48] 等。在该理论框架中,核子通过传递介子和光子发生相互作用,将量级为几百 MeV 的标量场与矢量场进行组合,可以自然地给出原子核的中心势及自旋-轨道势。

相对论密度泛函理论通常采用无海近似,即忽略狄拉克海中负能态对原子核基态密度的贡献。然而,QRPA 计算满足的求和规则却需要包括狄拉克海中的负能态 [49−50]。此外,狄拉克海中的负能态对描述同位旋标量跃迁的强度分布也具有重要影响,如原子核的巨单极共振 [51]。这表明相对论 QRPA 组态既要包括费米海中的两准粒子组态,还需包括由费米海正能态和狄拉克海负能态所组成的两准粒子组态。

基于相对论 Hartree 近似质子-中子 RPA (RH+pnRPA) 需要在剩余相互作用中额外引入 π 介子的贡献,并通过调节其零程抵消项系数以再现原子核的伽莫夫-特勒共振能量 [52]。通过引入 Fock 项,基于相对论 Hartree-Fock 理论的自洽 RPA 模型 [53],可以自然地考虑 π 介子场对原子核基态性质的贡献,克服了原有的 RH+pnRPA 理论在统一描述原子核基态和同位旋激发方面的困难,无需引入额外参数,即可给出原子核自旋-同位旋激发的相对论自洽描述 [53−54]。

对于开壳原子核,基于相对论 Hartree-Fock-Bogliubov 理论建立的 QRPA 方法 [50],系统研究了 Ca 到 Sn 质量区的丰中子原子核,发现同位旋矢量和标量对相互作用对正确描述原子核的自旋-同位旋激发以及原子核的贝塔衰变十分重要 [50,55]。

C. D. Conti 等利用自洽的相对论 QRPA 方法,研究了原子核 ^{48}Ca, ^{76}Ge, ^{82}Se, ^{100}Mo, ^{128}Te, ^{130}Te 中的两中微子双贝塔衰变,得到与其他计算结果相同数量级的核矩阵元。目前,亟需发展自洽的相对论 QRPA 模型,研究无中微子的双贝塔衰变。同时,为了给出高精度的无中微子双贝塔衰变核矩阵元,还需正确处理 QRPA 组态中正能量区域的连续态,以及发展考虑形变自由度的相对论 QRPA 方法等。

2.4.2 基于相对论密度泛函理论的生成坐标方法

生成坐标方法是计算原子核集体波函数的一种重要方法,它将集体波函数表示为具有不同形变的内禀波函数的线形叠加。该波函数考虑了超越平均场的诸多耦合效应, 包含丰富的核结构信息。结合投影技术, 该方法还可以有效地恢复平均场近似破坏的原子核固有对称性, 例如, 转动不变性、粒子数守恒等。

相对论密度泛函理论成功描述了整个核素图上大多数原子核的诸多性质[56−59]。基于相对论密度泛函理论, 已发展了角动量和粒子数投影的生成坐标方法[60−61]。该理论成功描述了原子核的激发态和电磁跃迁, 实现了对无中微子双贝塔衰变核矩阵元的相对论性计算, 统一描述了包括重形变核在内的所有无中微子双贝塔衰变候选核[18−19,62−63], 并分析了如下效应对核矩阵元的影响:

(1) 相对论效应。采用生成坐标方法, 对 10 个无中微子双贝塔衰变候选核的研究表明: 对轻中微子交换, 非相对论约化使矩阵元变化约 2%; 对重中微子交换, 非相对论约化低估核矩阵元 10%∼15%, 表明相对论修正对重中微子交换更为重要[19,62]。

(2) 粒子数效应。对于开壳原子核, 考虑对关联效应的平均场近似破坏了核子数守恒。对于轻中微子交换的研究表明, 初、末态原子核中有一个是闭壳的情况, 粒子数守恒影响比较大[18]。

(3) 四极形变效应。与四极形变相关的原子核集体关联对原子核低激发谱十分重要。过渡区域原子核的位能曲面非常软, 因此, 在低激发谱中存在四极形变组态的混合效应。生成坐标方法是研究这类原子核无中微子双贝塔衰变核矩阵元的重要工具[18−19]。生成坐标方法给出的无中微子双贝塔衰变核矩阵元是不同形变初、末态矩阵元的加权叠加。当初、末态形变相同时, 核矩阵元具有最大值; 当初、末态的形变差增大时, 核矩阵元大为减小。由于生成坐标方法考虑了不同形变组态的叠加, 可以广泛用于研究形状涨落效应对核矩阵元的影响。

(4) 八级形变效应。对于基态具有强八极关联的原子核, 有必要考虑八极关联对无中微子双贝塔衰变核矩阵元的影响。研究发现, 对于单一形变组态, 八级形变参数增加会使得无中微子双贝塔衰变核矩阵元降低。由于生成坐标方法考虑了不同四极–八极形变的混合, 形状混合效应有效地弱化了八极关联带来的核矩阵元的减小, 从而导致八极关联对最终核矩阵元结果的影响不大[63]。

(5) 短程关联效应。对于轻中微子交换, 研究表明短程关联效应对核矩阵元的影响较小; 对于重中微子交换, 短程关联效应影响显著, 会使核矩阵元减小约 40%[62]。此外, 不同类型的短程关联函数, 例如, Miller-Spencer, ArgonneV18 及 CD Bonn 等, 对核矩阵元的压低程度不同。如何正确处理短程关联效应仍然是一个开放性的问题。

基于相对论密度泛函理论的生成坐标方法能够采用完全相对论性的衰变算符计算无中微子双贝塔衰变核矩阵元; 通过角动量投影和粒子数投影, 恢复平均场近似下破坏的系统对称性; 通过组态混合效应, 考虑形状涨落, 得到更准确的原子核波函数。目前, 基于相对论密度泛函理论的生成坐标方法对原子核的中间态采用了封闭近似，且模型空间中没有包括高辛诺数组分。未来需要着重从以上两方面入手改进模型，实现高精度的核矩阵元计算。

2.4.3   核矩阵元计算的不确定性

通过比较不同核结构模型预言的核矩阵元，可以评估核矩阵元计算的不确定性。图 2-1 给出了基于相对论密度泛函的生成坐标方法 (CDFT)[62] 与壳模型 (SM)[9]、准粒子无规相近似模型 (QRPA)[64]、投影 Hartree-Fock Bogoliubov (PHFB) 模型 [65]、基于 Gogny 密度泛函的生成坐标方法 (EDF)[17] 和相互作用玻色子模型 (IBM)[66] 所预言核矩阵元的比较。模型之间的差别为 2∼3 倍，而壳模型与密度泛函模型分别给出了计算的下限和上限。相对论的密度泛函理论 (CDFT) 与非相对论的密度泛函模型 (EDF) 对原子核 ^{150}Nd 之外给出了十分相似的结果。

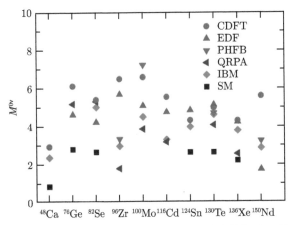

图 2-1   不同核模型预言的无中微子双贝塔衰变核矩阵元的比较

除了原子核模型的不同，计算核矩阵元时，对中间核态以及核子短程关联的不同处理方法也会导致计算结果的不确定性。QRPA 方法能够严格处理中间态，而其他模型通常采用封闭近似。对于短程核子关联，可以采用 Jastrow 形式的关联函数、幺正关联算符方法 [67]、耦合结团方法 [68] 等进行处理。研究表明，采用不同短程关联计算得到的核矩阵元会有 20%∼30% 的差异 [69–71]。如何正确处理短程关联效应仍然是一个开放性的问题。

2.5   小   结

无中微子双贝塔衰变对于回答轻子数是否守恒，中微子是狄拉克粒子还是马约拉纳粒子，中微子的质量等级是正序还是倒序，以及中微子的绝对质量标度等基本物理问题有着重要的意义。

由于无中微子双贝塔衰变发生在原子核内，因此，无中微子双贝塔衰变的研究不仅涉及中微子物理，还涉及原子核物理。比如，中微子质量等级以及绝对质量标度就依赖于原子核矩阵元的精确计算。近年来，在核矩阵元的高精度计算方面有很多尝试。国际上，流行的计算核矩阵元的核多体方法包括组态相互作用壳模型、准粒子无规相近似、基于密度泛函理论的生成坐标方法、相互作用玻色子模型、投影的 Hartree-Fock Bogoliubov 理论等。在国内，关于核矩阵元的计算也有一些有特色的好工作，例如，采用准粒子无规相近似和基于相对论密度泛函理论的生成坐标方法等进行的理论研究。同时，还有一些潜在的、有预言能力的理论模型和方法，有望在核矩阵元高精度计算方面取得重要成果，比如，包含张量相互作用的自洽准粒子无规相近似、基于相对论 Hartree-Fock-Bogoliubov 理论的自洽准粒子无规相近似、包含三轴形变和准粒子激发的角动量投影壳模型、包含准粒子振动耦合效应的准粒子无规相位近似等。

不同的理论方法由于其出发点不同，考虑的多体关联效应也不同，进而在描述核矩阵元上展现出了不同的优缺点。未来在核矩阵元的研究中，亟需建立和发展高精度的理论模型，考虑超越平均场的各种高阶效应和多体关联效应，提高模型的预言能力，为中国以及世界无中微子双贝塔衰变的研究提供重要的理论支撑。

审稿: 张宗烨, 周善贵

参 考 文 献

[1] Haxel O, Jensen J H D, Suess H E. On the "magic numbers" in nuclear structure. Phys. Rev., 1949, 75: 1766-1766.

[2] Mayer M G. On closed shells in nuclei. II. Phys. Rev., 1949, 75: 1969-1970.

[3] Meng J, Song L S, Yao J M. Nuclear matrix elements for neutrinoless double-beta decay in covariant density functional theory. Int. Jour. Mod. Phys. E, 2017, 26 (01&02): 1740020.

[4] Ejiri H, Suhonen J, Zuber K. Neutrino-nuclear responses for astroneutrinos, single beta decays and double beta decays. Phys. Rep., 2019, 797: 1-102.

[5] Barabash A S. Experiment double beta decay: Historical review of 75 years of research. Phys. Atom. Nucl., 2011, 74(4): 603-613.

[6] Gysbers P, Hagen G, Holt J D, et al. Discrepancy between experimental and theoretical β-decay rates resolved from first principles. Nature Physics, 2019, 15(5): 428.

[7] Engel J, Simkovic F, Vogel P. Chiral two-body currents and neutrinoless double-β decay in the quasiparticle random-phase approximation. Phys. Rev. C, 2014, 89: 064308.

[8] Retamosa J, Caurier E, Nowacki F. Neutrinoless double beta decay of ^{48}Ca. Phys. Rev.

C, 1995, 51: 371-378.

[9] Menendez J, Poves A, Caurier E, et al. Disassembling the nuclear matrix elements of the neutrinoless ββ decay. Nucl. Phys. A, 2009, 818(3): 139-151.

[10] Iwata Y, Shimizu N, Otsuka T, et al. Large-scale shell-model analysis of the neutrinoless ββ decay of ^{48}Ca. Phys. Rev. Lett., 2016, 116: 112502.

[11] Simkovic F, Pantis G, Vergados J D, et al. Additional nucleon current contributions to neutrinoless double β decay. Phys. Rev. C, 1999, 60: 055502.

[12] Simkovic F, Rodin V, Faessler A, et al. 0νββ and 2νββ nuclear matrix elements, quasi-particle random-phase approximation, and isospin symmetry restoration. Phys. Rev. C, 2013, 87: 045501.

[13] Fang D L, Faessler A, Simkovic F. Partial restoration of isospin symmetry for neutrino-less double β decay in the deformed nuclear system of ^{150}Nd. Phys. Rev. C, 2015, 92: 044301.

[14] Mustonen M T, Engel J. Large-scale calculations of the double-β decay of ^{76}Ge, ^{130}Te, ^{136}Xe, and ^{150}Nd in the deformed self-consistent Skyrme quasiparticle random-phase approximation. Phys. Rev. C, 2013, 87: 064302.

[15] Barea J, Kotila J, Iachello F. 0νββ and 2νββ nuclear matrix elements in the interacting boson model with isospin restoration. Phys. Rev. C, 2015, 91: 034304.

[16] Chaturvedi K, Chandra R, Rath P K, et al. Nuclear deformation and neutrinoless double-β decay of ^{94,96}Zr, ^{98,100}Mo, ^{104}Ru, ^{110}Pd, ^{128,130}Te, and ^{150}Nd nuclei within a mechanism involving neutrino mass. Phys. Rev. C, 2008, 78: 054302.

[17] Rodriguez T R, Martinez-Pinedo G. Energy density functional study of nuclear matrix elements for neutrinoless ββ decay. Phys. Rev. Lett., 2010, 105: 252503.

[18] Song L S, Yao J M, Ring P, et al. Relativistic description of nuclear matrix elements in neutrinoless double-β decay. Phys. Rev. C, 2014, 90: 054309.

[19] Yao J M, Song L S, Hagino K, et al. Systematic study of nuclear matrix elements in neutrinoless double-β decay with a beyond-mean-field covariant density functional theory. Phys. Rev. C, 2015, 91: 024316.

[20] Engel J, Menendez J. Status and future of nuclear matrix elements for neutrinoless double-beta decay: A review. Rep. Prog. Phys., 2017, 80(04).

[21] Vergados J D, Ejiri H, Simkovic F. Theory of neutrinoless double-beta decay. Rep. Prog. Phys., 2012, 75(10): 106301.

[22] Bilenky S M, Petcov S T. Massive neutrinos and neutrino oscillations. Rev. Mod. Phys., 1987, 59: 671-754.

[23] Bohm D, Pines D. A collective description of electron interactions: I. magnetic interactions. Phys. Rev., 1951, 82: 625-634.

[24] Pines D, Bohm D. A collective description of electron interactions: II. collective vs individual particle aspects of the interactions. Phys. Rev., 1952, 85: 338-353.

[25]　Bohm D, Pines D. A collective description of electron interactions: III. coulomb inter-actions in a degenerate electron gas. Phys. Rev., 1953, 92: 609-625.

[26]　Ring P, Schuck P. The nuclear many-body problem. Berlin: Springer Science & Business Media, 2004.

[27]　Faessler A, Civitarese O, Tomoda T. Suppression of the two-neutrino double decay. Phys. Lett. B, 1987, 194(1): 11-14.

[28]　Guess C J, Adachi T, Akimune H, et al. The ^{150}Nd (^{3}He, t) and ^{150}Sm (t, ^{3}He) reactions with applications to $\beta\beta$ decay of ^{150}Nd. Phys. Rev. C, 2011, 83: 064318.

[29]　Fang D L, Faessler A, Simkovic F. $0\nu\beta\beta$-decay nuclear matrix element for light and heavy neutrino mass mechanisms from deformed quasiparticle random-phase approximation calculations for ^{76}Ge, ^{82}Se, ^{130}Te, ^{136}Xe, and ^{150}Nd with isospin restoration. Phys. Rev. C, 2018, 97: 045503.

[30]　Gando A, Gando Y, Hachiya T, et al. Search for Majorana neutrinos near the inverted mass hierarchy region with KamLand-Zen. Phys. Rev. Lett., 2016, 117: 082503.

[31]　Vautherin D, Brink D M. Hartree-fock calculations with Skyrme's interaction. I. Spherical nuclei. Phys. Rev. C, 1972, 5: 626-647.

[32]　Decharge J, Gogny D. Hartree-fock-Bogolyubov calculations with the d1 effective interaction on spherical nuclei. Phys. Rev. C, 1980, 21: 1568-1593.

[33]　Bender M, Heenen P-H, Reinhard P-G. Self-consistent mean field models for nuclear structure. Rev. Mod. Phys., 2003, 75: 121-180.

[34]　Meng J. Relativistic Density Functional for Nuclear Structure, volume 10 of International Review of Nuclear Physics. Singapore: World Scientific, 2016.

[35]　Bai C L, Sagawa H, Zhang H Q, et al. Effect of tensor correlations on Gamow-Teller states in ^{90}Zr and ^{208}Pb. Phys. Lett. B, 2009, 675(1): 28-31.

[36]　Bai C L, Zhang H Q, Sagawa H, et al. Effect of the tensor force on the charge exchange spin-dipole excitations of ^{208}Pb. Phys. Rev. Lett., 2010, 105: 072501.

[37]　Bai C L, Sagawa H, Colo G, et al. Low-energy collective Gamow-Teller states and isoscalar pairing interaction. Phys. Rev. C, 2014, 90: 054335.

[38]　Dixit B M, Rath P K, Raina P K. Deformation effect on the double Gamow-Teller matrix element of ^{100}Mo for the $0^+ \rightarrow 0^+$ transition. Phys. Rev. C, 2002, 65: 034311.

[39]　Jiao C F, Engel J, Holt J D. Neutrinoless double-β decay matrix elements in large shell-model spaces with the generator-coordinate method. Phys. Rev. C, 2017, 96: 054310.

[40]　Niu Y F, Niu Z M, Colo G, et al. Interplay of quasiparticle vibration coupling and pairing correlations on β-decay half-lives. Phys. Lett. B, 2018, 780: 325-331.

[41]　Brockmann R, Machleidt R. Relativistic nuclear structure. I. nuclear matter. Phys. Rev. C, 1990, 42: 1965-1980.

[42] Brockmann R, Toki H. Relativistic density-dependent Hartree approach for finite nuclei. Phys. Rev. Lett., 1992, 68: 3408-3411.

[43] Meng J, Ring P. Relativistic Hartree-Bogoliubov description of the neutron halo in ^{11}Li. Phys. Rev. Lett., 1996, 77: 3963-3966.

[44] Ginocchio J N. Pseudospin as a relativistic symmetry. Phys. Rev. Lett., 1997, 78: 436-439.

[45] Meng J, Sugawara-Tanabe K, Yamaji S, et al. Pseudospin symmetry in relativistic mean field theory. Phys. Rev. C, 1998, 58: 628-631.

[46] Meng J, Sugawara-Tanabe K, Yamaji S, et al. Pseudospin symmetry in Zr and Sn isotopes from the proton drip line to the neutron drip line. Phys. Rev. C, 1999, 59: 154-163.

[47] Meng J, Ring P. Giant halo at the neutron drip line. Phys. Rev. Lett., 1998, 80: 460-463.

[48] Zhou S G, Meng J, Ring P. Spin symmetry in the antinucleon spectrum. Phys. Rev. Lett., 2003, 91: 262501.

[49] Paar N, Niksic T, Vretenar D, et al. Quasiparticle random phase approximation based on the relativistic Hartree-Bogoliubov model. II. Nuclear spin and isospin excitations. Phys. Rev. C, 2004, 69: 054303.

[50] Niu Z M, Niu Y F, Liang H Z, et al. Self-consistent relativistic quasiparticle random-phase approximation and its applications to charge-exchange excitations. Phys. Rev. C, 2017, 95: 044301.

[51] Ring P, Ma Z Y, Van Giai N, et al. The time-dependent relativistic mean-field theory and the random phase approximation. Nucl. Phys. A, 2001, 694(1): 249-268.

[52] De Conti C, Galeao A P, Krmpotic F. Relativistic RPA for isobaric analogue and Gamow-Teller resonances in closed shell nuclei. Phys. Lett. B, 1998, 444(1): 14-20.

[53] Liang H Z, Van Giai N, Meng J. Spin-isospin resonances: A self-consistent covariant description. Phys. Rev. Lett., 2008, 101: 122502.

[54] Liang H Z, Zhao P W, Meng J. Fine structure of charge-exchange spin-dipole excitations in ^{16}O. Phys. Rev. C, 2012, 85: 064302.

[55] Niu Z M, Niu Y F, Liang H Z, et al. β-decay half-lives of neutron-rich nuclei and matter flow in the r-process. Phys. Lett. B, 2013, 723(1): 172-176.

[56] Reinhard P-G. The relativistic mean-field description of nuclei and nuclear dynamics. Rep. Prog. Phys., 1989, 52(4): 439-514.

[57] Ring P. Relativistic mean field theory in finite nuclei. Prog. Part. Nucl. Phys., 1996, 37: 193-263.

[58] Vretenar D, Afanasjev A V, Lalazissis G A, et al. Relativistic Hartree-Bogoliubov theory: Static and dynamic aspects of exotic nuclear structure. Phys. Rep., 2005, 409(3): 101-259.

[59]   Meng J, Toki H, Zhou S G, et al. Relativistic continuum Hartree Bogoliubov theory for
       ground-state properties of exotic nuclei. Prog. Part. Nucl. Phys, 2006, 57(2): 470-563.

[60]   Yao J M, Meng J, Arteaga D P, et al. Three-dimensional angular momentum projected
       relativistic point-coupling approach for low-lying excited states in ^{24}Mg. Chin. Phys.
       Lett., 2008, 25(10): 3609-3612.

[61]   Yao J M, Meng J, Ring P, et al. Configuration mixing of angular-momentum-projected
       triaxial relativistic mean-field wave functions. Phys. Rev. C, 2010, 81: 044311.

[62]   Song L S, Yao J M, Ring P, et al. Nuclear matrix element of neutrinoless double-β
       decay: Relativity and short-range correlations. Phys. Rev. C, 2017, 95: 024305.

[63]   Yao J M, Engel J. Octupole correlations in low-lying states of ^{150}Nd and ^{150}Sm and
       their impact on neutrinoless double-β decay. Phys. Rev. C, 2016, 94: 014306.

[64]   Faessler A, Rodin V, Simkovic F. Nuclear matrix elements for neutrinoless double-beta
       decay and double-electron capture. Jour. Phys. G: Nucl. Part. Phys., 2012, 39(12):
       124006.

[65]   Rath P K, Chandra R, Chaturvedi K, et al. Uncertainties in nuclear transition matrix
       elements for neutrinoless $\beta\beta$ decay within the projected-Hartree-Fock-Bogoliubov model.
       Phys. Rev. C, 2010, 82: 064310.

[66]   Barea J, Iachello F. Neutrinoless double-β decay in the microscopic interacting boson
       model. Phys. Rev. C, 2009, 79: 044301.

[67]   Feldmeier H, Neff T, Roth R, et al. A unitary correlation operator method. Nucl. Phys.
       A, 1998, 632(1): 61-95.

[68]   Giusti C, Muther H, Pacati F D, et al. Short-range and tensor correlations in the
       ^{16}O (e, e, pn) reaction. Phys. Rev. C, 1999, 60: 054608.

[69]   Horoi M, Stoica S. Shell model analysis of the neutrinoless double-β decay of ^{48}Ca.
       Phys. Rev. C, 2010, 81: 024321.

[70]   Barea J, Kotila J, Iachello F. Nuclear matrix elements for double-β decay. Phys. Rev.
       C, 2013, 87: 014315.

[71]   Simkovic F, Faessler A, Muther H, et al. 0$\nu\beta\beta$-decay nuclear matrix elements with
       self-consistent short-range correlations. Phys. Rev. C, 2009, 79: 055501.

第3章　中国锦屏地下实验室的发展

程建平　　曾　志　　潘兴宇　　岳　骞

3.1　无中微子双贝塔衰变实验简介

中微子是目前人类唯一已发现不符合粒子物理标准模型预言的粒子。标准模型提出中微子没有质量，然而一系列实验表明存在中微子振荡现象，而这只有在中微子有质量的情况下才会发生。虽然有质量的中微子暗示目前的标准模型不完整，需要改进或替换。但是，新的模型与物理到底是什么依然是个谜，这是因为理论上依然缺乏对中微子属性的了解，需要更多的实验测量结果来指明方向。而无中微子双贝塔衰变是这些关键性实验中一个极其重要的研究课题。通过对双贝塔衰变这一显然违反轻子数守恒过程实验的研究，可以① 确定中微子是类似带电轻子那样的狄拉克型中微子，还是自身为其反粒子的马约拉纳型中微子？因为，只有后者才会存在 $0\nu\beta\beta$ 衰变；② 测量 $0\nu\beta\beta$ 半衰期并给出有效的马约拉纳质量，结合宇宙学测量的最小中微子质量就可以独立确定三代质量本征态中微子的质量到底是正常排序 (normal hierarchy) 还是逆排序 (inverted hierarchy)。

目前的实验结果给出 $0\nu\beta\beta$ 半衰期大于 10^{26}a。在 2015 年美国能源部和基金委发表的核科学长远规划书中，新一代的无中微子双贝塔实验将是美国核科学领域今后 5 年优先发展的新型大科学实验项目。

基于 $0\nu\beta\beta$ 衰变的重要性，20 世纪 80 年代开始国内、外纷纷开展 $0\nu\beta\beta$ 衰变实验研究。但到目前为止，以欧洲 GERDA 为代表的高纯锗探测技术以及以日本 KamLAND-Zen 为代表的基于 ^{136}Xe 探测技术分别给出了国际最灵敏的中微子质量下限，迄今尚未发现 $0\nu\beta\beta$ 衰变事件。图 3-1 表明，为了能够给出中微子质量层级，对以高纯锗为代表的实验探测系统的辐射本底水平要降到 $\sim 10^{-7}$ cpkkd，考虑到探测器系统的 90% 以上自身反符合，液氮低温屏蔽装置辐射本底至少达到 $\sim 10^{-6}$ cpkkd；对于 ^{136}Xe，由于通常把液氙介质的外层也作为屏蔽层来使用，外层氙可以提供 99% 以上的本底甄别效率，所以辐射本底需要达到 10^{-5}cpkkd。

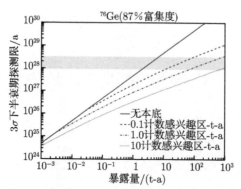

图 3-1　^{76}Ge 0νββ 衰变实验不同辐射本底水平下的探测线 [1]

3.2　无中微子双贝塔衰变实验本底来源

　　针对无中微子双贝塔衰变实验的极低辐射本底要求, 分析其辐射本底来源, 主要是宇宙射线本底、环境辐射本底和自身本底。为了实现地下前沿物理实验极低辐射本底条件, 必须根据不同的辐射本底来源、采用不同的技术方法减少辐射本底, 实现极低辐射本底目的。

3.2.1　宇宙射线本底

　　来自地球外部空间的初级宇宙射线以高能质子为主, 它们能量很高, 入射到地球大气层后能发生簇射反应, 从而产生大量的次级粒子, 包括次级质子、中子、伽马、正负电子、μ 子等, 其通量水平随着大气深度的变化如图 3-2 所示。

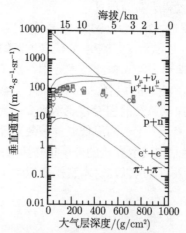

图 3-2　次级宇宙射线中不同粒子通量随大气深度的变化 [2]

ν_μ、$\mu^\pm$、p、n、$e^\pm$、$\pi^\pm$: 不同粒子名称

　　经过大气层衰减后，到达地面的粒子中 μ 子通量最高，部分 μ 子在到达地面的时候还带有很高的能量。到达海平面的 μ 子的平均能量为 3~4GeV，通量约为 $1\text{cm}^{-2}\cdot\text{min}^{-1}$。这些 μ 子能量很高，其穿透能力也很强。在 20 世纪 60 年代末，美国诺贝尔物理学奖获得者 Luis Alvarez 利用 μ 子能穿透大型物体的特点，测量了埃及哈夫拉金字塔，绘制出世界上第一张金字塔 "μ 子透视图"，发表在 *Science* 期刊上，在当时引起了极大的轰动。

　　μ 子是带电粒子，到达地面的分别有带正电荷的和带负电荷的 μ 子 (符号依次为 μ^+ 和 μ^-，常记为 μ 子)。μ 子在穿越物质的时候通过电磁相互作用而减速，产生电离，但是电离能量损失只占总能量非常小的一部分，如图 3-3 所示，高能 μ 子在物质中每厘米只损失约 2 MeV 的能量。考虑到相对论衰变长度，则 μ 子能够穿越非常长的距离。当 μ 子静止时，它有可能直接衰变，产生一个衰变电子；μ 子还可能被靶原子核捕获，使靶核原子序数减 1，同时发射出 1 个或几个中子。μ 子在探测器中通过电离能产生很大的能量沉积，这是宇宙射线本底的主要来源。

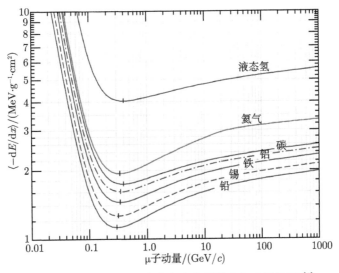

图 3-3　μ 子在不同物质中的电离能量损失与动量关系 [2]

　　由于 μ 子能产生电离，通常在地面上可以利用反符合探测器来扣除宇宙射线 μ 子的本底，常用方法就是在主探测器外围部署反符合探测器，当 μ 子同时穿透外围的反符合探测器和主探测器时，将会在两个探测器中同时产生信号，通过反符合逻辑电路，能消除宇宙射线 μ 子的本底信号。但 μ 子也会和物质发生缪致作用，例如，(μ, γ)、(μ, n) 等，这些次级产物也会和探测器发生作用。前述的反符合方法不能有效消除这些次级粒子在主探测器中产生的本底信号。如图 3-4 所示，到达地面的 μ 子依次穿透了外层铅、塑料闪烁体、含硼聚乙烯、镉片、内层铅、铜片和有机玻璃，每次穿透都会产生新的伽马射线，这些次级的伽马射线会在探测器中产生新的计数。因此，在地面上仅采用屏蔽和反符合两种方法，并不能把宇宙射线辐射本底减少到很低的水平。

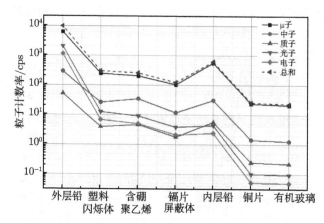

图 3-4   不同地面宇宙射线源项依次穿透不同材料后在探测器产生的次级 γ 计数率

综上，由于宇宙射线能量高、穿透性强、其次级粒子也能产生辐射本底，因此在地面上减少宇宙射线辐射本底是比较困难的，最好的办法就是在宇宙射线通量非常少的地方建设实验装置，由于宇宙射线通量减少了，其辐射本底自然也就少了。通过深层岩石屏蔽，就能达到减少宇宙射线通量的目的。图 3-5 是在不同深度的地下实验室测量到的宇宙射线 μ 子的通量 (横坐标用等效水深表示岩石深度)。从图中可以看出，随着地下实验室位置越来越深，宇宙射线 μ 子的通量越来越小。

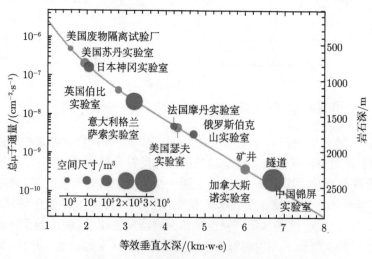

图 3-5   不同地下实验室中宇宙线 μ 子通量的测量结果 [3]

所以, 为了减少达到极深辐射本底的建设目的, 尽可能地减少宇宙射线辐射本底, 必须要到极深地下去建设实验设施。

3.2.2 环境辐射本底

环境中的介质, 包括建筑物的地面、墙体和屋顶等, 均含有铀系、钍系和 ^{40}K 等原生放射性核素。以中国锦屏地下实验室一期的混凝土为例, 其混凝土中原生放射性核素含量依次为 ^{238}U 12.1 Bq/kg, ^{232}Th 7.5Bq/kg, ^{40}K 35.4 Bq/kg。这些原生放射性核素能够放射出 γ 射线, 常见的最大 γ 射线能量是钍系中 ^{232}Th 的子体 ^{208}Tl(半衰期 3.05min) 发射出来的 2.61 MeV(发射率 99.754%)。这些伽马射线都会对探测器产生环境辐射光子本底信号。为了减少这些环境辐射中的光子本底, 通常要用到原子序数高、密度大的材料作为屏蔽材料, 屏蔽环境辐射光子。

无中微子双贝塔衰变实验中常用的屏蔽材料首先是铅 (Pb), 铅的原子序数是 82, 密度是 11.34 g/cm^3。利用铅做成屏蔽材料, 能在同等屏蔽材料尺寸下更好地减少环境辐射伽马本底。为了评估铅材料的屏蔽能力, 分别计算铅层厚度为 0cm、5cm、7cm、7.5cm 及 10cm 时混凝土原生放射性核素在 1kg 的高纯锗探测器中的响应, 结果见表 3-1。可以看出, 约 7cm 厚的铅层即可将混凝土中天然放射性核素引起的本底水平降低为没有屏蔽时的 1%, 本底计数率约 30.0 cpkkd, 但还达不到前沿物理实验所要求的 10^{-4}cpkkd。

表 3-1 不同厚度的铅屏蔽层对应的探测器本底谱的积分计数率

铅屏蔽	3 keV~2.7 MeV	40 keV~2.7 MeV
厚度/cm	本底计数率/cpkkd	本底计数率/cpkkd
0	2718.9	2622.1
5	81.2	80.4
7	30.0	29.6
7.5	23.2	23.0
10	7.1	7.0

图 3-6 为根据计算结果拟合的铅屏蔽效果曲线。当铅层厚度为 15cm 时, 3keV~2.7MeV 本底计数率为约 0.3 cpkkd。根据拟合结果, 若环境辐射本底要降到 10^{-4} cpkkd, 铅厚度约需 30 cm; 如果要小于 10^{-8}cpkkd, 铅厚度约需 45cm。虽然铅能屏蔽环境中的原生放射性核素产生的光子辐射本底, 但是铅自身也都含有原生放射性核素, 比如, 国际上暗物质直接探测实验装置所用的罗马铅中的 U 系和 Th 系的质量活度分别为 0.41 mBq/kg 和 0.08 mBq/kg。这些原生放射性核素也会发出伽马光子, 从而导致地下前沿物理实验的辐射本底增加。用的铅越多、U/Th 含量越高, 所致的辐射本底也越多。不能满足前沿物理实验极低辐射要求。此外, 值得注意的是, 铀系 ^{238}U 的子体、铅同位素 ^{210}Pb(半衰期 22.2a) 在电解铅生产过程中, 也会富集到铅上, 从而导致 ^{210}Pb 活度增加, 比如, 屏蔽体中常用的商业电

解铅中 ^{210}Pb 的质量活度 $\sim$100.0 Bq/kg。^{210}Pb 通过 β^- 衰变到子体 ^{210}Bi(半衰期 5.01d)，^{210}Bi 通过 β^- 衰变到子体 ^{210}Po(半衰期 138d)，^{210}Po 通过 α 衰变到稳定子体 ^{206}Pb。在这个过程当中，β^- 可能转换成轫致辐射，从而在探测器中产生连续低能辐射本底。

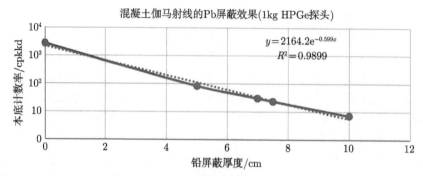

图 3-6　3keV$\sim$2.7MeV 范围内积分计数率随铅厚度的变化曲线及其拟合结果

为了解决铅做屏蔽体带来的上述弊端，一般用放射性活度含量更少的高纯电解铜作为接近探测器的主要屏蔽材料。高纯电解铜的密度 8.9 g/cm^3，当前商业级别的产品铜的纯度最高能做到 99.9999%(简写 6N)，铜中的铀系和钍系的放射性活度通常介于 1.0$\sim$10.0 μBq/kg。这样，通过增加铜屏蔽块的厚度，能实现环境辐射本底小于 10^{-6}cpkkd 的要求；而如果要达到 10^{-8}cpkkd，铜的放射性核素含量则要求大约为 1.0 nBq/kg，目前市场上尚无此类产品提供。

虽然 6N 的铜中的放射性核素的含量已经达到了 μBq/kg 的水平，但是如果采用大量的铜来作为无中微子双贝塔衰变实验的屏蔽体，由于探测器质量比较大，尤其是未来的无中微子双贝塔衰变实验要求吨量级的探测器质量，环绕着探测器的铜屏蔽体在降低环境辐射本底的同时，来自它自身的辐射本底却又增加了。为了解决这个问题，有两种途径，一种是前沿物理实验科学家们自己生产放射性核素含量更低的高纯电解铜，例如，美国无中微子双贝塔衰变实验 Majorana 合作组就在美国西太平洋国家实验室 (PNNL) 里自行生产高纯无氧铜，这种方式产量有限，仅能提供靠近探测器的屏蔽材料或者探测器自身组成的铜；另一种则是选用其他含放射性核素含量更少的材料，用它们来包裹探测器。根据当前无中微子双贝塔衰变实验发展趋势，主要用到的材料有以下几种。

1. 液氮

液氮是成熟的工业产品，供应充足。空气在液化的时候，不同空气成分依次分离，液氮沸点为 -195.8℃，比空气中大多数常规气体，例如，氪 (沸点 -62℃)、液氙 (沸点 -107.1℃)、液氖 (沸点 -153.35℃)、液氧 (沸点 -183℃) 和液氩 (沸点

−185.7℃) 都要低。因此，分离出来的液氮的纯度非常高。另一方面，液氮能为目前最常用的无中微子双贝塔衰变实验的靶材料——高纯锗探测器 (HPGe) 提供低温工作条件 (77K)。液氮高压储存工艺也非常成熟，体积能够做的很大，因此，虽然液氮的密度小 (0.81 g/cm³)，但是通过增加液氮的厚度，也能有效地减少环境辐射本底。例如，如图 3-7 所示，当液氮厚度增加到 6m 的时候，环境辐射本底就可能小于 10^{-8}cpkkd。

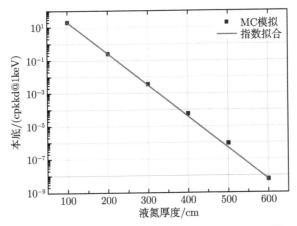

图 3-7　不同厚度的液氮对环境辐射的屏蔽效果 [4]

2. 液氙

氙是空气中存在的惰性气体，含量较少 (约 900ppm)，通过分馏液态空气是制取氙的良好途径。氙是空分工业的副产物，首先液化空气，分馏出液氧，稀有气体即富集于其中，通过进一步分馏，提纯可分离出稀有气体的混合液。

液氙密度为 0.62 g/cm³，和液氮类似，通过增加液氙的厚度，也能减少环境辐射本底。但是，和液氮相比，液氙由于在空气中的含量较少，其单价比液氮贵的多，并且市场波动较大。为了弥补这个缺点，通常会在液氙容器外围加上水屏蔽，减少液氙使用量。另一方面，液氙具有闪烁发光特性，通过光电倍增管，能测量到辐射在液氙中产生的闪烁光，所以液氙也能作为反符合探测器来使用。由于液氙具有这样的特点，因此，在无中微子双贝塔衰变实验中，液氙也是一种常见的屏蔽材料。

除了液氮、液氙之外，国外有些地下实验室的无中微子双贝塔衰变实验也用液氩作为屏蔽物质，比如 GERDA 等。但是氩的同位素 ^{39}Ar(半衰期 269a) 是 β⁻ 衰变，最大 β⁻ 能量为 565keV，也能形成辐射本底。为了减少 ^{39}Ar 的辐射本底贡献，需要开展额外的工作。

环境辐射除了上述来源之外，还必须特别注意实验装置空间中空气里的氡及子体。地下岩石中的氡会沿着缝隙与地下水，逸出到地下实验室空间。有的时候，地质活动的增加可能会增加地下氡的析出。标准条件下，氡是气体，其半衰期 $T_{1/2}$ 很短 (3.82d)，扩散性比较强。^{222}Rn 衰变时，会发出伽马射线，这些伽马射线会造成辐射本底。此外，氡衰变的子体寿命都很短，依次为 ^{218}Po($T_{1/2}$ 3.1min)、^{214}Pb($T_{1/2}$ 26.8min)、^{214}Bi($T_{1/2}$19.9min)、^{214}Po($T_{1/2}$164.3us) 和 ^{210}Pb($T_{1/2}$22.2a)，这些子体易附着在颗粒物 PM2.5 上，随着颗粒物的扩散可能沾污在探测器表面，从而形成 ^{210}Pb 辐射本底。为了减少环境辐射本底，需要对空气中的 ^{222}Rn 进行控制，并尽量消除空气中的颗粒物。

综上所述，环境辐射本底需要用屏蔽材料来进行抑制，增加材料厚度能有效降低环境辐射本底，而要想避免材料自身带来的放射性，需要选择自身放射性核素含量非常少的屏蔽材料，如高纯无氧铜。但随着探测器靶质量的增加，为了提高屏蔽的性价比，通常采用放射性核素含量更稀少的大体积液氮或液氩进行屏蔽，这也逐渐成为无中微子双贝塔衰变实验的趋势；此外，为了达到更低的辐射本底，需要对辐射本底环境进行特殊控制，通过通风、吸附、净化等手段，降低环境辐射本底。

3.2.3　探测器自身本底

除了宇宙射线本底、环境辐射本底之外，探测器自身本底也是无中微子双贝塔衰变实验辐射本底的主要来源。探测器自身本底主要包括以下几种。

1. 原生放射性核素造成的本底

探测器通常是由核心靶材料 (如高纯锗晶体、液氩等)、支撑材料、外壳材料、电子学器件及电缆等组成。这些材料在制备的过程中，或多或少地含有铀系、钍系和 ^{40}K 等原生放射性核素。这些原生放射性核素发射的射线会在探测器靶材料中发生辐射相互作用，产生信号，从而造成本底。

为了尽可能减少这些材料的原生放射性核素造成的本底，必须要对探测器的结构进行优化设计，例如，用放射性核素含量更低的材料作为内部屏蔽材料，把靶材料和一些必要的、放射性核素含量较高的器件材料隔离开来。此外，更重要的举措就是对所用的材料进行放射性筛选，通过极低本底测量手段，选出放射性核素含量极低的材料，用这些材料来制备探测器。这就要求具有极低辐射本底的测量技术与平台。

2. 宇生放射性核素造成的本底

探测器自身本底第二个重要的来源是在地面上生产探测器相关的材料时，由于地面宇宙射线的轰击，会在所用的材料中产生一些宇生放射性核素。这些宇生放射性核素有的半衰期较长，会对探测器靶材料产生较长时间的本底贡献。例如，图 3-8 是地面上生产的高纯无氧铜，由于宇宙射线轰击，会在其中产生一些宇生放射性核素，主要是 $^{56\sim60}$Co，^{54}Mn 和 ^{55}Fe 等。

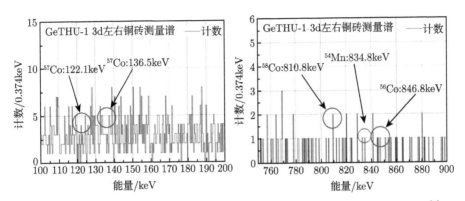

图 3-8　利用中国锦屏地下实验室低本底伽马谱仪测量铜砖的宇生放射性核素 [4]

GeTHU-1: 清华 1 号谱仪

　　除了探测器的支撑材料之外,探测器的靶材料也会在生产过程中被宇宙射线活化产生宇生放射性核素。比如,无中微子双贝塔衰变实验经常用到的靶材料高纯锗晶体,在地面上会受到宇宙线的活化,从而在晶体里面产生宇生放射性核素,如图 3-9 所示的 ^{68}Ge($T_{1/2}$=288d)、^{65}Zn($T_{1/2}$=244d)、^{60}Co($T_{1/2}$=5.27a)、^{58}Co($T_{1/2}$=71d)、^{57}Co($T_{1/2}$=270d)、^{54}Mn($T_{1/2}$=312d) 等。这些宇生放射性核素会产生探测器自身本底。

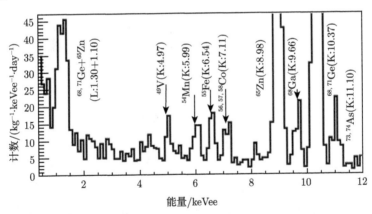

图 3-9　用高纯锗晶体作为靶材料的 CDEX 暗物质实验测量到的宇生放射性核素本底 [5]

　　为了减少靶材料宇生放射性核素造成的自身本底,必须在宇宙射线通量非常低的地方,如极深地下,开展靶材料的生产、制备和探测器研制工作。只有在深层地下生产的靶材料,由于宇宙射线通量很少,在靶材料中产生的宇生放射性核素的产额才会少,才能有效地减少探测器自身本底。

3.3　地下实验室发展

　　地下实验室是非加速器领域中的重要物理实验研究平台之一, 它为粒子物理、天体物理等前沿物理实验提供了良好的低本底环境, 对基础科学的研究有着重要意义。目前, 国际上包括美国、意大利、法国等多个国家都建立起了用于基础科学研究的地下实验室, 处于运行状态的有数十个。在这些实验室中, 开展了暗物质探测、双 β 衰变、中微子、核天体物理等多种粒子物理实验。目前较有代表性的包括: 美国的苏丹 (Soudan) 和杜赛尔 (Dusel)、意大利的格兰萨索 (Gran Sasso)、加拿大的斯诺 (SNO)、日本的神岗 (Kamioka)、法国的摩丹 (Modane)、英国的伯毕 (Boulby)、西班牙的坎夫兰克 (Canfranc)、俄罗斯的伯克山 (Baksan)、韩国的襄阳 (Y2L) 等。

　　意大利格兰萨索国家实验室 (Gran Sasso National Laboratory, LNGS)[6] 是目前运行中的最大的致力于中微子和天体物理学的地下实验室, 位于意大利东北部的亚平宁山脉的一条长达约 10 km 交通隧道的中部。实验室由三个巨大的实验大厅 (长: 100m; 宽: 20m; 高: 20m) 和连接隧道组成, 总体积约为 180000m³, 岩石覆盖达 1400 m。图 3-10 和图 3-11 中显示了 LNGS 的空间分布图和某个实验大厅

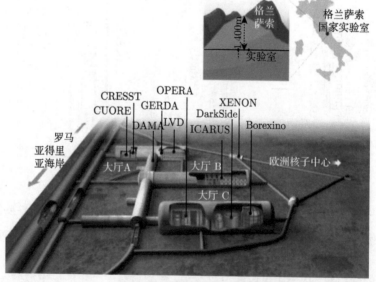

图 3-10　意大利格兰萨索地下实验室空间布局图

暗物质实验: XENON/CRESST/DAMA/DarkSide; 无中微子双贝塔衰变实验: CUORE/GERDA; 中

微子实验: OPERA/LVD/ICARUS/Borexino

的内部照片。目前 LNGS 中开展的有数十个不同的实验项目，包括暗物质、双 β 衰变、中微子实验、引力波实验等不同类型，并取得了一系列重要的实验成果。此外，格兰萨索还建立了目前国际上最好的超低本底放射性核素测量平台，可以提供放射性测量、本底分析等服务。

加拿大斯诺地下实验室 [7] 位于加拿大安大略省萨德伯里附近的一个废弃矿井中，其垂直岩石覆盖厚度大约为 2000 m，实验室总容积约 30000 m³。图 3-12 中显示的是斯诺地下实验室的空间分布图。在该实验室中，利用数万吨的重水作为探测器对大气和太阳中微子的振荡实验进行了观测，并证实了中微子振荡的存在，凭借这一突出贡献，在 2015 年 McDonald 教授与日本的梶田隆章教授共同获得了诺贝尔物理学奖。

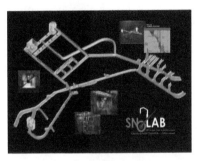

图 3-11　意大利格兰萨索地下实验室的一个　　图 3-12　加拿大斯诺地下实验室的实验空间
　　　　　实验大厅内部照片　　　　　　　　　　　　　分布图

法国摩丹地下实验室 [8] 位于法国 Fréjus 山的一个交通隧道中，其垂直岩石覆盖厚度约为 1700 m。图 3-13 是摩丹地下实验室空间布局示意图。在该实验中开展

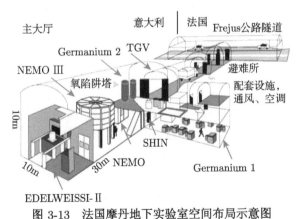

图 3-13　法国摩丹地下实验室空间布局示意图

Germanium 1: 高纯锗测量室 1；Germanium2: 高纯锗测量室 2；暗物质探测实验：EDELWEISSI-II；无
　　中微子双贝塔衰变实验：TGV/NEMO/NEMO III；核物理实验：SHIN

了暗物质直接探测和无中微子双 β 衰变的研究工作,并建立了低本底测量平台。其开展的主要实验包括基于 ^{100}Mo 的无中微子双 β 衰变实验 NEMO 和基于高纯度锗低温量热器的暗物质探测实验 EDELWEISS。

英国的伯毕地下实验室 [9] 位于英国东北部的伯毕矿场地下 1100m 位置处。图 3-14 是伯毕地下实验室大厅。目前在伯毕地下实验室中,进行了基于时间投影室的暗物质探测实验 DRIFT-II 项目,对深层结构的 μ 三维地质测量应用研究,此外还开展了天体生物学研究,并建立了基于高纯锗探测器的极低本底材料放射性测量装置 BUGS。

图 3-14   英国伯毕地下实验室

日本神冈地下实验室 [10] 位于日本神冈附近的一个矿井中,其垂直岩石覆盖厚度达到约 1000m。该实验室的最终目的是验证大统一理论,早期的 Kamiokande 实验采用了 4500t 纯净水构成的切伦科夫探测器,用于观测大气和太阳中微子,最著名的实验结果是在 1987 年观测到了首个超新星爆发中微子事例 SN1987a,由于这一项结果,日本科学家小柴昌俊获得了 2002 年的诺贝尔物理学奖。在此之后,实验进行升级改造,靶体积提高到 50000t 纯净水,成为超级神冈实验 Super-Kamiokande,于 1997 年发现了大气中微子振荡现象,东京大学教授梶田隆章因此获得了 2015 年的诺贝尔物理学奖。

美国苏丹地下实验室 [11] 位于美国明尼苏达州的一个地下矿井中,其岩石覆盖厚度约为 600 m,在该实验中,目前开展了基于低温高纯锗和硅探测器的暗物质直接探测实验 CDMS-II,以及中微子实验 MINOS。除了苏丹地下实验室外,美国还于 2008 在南达科他州霍姆斯特克 (Homestake) 矿井中建立一个新的地下实验室:杜赛尔地下实验室 [12],其垂直岩石层大约为 1500 m,旨在将其建成一个可以开展粒子物理、天体物理、工程力学实验和生态学实验的综合性国家级地下科学和工程实验室。目前开展的最重要实验之一为 Majorana Demonstrator 实验,目前已建立起了基于 44 kg 的超低本底高纯锗阵列探测系统用于进行无中微子双 β 衰变的探测。

从过去几十年国际地下实验室的发展进程可以看出，地下实验室，特别是极深地下实验室的建设和发展可以为一个国家提供综合性的重大基础科学研究平台，是一个国家关键性的重大科技基础设施。建设和发展地下实验室，特别是极深地下实验室对一个国家科学技术的发展具有重要意义和推动作用。建设地下实验室，特别是深度超过 2000 m 以上的极深地下实验室，对于一个国家粒子物理学、宇宙学、天体物理学等方面的重大基础性前沿研究课题的开展具有重要意义，同时也可以为岩体力学、地球结构演化、生态学等方面的研究提供很好的研究环境。地下实验室作为低宇宙线强度、低辐射本底的特殊环境，还可以建设超低本底放射性核素活度的测量平台，为一个国家的核辐射防护、国土海洋放射性水平普查、超纯材料研制等方面的应用提供基础性测试平台。

3.4 中国锦屏地下实验室现状及发展

中国锦屏地下实验室位于四川省凉山彝族自治州锦屏水电站工程区域内，它利用锦屏二级水电站贯穿锦屏山的深埋长隧洞，是世界上岩石埋深最大、实验条件最为优越的地下实验室，具有岩石埋深大、宇宙线通量极低、岩石天然辐射本底低、交通便利、配套设施完善等优点，是我国基础研究领域平台建设的一个重要成果，对于提升我国粒子物理基础研究水平具有十分重要意义。

3.4.1 中国锦屏地下实验室一期

2009 年 5 月，清华大学与雅砻江流域水电开发有限公司签订了战略合作协议，在国家有关部门的大力支持下开展合作，启动了我国首个、世界最深的地下实验室：中国锦屏地下实验室的建设工作 (图 3-15)。

图 3-15　中国锦屏地下实验室签约、投入使用仪式

利用锦屏辅助洞的特大埋深，清华大学与雅砻江流域水电开发有限公司在锦屏辅助洞最大埋深处侧边布置了中国锦屏地下实验室。中国锦屏地下实验室位于四川省凉山彝族自治州锦屏水电站工程区域内，利用锦屏水电站长 17.5 km、双向可通行汽车的锦屏山交通隧道建设。地下实验室与 A 线辅助洞平行布置，位

于 A 线辅助洞南侧，两洞室净距为 22.75 m，通过连接支洞与 A 线辅助洞在桩号 AK08+750m 相连，进入 A 线辅助洞。

中国锦屏地下实验室一期全长为 42m，纵向坡度为 1%，断面为城门洞型，净尺寸为 6.5 m×7.7 m(宽 × 高)。连接支洞为城门洞型，净尺寸为 4.4 m×4.45 m(宽 × 高)。3#实验支洞为城门洞型，净尺寸为 6.4 m×7.05 m(宽 × 高)。

中国锦屏地下实验室一期总容积约为 4000 m³。实验室上方为厚达约 2400 m 的山体岩石，可隔绝穿透力极强的宇宙射线，环境适宜进行极深地下相关实验 (图 3-16)。2010 年 12 月，中国锦屏地下实验室一期正式启用。

中国锦屏地下实验室是我国基础研究领域平台建设的一个重要成果，对于提升我国粒子物理基础研究水平具有十分重要意义。其建设得到了国际科学界的高度关注。国际著名杂志 *Science*、*Physics Today* 都对中国锦屏地下实验室的建设和运行进行了报道。中国锦屏地下实验室也被中国科技网评为 "中国基础科学领域的六大实验之一"。

中国锦屏地下实验室一期建设项目，一方面填补了我国地下实验室建设的空白，另一方面通过对其运行关键参数的初步测量工作，证明了中国锦屏地下实验室完全可能成为世界上硬件条件最优异的地下实验室，从而为高水平的物理实验测量提供了更优异的条件，吸引了国内外众多实验组的注意。但是由于一期工程实验空间有限，目前中国锦屏地下实验室 (一期) 地下空间已经基本被 CDEX 实验、PandaX 实验以及低本底实验装置等相关实验设施全部占满 (图 3-17，图 3-18)。

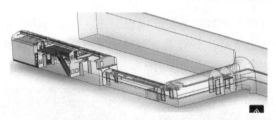

图 3-16　中国锦屏地下实验室一期效果图

CDEX 实验在取得国际一流暗物质实验的基础上，提出建立吨量级暗物质实验计划，需要更大的地下空间来安装和容纳实验装置。PandaX 实验也计划利用更大空间来建设吨量级探测器系统。而且随着中国锦屏地下实验室在国内、外的科学影响日益扩大，已有多个国内外科研机构和合作组向锦屏实验室提出实验空间的使用需求。中国锦屏地下实验室一期建设空间小，仅能同时开展 2 个实验项目，远不能满足国内外学界对其的热烈期望。因此建设具有更大实验空间的中国锦屏地下实验室二期工程意义非常重大。规划建设一个更大空间，容纳更多实验组的中国锦屏地下实验室二期项目，成为学界共识。

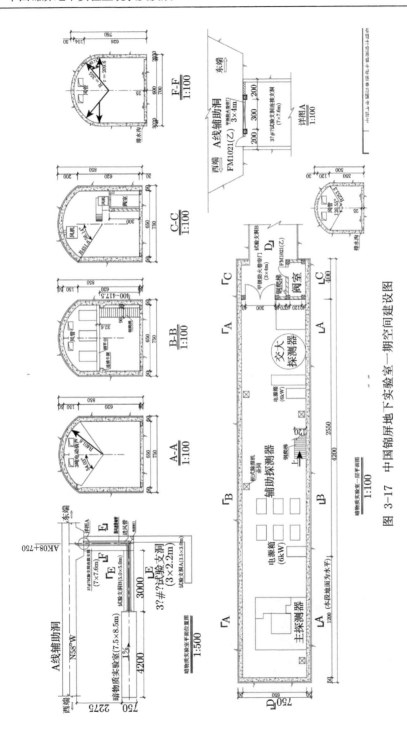

图 3-17 中国锦屏地下实验室一期空间建设图

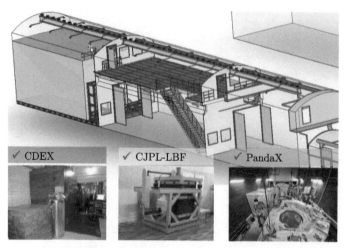

图 3-18　中国锦屏地下实验室一期目前开展的三个实验组布置图

3.4.2　中国锦屏地下实验室二期

为了开展进一步的科学研究工作，提升我国在深地科学领域研究的国际地位，也为了节约建设成本、缩短建设周期，清华大学与雅砻江流域水电开发有限公司于 2014 年 8 月 1 日正式签订协议，决定共同建设中国锦屏地下实验室 (二期) 项目 (简写为中国锦屏地下实验室二期，图 3-19)，其中岩体开挖与支护工程于 2014 年 11 月正式开工，于 2016 年底完工，2017 年初进行了工程验收工作。

图 3-19　中国锦屏地下实验室二期选址和开挖

1. 二期布局和开挖规模

中国锦屏地下实验室二期工程以锦屏二级水电站施工过程中挖掘的两条辅助施工隧道为基础,在辅助施工隧道的一侧新开挖 4 个实验大厅。中国锦屏地下实验室二期布置在 A 辅助洞桩号 AK7+600~8+150m 南侧的辅引 1#施工支洞 (以下称为 1#辅助隧道) 内,距离辅助洞东、西端分别约为 9.5 km、8.0 km,洞室最西端距离已经投入运行的锦屏地下实验室一期约 600 m。由 4 个错落布置的实验厅组成,其中单个实验厅长 130 m,内设两座长度均为 65 m 的实验室,形成 4 厅 8 室的整体格局。自西向东,依次为 A、B、C、D 实验厅,对应实验室编号依次为 A1,A2,B1,B2,C1,C2,D1,D2 实验室。实验厅洞室轴线方向均与锦屏辅助洞平行,轴线方位角 N58°W,开挖断面为 14 m×14 m(宽 × 高) 的城门洞型。

A 实验厅、C 实验厅与 1#辅助隧道净距离 60 m,采用坡比为 0.5%的服务隧道连接,服务隧道长 60 m;C、D 实验厅与 1#辅助隧道净距离 134 m,采用长 134 m 坡比为 4.5%的服务隧道连接。为方便实验室交通运输以及后期通风、除尘等设备安装运行要求,服务隧道为城门洞型断面,全长采用混凝土衬砌,衬后断面尺寸为 7.0 m× 7.3 m(宽 × 高)。

为满足实验人员应急逃生需要,A、B 实验厅之间,C、D 实验厅之间两两分别设置一条连接隧道。AB 连接隧道连接 A2 实验室与 B1 实验室,隧道纵坡 11.8%,CD 连接隧道连接 C2 实验室与 D1 实验室,隧道纵坡 10.9%。连接隧道为城门洞型断面,全长混凝土衬砌,衬后断面尺寸为 4.0 m×4.2 m(宽 × 高)。

1#辅助隧道和 2#辅助隧道在高程空间重合处 (辅引 (1)0+330 m) 附近新开挖一条较小断面的中间连接隧道,实现地下实验室到辅助隧道之间具备两条出入通道。中间连接隧道开挖断面 8.5 m×7.5 m(宽 × 高),洞长 31 m。

2. 建设过程与局部扩挖

中国锦屏地下实验室二期工程于 2014 年 8 月正式开工建设 (图 3-20),2015 年 12 月初步完成 A、B、C、D 四个实验厅的岩土挖掘工作。新开挖土石方开挖约 130000 m³,2016 年底完成了整个开挖和扩挖工作,并且于 2017 年 2 月进行了工程完工验收。建设内容包括辅引 1#施工支洞加固及改建,连接洞、连通洞、交通洞及实验洞开挖、支护、混凝土,B2、C1 实验室改扩建开挖、支护、混凝土,永久安全监测,接地极,钢结构制安,岩石力学实验钻孔工程等。

在二期建设过程中,清华大学暗物质实验团队、上海交通大学暗物质实验团队、复旦大学无中微子双贝塔衰变实验团队、清华大学锦屏地球中微子实验团队等,先后提出在四个实验厅局部加大可利用空间的要求。经过充分讨论和严格设计,结合当时经费,中国锦屏地下实验室二期工程调整了 B2 实验室和 C1 实验室的建设规模,开展了局部扩挖:

图 3-20   中国锦屏地下实验室二期 2014 年开挖建设现场图

1) B2 实验室扩挖和基坑尺寸

实验室 B2 沿洞轴线方向 (总长 65 m) 分成两个区域,靠近实验室服务隧道
B 侧 33 m 洞长范围洞室维持原设计断面尺寸和型式不变,即 14.0 m×14.0 m(宽
× 高) 城门洞型断面;其余 32 m 洞长范围洞室在原设计基础上断面扩大,并下
挖形成长圆形水池,扩大后开挖断面尺寸为 16.6 m×14.0 m(宽 × 高)。其中,水
池基坑位于实验室端部,由底板下挖基坑形成,基坑开挖尺寸为 28.6 m×16.6 m×
13.2 m(长 × 宽 × 高),长圆形断面。

实验室范围洞室两侧边墙采用全长 C25 钢筋混凝土衬砌,衬砌 80 m(含混
凝土喷层),顶拱采用喷锚支护作为永久支护,喷层厚 35 cm,衬后断面尺寸为
15.0 m×13.35 m(宽 × 高)。基坑周圈和底板采用 C25 钢筋混凝土衬砌,周圈衬砌
厚 80 cm(含混凝土喷层),底板衬砌厚 50 cm,衬后尺寸为 27 m×15 m×13 m(长 ×
宽 × 高)。洞室内设 30 cm 厚 C25 混凝土路面,两侧设排水沟,基坑底部设集水
井,衬后尺寸 2.0 m×1.5 m×1.5 m(长 × 宽 × 高)。

2) C1 实验室扩挖及基坑尺寸

C1 实验室沿洞轴线方向 (总长 65 m) 总体上分成两个区域,靠近实验室服务
隧道 C 侧 35 m 洞长范围洞室维持原设计断面尺寸和型式不变,即 14 m×14 m(宽
× 高) 城门洞型断面,其余 30 m 洞长范围洞室在原设计基础上进行改扩建设计。

为拓展下部基坑空间,基坑中心线同原实验室中心线一致,坑超出原洞室断面
部位通过分别在两侧实验室洞壁开挖支洞再进行下部空间的开挖,支洞断面尺寸
为 14 m×8 m(宽 × 高),洞深 3.5 m。存储空间由底板下挖基坑形成,基坑开挖尺
寸为 20.6 m×19.2 m×18.2 m(长 × 宽 × 高),圆形 + 矩形结合断面,其中矩形断面
位置为满足 C1 实验室基坑内布置电梯、爬梯等垂直通行设施。

实验室改扩建范围洞室在原设计支护参数基础上进行加强,采用喷锚支护作
为永久衬砌型式,混凝土喷层总厚 35 cm。两侧边墙扩挖洞边顶拱采用 C25 钢筋

混凝土衬砌，衬砌总厚度 60cm。基坑周圈和底板采用 C25 钢筋混凝土衬砌，基坑周圈衬砌厚 60 cm(含混凝土喷层)，底板衬砌厚 50 cm，内设预埋件和预埋管路，基坑衬后尺寸为直径 18 m、深 16 m 的圆筒型。洞室内设 30 cm 厚 C25 混凝土路面，两侧设排水沟。

2016 年底完成实验室全部开挖扩挖工程建设，2017 年初完成工程验收。完工以后形成的实验大厅、交通洞和辅引洞的三维激光扫描如图 3-21 所示。

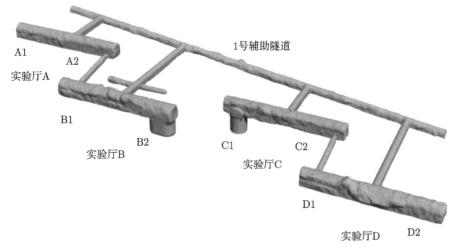

图 3-21　中国锦屏地下实验室二期实验大厅洞室布置三维激光扫描图

由图 3-21 可见，实验大厅局部地方由于开挖过程发生岩爆和塌方灾害，隧洞边墙和顶拱部位出现有明显的凹坑，对实验室后期的装修增加了一定的难度，但这些部位经过了完善的锚喷支护处理，其岩体力学特性和稳定性跟正常围岩一样，不会影响洞室的整体稳定。

3. 新风送风系统

中国锦屏地下实验室二期位于总长度 17.5 km 的锦屏交通隧道的中部，距两侧洞口都有 9 km 左右。锦屏交通隧道本身是通过风机加速、自然通风的，整个交通隧道的空气交换率不高。由于和洞外大气交换率低，交通隧道内空气含氡量较高，同时受地质活动影响，在强烈地质活动时，洞里的氡气可能会飙升到几百个贝克勒尔每立方米，除了增加前沿物理实验本底之外，还给地下实验工作人员带来健康隐患。新风送风系统是关系到整个二期地下实验室物理实验正常运行和物理指标的关键保障，对氡气本底的降低有关键性作用。因此，在中国锦屏地下实验室二期岩土挖掘工程即将结束的时候，适时启动了新风送风系统的建设工作。

中国锦屏地下实验室二期实验室空间从一期的 4000 m³ 增加到了 300000 m³，

根据理论计算和工程可行性研讨结果，决定安装三根 800 mm 管径的通风管道，从锦屏山西端锦屏二级水电站进水口处、位于雅砻江畔的拦污坝平台取新风，经由 10 km 的排水洞输送到中国锦屏地下实验室二期实验大厅。

从 2015 年年初开始，清华大学与雅砻江流域水电开发有限公司共同组织召开了多次新风通风系统的研讨会，多方征求意见，研讨设计方案。经若干次方案研讨、现场考察和工程化论证，清华大学于 2015 年 7 月 10 日组织召开了 "CJPL 二期通风系统" 设计和施工方案评审会议。会议听取了华东勘测设计研究院的初步设计报告，同意新风通风系统的初步设计：新风量平时 24000 m³/h，峰值 45000 m³/h；采用四台风机经三支直径为 800 mm 的 PE 管道送至实验室区域；新风经初效、中效过滤，风机采用变频控制，平时低风量运行，二用二备，峰值时三用一备。

2016 年 10 月，由水电三局组织，雅砻江流域水电开发有限公司，清华大学，中国电建集团华东勘测设计研究院有限公司，中国电建集团贵阳勘测设计研究院有限公司，成都康泰等多家单位的专家，工程技术人员在西安进行了风管施工的专题研讨会。会议就二期排水洞风管施工的难点、方法、细节做了深入研讨，对水电三局进一步施工工作进行了详细地策划与指导 (图 3-22)。

图 3-22　通风管道现场施工图

2016 年 10 月开始，水电三局开始进行了排水洞的清淤和风管基础施工工作。截止 2017 年 7 月年底，已经完成了约 7.5 km 的支柱架设，完成了排水洞清淤工作。2018 年，锦屏二期新风管道完成施工，并组织了验收。按照设计要求，新风系统最大新风量为 45000 m³/h，每根风管末端出口风速约为 9.6 m/s。在三用一备的工况下，系统经调试后测试总风量 40 Hz 时最小风量 42935 m³/h，最小风速 8.4 m/s，45 Hz 时最小风量 46080 m³/h，最小风速 9.6 m/s，50 Hz 时最小风量 55202 m³/h，最小风速 11.6 m/s。调试结果满足设计要求。

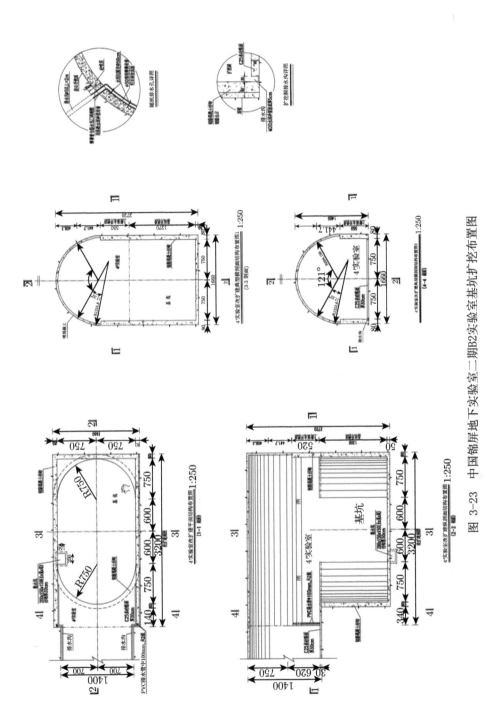

图 3-23 中国锦屏地下实验室二期B2实验室基坑扩挖布置图

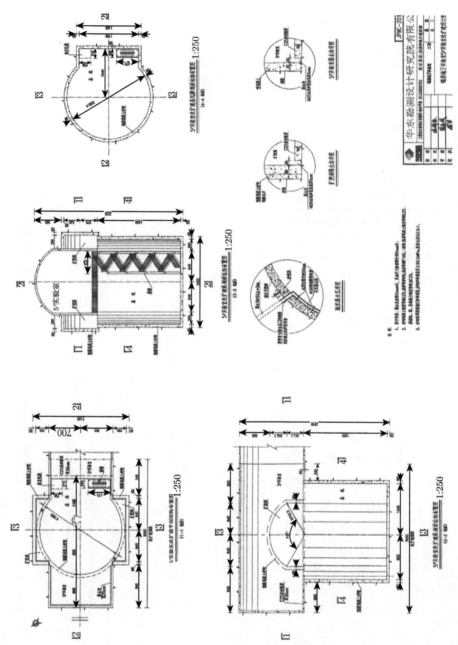

图 3-24　中国锦屏地下实验室二期C1实验室基坑扩挖布置图

3.4.3 国内外比较

中国锦屏地下实验室的建成，标志着中国已经具有开展物理学重大基础前沿科学研究的自主地下实验平台，对于推动我国相关领域的重大基础前沿课题的自主研究意义重大。该地下实验室不仅为我国开展暗物质、无中微子双贝塔衰变等低本底实验提供良好的场所，还可以开展极深地下岩土力学、地质构造等方面的实验研究。虽然该实验室规模相对较小，但利用该实验室开展的一些前期研究，例如，宇宙线通量、环境本底、地质结构等方面的研究，为我国在锦屏隧道这一独特环境建设国家级的大型极深地下实验室奠定了坚实的工作基础。图 3-25、表 3-2 比较了国内外不同地下实验室的种类 (隧道、矿井)、深度、宇宙线通量和可用空间尺寸等。从图中可以看到，中国锦屏地下实验室是世界上最深、宇宙线通量最小、可用空间最大、交通便利、各种综合条件最齐全的地下实验室。

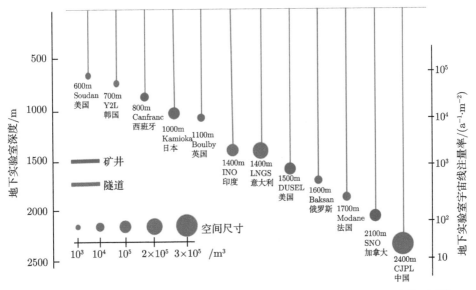

图 3-25　世界主要地下实验室种类、深度、宇宙线通量及可用空间尺寸比较图 [13]

审稿: 王乃彦, 罗民兴

表 3-2　国际主要地下实验室技术参数、开展的物理实验类型及取得的突出成果

实验室名称	国家	岩石覆盖厚度/km	位置	宇宙线通量/($m^{-2} \cdot s^{-1}$)	实验空间容积/($\times 10^4 m^3$)	主要实验项目	主要成果
襄阳 (Y2L)	韩国	0.7	隧道	$\sim 2.7 \times 10^{-3}$	~ 0.1	KIMS 暗物质实验 AMoRE 双贝塔衰变实验	
神冈 (Kamioka)	日本	1.0	矿井	$\sim 1 \times 10^{-3}$	~ 5	中微子实验、暗物质实验、双贝塔衰变实验；及 CLIO、KAGRA 引力波实验	2 次获得诺贝尔物理学奖
伯毕 (Boulby)	英国	1.1	矿井	$\sim 4 \times 10^{-4}$	0.5	DRIFT、DMIce 等暗物质实验	
格兰萨索 (LNGS)	意大利	1.4	隧道	$\sim 2 \times 10^{-4}$	~ 18	XENON、CRESST、DAMA 等暗物质实验 GERDA、CUORE 等双贝塔衰变实验 Borexino 等中微子实验	
悉夫 (SURF)	美国	1.5	矿井	$\sim 5 \times 10^{-5}$	~ 2	LUX 暗物质实验 MJD 双贝塔衰变实验 DUNE 长基线中微子实验	1 次获得诺贝尔物理学奖
摩丹 (Modane)	法国	1.7	隧道	$\sim 4 \times 10^{-5}$	~ 0.4	EDELWEISS、MIMAC 等暗物质实验 SuperNEMO 双贝塔衰变实验 TGV、SHIN 核物理实验	
斯诺 (SNO)	加拿大	2.0	矿井	$\sim 3.7 \times 10^{-6}$	~ 5	PICO、DEAP、SuperCDMS 等暗物质实验 nEXO 双贝塔衰变实验 SNO+ 中微子实验	1 次获得诺贝尔物理学奖
锦屏 (CJPL)	中国	2.4	隧道	$\sim 2 \times 10^{-6}$	~ 30	CDEX、PandaX 等暗物质实验 CDEX、PandaX 等双贝塔衰变实验锦屏 JUNA 核天体物理实验 CDEX、PandaX 等双贝塔衰变实验锦屏太阳中微子实验岩土力学实验等	

参 考 文 献

[1] Henning R . Current status of neutrinoless double-beta decay searches. Reviews in Physics, 2016, 1:29-35.

[2] Olive K A, Review of Particle Physics. Chinese Phys. C, 2016, 40(10): 100001.

[3] Cheng J P, Kang K J, Li J M, et al. The China Jinping underground laboratory and its early science. Annual Review of Nuclear and Particle Science, 2017, 67(1): 231-251.

[4] 胡庆东. 吨量级高纯锗暗物质探测器本底研究. 北京: 清华大学, 2018.

[5] Zhao W, Yue Q, Kang K J, et al. First results on low-mass WIMPs from the CDEX-1 experiment at the China Jinping underground laboratory. Physical Review D, 2013, 88(5):052004.

[6] 意大利格兰萨索实验室网站 https://www.lngs.infn.it/

[7] 加拿大斯诺地下实验室网站 https://www.snolab.ca/

[8] 法国摩丹地下实验室网站 http://www-lsm.in2p3.fr/

[9] 英国伯毕地下实验室网站 https://www.boulby.stfc.ac.uk/

[10] 日本神冈地下实验室网站 http://www-sk.icrr.u-tokyo.ac.jp/

[11] 美国苏丹地下实验室网站 http://www.soudan.umn.edu/

[12] 美国杜赛尔地下实验室网站 http://sanfordlab.org/

[13] 岳骞. 我国的深地实验室 CJPL 和 CDEX 暗物质直接探测实验. 现代物理知识, 2018, 30(02): 14-22.

第 4 章 ^{76}Ge 无中微子双贝塔衰变实验

岳骞   马豪   田阳   杨丽桃   刘仲智   佘泽
张炳韬   张震宇

4.1   无中微子双贝塔衰变物理

1935 年 Mayer 在费米提出的 β 衰变理论的基础上, 提出了有中微子双 β 衰变, 奠定了无中微子双 β 衰变的基础 [1]。在 1937 年, 马约拉纳通过引入新的量子化过程, 描述了电子和正电子在狄拉克方程中的对称性, 避免了在狄拉克方程中引入负能量态 (即反粒子), 进而提出可以在中性粒子 (中子和中微子) 上建立类似的理论 [2]。根据马约拉纳对费米子的相对论量子场论的描述, 中微子在 β$^-$ 衰变和 β$^+$ 衰变过程中表现出来的不同的性质仅和其螺旋性相关, 即两种衰变过程中只是产生了两种不同螺旋性的中微子, 中微子本身即为中微子的反粒子。在马约拉纳的基础上, 1939 年弗里研究了中微子作为中间态虚粒子出现的双 β 衰变的过程, 如式 (4.1)[3]:

$$(Z, A) \rightarrow (Z + 2, A) + 2e^- \tag{4.1}$$

目前无中微子双 β 衰变理论得到了广泛地支持, 原因大致可以分成理论和实验两方面: 首先从理论角度来说, 在标准模型中, 只有轻子数可能违反标准模型的全局对称性, 即只有轻子数破坏可能会导致马约拉纳中微子质量的出现; 从实验角度来说, 目前实验上已经观测到了中微子振荡, 这一现象表明中微子的 "味道" 可以在传播过程中发生变化, 尽管这一现象和中微子是否是马约拉纳粒子关系不大, 但是这种中微子改变自身状态的现象和中微子在不同的核反应中体现出不同的螺旋度有些类似, 强化了理论上存在无中微子双 β 衰变过程的信心 [5]。

无中微子双 β 衰变实验研究的是超出粒子物理标准模型的新物理, 因此其在推动基础物理的发展上有着举足轻重的作用, 其意义主要可以归纳为下面三点。首先, 无中微子双 β 衰变实验是唯一可以判断中微子是否是马约拉纳粒子 (即中微子的反粒子是其本身) 的实验。其次, 无中微子双 β 衰变和有中微子双 β 衰变最大的差异在于反应后, 只产生两个电子, 即无中微子双 β 衰变过程是轻子数不守恒的过程 (图 4-1)。如果观测到了无中微子双 β 衰变就意味着在弱相互作用中轻子数存在破缺, 即不再是一个守恒量。而轻子数不守恒引起的偏离就有可能对宇宙中的物质和反物质之间的不对称性做出了一定的贡献。最后, 通过半衰期的测量可以给出中微子的质量, 从而弥补目前中微子物理中对中微子质量范围及质量规范 (三种中微子的质量是正序还是反序的) 上认知的不足。

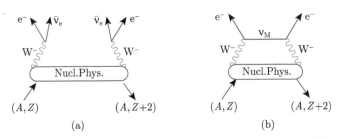

图 4-1 有中微子衰变 (a) 和无中微子衰变 (b) 的示意图 [4]

Nucl. Phys.: 指无中微子双 β 衰变的物理过程; W^-, e^-, $\bar{v}_e$, v_M: 不同粒子名称; A, Z: 原子的质量数和原子序数

无中微子双 β 衰变中的研究重点在于中微子质量是如何产生的, 同时也可以研究中微子是否是马约拉纳粒子以及中微子质量的尺度和质量顺序等中微子的性质。结合中微子振荡现象, 在无中微子双 β 衰变过程中涉及的中微子质量可以用式 (4.2) 表示:

$$m_{\beta\beta} = \left| \sum_{i=1}^{3} U_{ei}^2 m_i \right| \tag{4.2}$$

其中 U 是三代中微子的混合矩阵, 而 m_i 代表中微子质量。$m_{\beta\beta}$ 通常被称为有效马约拉纳质量。

无中微子双 β 衰变是一个涉及两次弱相互作用的核物理过程, 因此其预期信号会非常弱。如果核 (A, Z) 可以通过双 β 衰变过程衰变到轻核 $(A, Z+2)$, 同时还可以发生 β 衰变, 那么就可能会给无中微子双 β 衰变实验引入非常强的本底, 因此需要找到 β 衰变被禁戒, 但是可以发生双 β 衰变的核素。在核物理实验中, 如果想要核反应能够自发进行, 那么反应产物必须比反应核素要轻, 因此从核能量的近似公式, Weizsacker 公式 (式 (4.3)), 就可以找到能够发生双 β 衰变但是 β 衰变禁止的核素:

$$m(Z, A) = \text{Const} + 2b_S \frac{\left(\dfrac{A}{2} - Z\right)^2}{A^2} + b_C \frac{Z^2}{A^{1/3}} + m_e Z + \delta \tag{4.3}$$

其中 b_S, b_C 是经验常数, 而对能 $\delta =0$(奇偶核或者偶奇核), $\delta = -12\ \text{MeV}/A^{1/2}$ (偶偶核), $\delta=12\ \text{MeV}/A^{1/2}$ (奇奇核)。显然要想实现 β 衰变禁止而双 β 衰变允许, 应当选择在质量相近时最轻的核, 也就是偶偶核。由于偶偶核 (A, Z) 的对力作用, 可能会找到质量轻于相邻的偶奇核 $(A, Z+1)$ 使得 β 衰变禁止, 但是重于 $(A, Z+2)$ 的偶偶核使得双 β 衰变可以发生的核。理论上可以发生无中微子双贝塔衰变的大概有很多种核素。选择合适的核素进行实验还应考虑多方面的因素，详见 4.2.1 小节的讨论。

在无中微子双 β 衰变实验中，其主要的测量对象是其衰变半衰期，半衰期的理论表达式：

$$[T_{1/2}]^{-1} = G_{0\nu}|M^{0\nu}|^2|f(m_i, U_{ei})|^2 = G_{0\nu}|M^{0\nu}|^2 \left(\frac{m_{\beta\beta}}{m_e}\right)^2 \tag{4.4}$$

$G_{0\nu}$ 是相空间因子，$M^{0\nu}$ 是核矩阵元，$f(m_i, U_{ei})$ 是一个一维包含着超出标准模型物理的粒子物理函数。其中的相空间因子和核矩阵元都是可以通过理论推导得出的，因此半衰期的测量结果就直接反应了无中微子双 β 衰变过程中涉及中微子质量。

在这个计算中，相空间因子和核矩阵元的确定对结果的影响非常大。相空间因子的关键在于确定散射的电子狄拉克波函数，近些年在数值计算上的进步使得对相空间因子的计算越来越准确，通常采用 $G_{0\nu} = 2.363 \times 10^{-15} \mathrm{yr}^{-1}$[6]。而核矩阵元的计算基于不同的核物理模型会得到不同的结果。通常使用的有相互作用玻色子模型 (IBM)，准粒子无规相近似模型 (QRPA)，相互作用壳模型 (ISM)，能量密度泛函 (EDF) 等模型 [7-10]。

4.2　^{76}Ge 无中微子双贝塔衰变实验

4.2.1　概况

无中微子双贝塔衰变实验探测的是反应过程中放出的两个电子，由于反冲核的动能可以忽略，两个电子的总能量约等于衰变能 $Q_{\beta\beta}$，表现在能谱上是一个单能峰。可以发生无中微子双贝塔衰变的核素有很多，但并非是所有的核素都适合进行无中微子双贝塔衰变探测实验，无中微子双贝塔衰变核素的选择主要遵循三个原则：一是足够大的 $Q_{\beta\beta}$ 值，天然放射性本底是随着能量的增大而减小的，$Q_{\beta\beta}$ 值越大，意味着感兴趣区内的本底越低，这对实验的灵敏度至关重要；二是相应无中微子双贝塔衰变核素要有很高的富集度，除了 ^{130}Te 之外，其他核素的天然丰度都小于 10%，在制成探测器前需要富集；三是合适的探测方式，分为含有无中微子双贝塔衰变核素的材料本身就是探测器和不是探测器两种情况 [5]。遵循以上三个条件，可以用于无中微子双贝塔衰变实验的核素有 ^{48}Ca、^{76}Ge、^{82}Se、^{96}Zr、^{100}Mo、^{116}Cd、^{130}Te、^{136}Xe、^{150}Nd。

尽管 ^{76}Ge 的 $Q_{\beta\beta}$ 值偏小，Ge 的无中微子双贝塔衰变实验仍有明显优势，目前的技术可以将 ^{76}Ge 的富集度从 7.8% 提高到 87% 以上，锗晶体可以被制成高纯锗探测器，^{76}Ge 作为探测器本身可以大大提高双贝塔衰变事例的探测效率，而高纯锗探测器也是目前能量分辨率最好的探测器 [5]。

4.2.2　发展历史

^{76}Ge 的无中微子双贝塔衰变实验历史可以追溯到 20 世纪 80 年代 [11]。1985 年,加利福尼亚大学伯克利分校的 Caldwell 领导的 UCSB/LBL 实验组发表了 ^{76}Ge 双贝塔衰变实验的首个物理结果,实验采用两个质量约 0.9 kg 的天然锗晶体制成的同轴型高纯锗探测器,使用 NaI(Tl) 做反符合探测器,在双贝塔衰变能区的本底水平低至 2×10^{-3} counts(keV·h),运行 67 d 后得到无中微子双贝塔衰变半衰期的下限为 5×10^{22}yr (68%置信水平 (C.L.)[12],优于其他实验组之前给出的结果。之后几年,对 UCSB/LBL 实验进行了升级,实验地点搬到了美国奥罗维尔一座大坝的发电室下,岩石埋深达 600 m.w.e,同时运行 8 个晶体质量约 0.9 kg 高纯锗探测器,本底为 1.2 counts/(keV·yr),1990 年发表的实验结果为 1.2×10^{24} yr(90%C.L.)[13]。

1987 年,苏联 ITEP-YEPI 实验组首次在 ^{76}Ge 的无中微子双贝塔衰变实验中采用了富集锗,^{76}Ge 的富集度为 85%。实验共运行了 3 个锗探测器,其中两个锗探测器为富集锗,一个探测器为天然锗,质量均在 0.6 kg 左右;利用 NaI(Tl) 做反符合探测器。实验地点位于亚美尼亚的 Avan 盐矿中,岩石埋深达到了 645 m.w.e,在 2030~2050 keV 能量区间内实现了 2.2 counts/(keV·kg·yr) 的本底水平。探测器从 1988 年开始运行,到 1990 年发表了实验结果,^{76}Ge 无中微子双贝塔衰变半衰期的下限为 1.3×10^{24}yr[14]。

尽管 ITEP-YEPI 实验的本底高于 UCSB/LBL 实验组,但由于采用了富集锗,其实验结果与 UCSB/LBL 实验同年发表的结果相差不多,证明在无中微子双贝塔衰变实验中富集锗优于天然锗,此后采用富集锗的无中微子双贝塔衰变实验成为主流。

Heidelberg-Moscow 实验和 IGEX 实验是 20 世纪实验结果最好的两个 ^{76}Ge 无中微子双贝塔衰变实验。Heidelberg-Moscow 实验利用富集度为 86%的富集锗制作而成的五个同轴型高纯锗探测器,总重量为 11.5 kg,灵敏体积质量为 10.96 kg。直到 1995 年,这五个探测器才全部在意大利的格兰萨索地下实验室运行,采用电解铜冷指制冷,实验对材料的本底进行了很好地控制,在 2000~2100 keV 能量区间内本底低至 0.16 counts/(keV·kg·yr)。1997 年,Heidelberg-Moscow 实验组分析了曝光量为 13.6 kg·yr 的数据并发表物理结果,^{76}Ge 无中微子双贝塔衰变半衰期的下限为 7.4×10^{24}yr (90%C.L.)[15]。IGEX 实验同样采用富集锗制成的高纯锗探测器进行无中微子双贝塔衰变的探测,比较特殊的是,他们的探测器在三个不同的实验室运行,分别是霍姆斯特克金矿 (4000 m.w.e)、坎夫兰克隧道 (2450 m.w.e) 以及 Baskan 中微子天文台 (660 m.w.e),利用三个地点探测器的数据进行分析,IGEX 实验在 2000~2500 keV 能区内实现了低至 0.06 counts/(keV·kg·yr) 的本底,1999 年,利用曝光量为 5.99 kg·yr 的数据发表物理结果,^{76}Ge 无中微子双贝塔衰变半衰期

的下限为 8×10^{24} yr (90%C.L.)[16]，2000 年，利用更多的实验数据，IGEX 实验组将 ^{76}Ge 无中微子双贝塔衰变半衰期的下限上推到了 1.57×10^{25} yr (90%C.L.)[17]。2002 年之后，Heidelberg-Moscow 实验组与 IGEX 实验组开始合并，组成 GERDA 实验组，其高纯锗探测器全部被 GERDA 所继承。

需要特别提出的是，Klapdor Kleingrothaus 采用两种新的方法重新分析了 Heidelberg-Moscow 实验 1990~2003 年的数据，一种是基于神经网络的方法，另一种方法是基于电场模拟的波形库，给出事件产生的位置。基于这两种分析方法，得到最终的物理能谱，在 ~6σ 的置信水平下，在 $Q_{\beta\beta}$ 几乎没有来自于外部的 γ 事例，并确认观测到了 (11 ± 1.8) 个 0$\nu\beta\beta$ 事例，证明轻子数不守恒，并且中微子是马约拉纳粒子。同时得到 0$\nu\beta\beta$ 的半衰期为 $2.23^{+0.44}_{-0.31} \times 10^{25}$yr，中微子质量 $\langle m_\nu \rangle = 0.32^{+0.03}_{-0.03}$ eV[18]。

近些年随着 GERDA 实验和马约拉纳实验取得了更为灵敏的中微子质量下限，均排除了 Klapdor 给出的实验结果 (表 4-1)。

表 4-1   当前开展的无中微子双贝塔衰变实验

实验	探测器质量/kg	富集度	地点	结果发表时间	本底水平@2MeV (cpkkyr)	曝光量/(kg·yr)	能量分辨率@2 MeV	半衰期下限/yr
UCSB/LBL	~ 1.8	7.76%	LBNL	1985	~ 9.7	0.33	~ 0.2%	5×10^{22} (68% C.L.)
	~ 7.2	7.76%	CA dam	1990	~ 0.67	21	~ 0.1%	1.2×10^{24} (90% C.L.)
ITEP-YEPI	1.2 0.6	85% 7.76	Avan 盐矿	1990	2.2	0.886	~ 0.2%	1.3×10^{24} (68% C.L.)
Heidelberg-Moscow	11.5	86%	格兰萨索	1997	0.16	13.6	~ 0.2%	7.4×10^{24} (90% C.L.)
IGEX	—	86%	—	2000	0.06	5.99	~ 0.2%	1.6×10^{25} (90% C.L.)
GERDA-I	15	87%	格兰萨索	2015	0.01	21.6	0.16%	2.4×10^{25} (90% C.L.)
GERDA-II ②	31	87%	格兰萨索	2018	0.001	46.7	0.13%	5.8×10^{25} (90% C.L.)
马约拉纳 ①	25	87%	SURF	2018	0.0016	9.95	0.12%	2.1×10^{25} (90% C.L.)
CDEX	1	7.76%	CJPL	2017	3.3	0.83	0.21%	6.4×10^{22} (90% C.L.)

① 利用冷指制冷，自主生产高纯电解铜制造探测器部件 (邻近锗晶体)，对材料的本底有很好的控制流程。

② 利用液氩制冷，锗晶体直接浸泡在液氩中，同时液氩可用作反符合探测器，极大地减少了探测器附近的材料，大大降低了本底。

4.2.3 实验特点

最新的无中微子双贝塔衰变的实验结果已经将半衰期的灵敏度提高到了 10^{26} yr 的量级，而下一代无中微子双贝塔衰变实验的目标是 10^{28} yr。在半衰期如此之大的情况下，即使实验的曝光量达到了 1 吨年，预期的无中微子双贝塔衰变事例数仅 0.5 个，所以，无中微子双贝塔衰变是典型的稀有事例实验。

考虑本底的情况下，^{76}Ge 无中微子双贝塔衰变实验的灵敏度可以表示为[5]

$$S^{0\nu} = \ln 2 \cdot \varepsilon \cdot \frac{1}{n_\sigma} \cdot \frac{\eta N_A}{\mu_A} \cdot \sqrt{\frac{M \cdot T}{B \cdot \Delta}} \qquad (4.5)$$

其中 B 表示本底水平，M 表示探测器质量，T 表示探测器运行活时间，Δ 表示 Q 值处的能量分辨率，η 表示 ^{76}Ge 的富集度，N_A 是阿伏伽德罗常数，μ_A 表示 Ge 的摩尔质量，ε 表示探测效率，n_σ 与置信水平有关，90% 置信水平时 $n_\sigma = 2.4$。由式 (4.5) 可知，为了获得更好的实验结果，实验需要保持低本底、高能量分辨率、更大的曝光量、更高的 ^{76}Ge 富集度以及更高的效率。

为了达到极低的本底，实验必须在极深的地下实验室开展，以屏蔽宇宙射线中的高能 μ 子，同时需要搭建复杂的主动屏蔽和被动屏蔽系统，屏蔽环境和各种材料中的放射性核素放出的 γ 射线、β 射线和 α 射线。同时，需要对探测器晶体自身和附近的结构材料做严格的处理和筛选，尽量降低材料自身的本底。

高纯锗探测器是目前能量分辨率最高的一类电离辐射探测器，在 2039 keV 能量附近，其本征能量分辨率可达 0.089%，而目前能量分辨率最好的是马约拉纳实验中的高纯锗探测器，达到了 0.12%[19]。

实验的曝光量直接影响到最终可能测量到的无中微子双贝塔衰变事例数，前面提到，如果无中微子双贝塔衰变的半衰期是 10^{28} yr($m_{\beta\beta} < (12.6 \sim 23.2)\,\mathrm{meV}$)，那么 1 吨年的曝光量仅能测到 0.5 个无中微子双贝塔衰变事例。为了测量到足够的目标事例数，实验的曝光量基本上要处于吨年的量级，这就需要吨量级有效质量的高纯锗探测器以及长期的稳定运行。

4.3 国际现状

4.3.1 国际基本情况介绍

国际上对无中微子双贝塔衰变正在进行广泛地研究。具有代表性的实验除了下文将要介绍的 GERDA 和马约拉纳实验，还包括一些使用其他核素开展的双贝塔衰变实验。

二氧化碲无中微子双贝塔衰变 (CUREO) 实验如图 4-2 所示位于意大利格兰萨索实验室，这一实验思路同高纯锗实验类似，即追求最好的能量分辨率。该实验使用 100 kg 的天然 ^{130}TeO$_2$ 晶体探测器，其中 ^{130}Te 的天然丰度达到 34%。探测器被冷却到 6 mK 以测量发生衰变时的微小温度变化[21]。

图 4-2   CUREO 实验[20]

液氙无中微子双贝塔衰变 (EXO200) 实验如图 4-3 所示，位于美国新墨西哥州的液态 ^{136}Xe 实验，实验中使用了约 160 kg 的 81% 富集度的 ^{136}Xe 靶[21]。实验使用了时间投影室的技术，在液体中加上漂移电场使电离的电子从阴极漂移到阳极，通过电子的漂移时间和在阳极上的分布对事件的顶点进行三维位置重建。EXO200 实验同时读出闪烁光信号和电离信号来提高能量分辨率。2014 年，EXO200 给出的半衰期限制达到了 10^{25} yr 量级[21]。

图 4-3   EXO200 实验[22]

另一个使用 ^{136}Xe 的日本含氙闪烁体无中微子双贝塔衰变 (KamLAND-Zen) 实验基于日本成功发现反应堆中微子振荡的 KamLAND 实验而建立 (图 4-4)。179 kg ^{136}Xe 装入一个 3 m 直径盛满 13 t 液态闪烁体的尼龙袋子中，整个袋子置于 KamLAND 含 1000 t 液体闪烁体的探测器中[23]。实验仅测量 ^{136}Xe 衰变的闪烁光，因而能量分辨率较低。但由于技术较为成熟，本底低且容易大型化，因此也具有很大潜力。

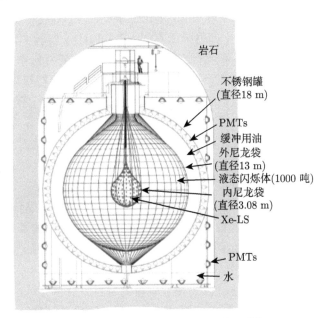

图 4-4　KamLAND-Zen 实验装置 [23]

PMTs：光电倍增管；Xe-LS：含氙液态闪烁体

以上是国际上一些有代表性的双贝塔衰变实验。寻找双贝塔衰变的实验在世界范围内正如火如荼地展开，新的实验手段和实验装置不断地被提出。以下将介绍两个基于高纯锗探测器的大型双贝塔衰变实验：GERDA 和马约拉纳实验。

4.3.2　GERDA 实验

1. 合作单位和实验规划

GERDA 实验是一个国际大型合作项目，共有 15 家机构参与，包括 Gran Sasso National Laboratory (Italy)，Institute for Nuclear Research (Russia)，Jagellonian University (Poland)，Technische Universität München (Germany) 等。实验所在的意大利格兰萨索国家实验室 (LNGS) 位于亚平宁山脉的最高峰下，该实验室上方岩层厚达 3500 m.w.e，能将宇宙线 μ 子通量降低 6 个数量级，达到 1.2 μ/(m²·h) 的水平。2005 年 5 月 LNGS 通过了 GERDA 的科学建议书，2010 年 5 月实验开始调试，一期实验于 2011 年 11 月开始正式启动，使用总重为 17.67 kg 的高纯锗晶体采集数据，并于 2013 年结束，二期实验于 2015 年 12 月开始，使用 43.2 kg 高纯锗晶体持续采集数据 [25−27]。

2. 屏蔽、探测器

由于 0νββ 衰变半衰期比 2νββ 更长, 理论上事例极少, 需要将本底降低至接近零的水平, 所以实验的关键在于如何降低本底。在 GERDA 实验中, 本底的几个主要来源有: 锗晶体的包层材料带来的放射源, 宇宙线与屏蔽材料作用产生的本底, 实验室周围岩层内的放射源衰变产生的中子和 γ 射线, 支撑材料内的放射源, 低温恒温系统冷却剂 (LAr) 含有的放射源如: ^{39}Ar、^{42}Ar、氡等, 还有锗晶体自身带来的放射源。

GERDA 实验的主要特点之一是使用了富集 ^{76}Ge 的高纯锗晶体作为探测器, 其富集度为 86%, 高于天然锗的 7.8%, 提高了单位体积锗晶体内 0νββ 衰变反应发生概率。使用富集锗探测器一方面可以减少晶体的总质量, 降低一部分正比于晶体总质量的本底 (如 γ 射线), 另一方面相比于天然锗, 富集锗晶体降低了和宇宙线作用产生 ^{68}Ge、^{60}Co 等放射源的概率, 减少了自身的本底, 显著提高了信噪比。实验还将传统的制冷剂液氮 (LN$_2$) 更换为液氩 (LAr), 可以显著减少包层材料的用量, 并且减少了伴随包层材料而来的放射源。

GERDA 实验分为两个阶段进行, 第一阶段的目标是获得 15 kg·yr 的数据并将感兴趣能区本底水平降至 10^{-2} cts/(keV·kg·yr); 第二阶段计划获得 100 kg·yr 的数据量, 同时将感兴趣能区本底水平降至 10^{-3} cts/(keV·kg·yr)[25](图 4-5)。

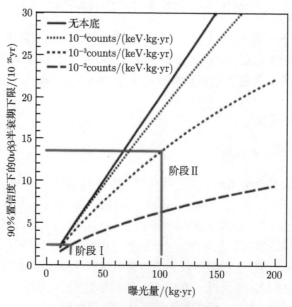

图 4-5　GERDA 实验目标 [28]

GERDA 实验的核心部件是位于液氩灌里的锗晶体阵列。将七串高纯锗晶体悬挂于罐中心,用于产生和探测 0νββ 衰变信号。液氩则同时作为低温恒温系统的制冷媒介和高纯锗探测器的屏蔽物质。液氩罐为钢制罐,而为了降低钢罐杂质产生的 γ 射线的影响,在钢罐内壁还加了一层铜内衬。整个钢罐置于一个大水箱内,大水箱装满超纯水,超纯水也起两个作用:一是用来屏蔽外界辐射,二是用作 μ 子反符合探测器的灵敏介质。大水箱的上方是一个洁净室,固定系统将悬挂的高纯锗晶体降至液氩中的合适深度,洁净室的顶部装有 μ 子反符合系统来为下方的低温恒温系统区域提供屏蔽。所有的这些部件都使用钢做支撑结构[25]。

3. 高纯锗探测器简介

1) 实验阶段一

高纯锗探测器是 GERDA 实验的核心 (图 4-6)。实验阶段一使用的富集高纯锗探测器共有 8 个,其中的 ANG1-5 号来自 HDM 实验,RG1-3 号来自 IGEX 实验,这些探测器是由 ORTEC 公司生产制造的,使用了 Canberra 公司的标准 p 型高纯锗探测器技术。此外,GERDA 还使用了来自 GENIUS-TF 实验的 6 个天然高纯锗探测器。

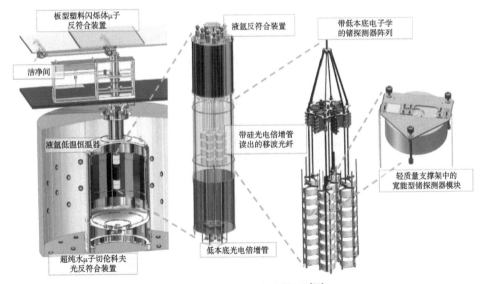

图 4-6 GERDA 实验装置[27]

2006 年至 2008 年,上述探测器 (富集锗、天然锗) 都在 Canberra、Olen 进行了翻新升级 (升级过程除去了凹槽上的钝化层)。升级后的富集高纯锗晶体总质量为 17.7 kg,活性质量约为 87%。

GERDA 使用的是标准同轴高纯锗探测器,外部由厚约 1 mm 的 n+(锂扩散)层包裹,n+ 层与硼注入的 p+ 极通过沟槽分隔开。在正常直流耦合读出时,p+ 电极接电荷灵敏放大器, n$^+$ 层接 +4600 V 的直流偏置电压。交流耦合读出时, n$^+$ 极接地, p$^+$ 极偏压为负高压。

在安装这些高纯锗晶体时, 主要考虑了以下几个方面的因素: ① 为了尽可能地降低本底, 锗晶体周围的材料质量需要尽量减小; ② 该实验要求探测器能够长期稳定运行, 所以支撑材料必须安全可靠; ③ 材料要保证和晶体的绝缘, 同时要给晶体加高压且保证电信号稳定读出。最终的安装方案中, 对每一个锗晶体总共使用了约 80 g 的铜, 约 10 g 的聚四氟乙烯 (PTFE) 和约 1 g 的硅。这些材料的本底贡献不超过 10^{-3} cts/(keV·kg·yr)。

实验前对一个原型高纯锗探测器进行了相关的测试, 其能量分辨率为 2.2 keV (^{60}Co 的 1332 keV 峰)。实验阶段一的探测器装入液氩罐启动实验后, 其能量分辨率为 2.5 ~5.5 keV(^{60}Co 的 1332 keV 全能峰处)[25]。

2) 实验阶段二

实验阶段二在实验第一阶段探测器的基础上, 额外补充了一批由 Canberra 公司生产的宽能高纯锗探测器 (BEGe)。总共使用了 7 串高纯锗晶体, 包括 7 个富集半同轴探测器、3 个天然半同轴探测器和 30 个宽能探测器。其中的编号为 GD02D 的探测器为 p-n 结型探测器, 仅用于反符合研究。这 30 个宽能探测器晶体的 ^{76}Ge 富集度为 87.8%, 总重为 20.024(30) kg, 除了 GD02D 之外, 其余总重为 18.362(29) kg。其中 21 个晶体为圆柱状, 其余 9 个为圆锥状 (这是为了最大化利用 Ge 单晶, 实验中没有观察到形状对性能带来的影响)。实验阶段二给锗晶体加的偏压比实验阶段一降低了 600 V, 以减少漏电流和其他不稳定性因素 [25,27,29]。

带钝化层的探测器锗晶体表面分隔 n$^+$ 层和 p$^+$ 层的沟槽里覆盖了一氧化硅钝化层会有不断增加的漏电流, 因此第一阶段使用的所有探测器都经过了标准的去钝化层的工序。而在实验阶段二, 为了加快工程进度, 于是很多探测器省略了这一去钝化层步骤。经测试, 带钝化层的宽能探测器能量分辨率非常出色, 平均达到了 1.72 keV, 其中最好的为 1.59 keV, 最差为 1.87 keV(^{60}Co 的 1332 keV 峰)[25,29]。

4. 反符合系统

宇宙线 μ 子能与实验材料发生电磁相互作用, 是实验的直接本底来源之一, 同时它也可以通过与原子核非弹性碰撞产生高能中子, 中子与核发生核反应产生放射性同位素, 因此 μ 子也是本实验的间接本底来源。GERDA 实验所在位置的岩层厚达 3500 m.w.e, 能将宇宙线 μ 子通量降至 1.2 μ/(cm²·h) 平均能量约为 270 GeV。

为了进一步减少 μ 子本底, 实验使用了 μ 子反符合系统。利用 μ 子穿越水时的切伦科夫效应, 使用 66 个光电倍增管 (PMT) 探测 μ 子的切伦科夫光, 将 PMT 输出信号作为 μ 子反符合信号。考虑到从钢罐顶部中心入射的 μ 子在水里的径迹很短, 信号较难探测, 因此在该位置上方的洁净室额外安装了塑料闪烁体探测器,

其信号也被用于 μ 子的反符合。按照设计目标，该反符合系统能将感兴趣区的 μ 子本底贡献降至 10^{-5} cts/(keV·kg·yr)。

实验将超纯水体作为切伦科夫探测器，为了提高切伦科夫光的收集效率，在液氩罐的外表面和水箱的内表面几乎铺满了厚度为 206 μm 的反射箔 (VM2000)，这种箔对波长为 400~775 nm 的可见光反射率大于 99%，增加了对 PMT 的光输出 (同时也增大了光子到达 PMT 的时间范围)。水箱内安装了 66 个 PMT，表面覆盖率为 0.6%，其中的 6 个 PMT 安装于低温恒温器下方，方向朝内对着一块相对孤立的水体；水箱底部安装了 20 个，摆成了两个 PMT 圈；剩下的 40 个 PMT 分别在水箱内壁高度为 2 m、3.5 m、5 m 和 6.5 m 的地方摆成四个圆环，方向对着水箱中轴。每个 PMT 的电源提供和信号读出都使用了一条为水下应用而设计的高电压同轴 RG 213C/U 电缆，PMT 可以通过光纤进行单独的校准、监测和测试，其初始的增益设置为 2×10^7。

μ 子反符合系统中的塑料闪烁体探测器安装在洁净室的顶部，处于低温恒温器的上方。塑料闪烁体面板的尺寸为 200 cm×50 cm×3 cm，一共 36 块，被分成三层，每层 12 块，遮盖面积为 4 m×3 m。

切伦科夫探测器输出的标准波形为一个脉宽约为 20 ns 的脉冲，约 350 ns 之后会伴随一个过冲，第二个脉冲的高度不超过主脉冲的 1/10。在一个事例中，大量光子产生的脉冲到达时间跨度较大，达到了 340 ns 左右，但是一半的 PMT 会在 60 ns 之内触发，于是将符合时间窗口选为 60 ns。而塑料闪烁体探测器则通过三层闪烁体的信号来进行符合，对 γ 光子和 μ 子的信号进行了区分。塑料闪烁体探测器和切伦科夫探测器信号进行或运算后记录在数据系统中 [25]。

5. 电子学读出

一般的商业高纯锗探测器采用电荷灵敏放大器 CSP 读出信号，JFET 和反馈组件紧靠高纯锗晶体，其余部分工作在常温环境下，与冷部相距约 50 cm。而在 GERDA 实验中，该方案将使冷部和常温部相距大于 10 m，会带来严重的带宽限制和波形信息损失。为此，GERDA 将整个 CSP 放在液氩环境中靠近高纯锗晶体运行，以减少上述的损失，而 CSP 与高纯锗晶体的最短距离则由 CSP 带来的放射性来限定。CSP 输入晶体管采用恩智浦公司的 BF862，运放则采用 Analog Devices 公司的 AD8651，单层 PCB 板集成三个通道，由 Polyflon 公司生产。该 CSP 采用铜盒封装，以提供电磁屏蔽，信号输入使用两根截面积为 0.4 mm^2 的铜条并采用 PTFE 管绝缘 [25]，其性能参数见表 4-2。

表 4-2　CSP 性能参数表 [25]

参数	值
灵敏度	180 mV/MeV
输入范围	>10 MeV
每道功耗	< 45 mW
串扰	< 0.1%
上升时间	55 ns
衰减时长	150 μs
能量分辨率 (600 g 同轴探测器, ^{22}Na,1274 keV)	1.96 keV
噪声 (10 μs 半高斯脉冲, 系统不确定度 8%)	0.8 keV+ 0.024 keV/pF

6. 本底来源及分析

GERDA 实验的本底来源可以分为锗晶体内部本底和外部本底。

锗晶体内部本底的产生是由于在地面的制造和运输过程中, 锗晶体受到宇宙线中的强子尤其是中子的辐照而发生了散裂反应, 产生许多放射性同位素, 其中影响最大的是 ^{68}Ge 和 ^{60}Co。在地面制造锗晶体时, ^{60}Co 的宇生产额约为 3.3 nuclei/(kg·d), 而 ^{68}Ge 的产率为 5.8 nuclei/(kg·d)。这些高纯锗探测器被储存在地下以避免直接暴露在宇宙线中, 探测器晶体在地表暴露时间总共约为 5 天 (包括后续的升级加工在内)。最终内部本底水平约为 10^{-2}cts/(keV·kg·yr), 主要来源于内部的 ^{60}Co。由于 ^{68}Ge 半衰期较短, 几乎已经衰变完全, 带来的本底可忽略不计 (表 4-3)。

表 4-3　本底分析 (实验-数据)[25]

同位素	能量/keV	天然锗 (3.17 kg·yr)		富集锗 (6.10 kg·yr)		HDM 实验 (71.7 kg·yr)
		总计数/本底计数	本底计数率	总计数/本底计数	本底计数率	本底计数率
^{40}K	1460.8	85/15	$21.7^{+3.4}_{-3.0}$	125/42	$13.5^{+2.2}_{-2.1}$	181 ± 2
^{60}Co	1173.2	43/38	<5.8	182/152	$4.8^{+2.8}_{-2.8}$	55 ± 1
	1332.3	31/33	<3.8	93/101	<3.1	51 ± 1
^{137}Cs	661.6	46/62	<3.2	335/348	<5.9	282 ± 2
^{228}Ac	910.8	54/38	$5.1^{+2.8}_{-3.0}$	294/303	<5.8	29.8 ± 1.6
	968.9	64/42	$6.9^{+3.2}_{-3.2}$	247/230	$2.7^{+2.8}_{-2.5}$	17.6 ± 1.1
^{208}Tl	583.2	56/51	< 6.5	333/327	<7.6	36 ± 3
	2614.5	9/2	$2.1^{+1.1}_{-1.1}$	10/0	$1.5^{+0.6}_{-0.5}$	16.5 ± 0.5
^{214}Pb	352	740/630	$34.1^{+12.4}_{-11.0}$	1770/1688	$12.5^{+9.5}_{-7.7}$	138.7 ± 4.8
	609.3	99/51	$15.1^{+3.9}_{-3.9}$	351/311	$6.8^{+3.7}_{-4.1}$	105 ± 1
^{214}Bi	1120.3	71/44	$8.4^{+3.5}_{-3.3}$	194/186	<6.1	26.9 ± 1.2
	1764.5	23/5	$5.4^{+1.9}_{-1.5}$	24/1	$3.6^{+0.9}_{-0.8}$	30.7 ± 0.7
	2204.2	5/2	$0.8^{+0.8}_{-0.7}$	6/3	$0.4^{+0.4}_{-0.4}$	8.1 ± 0.5

外部本底来源主要有铀、钍衰变链产生的 γ 光子，以及中子和 μ 子产生的其他本底。低温恒温系统和超纯水能够极大地衰减多种外部辐射，包括来自混凝土和岩石中的 ^{208}Tl 衰变产生的 2615 keV 光子、^{238}U 自发裂变产生的中子、岩石和混凝土中的 (α,n) 反应以及 μ 子相互作用，上述所有本底均被降至 10^{-4} cts/(keV·kg·yr) 的水平。LAr 自身包含两种放射性同位素：^{39}Ar 和 ^{42}Ar，^{39}Ar 的 β 衰变反应能远小于 2039 keV，不会在感兴趣区产生本底，而 ^{42}Ar 的 β 衰变反应能 (3.5 MeV) 远大于 2039 keV，会在感兴趣区产生本底。LAr 中还存在 ^{222}Rn 杂质，也是本底来源。晶体表面的污染辐射主要来源于 ^{210}Pb，并且通常大于晶体内部辐射源的活度。晶体周围的材料是另一个重要的辐射来源，包括支架、电子学电路、电缆等 [28]。

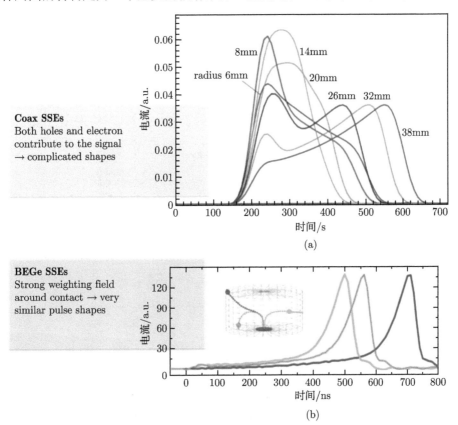

图 4-7　同轴型探测器和宽能探测器的单点事例波形 [27]

(a) 同轴型探测器单点事例波形空穴和电子对波形均有贡献 —> 复杂波形；(b) 宽能探测器单点事例波形
电极附近有强权重场 —> 简单波形；

GERDA 实验采用了最新的本底筛选技术：包括使用高纯锗谱仪进行 γ 射线谱分析，使用超低本底比计数器进行气体计数，使用电感耦合等离子体质谱仪 (ICP-

MS) 进行质谱分析[28]。

　　由于 0νββ 反应产生的两个电子运动距离在几个毫米以内，因此可以认为该反应只能在一个探测器中产生信号，而大部分本底信号则可以使多个探测器产生信号。GERDA 基于此使用了主动识别技术：

　　(1) 探测器信号的反符合：检查信号质量并去除 μ 子事件 8 μs 以内的信号后，筛选出未重复出现的信号。

　　(2) 闪烁光检测：Ra 和 Th 在探测器内部和外部衰变产生的 γ 光子都会在 LAr 中产生能量沉积，LAr 反符合系统能探测到该类信号，进而通过反符合降低本底。通过 ^{40}K 的 γ 射线定义的 LAr 的反符合接受率为 97.7%。

　　(3) 波形甄别 (PSD)：对 BEGe 的波形使用了 A/E 方法，A 是指电流脉冲最大幅度，E 指沉积能量 (与沉积电荷量成正比)，使用比率 A/E 进行 PSD 分析。对 BEGe 的 0νββ 事件的平均接受率达到了 (87±2)%。而对于半轴型探测器，由于信号比较复杂，A/E 方法不适用。在实验二阶段，为了针对性地筛除 α 事件，对半轴型探测器使用了全新的神经网络进行 PSD 分析，0νββ 事件的平均接受率达到 (93±1)%。同轴型探测器的综合 PSD 效率达到了 (70±5)%[27;28](图 4-7，图 4-8)。

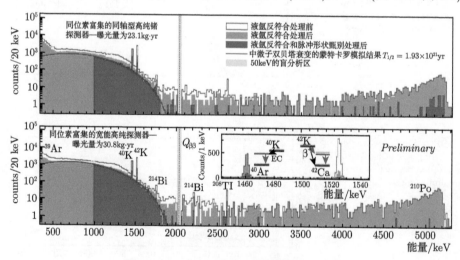

图 4-8　LAr veto/PSD 本底筛除效果[27]

7. 实验结果

　　实验阶段一、二曝光数据量达到 82.4 kg·yr，实验最终给出的最佳拟合结果为 0 结果 (无 0νββ 信号)，^{76}Ge 的 0νββ 反应半衰期为 $T_{1/2}^{0\nu} > 0.9 \times 10^{26}$ yr(90% C.L.)；通过对该实验进行蒙特卡罗模拟和评估零假设的统计量得到的中值灵敏度为 $T_{1/2}^{0\nu} = 1.1 \times 10^{26}$ yr(90% C.L.)。

使用贝叶斯方法分析,计算得出 90% 置信区间为 $T^{0\nu}_{1/2} > 0.8 \times 10^{26}$ yr,通过蒙特卡罗方法得到中值灵敏度为 $T^{0\nu}_{1/2} = 0.8 \times 10^{26}$ yr。

得益于非常好的能量分辨率和极低的感兴趣区本底,即使在累积数据量不大的情况下 GERDA 依然能够取得和领先的 ^{136}Xe 实验相当的成果。考虑到到目前为止达到的本底水平,GERDA 实验有望在曝光量达到 100 kg·yr 时,取得 $T^{0\nu}_{1/2} > 1.4 \times 10^{26}$ yr (90%C.L.) 的结果,GERDA 是非常有希望发现 0νββ 衰变反应的实验[26−28]。

频率分析结果:

Median sensitivity for limit setting	1.1×10^{26} yr (90% C.L.)
Best Fit	no signal
$T_{1/2}$	$> 0.9 \times 10^{26}$ yr (90% C.L.)
Probability of stronger limit	63%

贝叶斯分析结果:

Median sensitivity for limit setting	0.8×10^{26} yr (90% C.L.)
Best Fit	P(signal+background)/P(background)=0.054
$T_{1/2}$	$> 0.8 \times 10^{26}$ yr (90% C.L.)
Probability of stronger limit	59%

4.3.3 马约拉纳实验

1. 概述

马约拉纳实验是由来自美国、加拿大、日本、德国等国家 20 个高校和科研院所所组成的马约拉纳合作组开展的,旨在寻找 0νββ 过程的一个大型实验。

马约拉纳实验希望通过安置在地下深处低本底环境中的高纯度、高分辨率的高纯锗探测器,寻找在 ^{76}Ge 0νββ 衰变能区 2.039 MeV 附近能峰,来确定 0νββ 衰变的半衰期,进而确定反电子中微子的有效马约拉纳质量。

基于 IGEX 实验的本底模型,马约拉纳实验预计 5 年内可以给出的 0νββ 半衰期下限为 ∼4×10²⁷ yr,而之前得到的最严格限制是 Heidelberg-Moscow 合作组得出的 1.9×10²⁵ yr。依据选定的矩阵元,有效中微子质量灵敏度范围为 0.02∼0.07 eV,落在之前的中微子振荡实验给出的质量范围之内。这一预期灵敏度是之前相关工作结果的 15 倍,是无本底实验灵敏度的 2 倍[30]。

要达到上述灵敏度要求,需要采用 ^{76}Ge 丰度达到 85% 的高纯锗探测器,实验本底低于 IGEX 实验,并获得 5000 kg·yr 的累积数据量。为达到这一目标,需要将实验设施安置在地下深处,并采用主动和被动屏蔽系统。为了进一步降低和排除本底的影响,需要特殊的数据处理方法。为了防止高纯锗探测器中产生的宇生放射性核素对探测灵敏度造成不良影响，材料的准备和制造也需要在地下进行。

基于以上分析，马约拉纳实验的技术路线分为三个阶段 [30]：

阶段一：为高纯锗探测器的设计制造提供数据支持，开发信号处理技术。同时，可能得到一些有关暗物质的结果。

阶段二：为共用一套冷却系统的锗晶体阵列研发低温保持器。这一阶段将包含 18 个探测器，这些探测器将全部运用脉冲波形分析技术。预期在阶段二中能够实现对 0νββ 衰变相当高的测量灵敏度，暗物质探测的灵敏度也会得到一定提升。

阶段三：运用前两个阶段的成果建设大质量锗晶体探测器。这一阶段将实现吨级探测器，计划包含 10 个模块共 210 块富集 ^{76}Ge 的高纯锗晶体，并运用脉冲波形分析技术。在这一阶段至少要实现 500 kg 探测器运行 10 年。吨级实验装置计划与 GERDA 实验合作展开。

从 2011 年起马约拉纳合作组就开始积极推进 Majorana Demonstrator 实验装置的建造，并于 2015 年基本完成了建设，开始获取数据。

实验最初计划利用晶体分区 (segment) 技术制造多电极高纯锗探测器，但随着实验的进行，当前实验阶段最终使用了 p 型点电极 (P-type Point Contact, PPC) 高纯锗探测器，即 Majorana Demonstrator 将要使用的探测器技术 (图 4-9)。

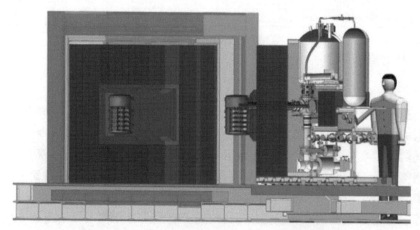

图 4-9   Majorana Demonstrator 示意图 [31]

Majorana Demonstrator: 美国高纯锗无中微子双贝塔衰变实验名称

Majorana Demonstrator 装置位于南达科他州约 1500 m 深的桑福德地下实验室 (Sanford Underground Research Facility, South Dakota) 内的铅屏蔽体中。由两个独立的探测器模块构成，每个模块包含 7 串 PPC HPGe 探测器，总质量达到了 44.1 kg，其中 29.7 kg 的探测器中 ^{76}Ge 被富集度到 87%[31]。

2. 项目规划

Majorana Demonstrator 的科学目标主要有四个 [31]:

(1) 发展一种在 2039 keV 附近宽约 4keV 的感兴趣区域 (Region of Interest, ROI) 达到 1 cts/(ROI.yr.t) 的本底计数率的方法, 实现这一条件是建设吨级探测器的前提。

(2) 探索相关技术和工程向吨级装置的可扩展性。

(3) 尝试验证 Klapdor-Kleingrothaus 的结论: $T_{1/2} = 2.23^{+0.44}_{-0.31} \times 10^{25}$ yr, $\langle m_\nu \rangle = 0.32^{+0.03}_{-0.03}$ eV[18], 寻找 $0\nu\beta\beta$ 衰变过程。

(4) 同时开展对超越标准模型的物理现象的寻找工作, 例如, 对暗物质和轴子的探测等。

第一阶段的主要目标是决定最有效的晶体分区和数据处理手段的组合。晶体的分区方式由 $k \times j$ 表示, 即 z 轴方向有 k 个分区, φ 方向有 j 个分区。实验组准备采用 4 个来自不同制造商的晶体分区。如图 4-11 所示是一个 3×6 分区的例子。

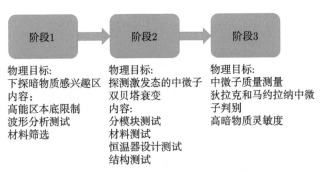

图 4-10　马约拉纳实验规划图 [30]

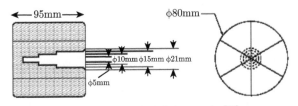

图 4-11　探测器晶体分区示意 [30]

实验组在晶体分区和数据处理上做出的努力主要是为了实现分辨单点能量沉积事件, 如双 β 衰变, 以及多点能量沉积事件, 例如, 探测器中宇生杂质的衰变。

在晶体制造环节最初是不存在 ^{60}Co 这一最重要的本底来源的, 但在地表制造锗晶体时, 每天每千克材料大约会产生 1 个 ^{60}Co 原子, 因此材料在地下制造对于提高实验灵敏度具有重要意义。

在之后的实验中,晶体分区技术被弃用,取而代之的是 PPC 探测器。

目前马约拉纳实验已经进行到了第二阶段,实验装置的实现同最初的规划相比有了一定的变化。最初计划利用晶体分区来提高探测效率,现在则使用 PPC 探测器,探测器模块的结构、数量也有了一定变化。

第二阶段将包含一对模块,每个模块由一个第一阶段的分区探测器和周围围绕的 16 个相当大的 p 型锗探测器构成,这一阶段将模拟和探索第三阶段包含 21 块晶体的模块的冷却以及电子学问题 (图 4-12)。

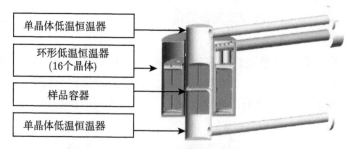

图 4-12   马约拉纳装置单个模块示意图 [30]

第二阶段的一个挑战是冷却问题。探测器晶体必须工作在 125 K 以下,最佳的工作温度为 90 K。阶段二计划利用三个独立的低温恒温器达到这一要求。另一个问题是线路,由于装置采取了大量的分区,每块晶体可以达到 18 个分区,需要有许多引线来采集数据。实验组计划将整个前置放大器封装在低温恒温器内,这样做可能会带来一些辐射污染,但由于这部分质量很小且有比较好的屏蔽手段,问题应该不大。后来采用的 PPC 探测器则能够杜绝这一问题。

由于装置的体积较大,外层铅屏蔽层必须要有一定的支撑结构,且不能带来多余的本底,因此实验组计划用电解铜支撑内部地下实验室生长的超纯铅屏蔽层,用市面上可以购买到的无氧高导电性铜 (oxygen-free high-conductivity copper, OFHC) 来支撑剩余的铅。

第二阶段的装置将有一些其他应用。首先 ^{76}Ge 会衰变到 0^+ 的激发态,这一激发态退激会放出 563 keV 和 569 keV 的 γ 光子,这些光子有可能被观察到。通过在两个内部探测器中的夹层安置同位素碟片如 ^{76}Ge、^{82}Se、^{92}Zr 等,在两侧的探测器上应该能观察到一致性很好的 γ 信号。

目前马约拉纳实验已经进行到了第二阶段,实验装置的实现同最初的规划相比有了一定的变化。最初计划利用晶体分区来提高探测效率,现在则使用 PPC 探测器,探测器模块的结构、数量也有了一定变化。

实验的第三阶段中将建设一个全新的下一代 ββ 衰变探测装置,实验装置将建设在地下深处，使用大质量探测器，并整合最先进的探测器制造技术、建设手段及数据处理技术 (图 4-13)。

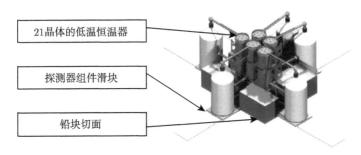

21晶体的低温恒温器

探测器组件滑块

铅块切面

图 4-13 马约拉纳实验第三阶段装置效果图 [30]

第三阶段将包含电解铜制造的模块，每个模块将包含大量的锗晶体。最低目标是 10 个低温恒温器每个包含 21 块晶体，将低温恒温器成对组装，最终将包含 210 块每块约 2.3 kg 的晶体。如果可能使用更加小的晶体，这一设计可以很容易扩充到 12 个低温恒温器包含共 252 块每块重达 2 kg 的晶体。

3. 计划近况: Majorana Demonstrator

马约拉纳实验已经严重落后于最初的实验计划。按照 2002 年提交给美国能源部的计划书的最慢计划，2009 年应该完成第三阶段 500 kg 装置的装配。但目前项目仍停留在第二阶段左右。随着 Majorana Demonstrator 的建成并在 2018 年的一篇文章中给出了两个模块开始同时工作时得到的数据，这一阶段的实验初见成果。

如图 4-14 所示是实验装置的简图，图中可以看到冷却装置、铅屏蔽层以及沿着导轨退出的装有探测器的铜质低温恒温器。包裹着探测器的屏蔽材料从内向外依次为：电解铜、OFHC 铜、铅砖、氡屏蔽室、反符合装置、聚合物屏蔽材料。

与最初的计划采取晶体分区技术不同的是，Majorana Demonstrator 采用了 PPC 探测器。PPC 探测技术最早由 Lawrence Berkley 国家实验室研发，之后经过芝加哥大学研究人员的发展，可以被应用在暗物质探测和 ββ 衰变上。PPC 探测器具有两个特点，首先，PPC 探测器中的带电粒子在晶体部分中移动的时候只产生很微弱的信号，直到带电粒子运动到点电极附近的时候才会产生一个明显的信号。另外，PPC 探测器的电极构造决定了在晶体内部的场强很小，随之而来的就是较低的漂移速度和较长的漂移时间。综合以上两点，在探测器内部不同区域产生的电荷将产生很窄的峰，且在时间上的差异很明显，这样就方便了信号的区别和辨认。PPC 探测器具有高能量分辨率和低能量阈值的优良性质。图 4-15 中展示了一个 PPC 探测器高电阻钝化表面和正中央的点电极。

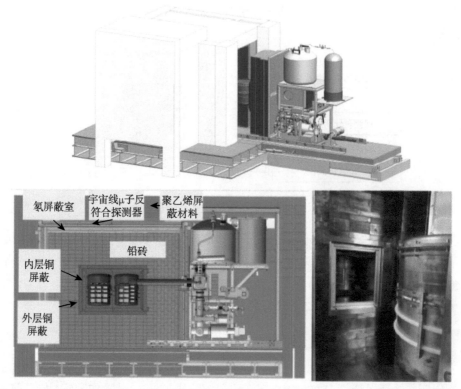

图 4-14　Majorana Demonstrator 示意图、剖面图以及铅屏蔽层和电解铜低温恒温器的实物
照片 [31]

表 4-4　马约拉纳装置各层材料数据 [31]

屏蔽组件	材料	厚度
内层铜屏蔽体	4 层 1.25 cm 厚的 UGEF 铜	5 cm
外层铜屏蔽体	商用高纯无氧铜	5 cm
铅屏蔽体	5.1 cm × 10.24 cm × 20.3 cm 砖块	45 cm
氡防护盒	铝片	0.32~0.635 cm
反符合板	丙烯酸闪烁体	2 层，每层 2.54 cm
聚合物屏蔽体	高密度聚乙烯	3 cm，内层掺硼砂

　　探测器是正圆柱，直径为 50~77 mm，高 65 mm。直径和边界锐利程度的不同可以由定制化的绝缘子解决；探测器形状的差异导致同针脚接触状况的不同可以通过采取两种不同长度的针脚来解决；此设计中小于 0.5 mm 的误差可由调整弹簧夹的压力来解决。通过以上这些方式，足以保证探测器阵列的接触紧密，结构稳定。

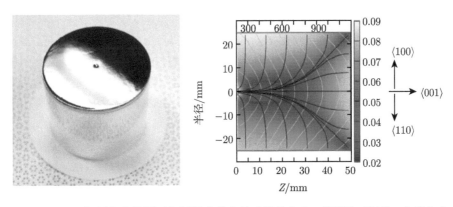

图 4-15 PPC 探测器实物图及探测器内带电粒子漂移方向、等漂移时间线、电场分布
示意图 [31]

其中 ⟨100⟩, ⟨001⟩, ⟨110⟩ 为探测器锗晶体的晶向

探测器单元及探测器阵列的设计如图 4-16 所示。

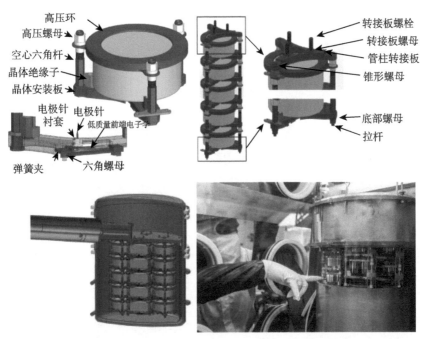

图 4-16 探测器串示意图、探测器阵列在低温恒温器内部装配图及实物图 [31]

在 Majorana Demonstrator 正式采取这一设计开始建造之前，实验组先在洛斯
阿拉莫斯国家实验室 (Los Alamos National Laboratory, LANL) 建设了一个验证原
型模块。这一原型模块采用商用铜来制作低温恒温器，采用天然锗来制作探测器阵

列，主要是用来验证相关的工程技术以用于实际的实验装置建设中去。

制造探测器需要的 Ge 由俄罗斯的 Joint Stock Company Production Association Electrochemical Plant(ECP) 制造，以 ^{76}GeO$_2$ 的形式共 60.5 kg 分两批分别在 2011 年 9 月 (20 kg) 和 2012 年 10 月运输至橡树岭国家实验室，之后交付 Electrochemical Systems Inc. (ESI) 和 AMETEK/ORTEC 进行处理并最终制成探测器。

Majorana Demonstrator 将在 2039 keV 附近宽约 4 keV 的感兴趣区域达到 3 cts/(ROI·t·yr) 的本底计数率。在未来的实验中，基于对更好的自屏蔽、更厚的铜屏蔽层以及更严格的宇生核素控制的模拟，有望达到 1 cts/(ROI·t·yr)。

以下给出了各种材料对本底的贡献，以及各种来源的本底对实验本底的贡献。给出的数据是放射性平衡条件下的结果 (表 4-5，表 4-6)。

表 4-5　各材料的放射性分析 [32]

材料	典型用途	衰变链	分析结果	
			μBq/kg	cts/(ROI·t·yr)
电解铜	内部铜屏蔽体，低温恒温系统，冷板，隔热板，探测器架	Th	0.06	0.15
		U	0.17	0.08
高纯无氧铜	外部铜屏蔽体	Th	1.1	0.26
		U	1.25	0.03
铅	铅屏蔽体	Th	5	0.26
		U	36	0.37
聚四氟乙烯	探测器支架	Th	0.1	0.01
		U	<5	<0.01
Vespel	冷板支架，连接器	Th	<12	<0.01
		U	<1050	<0.4
聚对二甲苯	铜表面涂层，低温恒温系统密封	Th	2150	0.27
		U	3110	0.09
二氧化硅、金、环氧树脂	前、后端电子学电路	Th	6530	0.32
		U	10570	0.28
铜线和聚全氟乙烯	电缆	Th	2.2	0.01
		U	145	0.08
不锈钢	用于主体结构	Th	13000	<0.04
		U	<5000	<0.03
焊剂	连接器	Th	210	0.13
		U	335	0.06

通过对波形的辨认能够比较高效地分辨出单点事例和多点事例，典型的波形如图 4-17 所示。

表 4-6 Majorana 装置各部分对本底的贡献 [32]

本底贡献	计数率 cts/(ROI·t·yr)
电解铜	0.23
高纯无氧铜屏蔽体	0.29
铅屏蔽体	0.63
电缆和内部连接器	<0.38
前后端电子学	0.6
锗内部的 U/Th	<0.07
塑料和其他	0.39
富集锗锗中的 ^{68}Ge, ^{60}Co	0.07
铜的 ^{60}Co	0.09
外部的 γ 射线, (α, n) 反应	0.1
氡和表面的 α 发射	0.05
Ge, Cu, Pb 的 (n, n′γ) 反应	0.21
Ge 的 (n,n′) 反应	0.17
Ge 的反应	0.13
直接 μ 子通道	0.03
中微子引起的本底	<0.01
总计	<3.5

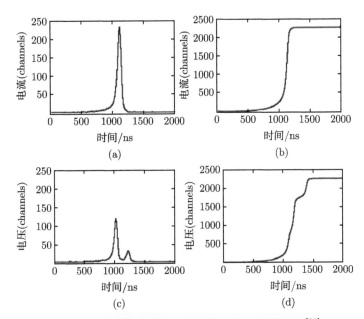

图 4-17 典型单点及多点事例的电压、电流波形 [31]

(a), (b) 为单点事例信号；(c), (d) 为多点事例信号

针对马约拉纳实验对利用 ^{208}Tl 源得到的模拟结果显示，对占比 70% 的多点

事例剔除率达到 95.1%，对占比 30% 的单点事例的接受率达到 99.4%。马约拉纳实验采用的 PSD 手段具有良好的效果 (图 4-18)。

　　Majorana Demonstrator 利用如上电路来采集探测器信号。电路中低质量前端电子学 (LMFE 包含场效应晶体管和反馈元件) 位于探测器附近以减小电容，前端放大器位于低温恒温器之外，通过一根长线与 LMFE 相连接 (图 4-19)。

　　LMFE 大小为 20.5 mm×7 mm，重量约为 80 mg，该元件利用石英玻璃作为基板，具有放射性纯度高，低电介质损耗及低热导率的特点。LMFE 具有可以通过电压调整的自热效应，对形状以及热导率加以一定设计可以保证元件工作在噪声最小的最佳温度。前端的电阻是非晶锗，阻值为 10~100 GΩ，电容来自于前端走线的杂散电容，大小约为 0.2 pF。

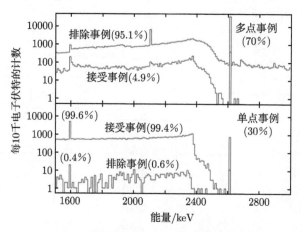

图 4-18　脉冲波形甄别 (PSD) 模拟结果 [31]

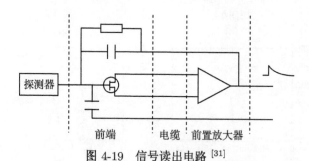

图 4-19　信号读出电路 [31]

　　利用这种设计得到的噪声非常小，当不接探测器时，该电路的噪声约为 55 eV 半高全宽 (FWHM)，当连接一个小的 PPC 探测器之后，噪声约为 85 eV FWHM。在实际的装置中，由于具有更大的电容，实际噪声可能不一样，但并不会对精度造成限制。为了减少预算和热量损失，Demonstrator 采用 0.4 mm 直径，2 m 长的

50 Ω 微缩同轴电缆将信号传递给前端放大器。这种电缆的上升时间能够达到 < 10 ns，但由于 Demonstrator 使用的线缆较长，这一数值为 40~70 ns。

前端放大器按照每串探测器的位置安装在母板上，每块母板上每个探测器都有一个低增益和一个高增益输出来进行数字化处理，这样每个低温恒温器最多有 70 道。每个模块的数字化模块封装在 VME 箱中，每个 VME 箱都有一个单片机来读出数据。整个系统由一个中央 DAQ(data acquisition) 电脑控制。反符合系统的数据同样由中央电脑采集和处理。

系统整体示意图如图 4-20 所示。

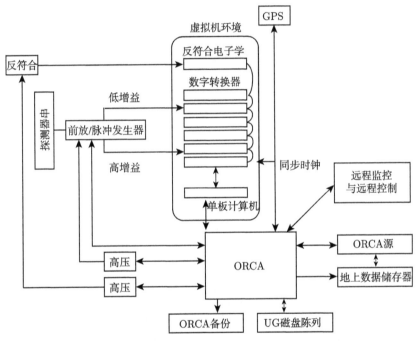

图 4-20　马约拉纳装置数据采集及处理系统示意图 [31]

GPS(global position system)：全球定位系统；ORCA(object-oriented real-time control and
acquisition)：面向对象的实时控制获取程序；UG(under-ground)：地下

实验中采用了两种铜材料，第一种是在地下制造的极低放射性的电解铜 (Underground Electroformed Copper, UGEFCu)，第二种是商业销售的高纯无氧铜 (Oxygen-Free High-Conductivity Copper, OFHC Copper)。

电解铜主要用在内部铜屏蔽层、低温恒温器、冷盘、探测器基座上。如前文表格所示，其放射性活度主要来源于钍系和铀系放射性元素，对活度的贡献分别为 0.06 μBq/kg 和 0.17 μBq/kg。电解铜对实验本底的贡献为 0.23 cts/(ROI·t·yr)。OFHC 铜主要用于外层铜屏蔽层，其放射性活度同样来源于钍系和铀系衰变链，贡献分别为 1.1 μBq/kg 和 1.25 μBq/kg。OFHC 对实验的本底贡献为 0.29 cts/(ROI·t·yr)[32]。

电解铜是实验中至关重要的材料, 为保证实验的成功, 电解铜必须满足如下两个条件: 第一个最主要的条件是足够纯净, 无论是放射性杂质还是在制造过程中出现的宇生放射性元素的含量都必须控制在相当低的水平。在地下设施中采取电解的方法制造的这种铜材料可以满足上述要求。铜材料在地下 1500 m 深的 SURF 完成制备, 制备装置紧邻探测器实验室 (图 4-21)。

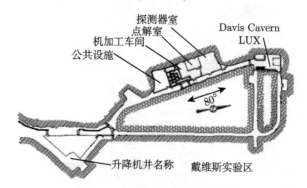

图 4-21　马约拉纳实验地点 [31]

Davis Cavern LUX: 大型地下氙暗物质实验区

电解铜要满足的第二个条件是机械性质, 高纯度的铜具有较大的晶体结构, 往往机械性能较差; 小晶体铜的机械性能好, 抗拉能力强但纯度又较低。为同时兼顾纯度与强度, 电解手段要仔细设计平衡。

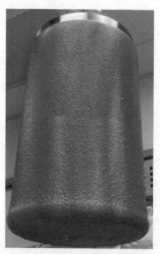

图 4-22　电解铜低温恒温器外壳 [33]

Majorana Demonstrator 中电解铜的设计屈服应力值为 48 MPa，而实际得到的电解铜的屈服应力值为 83.2 MPa，很好地满足了实验需求 (图 4-22)。

绝大部分电解铜是在直径 35.6 cm 的圆柱形电极上电解成型的，这一数值正是低温恒温器的内径；实验所需的热管是在直径 1.9 cm 的圆形心轴上电解成型的。在电解铜的制备过程中，时间是限制制备量的主要因素。制备过程中得到的典型成层速率为 38~64 μm/d，这样，制成 1.4 cm 厚的器件需要 8~12 个月 [31]。这一速度可以以牺牲纯度和机械性为代价来得到一定程度地提高，电解速度提升将不能有效地剔除杂质，也会使得金属结构不够致密，影响机械性 [33]。

Majorana Demonstrator 于 2015 年完成了模块 1 的装配并试车，在 2016 年初开始正式产出数据。模块 2 在 2016 年 8 月装配完毕并开始采集数据。在 2018 年，马约拉纳合作组给出了最新结果 [19]，富集锗曝光量：9.95 kg·yr，没有发现候选事例，ROI 能量分辨率 (FWHM) 达到 2.5 keV，本底水平为 $4.0^{+3.1}_{-2.5}$ counts/(FWHM·t·yr)，给出的半衰期下限为 1.9×10^{25} yr (90% 置信度)，对中微子有效质量上限的限制为 240~520 meV。

4.3.4 LEGEND 实验

高纯锗无中微子双贝塔衰变 (Large Enriched Germanium Experiment for Neutrinoless ββ Decay, LEGEND) 实验计划由马约拉纳合作组和 GERDA 合作组在 2016 年 11 月联合提出。LEGEND 实验的目标是探测灵敏度覆盖全部的中微子质量预测区域，最低达到 17 meV 的有效中微子质量。实验计划分两个阶段进行。

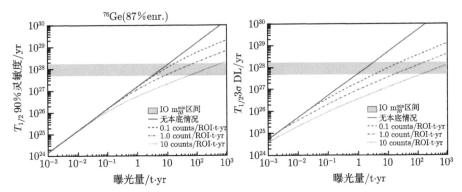

图 4-23　LEGEND-200 半衰期下限以及发现信号的灵敏度在不同本底下随曝光量的变化 [28]

$T_{1/2}$90% 灵敏度：90% 置信度下的半衰期下限的灵敏度；$T_{1/2}$3σ DL：3σ 显著性下发现信号的灵敏度；IO $m^{\min}_{\beta\beta}$ 区间：中微子反向排序时由无中微子双贝塔衰变获得的最轻中微子质量区间

第一阶段称为 200 kg 级高纯锗无中微子双贝塔衰变实验 (LEGEND-200)，200 kg⁷⁶Ge 的高纯锗探测器将安装在 GERDA 实验现有的低温恒温器中。预计本底将达到 0.6 cts/(FWHM·t·yr)，是现在最好结果的五分之一。在这一本底下运行 5 年左右，达到 1 t·yr 的曝光量，灵敏度将达到 ~10^{27} yr。GERDA 实验预计在 2019 年末停止采集数据，如果这时开始制造、装配等工作，预计在 2021 年中 LEGEND-200 将开始采集数据。

第二阶段称为 LEGEND-1000，届时将有重达 1000 kg ^{76}Ge 富集的高纯锗探测器工作在 0.1 cts/(FWHM·t·yr) 的本底水平下，设计曝光量将达到 10 t·yr。LEGEND-1000 在 12 t·yr 的曝光量下设定极限和寻找信号的灵敏度都将达到 1.2×10^{28}yr，如图 4-23。一个 LEGEND-1000 的初步设计如图 4-24 所示。

图 4-24   LEGEND-1000 实验装置的初步设计 [28]

LEGEND-1000：吨量级高纯锗无中微子双贝塔衰变实验

设计包含四组独立的探测器，每组探测器总重 250 kg，探测器浸泡在液氩中。目前探测器单元质量还在优化中，预计 1.5~2 kg 中。每组探测器都装配有独立的自屏蔽系统，独立的读出电子学，来处理液氩中的闪烁光信号。

4.4   探测器系统和关键技术

4.4.1   高纯锗探测器单元与阵列

现阶段，在国际上采用 ^{76}Ge 富集高纯锗探测器开展无中微子双贝塔衰变研究的主要有 GERDA 实验和马约拉纳实验。二者均采用高纯锗探测器阵列，但在制冷方式和结构设计等方面各不相同。

GERDA 在第一阶段实验中的 8 个高纯锗探测器晶体均来自之前 HDM 实验和 IGEX 实验，采用 Canberra 公司 p 型同轴高纯锗探测器技术。高纯锗探测器单元结构设计如图 4-25 所示，其支撑结构采用低质量设计，即在保证晶体稳定的前提下，尽可能地减少结构材料质量以降低本底水平。支撑结构主要采用高纯无氧铜 (80 g) 作为支撑材料，三叉设计保障其结构稳定性，同时提供连接口可将探测器实现阵列化。聚四氟乙烯材料 (10 g) 用于绝缘，信号接触面由一个锥形铜片实现，该铜片由硅弹簧压在 p+ 接触面上。高压通过铜片施加到 n+ 触点上，铜片由铜盘压紧，铜盘靠聚四氟乙烯圆柱体电绝缘。整体设计中还有少量的硅材料制成的弹簧 (1 g)。蒙特卡罗模拟得出探测器结构材料对本底的贡献低于 10^{-3}cts/(keV·kg·yr)。在探测器制作完成后，需在液氮和真空腔的条件下对探测器的性能分别测试，GERDA 第一阶段实验的高纯锗探测器能量分辨率为 2.5~5.1 keV@1332 keV[25]。

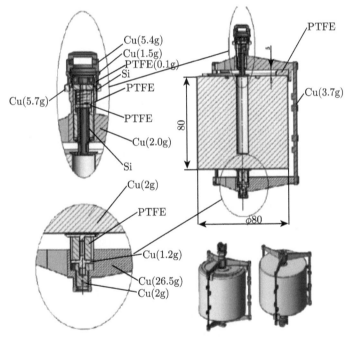

图 4-25 GERDA 同轴型探测器结构设计示意图 [25]

GERDA 第一阶段实验的高纯锗探测器阵列结构如图 4-26 所示，通过螺纹结构将 3 个探测器晶体为一组串联起来，直接浸没在液氩恒温器内，开展无中微子双贝塔衰变探测研究。值得一提的是，探测器阵列中使用了一部分 ^{76}Ge 富集度达到 85% 的高纯锗晶体，其性能与天然锗探测器相当。

GERDA 第二阶段实验，在第一阶段实验基础上，增加了更多的 ^{76}Ge 富集的高纯锗晶体，同时采用了 Canberra 公司宽能量型高纯锗探测器 (broad energy germanium, BEGe)，其特点是在 3 keV～3 MeV 的能量区间都有很好的能量分辨率 (FWHM : 0.50 keV @ 5.9 keV; FWHM : 0.75 keV @ 122 keV ; FWHM : 2.20 keV @ 1332.5 keV)，并比 p 型高纯锗探测器具有更好的脉冲波形甄别能力。第二阶段实验在高纯锗探测器单元设计方面也进行了相应升级，如图 4-27 所示。其主体支撑结构仍采用高纯无氧铜，但电极读出结构采用了石英基板，在 n$^+$ 与 p$^+$ 层分别采用蒸镀铝形成连接 (bonding) 区，将高压线和信号线通过 25 μm 粗的铝线与探测器表面连接在一起。该工艺替代以前铜片接触的方式，提高了探测器在低温环境下的稳定性，便于高压线和信号线的引出；同时用石英材料代替了铜材料，有效降低了本底水平。表 4-7 对比了同轴探测器和 BEGe 探测器结构材料用量，新设计大大减少了高纯无氧铜的使用量，取而代之的是本底更为干净的熔融石英材料 [29]。

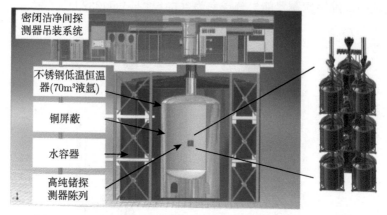

图 4-26　GERDA 第一阶段实验装置与高纯锗探测器阵列 [25]

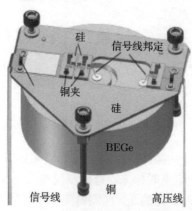

图 4-27　GERDA 宽能量型高纯锗探测器结构设计 [29]

表 4-7 GERDA 同轴与 BEGe 结构物料质量比较 [29]

材料	阶段 I (coaxial)		阶段 II (BEGe)	
	m/g	$m'/(\text{g/kg})$	m/g	$m'/(\text{g/kg})$
Cu	84	35.0	13	19.4
Si	1	0.4	20	29.9
PTFE	7	2.9	1	1.5
$CuSn_6$	—	—	0.7	0.97
Total	92	38.3	34.7	51.8

GERDA 在第二阶段实验高纯锗探测器阵列结构也进行了一些尝试。常规技术是将 BEGe 探测器通过螺纹结构串联起来,如图 4-28 所示为多个 BEGe 探测器在手套箱内组装成几串探测器。为了进一步减少结构材料,GERDA 采用了 BEGe 探测器晶体背靠背放置的形式 [29],如图 4-28 右图所示,两个晶体组成一个整体,保证探测器性能的同时,进一步减少了结构材料 (高纯无氧铜) 的使用量。

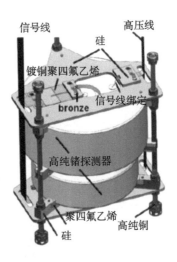

图 4-28 BEGe 探测器背靠背放置阵列结构

GERDA 第二阶段实验高纯锗探测器阵列的基本情况如图 4-29 所示。

马约拉纳现阶段实验 (即 Majorana Demonstrator) 运行的高纯锗探测器总质量为 44.1 kg,其中 29.7 kg 为 ^{76}Ge 富集度达到 $(88.1\pm0.7)\%$ 的高纯锗探测器,其余 14.4 kg 为天然高纯锗探测器。马约拉纳实验组高纯锗探测器主要采用点电极高纯锗 (p-type point contact germanium, PPCGe) 探测器技术和 BEGe 探测器技术。为了保证结构的稳定性与均匀的导热性能,马约拉纳实验组探测器单元的设计使用了地下制备的低本底高纯电解铜,实现了对 PPCGe 和 BEGe 探测器在同一串探测器中的兼容,其探测器单元如图 4-30、图 4-31 所示。探测器高压通过铜质高压环传导给高纯锗晶体,同时用聚四氟乙烯材料进行绝缘。点电极的另一端有较大面积的铜三叉结构,保障了晶体温度的稳定,同时上端用铜质夹子固定熔融石英前置放大器电路板,有效屏蔽了因场效应管工作发热产生的红外辐射[31]。

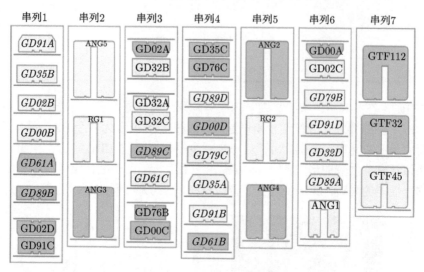

图 4-29 GERDA 实验现阶段运行的高纯锗探测器[29]

GD91A 等:为高纯锗探测器编号

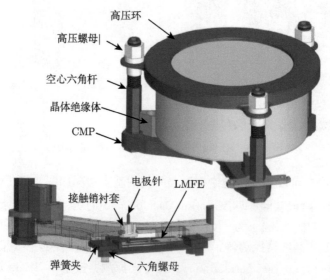

图 4-30 马约拉纳实验组探测器单元结构示意图

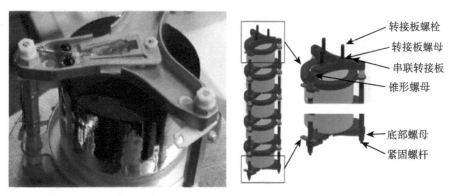

图 4-31 马约拉纳实验组探测器单元结构 [34]

转接板螺栓
转接板螺母
串联转接板
锥形螺母
底部螺母
紧固螺杆

4.4.2 高纯锗探测器制造

典型 p 型同轴高纯锗探测器如图 4-32 所示，高纯锗晶体外侧为 n^+ 电极，厚度约为 1 mm，通过蒸镀锂离子实现；内部为 p^+ 电极，一般通过硼离子注入实现；在 n^+ 电极与 p^+ 电极的交界处，通过一个沟槽进行分隔，其表面可为本征锗晶体，也可进行相应钝化，不同的钝化工艺、钝化的尺寸大小会影响探测器漏电流水平。GERDA 实验组同轴型高纯锗探测器如图 4-33 所示。

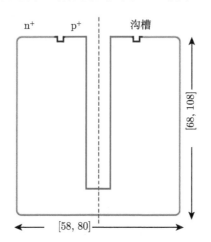

n^+ p^+ 沟槽

[68, 108]

[58, 80]

图 4-32 典型 p 型同轴高纯锗探测器 [25]

一般来说探测器电容越小，其引入的噪声就越少，可通过减小同轴探测器内径来实现，当高纯锗探测器中心电极缩小至 1 mm 时，可近似为一个点，形成点电极高纯锗探测器，其电容非常小，因此可以达到极低的噪声水平和能量阈值。典型的 PPCGe 高纯锗探测器如图 4-34 所示。

图 4-33　GERDA 实验组同轴型高纯锗探测器 [25]

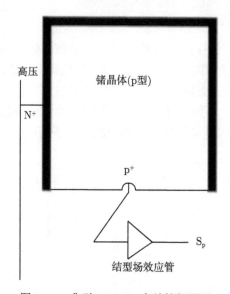

图 4-34　典型 PPCGe 高纯锗探测器

　　BEGe 探测器与点电极高纯锗探测器相比，主要优势在于探测器内部电场强度更加合理，当有电子空穴对产生时，电子将在弱电场区漂移对信号贡献不大，而不论能量沉积发生在探测器内何处空穴都将沿着近似的路径漂移至 p$^+$ 电极，因此电流脉冲的最大值几乎总是与能量成正比。这种特点也让在无中微子双贝塔衰变波形甄别上，可采用 A/E 比值进行脉冲形状识别 (PSD)，其中 A 为电流脉冲的最大值，E 为能量。典型 p 型 BEGe 高纯锗探测器如图 4-35 所示，高纯锗晶体内部红色部分为 p$^+$ 电极，直径为 3~5 mm，一般通过硼离子注入实现。

　　为了克服 PPCGe 和 BEGe 探测器存在弱电场区域、单个晶体质量不能太大的缺点，反向同轴高纯锗探测器应运而生，其典型结构如图 4-36 所示。通过巧妙的结构设计, 反向同轴高纯锗探测器单个晶体质量可达 3 kg, 且具有和 BEGe、PPCGe 相当的波形甄别能力。图 4-37 中比较了 PPCGe 和反向同轴高纯锗探测器内部的

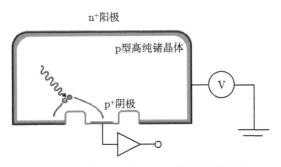

图 4-35 典型 p 型 BEGe 高纯锗探测器

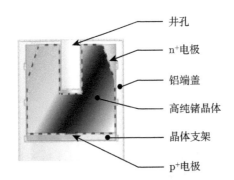

图 4-36 p 型反向同轴高纯锗探测器

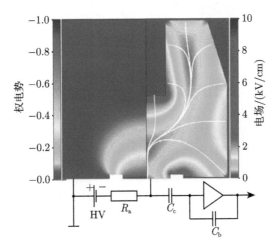

图 4-37 点电极高纯锗探测器权电场分布 (左) 和反向同轴高纯锗探测器权电场分布 (右)

权重电场和电势分布。同时，由于大质量探测器的表面积与体积之比更小，可使用较少的电子学与支撑结构，以获得更低的本底水平。目前，探测器能量分辨率 (FWHM) 可以达到 2.3 keV @2039 keV。反向同轴高纯锗探测器将作为下一代无中微子双贝塔衰变实验重点研究的备选探测器。

4.4.3   高纯锗晶体生长

1. 高纯锗晶体的意义

暗物质和中微子的性质是目前物理学界的两大难题，有很多围绕它们进行的实验已经展开，其中，高纯锗探测器在暗物质探测实验和无中微子双贝塔衰变实验等稀有事例探测实验中发挥了重要的作用 [25,35]。

2. 用于探测器的高纯锗晶体

1) 杂质浓度

杂质浓度是指单位体积晶体中其他原子的数量。一般情况下，物理实验倾向于选择较大的探测器以提高探测效率。高纯锗探测器的耗尽层厚度决定了其灵敏体积，该厚度的近似表达式为 [36]

$$d \approx \sqrt{\frac{2\varepsilon V_0}{\mathrm{e}N}} \tag{4.6}$$

其中 d 为耗尽层厚度，V_0 为反偏电压，N 为杂质浓度。

高纯锗探测器需工作在全耗尽状态。从式 (1.4.1) 中可以得出，相同电压下，高纯锗晶体的杂质浓度影响着其耗尽层厚度。因表面漏电流的影响，探测器工作电压是有上限的。因此，高纯锗晶体的杂质浓度最终决定探测器能够到达的灵敏体积。降低杂质浓度有助于增大探测器的灵敏体积。一般来说，高纯锗晶体的杂质密度应该在 $10^{10}/\mathrm{cm}^3$ 范围内。

2) 位错密度

位错是指晶体中局部原子的不规则排列，可视为晶体中已滑移部分与未滑移部分的分界线，该线也称为位错线。位错密度定义为单位体积晶体中所含的位错线的总长度。

一般来说，位错密度应当保持在 $3 \times 10^2/\mathrm{cm}^3 \sim 3 \times 10^4/\mathrm{cm}^3$[37]。这是因为如果位错密度太低，那么锗晶体中的双空位氢 (V_2H) 的密度会较大，大量辐射粒子电离出的电荷就会被它们俘获；如果位错密度太高，大量位错本身就会俘获灵敏体积中的大量电荷。这就会导致探测器对能量的不完全收集，因此高纯锗晶体应保持适当的位错密度。

3) 区域提纯

生产高纯锗晶体的原材料是锗锭。一般来说,商业化生产的锗锭的杂质浓度在 $10^{13}/cm^3 \sim 10^{14}/cm^3$ 的范围内,而高纯锗晶体的杂质浓度应该在 $10^{10}/cm^3$ 范围内,所以必须对锗锭进行提纯才能进行下一步的晶体生长。贝尔实验室于 20 世纪 50 年代发展了区域提纯技术,该技术的核心是利用固溶体合金定向凝固的溶质再分布原理,使水平放置的待提纯晶体中的杂质向一端富集。其流程如下 [38]:

(1) 将待提纯的锗锭放入耐热容器中,使用一个移动的非接触加热器,如感应加热线圈,在径向环绕锗锭的同时在水平方向覆盖一定长度的晶体,将该加热器从晶体的一端移动到另一端,并重复若干次。这个加热器所提供的热量能够熔化晶体。

(2) 当锗锭的某部分被加热熔化后,加热器会移动到下一区域,这时这一区域就会重新凝固,在重新凝固的过程中,区域里的杂质会被排入熔化部分的锗锭即下一区域中 (图 4-38)。所以,在加热器从一端到另一端的过程中,杂质会被富集到锗锭的末端,如此重复若干次直到锗锭的杂质浓度达到 $10^{10}/cm^3$ 范围内。

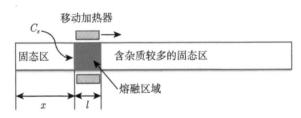

图 4-38 区域提纯示意图

熔融部分跟随加热器的移动 [37]

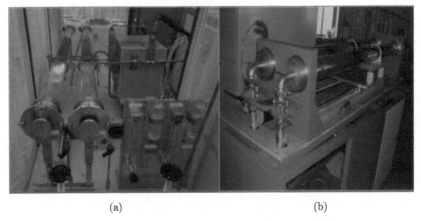

(a)   (b)

图 4-39 美国南达科他大学的区域提纯装置 [37]

(a) 图装置锗锭容量为 4 kg; (b) 图为 16 kg

　　影响提纯结果的因素主要有: 提纯前的清洁流程、提纯环境气体、提纯容器的真空度和材料、提纯工作参数 (包括加热区域宽度、移动速度及次数)[37,39]。

　　其中, 对参与提纯过程的所有工作器件包括锗锭本身的清洁是十分重要的, 它们表面的污染物会使得整个提纯过程失败。提纯容器中的真空度同样重要。保持容器的高真空度的目的是尽量地减少气体与锗锭的接触, 这是因为在熔融状态下的锗锭可以与氧气等气体反应, 从而生成氧化物等新的杂质 [40]。

　　4) 晶体生长

　　在对锗锭进行区域提纯后, 如果其杂质浓度低于 $10^{10}/cm^3$, 那么下一步可以使用该锗锭进行晶体生长以生产高纯锗单晶。晶体生长实际上是结晶的过程, 目前使用较多的是柴可拉斯基法 [41](图 4-40)。该方法的主要过程是把锗锭加热至熔融状态; 然后把与要生产的晶体性质相同的籽晶插入锗锭中并用籽晶杆夹持; 最后通过操纵籽晶杆, 将籽晶拉升、旋转并调整温度, 其拉出的锗锭就会固化为所需的高纯锗晶体。具体生产流程如下 [37]:

　　(1) 在开始晶体生长之前, 清洁生长过程所需的石墨坩埚、锗籽晶和锗锭是十分重要的。清洁过程的第一步是用去离子水清洗表面可见的污染物; 第二步是用丙酮清洗有机污染物; 第三步是使用强酸, 如 $HNO_3:HF(3:1)$ 来清洁表面不可见的污染; 最后一步是用去离子水清洗。清洗完成后, 使用氮气去除残留的水分。清洁的时间和温度必须被严格控制, 否则锗可能会与强酸发生反应。

　　(2) 清洁过程完成后, 将锗锭放入石墨坩埚中后, 用一个石墨包袋封闭坩埚, 将坩埚放入加热装置中。之后, 使用机械泵和扩散泵制造大约 10^{-4} Pa 的真空环境, 再向包袋中通入氢气, 流速大约在 1 L/min, 控制其气压比 1 个大气压略高。

　　(3) 完成填装之后, 开始加热锗锭使其温度高于其熔点 (973 ℃), 之后将其温度设置为合适的 “平衡温度”。之后, 将籽晶放入锗锭中并使用籽晶操纵杆夹持, 通过籽晶操纵杆将籽晶慢慢地向上拉伸。开始时要控制被拉伸锗锭的直径以控制位错密度。之后, 通过旋转籽晶来制造被拉伸锗锭的肩部, 在这个过程中锗锭的直径不断增加。当肩部制造完成后, 不再改变锗锭的直径, 继续向上拉籽晶以制造锗锭的主体。最后, 随着熔融锗锭的逐渐耗尽, 被拉伸锗锭的直径慢慢减小, 锗锭的后端出现一个直径较小的尾部。当拉伸完成后, 将锗锭移出坩埚并降温至室温, 高纯锗晶体的生长过程完成。

　　在籽晶拉伸的过程中, 可以通过调整温度和拉伸速度来控制生长直径。观察当前锗锭直径的方法主要有两种: 第一种方法为通过内置在加热炉中的耐高温摄像机来拍摄锗锭照片并通过对比已知长度的参考物来计算锗锭的直径, 此摄像机被放置在加热装置顶部, 几乎在锗锭的中心线上, 可以提供锗锭的顶视图, 如图 4-41 所示; 第二种方法为通过内置在加热炉中的称重仪器来观察, 该称重仪器测量的是被拉伸锗锭的质量, 由此可以得出拉伸时间和已被拉伸锗锭质量的关系, 从而计算出当前锗锭的直径。

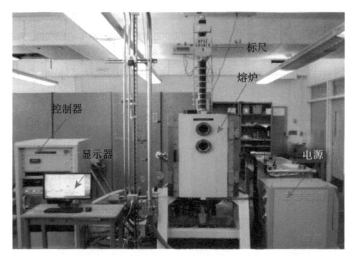

图 4-40   美国南达科他大学的柴可拉斯基法晶体生长装置 [37]

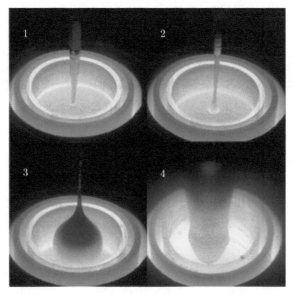

图 4-41   柴可拉斯基法晶体生长过程的摄影图 [37]

在晶体生长的过程中，要防止污染物污染晶体造成杂质浓度超过 $10^{10}/\mathrm{cm}^3$。杂质可以分为内部杂质和外部杂质。制造真空的扩散泵可能会引入杂质。如果使用油扩散泵，其喷射的油蒸汽可能留在加热装置中造成污染。要控制这种污染，需要将一个冷凝装置放在扩散泵和加热装置的接口处，使得将要喷入加热装置的油蒸汽冷却并收集，从而减少这一污染。另一个外部污染来自于坩埚，由于坩埚处在高温中，其内部的杂质可能会在高温的作用下逸出并进入熔融锗中。除此之外，环境气体也可能作为杂质进入熔融锗中。

通常在进行晶体生长前，会对坩埚和加热装置进行烘烤来去除它们所含的杂质，对于新的坩埚和加热装置，这一过程更加重要。烘烤过程是指将坩埚和加热装置加热到很高的温度并通入氢气。在这一温度下，它们内部的杂质将十分活跃并逸出，之后被氢气带出 [37]。

内部杂质指锗锭中存在的杂质，主要包括硼、铝、磷和镓等元素。根据区域提纯的原理，反复并缓慢地进行晶体生长的过程，硼元素将会集中在晶体的头部，磷元素将会集中在晶体的尾部，但是铝元素和镓元素还是会分布在晶体的主体，去除它们的方法还有待研究。图 4-42 为使用柴可拉斯基方法生长出的不同直径的成品高纯锗晶体。

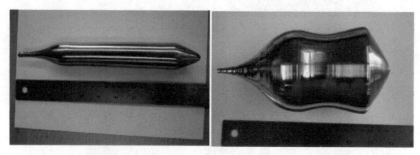

图 4-42　使用柴可拉斯基法生长出的不同直径的成品高纯锗晶体 [37]

5) 晶体参数及测量

高纯锗晶体生长完成后，需要测量杂质浓度和位错密度等晶体重要参数指标。利用霍尔效应可以测量高纯锗晶体中的杂质浓度。高纯锗探测器的工作温度是77K，因此应该在 77K 的温度下测量高纯锗晶体的杂质浓度。测量时通常从高纯锗晶体的顶部、中部和底部各取一个体积较小的样本，测量其霍尔电压得到杂质浓度。霍尔电压的公式为

$$V_{\mathrm{H}} = -\frac{IB}{ned} \tag{4.7}$$

其中 V_{H} 为霍尔电压，n 为载流子浓度。

测量位错密度的第一个方法是使用蚀刻剂腐蚀晶体样品之后测量腐蚀坑数量 [42]。蚀刻剂会腐蚀高纯锗的表面，形成腐蚀坑，由于蚀刻剂在位错密度处对晶体的腐蚀速率比在正常晶体处要快，因此在控制腐蚀时间的情况下，位错处表面会出现腐蚀坑而正常处几乎不会出现腐蚀坑，这样在显微镜下观察就可以辨别出位错处。取高纯锗晶体样品后切片，使用蚀刻剂对样品进行蚀刻。蚀刻剂的组成

为乙酸:HNO$_3$:HF(11:10:5) 及少量的 I$_2$。蚀刻后在显微镜下测量腐蚀坑的数量，如图 4-43 所示。

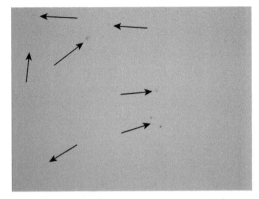

图 4-43 通过显微镜观察到的腐蚀坑洞，如箭头所示 [37]

测量位错密度的第二个方法是测量晶体的摇摆曲线。晶体摇摆曲线的 FWHM 与晶体的位错密度有关 [37]，可以通过 FWHM 计算得到位错密度。摇摆曲线通常是通过对样品进行 X 射线衍射得到的，将 X 光机置于样品一侧，另一侧放置探测器，探测器被固定在被测晶体衍射角处，通过转动样品，可以获取不同角度下样品的衍射强度，即可得到晶体的摇摆曲线，如图 4-44 所示。

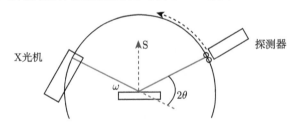

图 4-44 使用 X 射线衍射测量晶体摇摆曲线示意图 [37]

4.4.4 高纯锗前端电子学

1. GERDA 实验前端电子学

高纯锗探测器采用低噪声结型场效应晶体管 (JFET) 电荷灵敏前放读出，分为 JFET 晶体管和二级放大器两个部分：前者放置在探测器非常近的地方，必须工作在低温环境中；后者则与探测器有一定距离，可以工作在室温。由于在 GERDA 实验中采用了液氩反符合系统，二级放大器也必须放置在低温中。图 4-45 给出了 GERDA 实验阶段 I 前端电子学 CC2 的原理框图。

CC2 前放采用 BF862 作为输入 JFET 管，商用 AD8651 运放作为第二级放大器。反馈电容 C_F 和校准电容 C_T 均通过 PCB 上走线的寄生电容实现。前端电路基板采用 CuFlon(Polyfon)，单块电路板上集成 3 通道前放，如图 4-46 所示。前放通过横截面积为 2 mm×0.4 mm 的铜条和探测器相连，铜条外面包裹 PTFE 管实现绝缘。CC2 的电荷增益为 180 mV/MeV，动态范围为 10 MeV，功耗小于 45 mW/ch，典型的上升时间为 55 ns，衰减时间为 150 μs，在 10 μs 达峰时间准高斯成型电路下噪声为 0.8 keV + 0.024 keV/pF(FWHM)。CC2 可以直接驱动 20 m 长的同轴电缆 (RG178)。

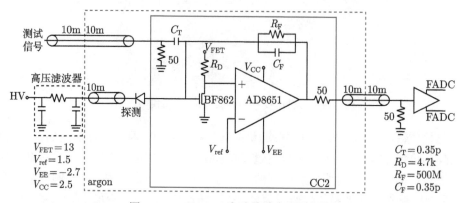

图 4-45　GERDA 实验前端电子学框图

FADC：快速模数转换模块；HV：高压；BF862 和 AD8651：晶体管、放大器型号

图 4-46　CC2 电路板

在 GERDA 实验阶段 II 中采用了噪声更低的 BEGe 探测器，同时对本底也提出了更高的要求，因此前端电子学也升级为 CC3。和 CC2 相比，CC3 前放包含两个部分，如图 4-47 所示。

其中近前端包括了输入级 JFET 管、反馈电阻和电容以及相应的保护设施，远前端则包括了运算放大器和一些无源器件。同样，前端电路基板采用了低本底的 CuFlon。CC3 采用了无封装的 SF291 进行打线，代替了 CC2 中的 BF862 作为输入级 JFET，减少了 BF862 的 SOT23 封装带来的本底，反馈电阻为 0402 SMD 陶瓷封装的 500 MΩ 电阻，反馈电容 (0.3 pF) 通过走线的寄生电容实现。远前端则继续采用了在 CC2 中所使用过的运算放大器 (AD8651) 和无源器件。

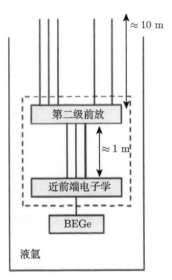

图 4-47 CC3 前放，包含近前端和远前端两个部分

CC3 同样在单块电路板上集成了 3 通道前放，如图 4-48 所示。连接 BEGe 探测器和 CC3 前端电子学的测试结果显示，在 2.6 MeV 能量处的半高宽为 2.6 keV，带宽为 20 MHz，在 LAr 环境下功耗为 50 mW/ch，^{228}Th 的放射性活度为 50 μBq/PCB[43]。

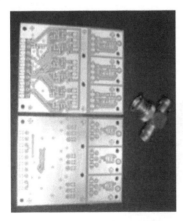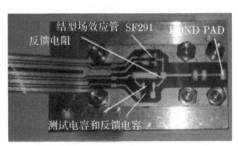

图 4-48 CC3 电路板 [43]

BOND PAD：绑定区；SF291：芯片型号

2. 马约拉纳实验前端电子学

在马约拉纳实验中同样采用 JFET 电荷灵敏前放，由于采用被动屏蔽，只有 JFET 放在探测器附近的低温环境中，其第二级放大器放置在室温下。马约拉纳实验采用的低本底前放 LMFE 原理图如图 4-49 所示。

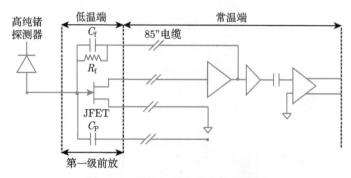

图 4-49　马约拉纳实验前放原理图

为了实现低噪声，LMFE 采用了输入电容较小 (Cgs~0.7 pF) 的 MOXTEK 生产的 JFET 管，同时通过让 JFET 工作在 40 mW 功率以及相应的热设计使得 JFET 工作在最佳温度 130 K 左右。和 CC2 类似，LMFE 的反馈电容和校准电容均由 PCB 走线的寄生电容实现。低噪声反馈电阻则由溅射很薄的一层非晶锗来实现。另外前端电路基板采用熔炉石英玻璃，如图 4-50 所示。LMFE 的噪声在不接探测器的情况下为 55 eV(FWHM)，接上探测器后为 228 eV(FWHM) 左右，成型时间为 5.5 μs。

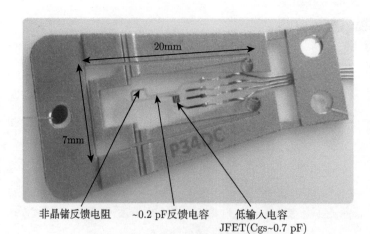

图 4-50　马约拉纳实验前放电路板

3. LEGEND 实验前端电子学

LEGEND-200 采用了马约拉纳的 LMFE 前放设计作为基础，并且将探究其在 LAr 环境下和连接线缆更长时的情况。而将要应用在 LEGEND-1000 中的 ASIC 前放也正在研究中 [44]。

4.4.5 数据获取系统

1. GERDA 实验数据获取系统

GERDA 实验数据获取系统包括高纯锗探测器和反符合数据获取系统，系统由 GPS 秒脉冲信号进行同步，所有信号由 FADCs 进行数字化处理后，并离线重建能量信息。

高纯锗探测器信号采集系统由 NIM(核仪器标准块) 模块和基于读出电路与外部触发逻辑设计的 PCI(周边元器件接口) 构成。每个 NIM 模块能对 4 通道模拟信号进行模数转化，可以处理单端信号和差分信号。模拟输入端的信号极性和增益可以通过跳线选择，输入偏置可调。输入端抗混叠滤波带宽为 30 MHz。ADC 采用 Analog Devices 公司的 AD6645 (100 Msps, 14 bit)。数字信号经过梯形滤波后产生触发信号，基于 LVDS 标准链路将数据发送至 PCI 板。不同的 NIM 模块由一个共同的外部时钟和 BUSY 信号保证同步，BUSY 信号用于阻断数据读出时的数据写入。PCI 的读出板则安装在运行 Linux 系统的 32 bit/33MHz 个人电脑上，允许的最大数据传输速率为 132 MB/s。在最大采样率 (100 Msps) 的情况下，存储脉冲上升沿前后 5 μs 的波形以进行波形分析，该时长可以允许对数据进行 10 μs 移动窗口反卷积运算 [45]，因此在压缩过程中不会丢失能量重建信息。

一个 32 位的触发计数器信号和一个 64 位、100 MHz 的时间戳与数据一起进行保存，而触发信号的或逻辑运算和 BUSY 信号的产生由 NIM 模块的逻辑模块完成。GERDA 开发了一个基于 Qt(一个 C++ 开发框架) 的完整图形用户界面用于整个实验系统，同时开发了一个基于 Java 的图形分析工具用于数据在线监测。为了优化数据分析并为分析提供一个唯一的输入接口，所有原始数据都被转换成了通用的标准格式。

反符合实验数据获取系统安装于 VME 机箱中，其中有 14 个 8 通道、100 Msps 14 bit 的 ADC。每个板卡有两个 128 k 采样数的存储 BANK，每个事例记录占 4k 个采样数。当第一个 BANK 写满时，写入第二个 BANK 同时读取第一个 BANK 的数据。这样可以将死时间缩短至小于 0.1%。每个通道的数据先后经过 30 MHz 带宽的抗混叠滤波和梯形滤波，过阈则输出触发信号。FADC 模块中的 8 个触发经逻辑 "或" 输入至自主设计的 VME 板卡 MPIC。如果一定数目 (可设定) 的板卡在符合时间窗内输出触发信号，则 MPIC 输出一个全局触发信号。该板卡也提供一个事件时间戳用于同步 GPS PSS 信号 (10 ns 精度)。如果触发产生,"停止脉冲"将扇出至所有 FADC 板卡,以停止数据写入循环 buffer,将数据读出。对于一次触发,每个通道记录 4 μs 的长度。"停止脉冲"也被高纯锗探测器信号采集系统数字化用于判弃符合事例。可以通过离线分析,比较 μ 子和高纯锗事例的时间戳来检测出延迟符合事件。

GERDA 实验组和马约拉纳实验组为数据分析联合开发了一个软件库:MGDO (Majorana-GERDA Data Objects),该软件库包含通用接口和分析工具,用来分析处理实验或模拟数据。数据采集系统在具有 14 TB 存储空间的服务器上存储数据,每天晚上,新产生的数据将被传输至具有 36 TB 大小的 GERDA 服务器中。这些原始数据被隐藏起来,仅对小部分用户可见。原始数据的副本则被存在海德堡和莫斯科。系统每天自动对探测到的事件进行一次重建。由于 GERDA 实验事例率很低,所以可以将脉冲上升时间、事例能量和基线电平等数据一起存储下来。用户使用 Web 浏览器可以通过接口对数据库进行简单访问,或者可以由用户编写的 C++ 程序进行访问。

GERDA 在实验 A 号厅建设了专用网络,该网络通过两根多模光纤与地面上的实验室联通。光纤连接到网络交换机,交换机直接连接到提供网络路由设施的专用服务器,该服务器用作防火墙和用户认证服务器,并且用于访问所有 GERDA 内部网络资源和服务 [25]。

2. 马约拉纳实验数据获取系统

马约拉纳的系统整体示意图如图 4-51 所示。

目前运行的实验有两个独立的模块,每个模块包含 7 串,每串上最多带有 5 个探测器,每个探测器有一个低增益和一个高增益输出波形采样,因此,每个模块最多需要 70 通道的数据采集系统。每个模块的数字化模块封装在 VME 机箱中,每个 VME 机箱都有一个单板计算机来读出数据。整个系统由一个中央 DAQ(data acquisition) 计算机控制。反符合系统的数据同样由中央计算机采集和处理。

合作组采用 GRETINA 的前端数据采集板 [46],板上包括波形采样和信号处理,采用 Analog Device AD6645(100 Msps, 14 bit) 直接数字化 10 通道的探测器前放信号,在 FPGA 中实现逻辑判断、极零相消和成形等。

控制板位于母板和前端数据采集板之间,其包含 16 路 DAC 输出控制 16 路独立的信号源输出,从而控制 FETs 的源漏极电压,同时,有 16 路 ADC 用于监控前放的第一级输出。控制板的输出用于标定电子学、监控独立通道的增益和触发效率。

此外,反符合系统有独立的电子学系统,反符合事例由主 DAQ 读出,并由全局时钟定标从而具有时间戳信息。GPS 模块部署于反符合系统和数据采集板之间,为两者提供准确的同步复位和全局时钟。

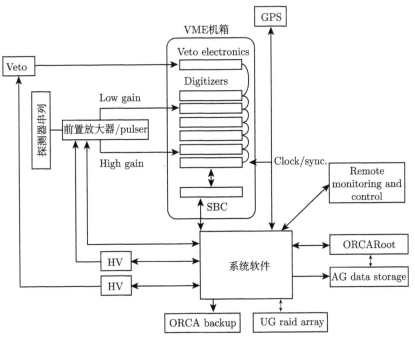

图 4-51 马约拉纳装置数据采集及处理系统示意图 [32]

探测器和 PMT 阵列的高压供电系统由计算机独立控制,从而实现对探测器的单独优化。地下实验室部署了 32 TB 存储容量的 RAID 系统,用于缓存备份数据,防止与地面网络故障造成数据丢失。

数据获取软件是基于面向对象的实时控制和获取的 ORCA[47]。ORCA 是一个通用性、模块化、面向对象、数据获取和控制的系统软件,可以实现图形化界面的开发和配置,每个模块对象拥有其完全密封的数据架构、支持和诊断接口。

4.4.6 高纯锗探测器制冷系统

1. GERDA 实验

低温恒温器能容纳 64 m^3 的液氩,既为探测器提供稳定运行的低温环境,也能进一步屏蔽穿过外部纯水残留的 γ 本底和恒温器自身的本底。接头和阀门处的金属密封件和 3×10^4 Pa 的压强可以阻止氩从外部环境泄漏到低温恒温器中。在最开始的设计中想采用低放射性的铜 (^{228}Th <20 μBq/kg),但由于安全问题以及成本增加等因素,更换为了外部为不锈钢,内部为铜屏蔽的方案。根据不锈钢的材料的放射性,铜屏蔽体厚度通过分析计算和蒙特卡罗模拟确定 [25]。

制冷系统由大约 1.3 m 高的底座支撑 (标记 1),进入底座的位置开了两个孔

(标记 2)，恒温器主要由高度均为 4 m 的外筒 (直径为 4.2 m) 和内筒 (直径为 4 m) 组成，内筒由 8 个 Torlon 板支撑 (标记 3)。内外筒均有 1.7 m 高，内径为 800 mm 的颈部结构，是进入低温恒温器的唯一通道，与顶部的结构连接。其中内部容器的热收缩补偿 (compensation for thermal shrinkage) 是由颈部的双壁不锈钢波纹管 (标记 7) 提供。再靠上一点的结构是 DN200 的法兰 (标记 9)，再外面是由类似阳台的结构包裹，以减少水的影响。双壁不锈钢波纹管 (标记 7) 和 DN200 的法兰 (标记 9) 的缝隙由灵活的橡胶材料所填充。颈部结构顶部的总管 (manifold)(标记 10) 包含了所有穿过法兰的 feedthrough、灌装管、排气管，冷却管和一些低温仪表。DN630UHV(标记 12) 使在没有锁系统的情况下可以独立操作低温恒温器，内部的铜屏蔽体 (标记 5) 包括 60 个 3 cm 厚的高纯无氧铜板，总质量为 16 t。液氩/液氮的热交换器 (标记 6) 位于颈部结构下方的螺旋铜管中，在气压为 1.2×10^5 Pa 条件下，液氮沸点为 79.6 K，液氩温度保持在 88.8 K，低温恒温器最开始会产生轻微的超压，然后缓慢达到平衡状态。连接低温恒温器和锁的是一个半径为 600 mm 的可活动的结构 (标记 11)[25](图 4-52)。

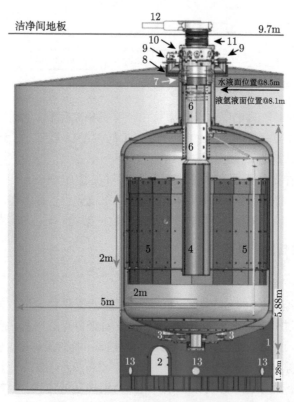

图 4-52　GERDA 制冷系统示意图 [25]

氡可以从容器壁进入，并可通过对流靠近锗晶体。为了防止这样的情况发生，制作了氡防护的圆筒罩 (标记 4)。低温恒温器的外筒和内筒均通过了代号为 PED 97/23EC 的欧洲压力测试、氡的泄漏测试等[25]。

2. Majorana Demonstrator

低温恒温器外部材料是铜，里面是真空，包含电子束焊接容器组件以及可拆卸的顶盖和底部盖。这些组件之间的真空密封件是马约拉纳定制的，采用薄的二甲苯垫片夹在加工成铜部件的锥形表面之间。铜轨扇区和夹紧螺栓用于在装配的过程中保持平行。靠真空腔内外的压差足以保持密封状态，使得螺栓的强度不影响有效密封[31]。

探测器安装在铜冷板上，铜冷板在 Vespel 引脚上，提供相应的支撑，并且有对齐功能。底部安装了红外屏蔽体，以降低红外辐射在探测器中产生的漏电流。低温恒温器的横臂由外部是铅里面是铜的框架支撑[31]。

每个低温恒温器都安装在自己的真空系统上，由全金属超高真空组件构成。200 lpm 无油隔膜泵提供粗糙的真空，300 L 涡轮分子泵用于初始状态直至达到超高真空 (UHV)，1500 lps 低温泵用于维持稳态运行。NEG 泵被用来去除积聚的不可冷凝气体。残余气体分析仪提供真空的质谱分析。包括阀门在内的所有有源组件通过开发的程序进行远程操作，压力数据会不断上传到慢速控制数据库，以便查看历史记录[31]。

探测器串通过热虹吸管冷却。热虹吸管是横臂内的一个封闭管，它连接冷板和冷凝器，冷凝器内部是装液氮的杜瓦罐，外部是屏蔽体。氮气在冷凝器中液化，受重力作用，通过横臂中的热虹吸管到冷板。蒸发的氮气会回到冷凝器，在那里它被释放。在这个循环中，热量从冷板输送到杜瓦瓶中的液氮[31]。

杜瓦瓶中的液氮蒸发，同时外部会补充液氮进来；热虹吸管中的双相氮具有较大的有效导热系数，为装置提供所需的冷却功率。通过调节热虹吸管中氮的量，可以调节工作温度。在冷板上只产生一层薄薄的冷凝氮，使蒸发产生的微噪声降到最低。热虹吸管系统由热虹吸管、定制液氮脱膜、将氮气装入细管的气态管道和外部压载罐组成。热虹吸管是用与制备低温恒温器相同的超细铜管制成的。液氮杜瓦罐是专门定制的，包括一个主要的冷凝器，与热虹吸管真空连接，以及与补充氮气的设备连接。外部压载罐能提供一个安全保障，允许在液氮供应损失的情况下蒸发冷凝热管氮气，而不会产生危险的超压条件。此外，由于压载罐与热虹吸管分离，氮气在装入热虹吸管之前可储存几个 ^{222}Rn 半衰期 (半衰期 3.8 d) 的时间。通过这种方式，可以确保在热虹吸管中循环的氮是无辐射的[31](图 4-53)。

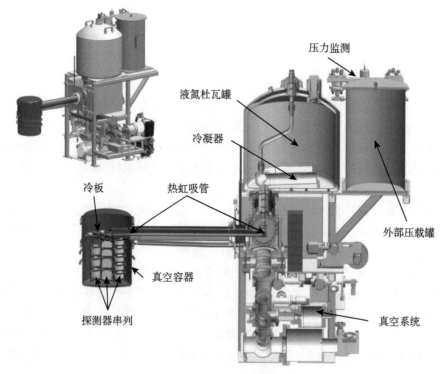

图 4-53　马约拉纳制冷系统示意图 [31]

4.4.7　高纯锗探测器反符合系统

1. GERDA 实验

GERDA 实验反符合系统中装有体积为 64 m³ 的液氩，这部分液氩既有制冷作用，也有主动反符合屏蔽作用；液氩系统外是直径为 10 m、体积为 590 m³ 的水箱，里面装满了纯净水。这部分约 3 m 厚的水层既可以作为额外的被动屏蔽，又可以和 66 个 PMT 一起构成切连科夫探测器来反符合掉入射到探测器中的宇宙线 μ子 (图 4-54)。

液氩反符合探测器的主要作用是测量高纯锗探测器阵列周围的液氩闪烁光。它的目标是去除在高纯锗探测器和液氩探测器中同时产生信号的物理事例。这些被去除的事例主要包含探测器内部和周围结构材料中铀系、钍系放射性衰变链产生的本底。另外，μ 子和 ^{42}Ar/^{42}K 产生的辐射本底也能被有效地去除。

根据本底种类和放射源离高纯锗探测器距离的不同，液氩反符合探测器抑制因子的差别能达到 10³ 倍之多。

GERDA 实验的液氩反符合系统是包含硅 PMT、读出的 PMT 以及移波光纤的综合系统, 它被设计成一个可伸缩的单元, 可以与锗探测器阵列一起通过锁定系统放到低温恒温器中。锁定系统将反符合系统限制在一个长的圆柱形形状上, 直径为 0.5 m, 高度为 2.6 m[28]。

图 4-54 GERDA 反符合装置示意图 [28]

GERDA 实验液氩反符合系统共有 16 个 3″ 的 PMT, 其中顶面 9 个, 底面 7 个, PMT 固定在液氩中边缘铜板的内侧。边缘铜板连接着 60 cm 的铜罩, 铜罩内部贴有 254 μm 厚的涂有移波剂 (四苯基丁二烯, TPB) 的聚四氟乙烯 (Tetratex®PTFE)(图 4-55)。

PMT 型号为 Hamamatsu R11065-20 Mod, 该 PMT 拥有一个双碱光阴极, 对波长为 420 nm 左右的光子有 40% 的量子效率。通常情况下, 单个光电子的峰谷比约为 4。为了能够直接探测到闪烁光, 在光阴极上涂一层 1~4 μm 厚的移波剂。TPB 按材料总质量的 10% 嵌入聚苯乙烯 (占总质量的 90%) 中。

此外, 液氩反符合系统还使用移波光纤帷幕 (~ 50% 覆盖率) 围绕在高纯锗探测器阵列四周, 并采用硅光电管读出信号。光纤探测器的设计目标是在使用最少材料的同时, 实现尽可能大的覆盖, 从而最大限度地获得高的反符合效率, 减少高纯锗探测器的本底。

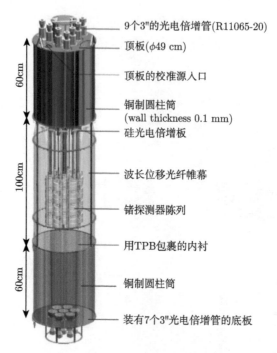

图 4-55　GERDA 中的 PMT 系统 [29]

2. Majorana Demonstrator 实验

Majorana Demonstrator 实验装置中的 μ 子反符合系统是由两层塑料闪烁板构成。同时，为了最大限度地减少缝隙，每一层板都密封在 EJ-204B 丙乙烯片中。这些闪烁板具有不同的形状和尺寸，总面积为 37 m²，屏蔽装置由 32 个反符合闪烁板组成 (图 4-56)。

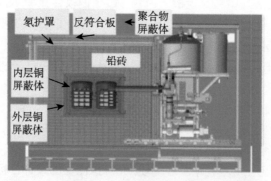

图 4-56　Majorana Demonstrator 系统示意图 [48]

在马约拉纳实验所在的美国 SURF 地下实验室中，虽然 μ 子通量比较低，但来自实验仪器自身以及实验室环境的 γ 本底依然不容忽视。在 SURF 实验室所在深度的条件下，使用 2.54 cm 相对较薄的闪烁体板对甄别 μ 子和随机符合的 γ 射线有相当的挑战。在反符合探测器闪烁板中，能沉积的最大能量为 5 MeV，以至于 γ 射线能量分布的高能量尾巴会掩盖 μ 子沉积能量产生的峰，进而减少 μ 子对能谱的贡献。马约拉纳实验自行设计和建造的反符合探测器板有良好的光收集效率，即使是在低 μ 子通量的条件下，也能确保 μ 子能量峰与 γ 射线尾巴良好的甄别效果 [48]。

4.4.8 高纯锗探测器本底来源和抑制方法

1. 本底来源

在 Majorana Demonstrator 和 GERDA 实验中，实验本底可以根据其来源大致分为 6 类：

(1) 屏蔽体和电子学中使用的材料或者液氩中的原生放射性核素贡献。这部分的原生放射性材料之所以要单独提出，是因为这些原生放射性核素与探测器的距离很近，其发出的光子或者中子相对容易地进入探测器的灵敏体积。而且，这部分放射性核素位于屏蔽体内部，屏蔽体不能实现对这类放射性核素的有效屏蔽。同时，这部分放射性核素含量往往是和探测器规模呈线性相关的，例如，随着高纯锗阵列的扩大，前端电子学电路的放射性贡献也会线性增加。

(2) 铜构件和高纯锗中的宇生核素贡献。宇生核素是铜构件或者高纯锗探测器在地面制造过程中产生的，是因为在地面附近的宇宙射线中存在 μ 子、中子和质子等成分 (在宇生活化过程中，主要是中子的贡献)，而铜构件和高纯锗受到这些粒子轰击后的活化产物中存在半衰期较长的放射性核素 ^{68}Ge，^{57}Co，^{60}Co 等。其中，锗晶体内部的宇生放射性核素尤其需要注意，因为这部分放射性核素产生的光子及其衰变产物完全在探测器内部，考虑到 ^{60}Co 的半衰期长达 5 年多，所以在整个实验过程中，^{60}Co 的数目都不会降低很多。因此，研究宇生活化作用在本底研究中相当重要。

(3) 外部的或者环境中的 γ 或中子。这部分的本底来源同样是环境中的原生放射性核素，例如，U, Th 衰变链中的 γ 和由 (a,n) 反应产生的中子。

(4) μ 子以及 (μ,n) 反应在探测器和屏蔽材料中产生的中子引起的后续活化作用产生的贡献。

(5) 中微子贡献。由于中微子与一般物质的作用截面极小，它能够轻易穿过地下实验室岩石覆盖，也几乎不与探测器作用。一般在 0νββ 实验中不考虑中微子本底的影响。

(6) 2νββ 的本底贡献 [25,49]。2νββ 的能谱是一个连续谱，其截止能量就是 0νββ

单能峰的位置, 由于探测器存在能量分辨率的问题, 2νββ 的能谱和 0νββ 单能峰之间会相互渗透, 使 2νββ 成为 0νββ 探测实验的本底。这部分本底贡献会一直存在, 无法去除, 只能通过提高能量分辨率尽量降低这部分的本底贡献。高纯锗探测器由于具有优越的能量分辨率, 在去除这部分本底方面具有巨大的技术优势。在上述的本底来源中, 还可以根据放射性核素所在的位置进行进一步的分析。以 Majorana Demonstrator 实验为例, 分析结果如图 4-57 所示 [50]。

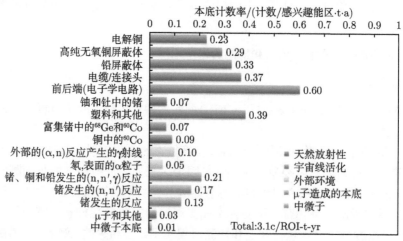

图 4-57   Majorana Demonstrator 本底构成

2. 抑制方法

针对上述讨论的不同来源的本底, 有很多可以用于抑制本底的方法。其中最简单的方法就是记录仪器运行工况和数据采集情况, 然后根据仪器运行工况来筛选仪器符合运行要求的数据。

针对上文所列的前四种源自放射性核素的本底, 可以采用多种方法相结合的手段, 降低其在高纯锗探测器中的本底贡献。按照屏蔽方式由外向内的顺序介绍, 首先是地下实验的开展, 利用地面或者山体的岩石覆盖来屏蔽宇宙射线以及减小宇生活化的影响。马约拉纳实验组的实验在 SURF 地下实验室进行。其次, 控制地下实验室内部的放射性核素的本底贡献则是通过严格筛选用于探测器系统建造的材料来实现的。材料筛选主要通过 γ 能谱分析、中子活化分析和电感耦合等离子体质谱法 (ICP-MS) 相互结合的方法来实现 [32]。针对原生放射性核素中放射性核素含量相对较高的情况, 采用 γ 能谱分析的方法, 即利用低本底谱仪进行比活度的测量。针对含量极低, 在低本底 γ 谱仪的测量灵敏度之下的放射性核素, 例如, 宇生或含量极低的原生放射性核素, 或者特征峰能量较低导致探测限较大, 难以直接测量的放射性核素 (如 ^{238}U), 采用 ICP-MS 分析。中子活化分析利用反应堆活化目标元素后, 进行 γ 测量寻找活化产物的特征峰, 这种方法由于其活化过程产生的产物相对半衰期较短, 因此比直接 γ 测量要更加灵敏, 但是操作相对麻烦, 一般用于一些含量不高, 其他方法很难测量的核素中。

另外, 很多本底事例的能量沉积方式、电荷收集的波形或能量沉积位置和无中微子双 β 衰变事例差异很大, 因此可以通过对数据进行分类的方法, 剔除不合理的事例。主要介绍下列三种事例剔除的方法:

(1) 设定 μ 子的反符合方法。在探测器外部建造大面积的塑料闪烁体反符合板, 实现 μ 子的反符合。采用这种方案时, 可以利用 μ 子和环境中的光子之间的能量差异, 通过适当的能量阈值进行 μ 子和环境光子的分离, 有效地降低环境光子对反符合系统的影响, 提高反符合系统的活时间和反符合效率 [51]。

(2) 液氩反符合探测器。GERDA 实验同时采用光电倍增管和光纤–硅光电倍增器系统收集光子并转换为电信号。液氩反符合探测器可以反符合掉锗晶体以及周围结构材料放出的高能的 γ 射线事例和液氩中 ^{42}Ar、^{42}K 的衰变事例等 [29], 反符合效率达到了 80% [26]。

(3) γ 本底的甄别方法。在 2MeV 能区, 处于康普顿散射过程占优势的能量区间, 因此一部分事例可以通过探测器阵列中同时探测到的多个事例进行反符合。另外, 可以利用信号波形的能量幅度比 (A/E) 来判断事例属于单点还是多点事例。无中微子双贝塔衰变信号事例一定是单点的, 因为电子在高纯锗探测器中的射程不足 1 mm, 其信号在时间序列上是分不开的; 而本底事例可能是多点的, 也可能是单点的。因此, 利用 A/E 方法可以去除其多点事例的本底, 在 GERDA 实验中, A/E 方法能够将 2 MeV 能区的本底降低 2 倍到 3 倍 [52-53]。

(4) α 粒子只有在探测器表面产生时才会对实验本底造成影响。其能量沉积位置在探测器表面, 而这种能量沉积方式产生的载流子在钝化表面体积内的运动极为缓慢, 会导致存在缓慢的电荷收集过程, 如图 4-58 所示。因此, 可以根据波形的上升参数实现这部分本底的去除, 这种方法本质上是体/表事例甄别。α 射线主要来自探测器附近的 ^{210}Po、^{222}Rn、^{226}Ra 等核素, 这些 α 射线的能量一般在 4~9 MeV, 在锗和液氩中的射程在 10 μm 量级, 利用探测器表面的钝化层结合体/表事例甄别可以有效地去除 α 事例。所以, 增大钝化层 (死层) 的面积也是一种抑制 α 本底的方法。以 GERDA 实验为例, 如图 4-59 所示, 同轴型探测器的 α 本底明显高于 BEGe 探测器, 这是由于 GERDA 的同轴型探测器和 BEGe 探测器同时存在 n$^+$ 和 p$^+$ 的死层, n$^+$ 层厚 1 mm, 能够有效阻挡 α 事例, p$^+$ 仅仅厚约 1 μm, 不能够很好地屏蔽 α 事例, 而 BEGe 探测器的 p$^+$ 层面积远小于同轴型探测器 [54], 所以其 α 本底会更低。

(5) 减少紧邻探测器的材料。GERDA 实验的本底低于马约拉纳实验的本底, 很大的原因就是 GERDA 实验采用液氩直接浸泡高纯锗探测器, 而非选择冷指制冷，这样探测器附近除了必要的结构材料、电子学和液氩之外，不再有其他的固体材料带来本底，材料本底的控制上也相对简单。此外，探测器单元在设计上，尽量减少了结构材料的总质量，同时采用铜、PTFE 这些放射性较低的材料。

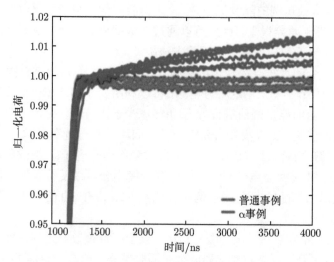

图 4-58　α 事例和普通事例的波形 [55]

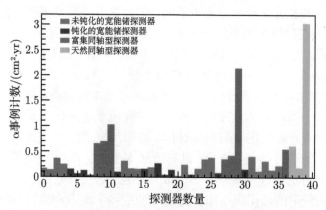

图 4-59　同轴型探测器和 BEGe 探测器的 α 本底比较 [54]

除了数据甄别方法外，马约拉纳实验组从设计以及实验室建设、运输等多个角度进行了降低本底的努力。首先，在紧邻探测器位置处，需要使用放射性含量尽可能低的材料，而且要尽可能少地使用材料，这两点在前端电子学以及探测器支撑结构的设计中尤为重要 [56]。其次，建立起了精细的元件管理数据库，在这个数据库中实现了对每一个元件从材料生产到部件制造以及部件装配全部过程的追踪，并且开发了一个宇宙线照射量计算器，结合谷歌地图，通过输入运输路径、反应高度的变化，然后把相应海拔的照射量按照指数规律转换为地面照射量。这些详细的过程记录使得每个元件的宇宙线受照情况可以被相对精确地估计，对实验的宇生本底贡献研究很有帮助[57]。另外，马约拉纳在 SURF 地下实验室建造了一个 2000级的洁净间用于部件组装过程，同时在探测器大厅内还有一个 10 级洁净间，减少空气中放射性气溶胶的表面吸附。在运输环节上，马约拉纳设计了一个专用屏蔽体用于运输高纯锗，其实际测试结果表明，其中的 ^{68}Ge 和 ^{60}Co 的宇生产量分别会降低 10 倍和 15 倍[31]。

4.5　CDEX 实验计划

4.5.1　CDEX 实验介绍

中国暗物质合作组 (China Dark Matter Experiments, CDEX) 成立于 2009 年，由清华大学主导，成员单位包括清华大学、四川大学、南开大学、中国原子能科学研究院、北京师范大学、北京大学、中山大学和雅砻江流域水电开发有限公司等。CDEX 依托于世界上岩石覆盖最深的地下实验室——中国锦屏地下实验室 (CJPL)，致力于采用吨量级点电极高纯锗 (point contact germanium, PCGe) 探测器阵列来进行轻质量区暗物质直接探测和 ^{76}Ge 无中微子双贝塔衰变实验[35]。

PCGe 探测器继承了一般高纯锗 (high purity germanium, HPGe) 探测器能量分辨率高、能量线性好的优点，并且具有超低能量阈值、低本底水平等优势。在 CDEX 合作组成立之前，清华大学暗物质研究团队就开始利用 PCGe 探测器，在韩国 Y2L 地下实验室进行轻质量暗物质直接探测。2007 年，清华大学暗物质研究组参与的 TEXONO 实验发表第一个暗物质直接探测实验结果，确定了利用 PCGe 探测器进行轻质量暗物质直接探测的可行性[58]。这也是我国自主进行暗物质直接探测实验的开端。

4.5.2　CDEX 研究进展

CDEX 合作组自主设计了世界上首个单体质量达到 1kg 的 p 型点电极高纯锗探测器 (CDEX-1A)。CDEX-1A 第一阶段正式取数时间为 2012 年 6 月至 9 月，有效数据 14.6 kg·d，探测器能量阈值约为 400 eVee，在 *Physical Review D* 发表了第一个物理结果，这也是我国第一个自主暗物质直接探测实验物理结果[59]。2013 年开始，CDEX-1A 加装了井型 NaI 反符合探测器，用来降低实验本底。至 2014 年 1 月，累积了 53.9 kg·d 的有效数据。同时，CDEX 合作组在第一阶段数据分析的基础上，引入了表面事例/体事例的甄别方法，极大地提升了对暗物质的探测灵敏度。2014 年，CDEX 合作组发表的实验结果确定性地排除了采用相同探测器技术的 CoGeNT 合作组给出的疑似信号区域[60]。2016 年，基于 335.6 kg·d 的有效数据发表了又一个暗物质物理结果, 在自旋相关分析中给出了 4~7 GeV/c^2 区域国际最灵敏实验结果 [61]。

CDEX-1A 取得成功的同时, 为了进一步降低电子学噪声水平及能量阈值, 基于 CDEX-1A 原型, 通过缩小点电极尺寸、筛选低噪声 JFET 和升级脉冲光反馈电荷灵敏前放等一系列优化措施, 设计研发了新一代点电极高纯锗探测器 (CDEX-1B), 探测器能量阈值达到 160 eVee, 同时能量分辨率与时间分辨率也明显优于 CDEX-1A。CDEX-1B 于 2014 年 5 月 24 日开始正式取数, 至 2017 年 8 月累积获取有效本底数据 783 kg·d, 实验结果将点电极高纯锗探测器暗物质直接探测质量限下推至 2 GeV/c^2, 同时获得了 4 GeV/c^2 以下自旋相关国际最灵敏实验结果 [62]。在研究过程中, 首次发现了高纯锗探测器点电极附近具有超快上升时间的事例和低能区康普顿台阶等精细结构, 建立了基于信号波形上升时间分布和计数率比例的体事例/表面事例甄别方法 [63], 为后续实验数据分析奠定了基础。

CDEX-10 实验采用液氮直冷真空阵列封装方式, 是合作组迈向阵列化暗物质直接探测的第一次尝试, 包括 3 串共 9 个点电极高纯锗探测器。CDEX-10 的第一次阶段运行从 2017 年 2 月至 11 月, 获得了 102.8 kg·d 的有效实验数据。基于第一阶段运行数据的物理结果, 能量分析阈值达到 160 eVee, 发表于国际顶级物理期刊 *Physical Review Letters*, 是点电极高纯锗探测器自旋无关和自旋相关国际最灵敏实验结果, 特别在 4~5 GeV/c^2 范围内自旋无关结果达到国际最高水平 [64]。

另外, 合作组并未局限于对 WIMPs 的物理分析, 而是利用所积累的大量数据, 开展多个物理通道的研究分析。2017 年, 基于 CDEX-1A 实验数据, 给出了我国首个自主 ^{76}Ge 无中微子双贝塔衰变结果 [65], 为未来进一步实验奠定了基础。同年, 合作组发表首个轴子研究结果, 获得 1 keV 以下国际最强限制 [66]。

4.5.3 CDEX 未来规划

CJPL 一期实验空间已经饱和。为了满足更大及更多的实验需求, 清华大学与雅砻江流域水电开发有限公司于 2014 年签订协议, 决定建设 CJPL 二期实验室。CJPL 二期土建工程于 2016 年底完成, 实验空间约 300000 m^3, 共 8 个独立实验空间, 每个长 65 m, 宽 14 m, 高 14 m[67]。CDEX 合作组将入驻 CJPL 二期的 C 实验厅。CDEX 后续实验将在 C 厅中建设的内径 13 m、总有效容积约 1700 m^3 的大型液氮恒温器中进行。高纯锗探测器阵列悬挂于液氮恒温器的中心位置, 液氮介质一方面保证探测器所需的低温工作环境, 另一方面也作为被动屏蔽系统。在未来 CDEX 吨量级的实验中, 高纯锗探测器阈值将达到约 100 eV, 实验本底水平需要控制在 10^{-3} cpkkd@1 keV。为了达到这一预期目标, 合作组正在为进一步降低探测器阈值及本底水平而努力。本底水平方面, 分别考虑降低锗晶体内的宇生核素放射性、探测器周边结构材料放射性和探测器近端电子学材料放射性及液氮放射性的方法。通过模拟研究分析、地下生长锗晶体及制作探测器，避免宇宙线长时间照射，是抑制锗内宇生核素的最有效的方法。同样，为进一步降低探测器周边结构材料铜中的放射性，地下生产实验所需电解铜也成为首选。因此，在未来的计划中，地下晶体生长、探测器制作、地下电解铜生产都将被提上日程。而对于探测器近端电子学材料，也将广泛筛选低本底板材，严格控制用量、用料。另外，液氮中的氡对探测器的影响也将被列入研究目标之中。探测器阈值方面，一方面，需要成熟的探测器制作工艺来保证良好的晶体电容、漏电流等关键参数；另一方面，探测器信号读出端需要在液氮温度下稳定工作，同时保证极低的电子学噪声性能。

4.5.4　国际合作与交流

　　CDEX 合作组自成立以来积极参与国际交流与合作。2013 年，CDEX 合作组与德国马克斯·普朗克物理研究所签署合作协议，双方就实验室建设、探测器技术、物理分析及人才培养等诸多领域展开深入交流。为推进高纯锗探测器技术研发、培养领域人才，2016 年，清华大学与美国南达科他大学、北卡罗来纳大学、劳伦斯伯克利国家实验室，以及德国马克斯·普朗克物理研究所等成立了 PIRE 合作组，开展高纯锗探测技术的联合研究。同时，2016 年，由中国、美国和欧洲的 50 多所大学和研究机构的 250 多位研究人员组成的 LEGEND 合作组成立，计划开展吨量级高纯锗无中微子双贝塔衰变实验 (图 4-60)。CDEX 合作组的主要成员已经加入了 LEGEND 合作组，正在地下实验室建设、屏蔽体方案、高纯锗探测器系统方案、高纯锗探测器技术、前端电子学技术等方面贡献中国智慧。通过上述合作，CDEX 合作组希望可以吸引未来 LEGEND 吨级实验在中国锦屏地下实验室开展，进一步推动中国锦屏地下实验室成为国际前沿研究高地。

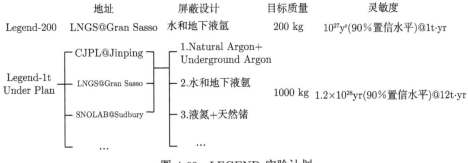

图 4-60　LEGEND 实验计划

审稿：李　金，刘江来

参 考 文 献

[1] Goeppert-Mayer M. Double beta-disintegration. Physical Review, 1935, 48(6): 512-516.

[2] Majorana E. Teoria simmetrica dell'electrone e del positrone. Il Nuovo Cimento (1924-1942), 1937, 14(4): 171-184.

[3] Furry W H. On transition probabilities in double beta disintegration. Physical Review, 1939, 56(12): 1184-1193.

[4] Schubert A G. Searching for neutrinoless double-beta decay of germanium-76 in the presence of backgrounds. Seattle: University of Washington, 2012.

[5] Dell'oro S, Marcocci S, Viel M, et al. Neutrinoless double beta decay: 2015 review. Advances in High Energy Physics, 2016, 2016(10): 1-37.

[6] Kotila J, Iachello F. Phase space factors for double beta decay. Physical Review C, 2012, 85(3): 780.

[7] Šimkovic F, Rodin V, Faessler A, et al. 0νββ and 2νββ nuclear matrix elements, quasiparticle random-phase approximation, and isospin symmetry restoration. Physical Review C, 2013, 87(4): 045501.

[8] Barea J, Kotila J, Iachello F. 0νββ and 2νββ nuclear matrix elements in the interacting boson model with isospin restoration. Physical Review C, 2015, 91(3): 034304.

[9] Menéndez J, Poves A, Caurier E, et al. Disassembling the nuclear matrix elements of the neutrinoless ββ decay. Nuclear Physics A, 2009, 818(3): 139-151.

[10] Rodríguez T R, Martínez-Pinedo G. Energy density functional study of nuclear matrix elements for neutrinoless ββ decay. Physical Review Letters, 2010, 105(25): 252503.

[11] Zeldovich O. Double beta decay (experiment). Surveys in High Energy Physics, 1998, 12(1-4): 111-156.

[12] Caldwell D O, Eisberg R M, Grumm D M, et al. Limit on lepton nonconservation and neutrino mass from double beta decay. Physical Review Letters, 1985, 54(4): 281-284.

[13] Caldwell D O, Eisberg R M, Goulding F S, et al. Recebt results from the UCSB/LBL double beta decay experiment. Nuclear Physics B (Proceedings Supplements), 1990, 13(4): 547-550.

[14] Vasenko A A, Kirpichnikov I V, Kuznetsov V A, et al. New results in the ITEP/YePI double beta decay experiment with enriched germanium detectors. Modern Physics Letters A, 1990, 05(17): 1299-1306.

[15] Güther M, Hellmig J, Heusser G, et al. Heidelberg-Moscow ββ experiment with ^{76}Ge: Full setup with five detectors. Physical Review D, 1997, 55(1): 54-67.

[16] Aalseth C E, Avignone F T, Brodzinski R L, et al. Neutrinoless double-β decay of ^{76}Ge: First results from the International Germanium Experiment (IGEX) with six isotopically enriched detectors. Physical Review C, 1999, 59(4): 217-227.

[17] Aalseth C E, Avignone F T, Brodzinski R L, et al. Recent results of the IGEX ^{76}Ge double-beta decay experiment. Physics of Atomic Nuclei, 2000, 63(7): 1225-1228.

[18] Klapdor-Kleingrothaus H V, Krivosheina I V. The Evidence for the observation of 0νββ decay: The identification of 0vbb events from the full spectra. Modern Physics Letters A, 2006, 21(20): 1547-1566.

[19] Aalseth C, Abgrall N, Aguayo E, et al. Search for neutrinoless double-β decay in ^{76}Ge with the Majorana demonstrator. Physical Review Letters, 2018, 120(13): 132502.

[20] CUORE homepage. https://cuore.lngs.infn.it/.

[21] 刘江来. 无中微子双贝塔衰变. 现代物理知识, 2015, (6): 52-56.

[22] EXO homepage. http://www-project.slac.stanford.edu/exo/.

[23] Shirai J. Results and future plans for the KamLAND-Zen experiment. Journal of Physics: Conference Series, 2017: 012031.

[24] Smolnikov A A. Status of the GERDA experiment aimed to search for neutrinoless double beta decay of ^{76}Ge. arXiv: 0812.4194, 2008.

[25] Ackermann K H, Agostini M, Allardt M, et al. The GERDA experiment for the search of 0νββ decay in ^{76}Ge. European Physical Journal C, 2013, 73(3): 2330.

[26] Agostini M, Bakalyarov A M, Balata M, et al. Improved limit on neutrinoless double-β decay of ^{76}Ge from GERDA Phase II. Physical Review Letters, 2018, 120(13): 132503.

[27] Zsigmond A J. New results from GERDA Phase II. XXVIII International Conference on Neutrino Physics and Astrophysics Heidelberg. 2018.

[28] Agostini M , Bakalyarov A M, Balata M, et al. GERDA results and the future perspectives for the neutrinoless double beta decay search using ^{76}Ge. International Journal of Modern Physics A, 2018, 33(9):1843004.

[29] Agostini M, Bakalyarov A M, Balata M, et al. Upgrade for Phase II of the GERDA experiment. The European Physical Journal C, 2018, 78(5): 388.

[30] The Majorana Collaboration. White paper on the majorana zero-neutrino double-beta decay experiment. arXiv:nucl-ex/0311013, 2003.

[31] Abgrall N, Aguayo E, Avignone F T, et al. The Majorana Demonstrator neutrinoless double beta decay experiment. Advances in High Energy Physics, 2014, 2014(4): 2002-2010.

[32] Abgrall N, Arnquist I J, III F T A, et al. The Majorana Demonstrator radioassay program. Nuclear Instruments and Methods in Physics Research section A, 2016, 828: 22-36.

[33] Overman N R, Overman C T, Kafentzis T A, et al. Majorana electroformed copper mechanical analysis. United States: N. p., 2012. Web. doi:10.2172/1039850.

[34] Finnerty P. Results from a direct dark matter search with the MAJORANA low-background broad energy germanium detector. Chapel Hill: University of North Carolina at Chapel Hill, 2013.

[35]　Kang K J, Cheng J P, Li J, et al. Introduction of the CDEX experiment. Frontiers of Physics, 2013, 8(4): 679-724.

[36]　Mei H. Advanced germanium crystal growth and characterization. Vermillion: Univ. of South Dakota, 2015.

[37]　Hansen W L. High-purity germanium crystal growing. Nuclear Instruments & Methods, 1971, 94(2): 377-380.

[38]　Hubbard G S, Haller E E, Hansen W L. Zone refining high-purity germanium. IEEE Transactions on Nuclear Science, 1977, 25(1): 362-370.

[39]　Yang G, Govani J, Mei H, et al. Purification of germanium crystal by zone-refining technique. APS March Meeting, 2013.

[40]　Hansen W L, Haller E E. A view of the present status and future prospecis of high purity germanium. IEEE Transactions on Nuclear Science, 1974, 21(1): 251-259.

[41]　Manutchehr-Danai M. Czochralski Method. Berlin: Springer, 2009.

[42]　Razeghi M. Fundamentals of Solid State Engineering. 4th ed Berlin: Springer, 2019.

[43]　D'Andrea V. Status report of the GERDA Phase II startup. Nuovo Cimento C, 2016, 40(1): 55.

[44]　Abgrall N, Abramov A, Abrosimov N, et al. The large enriched germanium experiment for neutrinoless double beta decay (LEGEND). AIP Conference Proceedings, 2017, 1894(1): 020027.

[45]　Stein J, Scheuer F, Gast W, et al. X-ray detectors with digitized preamplifiers. Nuclear Instruments and Methods in Physics Research section A, 1996, 113(1-4): 141-145.

[46]　Zimmermann S, Anderson J T, Doering D, et al. Implementation and performance of the electronics and computing system of the Gamma Ray Energy Tracking In-Beam Nuclear Array (GRETINA). IEEE Transactions on Nuclear Science, 2012, 59(5): 2494-2500.

[47]　Howe M A, Cox G A, Harvey P J, et al. Sudbury neutrino observatory neutral current detector acquisition software overview. IEEE Transactions on Nuclear Science, 2004, 51(3): 878-883.

[48]　Abgrall N, Aguayo E, Avignone F T, et al. Muon flux measurements at the davis campus of the sanford underground research facility with the Majorana Demonstrator veto system. Astroparticle Physics, 2017, 93: 70-75.

[49]　Agostini M, Allardt M, Andreotti E, et al. The background in the 0νββ experiment Gerda. The European Physical Journal C, 2014, 74(4): 1-25.

[50]　Cuesta C, Abgrall N, Aguayo E, et al. Background model for the Majorana Demonstrator. Physics Procedia, 2015, 61(4): 821-827.

[51]　Bugg W, Efremenko Y, Vasilyev S. Large plastic scintillator panels with WLS fiber readout: Optimization of components. Nuclear Instruments and Methods in Physics Research section A, 2014, 758: 91-96.

[52] Budjas D, Heider M B, Chkvorets O, et al. Pulse shape discrimination studies with a Broad-Energy Germanium detector for signal identification and background suppression in the GERDA double beta decay experiment. Journal of Instrumentation, 2009, 4(10): 10007.

[53] Agostini M, Allardt M, Andreotti E, et al. Pulse shape discrimination for GERDA Phase I data. The European Physical Journal C, 2013, 73(10): 2583.

[54] D'andrea V. Improvement of performances and background studies in GERDA Phase II. La Aquila: Gran Sasso Science Institute, 2017.

[55] Gruszko J, Abgrall N, Arnquist I J, et al. Delayed charge recovery discrimination of passivated surface alpha events in P-type point-contact detectors. Journal of Physics: Conference Series, 2016, 888(1): 012079.

[56] Guinn I, Abgrall N, Arnquist I J, et al. Low background signal readout electronics for the MAJORANA DEMONSTRATOR. AIP Conference Proceedings, 2015, 1672(1): 030001.

[57] Abgrall N, Aguayo E, III F T A, et al. The majorana parts tracking database. Nuclear Instruments and Methods in Physics Research Section A, 2015, 779: 52-62.

[58] Lin S T, Li H B, Li X, et al. New limits on spin-independent and spin-dependent couplings of low-mass WIMP dark matter with a germanium detector at a threshold of 220 eV. Physical Review D, 2009, 79(6): 061101.

[59] Zhao W, Yue Q, Kang K J, et al. First results on low-mass WIMPs from the CDEX-1 experiment at the China Jinping Underground Laboratory. Physical Review D, 2013, 88(5): 052004.

[60] Yue Q, Zhao W, Kang K J, et al. Limits on light weakly interacting massive particles from the CDEX-1 experiment with a p-type point-contact germanium detector at the China Jinping Underground Laboratory. Physical Review D, 2014, 90(9): 091701.

[61] Zhao W, Yue Q, Kang K J, et al. Search of low-mass WIMPs with a p-type point contact germanium detector in the CDEX-1 experiment. Physical Review D, 2016, 93(9): 092003.

[62] Yang L T, Li H B, Yue Q, et al. Limits on light WIMPs with a 1 kg-scale germanium detector at 160 eVee physics threshold at the China Jinping Underground Laboratory. Chinese Physics C, 2018, 42(2): 023002.

[63] Yang L T, Li H B, Wong H T, et al. Bulk and surface event identification in p-type germanium detectors. Nuclear Instruments and Methods in Physics Research Section A, 2017, 886: 13-23.

[64] Jiang H, Jia L P, Yue Q, et al. Limits on light WIMPs from the first 102.8 kg-days data of the CDEX-10 experiment. Physical Review Letter, 2018, 120: 241301.

[65] Wang L, Yue Q, Kang K J, et al. First results on ^{76}Ge neutrinoless double beta decay from CDEX-1 experiment. Science China-Physics, Mechanics & Astronomy, 2017, 60(7):

071011.

[66] Liu S K, Yue Q, Kang K J, et al. Constraints on axion couplings from the CDEX-1 experiment at the China Jinping Underground Laboratory. Physical Review D, 2017, 95(5): 052006.

[67] Cheng J P, Kang K J, Li J M, et al. The China Jinping Underground Laboratory and its early science. Annual Review of Nuclear and Particle Science, 2017, 67(1): 231-251.

第 5 章　NvDEx: 基于高压 SeF_6 时间投影室的无中微子双贝塔衰变实验

孙向明　　梅　元　　许　怒　　张冬亮

5.1　引　言

硒的同位素 ^{82}Se 和时间投影室 (TPC) 在半衰期超过 $10^{20}yr$ 的稀有核衰变的寻找历史中起了非常重要的作用。常规 (双中微子) 双贝塔衰变就是在 TPC 中放置数十克 ^{82}Se 的实验中首次直接观察到的 [1]。这种 ^{82}Se-TPC 组合有两个很重要的因素使得人们能够确定发生了双贝塔衰变。首先，^{82}Se 在双贝塔衰变中释放的能量相对较大 ($Q_{\beta\beta} \approx 2995.5\,keV$)，高于绝大多数自然界材料的伽马衰变造成的本底；其次，TPC 有能力观测带电粒子径迹的几何形状以及电离密度分布，有利于区分信号和本底。在无中微子双贝塔衰变的寻找中，^{82}Se-TPC 组合的这两个因素尤为重要 [2]。此外，在新一代的无中微子双贝塔衰变实验中，除了要保证足够好的能量分辨率以区分常规双贝塔衰变和无中微子双贝塔衰变之外，还必须能够使用吨量级的衰变材料来得到足够的统计量。为此，我们提出了 NvDEx(no neutrino double-beta-decay experiment) 实验，通过建造一个以 $^{82}SeF_6$ 为工作气体、以 Topmetal 电荷探测芯片 [3] 阵列为读出系统的 TPC 来同时满足这些要求。^{82}Se 较高的 $Q_{\beta\beta}$ 值和 TPC 中离子径迹成像所提供的独特的信号本底区分能力使得这样一个实验将在未来的无中微子双贝塔衰变实验中极具竞争力。

图 5-1 是中微子有效质量 $m_{\beta\beta}$ 随最轻中微子质量 m^ν 的变化，同时也可从图中得出对探测器灵敏度的要求。下一代的无中微子双贝塔衰变实验的一个共同目标就是灵敏度超过反常质量排序对应的有效质量。根据我们已知的参数仿真计算，1 吨 ^{82}Se 材料的 TPC 探测器经过五年极低本底环境的运行，NvDEx 的灵敏度好于 20 meV，对应 $10^{28}yr$ 量级半衰期的灵敏度，完全可以实现下一代无中微子双贝塔衰变探测器的设计目标。

由于这将是 Topmetal 芯片首次在大型粒子物理实验中使用，也是 NvDEx 实现高电子探测效率和高能量分辨率的关键器件，除了 NvDEx 实验概念的介绍外，本章将重点介绍 Topmetal 芯片相关的研发和测试工作。5.2 节讨论了实验的物理目标对芯片的要求。5.3 节介绍了相关研发情况及测试计划。目前的测试进展在 5.4

节进行了介绍。5.5 节是对 NvDEx 合作组的介绍。5.6 节给出了一个简要的总结。

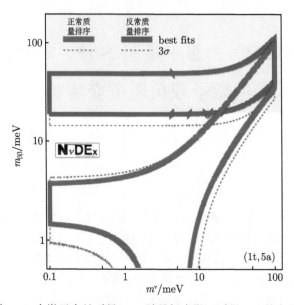

图 5-1　中微子有效质量 $m_{\beta\beta}$ 随最轻中微子质量 m^ν 的变化

红色和蓝色对应于可能的正常和反常质量排序。NvDEx 图标的位置为其 1t^{82}Se 材料五年运行数据的预期
灵敏度

5.2　相 关 技 术

SeF$_6$ 是一种强负电性气体。由高能粒子电离气体所产生的电子会很快与气体
分子相结合形成负离子。因此，在该气体中只会有带电离子而不会出现自由电子。
同时，此种高压气体也不能支持电子的雪崩放大。这就要求读出系统能够直接收
集这种漂移缓慢的离子的电荷，且噪声足够小以实现良好的能量分辨。为此，我
们开发了可以通过顶层裸露的金属在气体中直接搜集电荷的 Topmetal 探测芯片
(图 5-2(a))。该探测芯片的每个像素上的电子学噪声可以低至小于 30 个电子 [3]。
其直接电荷探测的能力也已经在探测 α 粒子穿过空气时形成的电离的测试中得到
了验证。我们预计由该探测芯片组成的阵列将可用于 TPC 中离子信号的读出。图
5-2(b) 中展示了一个由该芯片组成的六边形的阵列。阵列上方是一个孔结构的聚
焦电极层 (focusing electrode)，以提高探测芯片的电荷收集效率。小于 30 个电子的
低噪声意味着在 $Q_{\beta\beta}$ 能量上的 1% 半高宽能量分辨率，是非常具有竞争力的。TPC
中离子几何位置及密度分布可用于模式识别来区分信号和本底。图 5-2(c) 是一个
使用 Topmetal 阵列作为电荷读出的 TPC 的概念图。TPC 的优势还体现在，它可

以在维持上述性能的同时在同一个探测器中扩展衰变材料达到吨量级，从而相对减少了探测器结构材料带来的本底。

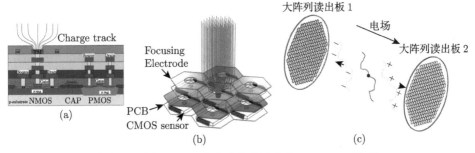

图 5-2 用于 TPC 中离子信号读出的 Topmetal 阵列

(a) Topmetal 电荷探测芯片的内部结构剖面示意图。(b) Topmetal 探测芯片 (CMOS sensor) 安装在电路板 (PCB) 上组成一个六边形阵列以实现无放大电荷读出。每个芯片上方有孔结构的聚焦电极板以改变电场方向使离子漂向芯片的电荷收集极，从而提高电荷收集效率。红色线条为离子的漂移路径模拟。(c) 使用 Topmetal 阵列作为电荷读出的 TPC 的概念图，正负离子在电场作用下分别漂向两个大阵列读出板

5.3 研发情况及实验的计划

近年来，华中师范大学与美国劳伦斯伯克利国家实验室 (LBNL) 合作研制了专为该实验设计的新一代的 Topmetal 芯片：Topmetal-S (图 5-3(c))。每个 Topmetal-S 探测芯片有直径 1 mm 大小的电荷收集极，并可以在像素内将测量到的电荷信号数字化。该芯片的第一版已经流片并验证。测试结果显示其电子学噪声达到了小于 30 电子的设计目标。

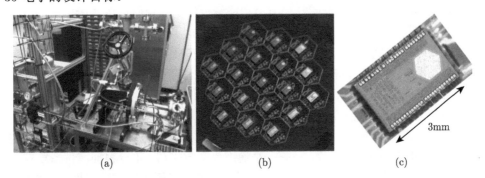

图 5-3 (a) 用于测试的高压气腔系统；(b) 19 个芯片组成的阵列原型；(c) Topmetal-S 芯片

此外，我们还基于物理实验上的需要对读出阵列的设计进行了大量的优化。芯片摆放的间距、样式、朝向等都做了特别的选取以优化电荷收集效率、能量分辨

率和信号传输。我们已经制作出了一个由 19 个芯片组成的阵列的读出板原型 (图 5-3(b))，并开发了相关读出电子学和软件。目前我们正在用 LBNL 和华中师范大学的设备对其进行测试 (见 5.4 节)。地面上的测试主要是高压氙气和氩气中的电子漂移。离子漂移的测试和 SeF$_6$ 气体性质的研究正在准备中。因为离子的漂移速度是 $\sim$mm/ms 量级的，测试将需要在地下低本底的环境中来进行以减少并发事例造成的本底。我们当前的研究目标是：首先验证高密度气体中离子漂移可行性，继而验证我们预期的 $Q_{\beta\beta}$ 能量下小于 1% 的半高宽能量分辨率及其大范围使用的可行性。

进一步的测试和最终实验将在锦屏地下实验室进行。锦屏地下实验室不但可以提供这一系列测试需要的低本底环境，而且更重要的是可以减少宇宙线中那些会在探测器中沉积 3 MeV 左右能量的相关本底。这对该实验扩展到吨量级时的本底控制至关重要。由于 SeF$_6$ 气体具有一定的毒性，高压气腔需要从一开始就沉浸在水中。在前期研发中，我们预计需要一个 3 m(长)×3 m(宽)×3 m(高) 的水槽。未来的吨量级的实验将需要一个长 10 m、直径 1.5 m 的高压容器来盛放 20 bar (1bar=10^{5}Pa) 气压下丰度为 90% 的 SeF$_6$ 气体 (含 1 吨的 ^{82}Se 同位素)，以及相应的水槽、挡体、支持结构等。

在 2019$\sim$2020 年，我们将继续对 19 个 Topmetal-S 组成的原型进行测试，并计划开始建设地下的水槽、挡体、气体系统等相关设施，同时发展新一代的芯片和读出系统。到 2020$\sim$2021 年，我们计划展开全面的研发。如果各项准备工作顺利展开，我们将在 2021 年底为该实验提出一个完整的科研项目计划书。

5.4 最近进展

为了验证芯片阵列的电荷收集能力和能量分辨率，我们正在 LBNL 对 19 个 Topmetal-S 芯片组成的阵列原型进行测试。目前的初步测试是在一个 1 atm (1atm= 1.01325×10^{5}Pa) 的氩气气腔里进行的，并不需要使用图 5-3(a) 中的复杂的高压气腔。图 5-4 中显示了我们的测试系统。图 5-4(a) 为组装好的测试板。上面的测试子板上已经绑定了 19 个 Topmetal-S 芯片，组成一个间距为 0.8 cm 的六边形阵列。下面的测试母板上的数据采集模块组可以对 20 个通道的模拟信号进行模数转换并由一个 FPGA 模块 (TE0741) 控制通过高速同轴电缆传出。20 个通道中的 19 个分别对应测试子板上的 19 个芯片，另外一个通道为开放接口，可以根据测试需要接入不同的信号。在当前测试中，开放接口用于采集聚焦极板上的感应信号。图 5-4(b) 为安装了聚焦极板的测试板。聚焦极板上收集孔的大小及其与芯片的距离都是可以改变的。图中聚焦极板的聚焦孔直径为 0.5 cm，位于每个 Topmetal-S 芯片的正上方，距离芯片垂直距离约为 1 cm。图 5-4(c) 为组装好的 TPC 系统。其上端为测试板，下端为高压阴极板。在高压阴极板的中央面向 TPC 内部安装了一个 ^{241}Am α 射线源 (Q=5.486 MeV)，并用一个准直器来控制射线的方向和剂量。图 5-4(d) 为正在运行的气腔和外部数据采集系统。外部数据采集系统主要有两部分：

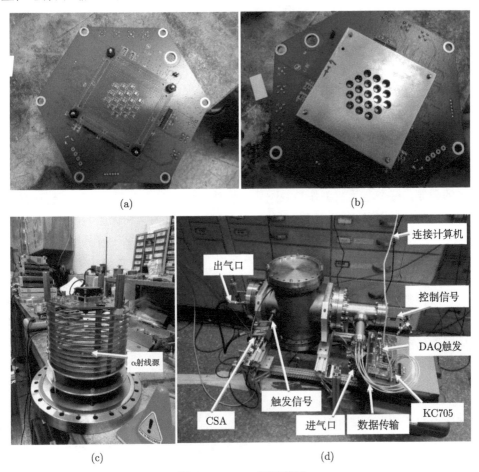

图 5-4　LBNL 测试装置

(a) 安装好测试芯片阵列的测试板；(b) 在芯片阵列上方安装好聚焦极板的测试板；(c) 组装好的 TPC 系统；(d) 正在运行的测试气腔和数据采集系统

(1) 一个用于芯片配置和数据传送的 KC705 测试板。KC705 测试板使用高速同轴电缆通过气腔上的接口接入气腔内部的测试母板上，并通过网线与控制端计算机相连。

(2) 一个电荷灵敏放大器 (CSA，型号 ORTEC140A)、低噪声前端放大器 (Stanford Research System SR560，未在图中显示)、整形器和脉冲生成器 (未在图中显示) 组成的触发系统。电荷灵敏放大器接入气腔内的聚焦板上。电子在气腔内漂移时在聚焦极板上感应出来的信号被分为两路；一路被放大、整形处理后接入 KC705 提供触发信号；另一路则接入测试板上的开放接口，与 19 个芯片的数据一同被采集和记录。

当前的测试中，测试气腔外壁接地，TPC 高压阴极板上加 -300 V 电压，聚焦板上加 -90 V 电压。为保护系统，这些配置都远低于数据模拟得到的最优值 (分别为 -38 kV 和 -32 kV)。Topmetal-S 芯片的保护环上加 0.2 V 直流电压及用于系统监测和刻度的周期性 (10 Hz) 脉冲信号。脉冲信号的幅度一般在 20~100 mV。高纯度的氩气从气腔的一端注入并从另一端流出。整个测试在室温下进行，目前尚未对气腔内氩气的纯度进行测量和控制。数据采集系统在收到触发信号后会保存一个长约 3.3 ms 的数据样本，采样率为 5 MHz。图 5-5 显示了一个采集到的数据样本。

每个 Topmetal-S 芯片都有 6 个可以调节的偏置电压。受工艺精度影响及测试需要的限制，每个芯片的工作参数配置与设计中模型模拟得到的最优参数会有所差别 (甚至无法工作)，所以需要对每个芯片的参数进行调配和优化。由于可调参数较多，我们目前只利用测试脉冲进行了一个简单的优化。在这个阵列中，8 号芯片没有找到合适的工作配置参数，2 号芯片在没有 α 射线信号情况下优化得到的参数在通入氩气有 α 射线信号的情况下也无法正常工作。其他芯片均表现良好。这些芯片的参数配置仍然存在改进的空间，需要开发更好的优化算法来进一步寻找表现更好的配置参数。此外，在新一版芯片的设计中也将根据这版芯片的测试结果改进电路设计使芯片的配置参数有更好的一致性。

在图 5-5 所示的样本里包括了三个 α 射线的事例和一个测试脉冲事例 (2000 μs 附近)。除了没有正常工作的 2 号、8 号芯片，各个芯片均对测试脉冲信号有响应。该样本中测试脉冲为峰峰值 40 mV 的方波。除给 19 个芯片的测试脉冲外，触发通道也会收到一个同步的脉冲信号，两者具有一个固定的相位差以使得在脉冲信号到达前有足够的本底采样。α 事例的触发信号是由电子通过聚焦极板时在其上感应出的信号产生的，与芯片上的数据信号的相位差很小。可以看到，在触发通道 (图 5-5 最下面一个样本图)，聚焦极板上由电子靠近并穿过聚焦孔感应出来的信号与信号源产生的测试脉冲信号的波形有明显的区别。最后一个 α 事例发生时有些芯片上测试脉冲诱发的信号还没有完全衰减，两个信号的波形有叠加。该采样的触发信号是由第一个 α 事例提供的。由于触发信号与数据信号时间相差很小，第一个信号发生前，本底的信号采集量比较少。在下一步的测试中，我们计划改用 α 射线在气体中电离时产生的光信号来提供触发，可以增加触发信号和数据信号之间的时间差。在这个样本的三个 α 事例中，由于 α 射线的方向不同，响应的芯片也不同，但 3 个事例均在 0 号芯片有信号。

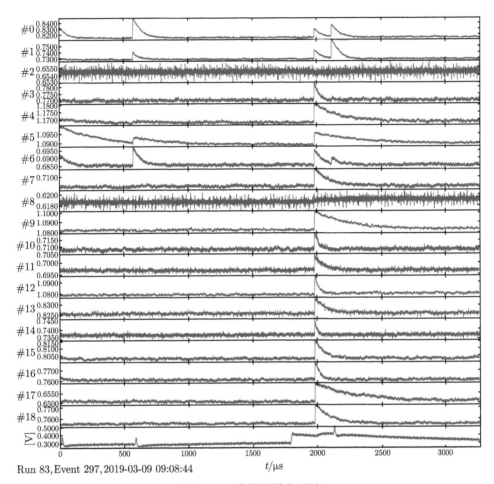

Run 83, Event 297, 2019-03-09 09:08:44

$t/\mu s$

图 5-5 一个数据样本示例

编号 0~18 为 19 个芯片上的信号, 最下面为聚焦极板上的信号, 为数据获取提供触发信号。该数据采样中
包括三个 α 射线信号 (对应 0 号芯片第 1、2、4 个峰) 和一个脉冲测试信号 (对应 0 号芯片的第 3 个
峰, 2000 μs 附近)

事实上, 处于中间位置的 0 号芯片几乎对每个 α 事例都有响应。图 5-6 显示了
0 号芯片直接测量得到的信号幅度随时间的变化。每个 Run 包括 1000 个数据采
样。图中可以清晰地看到测试脉冲、α 源的信号以及噪声分布在不同的区域。通过
测试脉冲, 我们可以对芯片进行实时的监控和刻度 (每 100 mV 的输入测试脉冲对
应 740 个注入电子)。分析发现, 除两个没有正常工作的芯片 (2、8 号) 外, 优化后的
其他芯片的等效电子噪声 (ENC) 大部分在 20~50 个电子。有两个芯片 (13、14 号)
的噪声随信号增大而增大, ENC 从 20 mV 脉冲 (约 150 个电子注入) 下的 60~70
个电子到 400 mV 脉冲下 (约 2960 个电子注入) 的 200 多个电子。9 号芯片具有非

常好的线性度和低噪声，在测试脉冲范围内 ENC 保持在 20 个电子左右。0 号芯片的 ENC 为 31~35 个电子。此外，在刚开始取数，没有通氩气的情况下 (Run < 5) 没有收集到 α 射线信号。随着氩气的注入，信号幅度随氩气的纯度逐渐增大。由于刚通气时注入的氩气流速较快，在 Run = 10 左右有一个峰。此后，随着氩气流速的调小，信号幅度有所下降并趋于平稳。为便于处理，我们的数据分析仅使用了信号平稳部分 (Run > 40) 的数据。

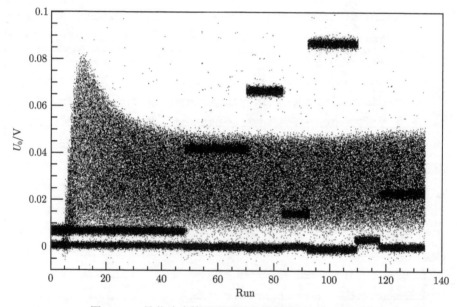

图 5-6   0 号芯片直接测量到的信号幅度随时间的变化

每个 Run 包含 1000 个采样，用时 3~4 min。幅度在 0 附近的稠密水平长条为噪声，其他水平的黑色长条
为脉冲测试信号所对应的测量值。在不同的时间，我们采用了几个不同幅度的脉冲测试信号：

40 mV、200 mV、320 mV、80 mV、400 mV、20 mV、120 mV

经过刻度，对应于图 5-5 中最后一个 α 事例的各个芯片收集到的电子数显示在图 5-7(a)。可以看到，在 0、1、6 号芯片上有明显的信号。此外，我们可以通过每个芯片收集到的总电荷数 (图 5-7(b)) 粗略了解 α 射线的方向及各个芯片的相对效率。由于准直器的存在，α 射线主要打在测试板中央。其中，正中央的芯片 (0 号) 收集到的电荷数远大于其他芯片。第二圈的芯片收集的电荷明显大于边缘的芯片。

除了电子数外，我们还可以从采样中获取各个芯片上电荷到达时间的信息，从而可以构建三维的径迹。这是 NvDEx 实验中能够减少本底、提高灵敏度的一个重要因素。图 5-8 中显示了对同一个事例构建出来的三维空间信息及电子数。由于 α 射线基本上是垂直打在芯片阵列上，电子只被少数几个像素所收集，构建的三维径迹不明显。在下一步测试中，我们将调整 α 射线方向，并优化时间测量算法，来研究三维径迹的重建。

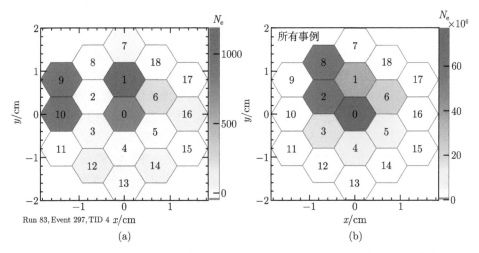

图 5-7 (a) 每个芯片在单个事例中收集到的电子数；(b) 各个芯片在所有事例中收集到的总电子数

每个六边形显示了一个芯片在 x-y 平面上的覆盖范围，上面的数字为对应芯片的编号。2 号和 8 号芯片没有正常工作，图中其值设为 -1

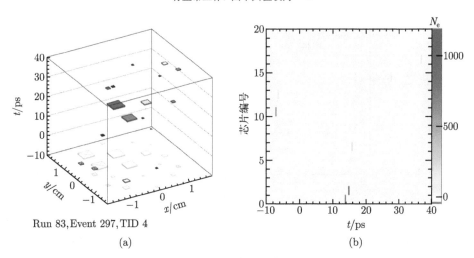

图 5-8 事例的四维重建

(a) 为重建事例的四维展示，每个矩形对应一个芯片，其大小和颜色显示了芯片上收集到的电子数。矩形中心的 x 和 y 为所对应芯片的中心位置，垂直于 x-y 平面的是时间信息 (相对于触发时间)。底下阴影为矩形在 x-y 平面上的投影。(b) 中显示各个芯片的粗略到达时间 (x 轴) 和收集到的电子数 (颜色)，y 轴上数字为芯片编号。两图中未正常工作的 2 号和 8 号芯片的时间和电子数都设置为 -999

将阵列中各个芯片上的电子数求和就可得到收集到的总电子数。图 5-9 黑色直方图中显示了总电子数 (除 2、8 号芯片) 的分布。由于 2、8 号芯片的缺失，该分布在电子数少的一端有很长的尾巴。为了减少 2、8 号芯片带来的影响并尽可能提高统计量，我们选择了在 6 号芯片收集到电子数比较多 ($N_e > 300$) 的事例。青色线显示了这些事例中中间部分芯片 (0~6 号，2 号除外) 收集到的总电子数。可以用高斯分布来拟合这个直方图的中心部分，我们得到总电子数的中心值为 2634±1。进一步减少芯片的数量，蓝色直方图显示了 5 号芯片收集到电子数很少 ($N_e < 100$) 的事例中 0、1、6 号三个芯片收集到的总电子数。其中心值为 (2331±1) 个电子。两组事例中电子数中心值存在差别是由于信号测量带来的偏差，可以在下一步的数据分析中消除。使用 0、5、6 号芯片并要求 1 号芯片收集到的电子数 $N_e < 100$ 可以得到与 0、1、6 号芯片组类似的结果。这里测到的电子数的中心值远小于 5.48 MeV 的 α 粒子在高压下纯净氙气中电离产生的电子数的期望值 (E/W=5.48 MeV/26.3 eV≈2×10^{3}k [6])。可能原因有：① TPC 内漂移电场强度较小，有很大比例的电子与离子重新复合；② 所用聚焦极板配置 (收集孔大小、与芯片的距离、所加电压大小) 的收集效率低；③ 氙气纯度不够。我们对这些可能的原因正在进行测试排查。

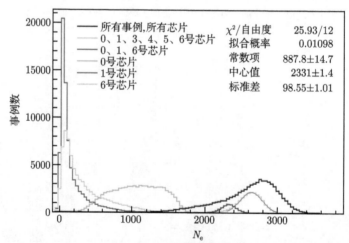

图 5-9　重建出来的电子数 N_e

黑色为所有工作芯片的总电子数分布；绿色、粉红色和灰色分别为 0、1 和 6 号单个芯片收集到的电子数分布。青色为六个内层芯片（0、1、3、4、5、6 号）的总电子数的分布，这些事例要求了 6 号芯片电子数大于 300 且 16、17、18 号芯片的电子数均小于 100。在此基础上进一步选择 5 号芯片电子数小于 100 的事例，我们可以得到 0、1、6 号芯片总电子数 (蓝色)

Topmetal-S 阵列的电荷收集原理已经在现有测试结果中得到基本的验证。下一步的测试已在华中师范大学展开。图 5-10 中为测试所用的气腔和小型 TPC。测试主要分为两部分：

(1) 验证和优化收集效率。通过将 Topmetal-S 阵列测得的电子数和用一个金属板直接收集到的电子数进行比较可以得到 Topmetal-S 测试系统的电子收集效率。该结果可以与模拟得到的结果进行比较。如果需要，可以调节测试的配置，如聚焦极板的高度、收集孔大小、所加电压大小、芯片收集极形状等，来进一步研究这些配置对电荷收集效率的影响，提高收集效率。

(2) 准确测量 Topmetal-S 的电子学噪声。目前 Topmetal-S 的电子学噪声是通过外部脉冲注入电子来进行测量的，而注入电子个数与外部脉冲幅度的关系取决于芯片保护环上电容的大小。受工艺精度影响，该电容的实际大小可能与设计值有偏差。我们将利用射线源的数据对该电容进行准确的测量，从而得到准确的电子学噪声。

这些完成之后，我们将可以根据气体的性质计算出该 Topmetal-S 阵列对包括 $Q_{\beta\beta} = 3$ MeV 的无中微子双贝塔衰变在内的各种信号的能量分辨率，并进行测量验证。

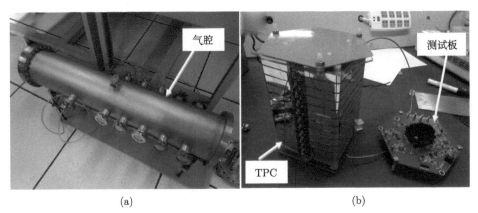

图 5-10　华中师范大学测试器件

(a) 气腔; (b) 小型 TPC

5.5　NvDEx 合作组

目前有意向参加该实验的单位有：华中师范大学、湖州师范学院、兰州大学、清华大学、中国原子能科学研究院、中国科学院近代物理研究所、LBNL、加利福尼亚大学伯克利分校、得克萨斯大学阿灵顿分校。

华中师范大学与 LBNL、加利福尼亚大学伯克利分校有长期成功的合作，特别是在研发 Topmetal 芯片关键技术及其应用方面。为 NvDEx 专门设计的 Topmetal-

S 已完成所有电性能测试, 结果满足设计要求。最近, 湖州师范学院、兰州大学、清华大学和美国的得克萨斯州立大学阿灵顿分校进入团队, 参加高压 TPC、在高压环境下 Topmetal-S 的读出、气体安全系统等技术方面以及原子核矩阵元计算等研究工作。

NvDEx 的国际合作一直都在进行之中: 主要是与由美国科学院院士 David Nygren 率领的美国得克萨斯州立大学阿灵顿分校团队 [4]、西班牙 NEXT 国际合作组 [5] 和 LBNL。Nygren 博士是 TPC 探测器发明人, 长期从事探测器技术研究。他的团队在利用 TPC 作为双贝塔衰变探测器的研发方面一直处于世界领先水平。NEXT 实验的电致发光电荷测量方案即是由 Nygren 博士在 LBNL 工作期间提出的, 他是 NEXT 国际合作组共同发言人之一。NEXT 国际合作组正在研发利用电致发光进行电荷测量的 100 kg Xe 气体探测器样机。受实验组所在的西班牙 Laboratorio Subterráneo de Canfranc 实验室的深度和科研人员数量限制, NEXT 目前还没有发展更大 TPC 的计划。LBNL 保持了与 Nygren 博士在开发高压气体 TPC 的新方案上合作, 提出了使用 Topmetal CMOS 传感器直接进行气体中电荷测量, 并使用 SeF$_6$ 气体的方案 [2], 也就是 NvDEx 计划采用的方案。华中师范大学与 LBNL 的合作早在 2011 年 Topmetal-S 探测芯片的开发就已经开始。我们 NvDEx 团队正在与 NEXT 国际合作组协商展开深度合作。我们会参与 NEXT 目前的研发工作, 而待锦屏地下实验室实验环境基础建设第二期完工后, 所有人员都会参加 NvDEx 在锦屏地下实验室的研制和实验工作。这几个团队的加入将极大地增强 NvDEx 的团队建设和技术竞争力, 避免重复研发项目, 大大减小项目的风险。到那时, 这个团队将集成该实验所需要的所有物理及技术力量, NvDEx 将是世界一流的无中微子双贝塔衰变实验团队。

5.6　小　结

无中微子双贝塔衰变的实验探寻是研究中微子这一基本粒子属性并寻找超出标准模型新物理的一个重要实验。现有实验对该衰变的半衰期下限已达到 10^{26}yr 量级。对于这种极其稀有的衰变, 本底的有效控制、高的信号效率和能量分辨率、大量探测材料, 以及维持实验系统长期稳定运行等对实现更高灵敏度都非常重要。为此, 在 NvDEx 实验中, 我们通过使用 Q 值大于自然界辐射本底能量区域的 ^{82}Se 同位素来减少环境带来的本底, 并使用高能量分辨和位置分辨能量的 Topmetal 探测芯片来进一步减小信号能量窗口, 以及利用径迹的信息减少环境本底。同时, 采用高能物理实验中广泛使用的气体 TPC 可以相对容易地实现吨量级甚至更多的探测材料。此外, 锦屏地下实验室是目前世界最深的地下实验室, 它的深度有效地减少了宇宙线引起的本底。通过在这些关键方面进行改进以提高灵敏度, NvDEx 实验的概念及其相关关键技术研发的顺利进展引起了国内外相关专家的广泛兴趣和积极参与。表 5-1 是我们一个初步的时间进程和经费预算规划。我们计划在未来 3 年实现一个可以稳定运行的小型样机，在 5 年后开始 200 kg 探测器取数并逐步扩展到吨量级。预计 1 吨的 ^{82}Se 同位素运行 5 年的数据可以测到的等效马约拉纳质量范围为 5 meV$<m_{\beta\beta}<$20 meV，对应 10^{28}yr 量级半衰期的灵敏度，并且具备置信度 90% 以上的单事件判定能力。

表 5-1　NvDEx 时间进程和经费预算

序号	时间	目标	经费/万元	备注
1	2018~2020 年	– 研制 Topmetal 读出 + 250g TPC – 首次实现高压气体与 Topmetal 结合 – 精确测量、优化的气体性质 – 确定能量分辨率 – 引进 2~3 名优秀专业青年人	500	1) Topmetal 测试、TPC 研制均在 LBNL 开展 2) 下一代 Topmetal 设计在华中师范大学进行
2	2019~2023 年	– 完成下一代 Topmetal 芯片 – 设计并研制 50kg 高压 TPC – 设计并研制气体安全系统 – 设计并研制地下实验辅助系统 – 设计并研制数据获取系统 – 在 CPJL 地下实验室开始统调 NvDEx 样机 – 开始测量实验区放射性本底 – 引进 2~5 名优秀专业青年人 – 引进 2 名专职工程人员	4500	50kg 以上的系统研制均在 CPJL 或中国科学院近代物理研究所进行
3	2022~2026 年	– 设计建设地上 NvDEx 数据处理分析中心 – 购买富集同位素 92% ^{82}SeF$_6$ 气体 1000kg – 完成首个 200kg NvDEx 样机，开始运行 – 引进 2~3 名优秀专业青年人	30000	
4	2025~2027 年	– 第二个 200kg NvDEx 探测器，开始运行 – 开始 NvDEx 升级预研 – 引进 2~3 名优秀专业青年人	4500	
5	2025~2033 年	– 完成 5 个 200kg NvDEx 探测器，开始运行 – 实现在 3MeV 附近能量分辨 ≤ 1% – 实现 NvDEx $T_{1/2}\sim10^{28}$yr – 引进 2~3 名优秀专业青年人	4000	
6		– 其他不可预测需要	6500	
		总计：	50000	

审稿：赵政国，林承健

参 考 文 献

[1]　Moe M. The First Direct Observation of Double-Beta Decay. *Annual Review of Nuclear*

and Particle Science, 2014, 64: 247-267.

[2] Nygren D R, Jones B J P, López-March N, et al. Neutrinoless double beta decay with ^{82}SeF$_6$ and direct ion imaging. Journal of Instrumentation, 2018, 13(03): P03015.

[3] An M, Chen C, Gao C, et al. A low-noise CMOS pixel direct charge sensor, Topmetal-II. Nuclear Instruments and Methods in Physics Research Section A: Accelerators, Spectrometers, Detectors and Associated Equipment, 2016, 810: 144-150.

[4] http://www.uta.edu/physics/pages/faculty/profiles/nygren/index.html

[5] http://next.ific.uv.es/next/experiment/detector.html

[6] Tawara H, Ishida N, Kikuchi J, et al. Measurements of the W values in argon, nitrogen, and methane for 0.93 to 5.3 MeV alpha particles. Nuclear Instruments and Methods in Physics Research Section B: Beam Interactions with Materials and Atoms, 1987, 29(3): 447-455.

第6章　无中微子双贝塔衰变晶体量热器实验

曹喜光　　何万兵　　黄焕中　　马　龙

许咨宗　　杨俊峰　　朱　勇

6.1　晶体量热器简介

6.1.1　量热器技术背景

量热器是通过测量温度变化来标定能量的装置,在物理领域得到广泛应用[1]。在一个保温瓶中装 100 mL 的水,放入一支温度计,就构成了一个"经典"的量热器。通过聚光镜将阳光汇聚到保温瓶的水中,经过不断加热,水温从 25℃ 升到 30℃。通过测量水温的变化,就能推断出阳光在此"经典"量热器的水介质中沉积的能量:

$$Q = mC_{\mathrm{w}}\Delta T = 0.1 \times 4.2 \times 10^3 \times 5 = 2100\,(\mathrm{J}) \tag{6.1}$$

式中 $C_{\mathrm{w}}=4.2 \times 10^3$ J/(kg·℃) 是水的比热容。这种通过测量温度变化来标定能量沉积大小的方式就是"经典"量热器的工作原理。

量热器在科学研究上的应用最早始于 1880 年, S. P. Langley 发明了辐射量热器测量来自太阳的红外线[2]。1949 年, D. H. Andrews 等采用低温氮化铌超导微条 3.5 mm×0.4 mm×0.006 mm 实现对单个 α 粒子的探测,开辟了利用量热器开展单粒子事件探测的研究方向[3]。1950 年,掺杂 Ge 半导体温度传感器[4] 作为红外微量热器 infrared bolometer 开辟了低温量热器在天文观测中的应用[5]。1965 年,宇宙微波背景辐射 (CMB) 的发现,使量热器成为 CMB、太赫兹辐射的强有力的探测器。

量热器工作在低温环境可以有效增强探测器测量灵敏度。对于特定材料的吸收体,当材料所处的温度远低于该材料的德拜温度时,吸收体的比热容 (C) 满足如下关系式:

$$C = \frac{m}{M}\frac{12}{5}\pi^4 N_{\mathrm{A}} k_{\mathrm{B}} \left(\frac{T}{\Theta_{\mathrm{D}}}\right)^3 \tag{6.2}$$

其中 m 是吸收体质量, M 是吸收体摩尔质量, T 是工作温度, Θ_{D} 是德拜温度。实验上为了达到微小能量沉积即可造成显著的可测量温升,需要吸收体具有较小的比热容。从关系式 (6.2) 可以看出，比热容正比于温度的三次方，降低量热器的工作温度可以有效减小吸收体材料的比热容，从而提高灵敏度。

采用现代的温度传感器技术，低温量热器可以精确地测量微小的温度变化，实现单粒子事件测量。通常把这类能够测量微小温度变化 (能量沉积) 的量热器称为微量热器 (micro-calorimeter 或者 bolometer)。微量热器主要由三个部分组成：一个吸收体用来吸收事件产生的能量；一个温度传感器，用来测量吸收体的温升；一个与前两部分弱耦合的热连接装置，它可以把事件过后的吸收体的温度恢复到基线温度。

图 6-1 是微量热器工作示意图。吸收体用热容 C 来标记，热连接装置用热传导 G 来标记，热源用基准温度 T_0 来标记。瞬间产生的能量沉积 ΔE 引起吸收体的温升 $\Delta T = \Delta E/C$，紧接着系统以时间常数 $\tau = C/G$ 回到初始温度。

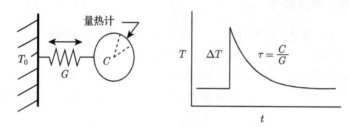

图 6-1　微量热器工作示意图

1984 年，E. Fiorini 和 T. O. Niinikoski 提出低温量热器用于稀有事件测量，尤其是双贝塔衰变过程 [6]。近年来，低温量热器在稀有物理过程研究方面取得了一系列进展。例如，Pierre de Marcillac 等利用锗酸铋晶体 (BGO) 量热器于 2003 年发现 $^{209}_{83}\mathrm{Bi}$ 的 α 稀有衰变过程 $(T_{1/2} = (2.01 \pm 0.08) \times 10^{19}\ \mathrm{a})$[7,8]；N. Casali 等利用 $\mathrm{Li_6Eu(BO_3)_3}$ 晶体量热器发现 $^{151}_{63}\mathrm{Eu}$ 的 α 衰变并测得其半衰期 $T_{1/2} = 4.62 \pm 0.95\,(\mathrm{stat}) \pm 0.68\,(\mathrm{syt}) \times 10^{18}\ \mathrm{a}$[9]。这些实验结果充分显示了低温量热器在测量稀有事件物理的应用前景。目前，低温晶体量热器成为寻找无中微子双贝塔衰变 (0νββ) 等稀有物理过程的主要探测器之一。

6.1.2　无中微子双贝塔衰变低温晶体量热器实验

目前，寻找 0νββ 实验方案除了晶体量热器，还包括气体时间投影室（TPC）、高纯锗探测器、有机液闪探测器等。相比于气体或液体探测器，晶体量热器能量分辨率更高。相比于高纯锗探测器，晶体量热器单位有效质量造价更低。这些技术优势推动了晶体量热器在过去几十年的发展，它成为 0νββ 实验具有相当竞争优势的探测器技术。

自 1984 年提出利用低温量热器开展稀有物理过程实验研究以来，低温量热器已经被广泛用于 0νββ 和暗物质 (DM) 等实验测量。低温晶体量热器主要测量事件粒子在晶体中的能量沉积造成的温升。粒子与晶体碰撞，引起晶格的振动 (通常由简振模能量量子 —— "声子" 表述)，将携带的动能几乎完全沉积在晶体内，导致晶体温度的升高 (正比于声子能量总和)，通过测量晶体的温升，根据晶体比热容大小，即可得到事件沉积能量的大小。

低温晶体量热器在 0νββ 实验方面具有以下优势：高探测效率，高能量分辨率，以及可以选择不同有效同位素介质的灵活性。在设计大型的无中微子双贝塔衰变探测器时必须考虑探测效率，通常要求实现衰变核素源和探测器介质的集成 ("source=detector")。含双贝塔衰变核素的晶体既作为信号源，又作为量热器的能量吸收体，且工作在低温环境。这样的设计具有显著的技术优势：① 探测效率高 (通常可以超过 80%)。由于稀有事件主要发生在晶体内，探测器的测量效率较高而且可以精确模拟，误差较小。② 能量分辨率高。由于信号取样的能量份额大且信号载体声子的统计样本比电子、荧光光子大几百倍至几千倍，决定了晶体量热器的固有能量分辨率极高。在低温工作环境下，晶体量热器能够达到和高纯锗探测器相当的能量分辨率。③ 选择不同晶体介质可以独立验证不同核素的无中微子双贝塔衰变过程。如果仅仅在一个核素观察到无中微子双贝塔衰变，我们不能确定是否由其他稀有能级跃迁产生。因此，在不同的核素发现无中微子双贝塔衰变是实验验证超越标准模型新物理的必要条件。不同于电离型探测器，低温晶体量热器的探测介质 (吸收体) 选择具有其他类型探测器不可比拟的灵活性和广泛性。同时，由于测量的是粒子在吸收体灵敏区内释放的所有能量，晶体探测器对不同类型粒子能量沉积测量具有类似的灵敏度。④ 基于低温晶体量热器的阵列布局，可以方便地利用选中晶体单元和其周围晶体单元的信息的逻辑组合，实现对某一特定稀有过程 (例如，到达激发态的无中微子双贝塔衰变) 的 "无背景" 的寻找。

低温晶体量热器应用在稀有 0νββ 过程寻找方向最具代表性的实验是意大利格兰萨索 (Gran Sasso) 国家实验室 (LNGS) 的 CUORE(Cryogenic Underground Observatory for Rare Event) 实验 [12,13]。我们以 CUORE 探测器单个晶体模块为例描述量热器工作原理，如图 6-2 所示。量热器单元包含 TeO_2 晶体 (能量吸收体)、温度传感器和热连接装置。实验采用聚四氟乙烯 (PTFE) 材料将晶体固定连接在低放射性铜支架。温度传感器用环氧树脂粘在晶体表面，和铜支架上的读出接口通过直径 50 μm 的金丝相连。温度传感器是一个中子核嬗变掺杂 (neutron transmutation doped，NTD) 锗热敏电阻计，它的电阻 R 对温度很敏感，在低温下能够实现 μK 量级温度变化的测量，具有极高的灵敏度。

CUORE 测量 ^{130}Te 双贝塔衰变末态电子在晶体中能量沉积导致的温度变化来获得单次衰变释放出来的能量，通过重建末态能谱在 ^{130}Te 0νββ 衰变的阈值 ($Q_{\beta\beta}{\sim}2527$ keV) 附近寻找信号峰。TeO_2 晶体德拜温度为 (232 ± 7) K，在超低温环境中具有极低的比热容。在 10 mK 时，质量为 750 g 的 TeO_2 晶体，每 1 MeV 能量沉积将导致大约 0.1 mK 温升。温度的变化由贴附于晶体表面的 NTD 锗热敏电阻计测得并转换为电信号读出。为了避免热噪声影响和压低晶体比热容，晶体工作温度选择在绝对零度附近 (~10 mK)。CUORE 实验通过大功率稀释制冷机 (dilution refrigerator，DR) 提供稳定的超低温环境。CUORE 实验的良好运行记录、优越的能量分辨率和本底水平为实现下一代大型 0νββ 晶体量热器实验建立了技术基础。

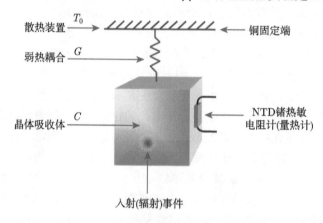

图 6-2　CUORE 低温晶体量热器装置示意图

6.1.3　低温晶体量热器技术的发展与应用

近二十年来，低温量热技术得到了极大的发展。低温晶体量热器因其高能量分辨率和低本底的优势，成为寻找无中微子双贝塔衰变、暗物质、轴子等前沿物理的最有竞争力的探测技术之一 [9]。在核与粒子物理实验需求的推动下，探测器系统在传感器、低温技术以及晶体制作工艺上进入一个快速发展的时期。低温粒子探测器的物理和技术已经成为核与粒子物理、天文物理、宇宙学以及低温物理多学科共同关注的领域。

在国际上，低温晶体量热器的应用遍及基础研究和应用科学的许多领域，其中包括中微子物理、中微子质量问题方面的单贝塔和无中微子双贝塔衰变、重离子物理、暗物质的直接测量、X 射线天文、天体物理以及微波背景辐射的宇宙学研究。随着物理需求的推动，低温量热器技术，特别是温度传感器技术及其读出电子学技术不断发展，探测器系统的规模也从克量级到吨量级阵列探测器不断提升。

低温晶体量热器在基础研究和应用科学方面具有重大的应用前景。我国目前粒子物理与核物理领域在低温晶体量热器技术方面相对薄弱。尽快发展低温晶体量热器技术，建设低温实验平台，开展前沿科学研究，是我国发展新型探测器技术，探索超出粒子物理标准模型新物理前沿的有效战略途径。

6.2　CUORE 实验概况

CUORE 实验位于意大利中部亚平宁山脉最高峰之下, 隶属于意大利国家核物理研究院的格兰萨索国家实验室 (LNGS), 是目前世界上正在运行的、规模最大的低温晶体量热器装置 (图 6-3)。实验室上方平均超过约 1400 m 厚的岩石屏蔽使得宇宙射线的强度较地面降低了 100 万倍, 为寻找无中微子双贝塔衰变等稀有物理事件实验提供极低宇宙线本底环境 [10,11]。

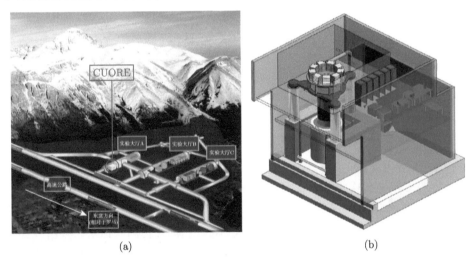

(a)　　　　　　　　　　　　　　　　　　　　　(b)

图 6-3　意大利 LNGS 和 CUORE 实验平台

(a) CUORE 位于 LNGS 地下实验室实验大厅 A; (b) CUORE 实验平台示意图

6.2.1　CUORE 发展历史

CUORE 的总体实验构想于 1998 年提出, 自 2000 年开始设计研发工作, 经过近二十年发展, 取得了晶体量热器方向的重大技术突破 [12,13]。图 6-4 显示了 TeO$_2$ 晶体量热器的发展历史, 实验经历了同位素有效质量不断上升的过程: 早期实验基于单个晶体实验装置, 主要用于测试和发展实验技术; 第一个阵列式探测器米兰双贝塔衰变 (MiDBD) 探测器在 1994 年完成建造, 由 4 块尺寸为 3 cm ×3 cm×6 cm 的 TeO$_2$ 晶体组成; CUORE 的阵列式晶体塔探测器经历了 Cuoricino 和 CUORE-0 两代单塔晶体探测器的实验, 才得以发展起来。CUORE 实验在低本底技术上取得了显著成绩, 在有效质量、本底水平和运行稳定性方面实现了探测器综合性能与灵敏度上数量级的飞跃。

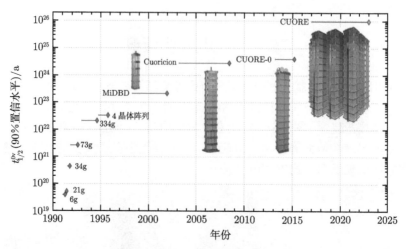

图 6-4　CUORE 的发展历史

纵坐标为 ^{130}Te $0\nu\beta\beta$ 半衰期测量下限

6.2.2　CUORE 实验装置

CUORE 是在 Cuoricino、CUORE-0 单塔晶体探测器基础上通过建造阵列式晶体塔并进一步压低本底水平和提升探测器性能发展起来的大型实验，是迄今为止国际上最大的 $0\nu\beta\beta$ 低温晶体量热器装置。

CUORE 的探测器主体由 19 个与 CUORE-0 相同设计的晶体塔阵列组成。每个晶体塔阵列包含 13 层，每层 4 块紧凑排列的 TeO_2 晶体。探测器总体使用 988 块，总重约 741 kg，含天然丰度 ^{130}Te 的 TeO_2 晶体 (^{130}Te 有效同位素的总质量为 206 kg)。晶体用聚四氟乙烯 (PTFE) 材料固定在低放射性铜支架内，保证了系统的稳定和热导性，在能量沉积事件发生后能够快速恢复晶体的热平衡。CUORE 实验的 19 个晶体塔阵列于 2014 年夏天完成建造，在意大利格兰萨索国家实验室千级洁净室中完成组装。阵列于 2016 年 8 月完成实验安装，探测器 (988 块 TeO_2 晶体) 整体置于超低本底铜制作的低温恒温器内，工作在 10 mK 附近温度。

为了获得稳定的低温工作环境 (约 10 mK)，CUORE 定制了大功率的稀释制冷机和低本底的低温恒温装置。如图 6-5 所示，CUORE 的稀释制冷机系统由 Leiden 公司特殊定制，低温恒温器包含 6 层嵌套的热屏蔽腔，由高纯低本底无氧铜制成。从外到内各级冷瓶分别连接 300 K、40 K、800 mK、50 mK、10 mK 冷盘，形成低温恒温室，晶体量热器整体位于 10 mK 恒温室内。300 K 和 40 K 容器是真空密闭的，分别为外部真空腔和内部真空腔。外层 40 K 和 4 K 冷盘区间由 5 个脉冲制冷机 (PT) 提供冷却，内层 800 mK、50 mK、10 mK 冷盘由 ^{3}He/^{4}He 稀释制冷单元提供冷却。恒温器的设计考虑了探测器周围材料及外部环境造成的热传导，包括内

层真空腔 (IVC) 内剩余氦气的热量传递、外侧屏蔽结构热辐射以及机械振动导致的能量传递。

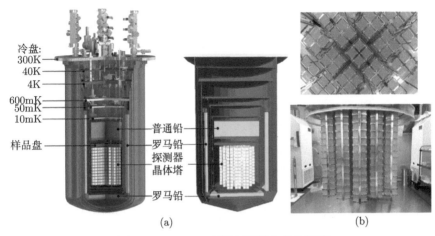

冷盘:
300K
40K
4K
600mK
50mK
10mK
样品盘

普通铅
罗马铅
探测器
晶体塔

罗马铅

(a)　　　　　(b)

图 6-5　CUORE 低温恒温器和晶体阵列

(a) CUORE 的恒温器; (b) 19 个晶体塔阵列。CUORE 合作组设计建造了当前世界最大、温度最低的低温恒温器

　　CUORE 低温系统的建造历时超过 3 年。应对了诸多挑战,包括超大制冷空间 (容纳 750 kg 的晶体和吨量级屏蔽体),稳定超低温运行,以及探测器系统的 2600 根线缆 (读出) 排布。CUORE 低温系统的设计充分考虑了温度稳定性、工作噪声、机械振动和材料放射性背景,设备通过优化设计,实现低噪声工作环境和低放射性背景。CUORE 低温系统于 2014 年 9 月完成试运行,成功把恒温器内 1 m^3 的体积冷却到 6 mK(0.006 K,−273.144℃),并维持了 15 天之久,创造了宇宙中最冷的立方体,成为世界上在绝对零度附近工作的最大体积的低温系统 [14]。

　　为了实现预期实验灵敏度,CUORE 的设计和建造过程充分考虑了原材料的放射性本底控制。除了采用高纯度低本底晶体,探测器的建造也基于大量本底测试,对原材料进行了仔细筛选。晶体塔框架的铜材料经过严格的等离子体表面处理去除表面杂质,低温系统和屏蔽系统的材料均采用低放射性本底材料。探测器组装完全在地下实验室千级洁净手套箱内完成,并通过洁净氮气循环避免空气中的残余氡气污染探测器系统。

　　对于实验设备和实验室环境中的放射性背景,CUORE 设计了多层屏蔽结构。恒温器内部采用超低本底的古罗马铅作为侧屏蔽和底屏蔽,以隔离低温系统和外部屏蔽的放射性背景。顶部屏蔽为超低本底铅 (^{210}Pb < 4 mBq/kg),位于混合腔下方。恒温器外部采用较厚的低本底铅屏蔽 (^{210}Pb < 150 Bq/Kg),以屏蔽实验室的环境伽马背景,最外层为含硼聚乙烯屏蔽体,作为中子屏蔽。低温系统、晶体探测

器和屏蔽体整体位于法拉第笼内以隔绝环境电磁噪声。低温系统和本底屏蔽系统将晶体探测器和实验室温度环境、电磁场环境、放射性背景环境隔离，维持探测器工作在理想状态[15]。

除了放射性本底控制，对振动噪声的控制也是 CUORE 实验的一项重大改进。制冷机的机械振动能够传递到低温区冷盘，导致振动产生的能量分散在冷盘上，影响温度稳定性。同时，晶体量热器灵敏度极高，机械振动可能传递能量到探测器，将直接导致探测系统产生噪声，影响探测器能量分辨率。在减振方面，CUORE 做了大量的优化，采取多种隔振手段。一个重要的设计是晶体阵列和制冷机系统的弱耦合。通过将探测器悬挂于顶部稀释制冷机的混合腔室下方，以弹簧连接外部支撑探测器，不直接连接混合腔室，减小机械振动。除此之外，还包括采用多脉冲制冷机冷头 (PT) 工作相位相消技术以及 Minus-K 减振装置等手段。

COURE 合作组由来自意大利、美国、中国、西班牙、法国等国家 39 个单位 130 多位科学家组成。我国参与单位包括中国科学院上海应用物理研究所、复旦大学和上海交通大学。值得一提的是，中国科学院上海硅酸盐研究所独家提供了 CUORE 实验所需的 1000 块大尺寸、高纯度 TeO_2 晶体。中国科学院上海硅酸盐研究所从 1994 年起应 Cuoricino 项目的要求开始晶体研发工作，于 2007 年成功研制出 CUORE 实验所需的大尺寸、高纯度 TeO_2 单晶，通过严格的生长工艺和本底控制，实现晶体内部本底 $< 10^{-14}$ g/g (^{238}U/^{232}Th)，表面 $< 10^{-8}$ Bq /cm² (^{238}U/^{232}Th)，全部指标达到并超过了项目要求，对我国发展晶体量热器技术奠定了实验基础[16]。

6.2.3 研究进展

CUORE 实验于 2017 年 5 月正式开始实验数据采集。在为期两个月的数据采集期间，99.6% 的晶体单元工作状态良好，获得 86.3 kg·a 晶体曝光量 (有效同位素 ^{130}Te 曝光量约 24 kg·a) 的高质量实验数据。

1. ^{130}Te 无中微子双贝塔衰变的实验测量

基于实验第一阶段采集的数据，CUORE 实验系统性地测量了双贝塔衰变末态双电子能谱。通过符合测量算法去除多通道计数事件 (如由高能宇宙线引起的散射在多个晶体中发生能量沉积引起的事件)，有效地减小了测量本底。通过分析第一阶段数据，实验在 ^{208}Tl-2615 keV 特征伽马射线能量附近，测得晶体探测器能量分辨率为 (7.7±0.5) keV (FWHM)，达到设计要求。

CUORE 于 2018 年 3 月发表了 86.3 kg·a 曝光量数据的分析结果。图 6-6 显示了 ^{130}Te 0νββ 信号敏感区间 (2465~2575 keV) 附近 155 个被记录的衰变事件能谱。

蓝色曲线是通过不分区间极大似然拟合方法 (UEML) 对能谱的最优拟合的结果。从图 6-6 中可以看出，拟合曲线能在较大范围内很好地描述实验本底，包括 ^{60}Co 衰变事件信号峰。

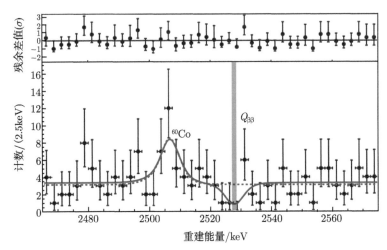

图 6-6　CUORE 实验测量得到的 ^{130}Te 0νββ 信号敏感区间能谱

2506 keV 附近的峰来自 ^{60}Co 衰变。蓝色实线为拟合结果，红色区域标出了 0νββ 理论 $Q_{\beta\beta}$ 位置

　　实验没有观测到 0νββ 信号，通过优化的本底拟合，在信号区间测得几乎平坦分布的本底为 B=(0.014±0.002) 计数/(keV·kg·a)。考虑系统不确定性在内，测得 ^{130}Te 的 0νββ 衰变速率 $r^{0\nu} < 0.51 \times 10^{-25}$/a，对应半衰期的下限值 1.35×10^{25}a(90% 置信水平)。结合以前发表的 CUORE-0 和 Cuoricino 的测量结果，实验得到 ^{130}Te 无中微子双贝塔衰变的半衰期 $>1.5\times10^{25}$ a(90% 置信水平)，这是目前 ^{130}Te 无中微子双贝塔衰变的半衰期下限的最好实验结果 [17]。

　　利用半衰期下限测量结果，CUORE 实验进一步限制中微子有效马约拉纳质量 $m_{\beta\beta}$ 的参数空间。采用参考文献中的相空间因子，考虑不同模型对于核矩阵元的计算结果，获得有效质量 $m_{\beta\beta} < 110\sim520$ meV (90% 置信水平)，取值区间的范围源于核衰变矩阵元计算结果的不确定性 [18-23]。这是目前通过低温晶体量热器实验测量得到的中微子马约拉纳有效质量的最优结果。CUORE 实验还在运行，有望进一步提升探测器性能，达到设计预期本底计数率 0.01 计数/(keV·kg·a)，平均能量分辨率为 5 keV (FWHM)，运行 5 年后预期灵敏度 (半衰期下限) 可以达到 $T_{1/2}(^{130}\text{Te})>9.5\times10^{25}$a (90% 置信水平)，对应中微子有效马约拉纳质量范围 $m_{\beta\beta} < 50\sim130$ meV [24]。

2. CUORE 实验的本底测量

CUORE 实验的另一项重要成果体现在晶体量热器实验本底的测量。CUORE 实验组从单塔晶体探测器 Cuoricino、CUORE-0 阶段就开展了系统性的蒙特卡罗模拟，研究了探测器系统不同组成单元内部和表面的放射性杂质对实验灵敏度的影响，充分考虑了来自多种放射性同位素 (^{238}U，^{232}Th，^{40}K，^{210}Pb 等)、环境放射性本底 (如伽马光子、中子) 以及高能宇宙线 μ 子的贡献。

图 6-7 显示了 CUORE-0 探测器系统本底模拟结果，通过拟合实验测量结果 M1 (多重数 1) 事件能谱得到本底模型。通过比较模型中来自探测器系统不同组件的本底能谱可以看出，在 0νββ 敏感区间，本底主要来自屏蔽系统和晶体阵列支架，这一部分本底类型主要为来自探测器临近材料的表面放射性杂质贡献 (如 ^{238}U/^{232}Th)。进一步细致研究发现，由于 ^{130}Te 的 0νββ 敏感区间处于 ^{208}Tl-2615 keV 特征伽马射线能区及其康普顿边缘，其中一部分本底来自多重康普顿散射的伽马射线。

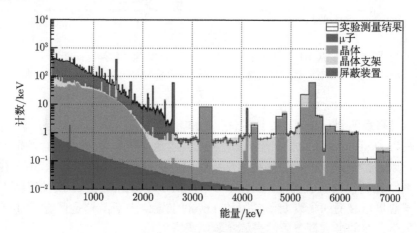

图 6-7　CUORE-0 探测器系统本底模拟结果

CUORE-0 的本底研究为 CUORE 实验提供了参考。CUORE 和 CUORE-0 具有同样的塔形晶体探测器单元，在建造过程中都考虑了系统的本底控制。主要差别在于，CUORE-0 运行在老的 Cuoricino 冷却和屏蔽系统，而 CUORE 利用了全新的冷却和屏蔽系统，包括定制的低本底恒温器。图 6-8 是 CUORE 实验本底能谱与 CUORE-0 的结果比较。可以看出，相比于 CUORE-0，CUORE 在 ^{208}Tl-2615 keV 特征伽马射线能量区间以下低能区的本底大幅降低，$Q_{\beta\beta}$ 附近伽马背景相比于 CUORE-0 减小了近 5 倍。结果显示，CUORE-0 实验中在 ^{208}Tl-2615 keV 特征伽马射线能量以下的本底大部分来自塔形晶体探测器的外部，冷却系统的墙壁等可能是主要的本底源。

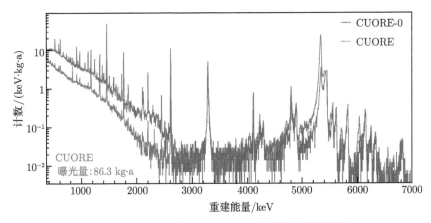

图 6-8　CUORE 与 CUORE-0 实验本底能谱比较

在高能量区间（>2650 keV），CUORE 和 CUORE-0 本底大小近似相同。模拟研究证实，这些本底大部分由放射性核素衰变产生的 α 粒子所组成，主要来自晶体表面和探测器阵列支撑结构。

CUORE 本底研究结果为发展新一代超低本底晶体量热器实验提供了技术基础：进一步压低晶体表面和探测器支撑结构（低本底铜）材料中放射性核素产生的本底是达到下一代实验灵敏度的关键。CUORE 的成功建造和运行充分验证了低温晶体量热器技术作为无中微子双贝塔衰变实验的可靠性。CUORE 实验也极大地推动了低温量热器技术的发展，为发展下一代更高灵敏度的实验装置建立了基础。

6.3　无中微子双贝塔衰变实验的晶体选择和晶体生长技术的发展

晶体是低温量热器无中微子双贝塔衰变实验探测器系统的核心单元，晶体材料的发展对提升晶体探测器性能至关重要。制备高纯度、低放射性本底的晶体材料是开展高灵敏度 0νββ 实验测量的基础。本节将主要介绍应用于低温晶体量热器 0νββ 实验的晶体选择和晶体生长技术的发展。

6.3.1　无中微子双贝塔衰变实验的晶体选择标准

作为双贝塔衰变源，所选晶体首先必须包括具有偶数质子数和偶数质量数、能发生双贝塔衰变的核素 (表 6-1)。

对于无中微子双贝塔衰变实验这类低本底研究，材料的本底要求非常严格。TeO_2 晶体作为核心部件的 CUORE 实验仍然有待优化，其 2018 年数据在相关灵敏能区取得的本底水平是 (0.014±0.002) 计数/(keV·kg·a)，距离下一代实验的要求还差了两个数量级。近年来提出的新一代实验方案 CUPID (CUORE Upgrade with Particle Identification) 将基于 CUORE 的技术发展，在热信号 (声子) 读出的基础上，增加光信号读出，通过双通道读出实现本底粒子甄别，有望降低两个数量级的本底噪声，达到 0.0001 计数/(keV·kg·a) 的目标。光信号主要包括闪烁光和切连科夫光。从表 6-1 可以看出，满足要求的候选晶体有 CaF_2、$CaMoO_4$、ZnSe、系列钼酸盐、$CdWO_4$、TeO_2 等。然而，晶体量热器实验的晶体材料纯度，特别是放射性纯度，仍然是进一步抑制实验本底，提高探测信号灵敏度的关键参数。因而晶体量热器实验所需的晶体选择标准，重要条件之一就是易于获得高纯度，特别是放射性纯度。此外，考虑到下一代大型无中微子双贝塔衰变实验的晶体探测材料需要几百千克甚至吨级的规模，因而从晶体材料实现的难易角度出发，还需要考虑以下几点 [29]。

表 6-1　双贝塔衰变的候选材料列表 [25-28]

双贝塔衰变	Q 值/MeV	自然丰度/%	实验名称	候选晶体	闪烁光
$^{48}Ca_{20} \to ^{48}Ti$	4.274	0.187	CANDLES	CaF_2	强
				$CaMoO_4$	强
$^{76}Ge_{32} \to ^{76}Se$	2.039	7.8	GERDA, Majorana, LEGEND	Ge	无
$^{82}Se_{34} \to ^{82}Kr$	2.995	9.2	Super NEMO, LUCIFER	ZnSe	强
$^{96}Zr_{40} \to ^{96}Mo$	3.350	2.8		ZrO_2	弱
$^{100}Mo_{42} \to ^{100}Ru$	3.035	9.6	MOON, AMoRe, LIMINEU	$PbMoO_4$	强
				$CdMoO_4$	强
				$SrMoO_4$	强
				$MgMoO_4$	无
				$CaMoO_4$	强
				$ZnMoO_4$	强
				Li_2MoO_4	弱
$^{110}Pd_{46} \to ^{110}Cd$	2.013	11.8			
$^{116}Cd_{48} \to ^{116}Sn$	2.809	7.6	COBRA	$CdWO_4$	强
$^{130}Te_{52} \to ^{130}Xe$	2.530	34.5	CUORE	TeO_2	无闪烁光，弱的切连科夫光
$^{136}Xe_{54} \to ^{136}Ba$	2.479	8.9	EXO, KamLAND-Zen, NEXT, XMASS		
$^{150}Nd_{60} \to ^{150}Sm$	3.367	5.6	SNO+, DCBA/MTD		

(1) 晶体的生长工艺参数，如晶体结构、生长温度等。

晶体结构首先决定了其生长难易程度。一般而言，所属晶系对称性越好，晶体越容易生长。七大晶系从易到难，依次排序为立方 (等轴) 晶系、六方晶系、四方晶系、三方晶系、正交晶系、单斜晶系、三斜晶系。

晶体的生长温度也是决定其生长难易程度的重要指标。不同的生长温度，能够使用的坩埚材料也不同。为了获得晶体的高纯度，稀有金属类的坩埚材料，如铂和铱，因为可以通过多次熔炼提纯，通常成为理想的坩埚材料。以熔体法生长晶体为例，熔点在 1700℃ 以下的晶体生长可采用铂金坩埚，而高于此温度，一般采用铱金坩埚，成本更高，难度更大。

与晶体的生长工艺参数相关的另一个问题是相变问题。如果在生长温度附近存在相变，将严重影响晶体生长的成品率。

(2) 晶体的加工难度。

就常规加工而言，是否存在解理面是影响加工的重要指标。解理面的存在，极易造成加工过程中晶体开裂。此外，与晶系的对称性有关，各向异性的晶体，不同方向的最佳加工条件有所不同，也会增加加工难度。在此基础上，为了获得高纯度，晶体是否易潮解也是影响加工的关键指标。不易潮解的晶体，可以利用纯水作为加工冷却媒介。而易潮解的晶体，通常需要航空煤油等矿物油作为加工冷却媒介，但即使是高纯航空煤油，里面的 U、Th、K 含量也较纯水高出几个数量级。

(3) 晶体生产的技术成熟度、市场前景等。

对大科学工程应用而言，晶体生产的技术成熟度决定了需要投入的研发力量，也在一定程度上决定了后续的经费预算与品质保证。选用技术成熟度较高的产品，可在已有技术基础上，仅增加高纯化研究的部分投入，经费预算可控，批量化晶体生产质量有保证。市场前景是针对科学研究应用而言的。具有市场前景的晶体，其研发和批量化生产有潜在动力，将激发研发人员的热情，加快其研发进程。

从 2004 年起，世界范围内开展了广泛的闪烁晶体筛选工作，包括表 6-1 列出的 CaF_2、$CaMoO_4$、ZrO_2、$CdWO_4$、$PbMoO_4$、$CdMoO_4$、$SrMoO_4$、$ZnMoO_4$、ZnSe、Li_2MoO_4(LMO) 等众多晶体。通过对原料提纯、晶体生长、晶体性能等综合指标的筛选，近年来的主要研究已集中在 ^{82}Se 和 ^{100}Mo 这两种双贝塔衰变同位素，Q 值分别为 2995 和 3034 keV，自然丰度百分比分别为 9.2 和 9.6，均能较好地避开 2615 keV 的信号干扰 [30,31]。对应的闪烁晶体研究，则集中在 ZnSe 和 LMO 两种晶体上 (表 6-2)。

ZnSe 晶体属于立方晶系，对称性好，且不存在解理面，不潮解，发光性能好，已广泛应用于蓝光半导体激光器件、非线性光热器件和红外器件等领域，因而是 CUPID 实验的最佳候选材料之一，目前已实现了 (3.6-1.4+1.9) 计数/(t·keV·a) 的较低本底 [36,37]。然而，ZnSe 晶体 [38] 熔点较高 (1525℃)，且在熔点附近存在相变，容易造成成分偏析,难以获得批量化的大尺寸优质晶体,是该晶体作为 CUPID 实验的候选材料所面临的主要难题。

表 6-2   三种无中微子双贝塔衰变实验的候选晶体选择标准汇总表 [31−35]

晶体名称	核素	自然丰度/%	所属晶系	熔点/℃	是否相变	解理面	是否潮解	技术成熟度	市场前景
ZnSe	^{82}Se	9.2	立方	1525	是	无	否	较成熟	好
Li$_2$MoO$_4$ (LMO)	^{100}Mo	9.6	三方	705	否	未知	是	研发	未知
TeO$_2$	^{130}Te	34.5	四方	733	否	(100) 和 (010)	否	成熟	好

6.3.2 LMO 晶体的研究进展

相比于 ZnSe 晶体,LMO 晶体属于三方晶系,对称性差,且微潮解,闪烁发光信号也弱,因而单从闪烁光应用来看,并无优势。虽然在 2010 年,莫斯科化工大学用提拉法生长出质量 1.3 g 的 LMO 晶体,开始用于闪烁晶体量热器的研究,但由于 LMO 晶体发光弱,其结果并没有引起太多关注 [39]。2013 年,L. Cardani 等改进晶体量热器的锗片光探测器 (Ge-LD),提高了光收集效率,使 LMO 晶体的弱闪烁光也能得到很好利用,证明 LMO 晶体用于低本底的闪烁晶体量热器具有显著优势 [40−41]。LMO 晶体还有其自身优势 [31]:LMO 晶体为氧化物晶体,熔点低,仅为 705 ℃,不易造成成分偏析,提拉法和下降法均能生长晶体;与 CaMoO$_4$ 晶体相比,LMO 晶体不需要对 ^{48}Ca 进行分离;与 ZnMoO$_4$ 晶体相比,LMO 晶体没有不一致熔融问题。

自 2014 年起,国外开展了针对 LMO 晶体的大量研究,包括对 Mo 的纯化、Li$_2$CO$_3$ 的筛选与纯化、富集原料 ^{100}Mo 的提纯与回收方面取得了系列进展 [31,42−45]。

1. 原料处理

目前,LMO 晶体生长所需的原料一般通过固相反应合成:

$$MoO_3 + Li_2CO_3 \longrightarrow Li_2MoO_4 + CO_2 \uparrow \tag{6.3}$$

合成过程分为三个阶段:

(1) 反应开始前的快速升温阶段;

(2) 在 450℃ 附近缓慢升温,保持 5∼10h,直到 CO$_2$ 气体完全释放;

(3) 快速升温至晶体生长所需温度。

目前,市场上的原料均不能满足高纯要求,需要进行筛选与纯化工作。

1) Mo 的纯化

得益于 ZnMoO$_4$ 晶体研制的重要进展 [45−48],LMO 晶体所用 Mo 的纯化沿用了相关技术。

目前, Mo 的纯化采用两步法, 将 "干" 化学法和 "湿" 化学法相结合, 既考虑了 Si、K、Fe 等杂质的去除, 又考虑了与 Mo 共生的 W 杂质的去除。"干" 化学法采用升华提纯技术, 可有效去除 Sr、Ba、U、K、Si、Fe 等杂质。在此过程中, 通过添加超过 1% 的高纯 $ZnMoO_4$, 可有效去除共生杂质 W。因为高温下, 会发生如下化学反应:

$$ZnMoO_4 + WO_3 \longrightarrow ZnWO_4 + MoO_3 \tag{6.4}$$

"湿" 化学法则利用氨水溶解 MoO_3, 通过添加共沉淀剂 $CaCl_2$, 可有效去除 Pb 杂质, 并进一步去除 Sr、Ba、U 等杂质。

$$(NH_4)_2MoO_4 + H_2O + CaCl_2 \longrightarrow CaMoO_4 \downarrow + Ca(OH)_2 \downarrow + (NH_4)_2MoO_4 + NH_4Cl \tag{6.5}$$

此外, 添加 $1 \sim 2$ g/L 的 ZnO, 在 pH=$7 \sim 8$ 时形成 $ZnMO_4$ 沉淀, 可进一步吸附其他杂质元素, 提高重结晶纯化效果。

2) Li_2CO_3 的筛选与纯化 [31]

相比于 MoO_3 原料, 市场上能得到的 Li_2CO_3 原料其纯度要高很多。纯度 4N 的 Li_2CO_3 原料, 已基本满足高纯 LMO 晶体的生长需求。尽管如此, 俄罗斯的 NIIC(Nikolaev Institute of Inorganic Chemistry, Novosibirsk) 已在研究 Li_2CO_3 原料的提纯方法。利用醋酸水溶液过滤杂质, 然后通过碳酸铵溶液沉淀出 Li_2CO_3, 实现高纯度。

3) 富集原料 ^{100}Mo 的提纯与回收 [31,45,48]

^{100}Mo 同位素的自然丰度仅为 9.6%, 应用在无中微子双贝塔衰变晶体量热器, 需要进行同位素富集。俄罗斯的 Electro-Chemical Plant 是目前唯一一家能够提供富集 ^{100}Mo 同位素的单位。富集的方法如下:

$$Mo + 3F_2 \longrightarrow MoF_6 + 离心机 \longrightarrow {}^{100}MoF_6 \tag{6.6}$$

$$^{100}MoF_6 + H_2O + HNO_3 \longrightarrow 蒸发与煅烧 \longrightarrow {}^{100}MoO_3 \tag{6.7}$$

$$^{100}MoO_3 + H_2O + NH_3 \longrightarrow 蒸发与煅烧 \longrightarrow {}^{100}MoO_3 \tag{6.8}$$

得到的 $^{100}MoO_3$ 细粉可以进一步还原为 ^{100}Mo 金属细粉, ^{100}Mo 的富集程度通常在 $90\% \sim 99\%$。

通常在同位素富集过程中, 质量数相近的杂质还容易进入富集的 ^{100}Mo 原料, 造成二次污染。因而富集的 $^{100}MoO_3$ 需要经过上文所述的纯化过程。

由于富集 ^{100}Mo 原料的成本高, 因而必须考虑它的回收利用效率。富集 LMO 晶体切割之后的大块余料, 可将表面打磨干净, 直接用于晶体生长。加工过程中的碎料, 先用高温去掉表面的有机物 (切削油与黏结胶等), 之后溶解、过滤, 蒸发水分后形成固体沉淀物。固体沉淀物用钼酸 (H_2MoO_4) 溶解, 通过煅烧形成粗的

MoO$_3$ 粉体。粗的 MoO$_3$ 粉体，再次通过上文所述的纯化过程。必要时，增加升华提纯或者重结晶提纯的次数。

2. 晶体生长 [31]

LMO 晶体为低熔点氧化物晶体，适合用提拉法和下降法生长。目前，采用低温梯 (LTG) 提拉法生长的 LMO 晶体最大尺寸已达 ϕ80mm×70mm(图 6-9)，生长速率为 0.5~0.75 mm/h，旋转速度为 3 圈/min，生长周期为 10~12 d。用此方法，已生长出质量约 0.6 kg 的同位素富集 Li$_2^{100}$MoO$_4$ 晶体 (图 6-10)。

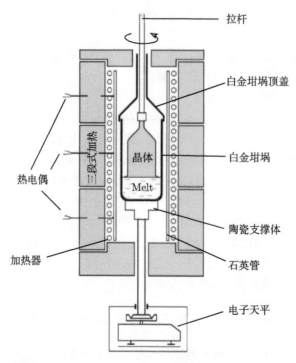

图 6-9　具有三温区的低温梯提拉法晶体生长炉

在 CLYMENE 项目支持下，法国开展了常规提拉法生长 LMO 晶体的研究工作，利用铂金坩埚，在空气环境下生长出 230 g 的 LMO 单晶。最新进展是以约 2 mm/h 的速度，拉出了 820 g 的 LMO 晶体。美国的 Radiation Monitoring Devices Inc. 利用提前合成的原料，也采用常规提拉法生长出了直径 2 in(1 in=2.54 cm) 的 LMO 晶体。

相比国外，国内的 LMO 晶体生长研究开始于 2015 年。宁波大学和中国科学院上海硅酸盐研究所在原料纯化、多晶料合成、生长方法探索等方面开展相关研究。考虑到 CUPID 项目需要大数量的 LMO 晶体，国内的研究集中在 LMO 晶体的下降法工艺研究, 期望发挥我国在下降法生长氧化物晶体方面的国际优势, 极大地降低 LMO 的批量化生产成本。为此, 国内开展了固相和液相合成 LMO 高纯粉体的技术路线研究。

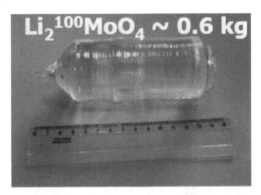

图 6-10 利用低温梯提拉法生长的大尺寸同位素富集 $Li_2^{100}MoO_4$ 晶体

国内的最新进展, 是用下降法技术得到 ϕ55 mm×100 mm 尺寸的 LMO 晶体。该晶体在绿激光照射下内部无肉眼可见散射颗粒, 说明下降法制备技术适合于大尺寸 LMO 晶体生长 (图 6-11, 图 6-12)。

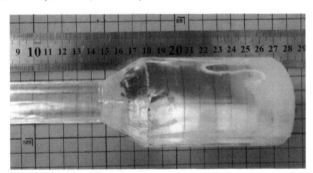

图 6-11 下降法技术制备的 ϕ55 mm×100 mm LMO 晶体

此外, 经反复优化晶体生长工艺条件, 克服了晶体开裂和晶体着色等生长技术问题, 成功生长出直径达 ϕ50~70 mm 的完整 LMO 晶体, 具有良好的光学透光率, 测试表征了晶体的闪烁性能, 其他性能正在测试之中。

目前, 国内的 LMO 晶体在尺寸和纯度方面与国外相比还存在一定差距, 也尚未开展同位素 ^{100}Mo 富集的相关研究。国内的后续研究计划是利用自然丰度原料, 试验准确化学计量组成多晶料的制备方法, 探索实现多晶料深度提纯的重结晶工艺; 研究适应于相应材料物性特点的晶体生长工艺, 配合探测器的研制开展晶体元件加工方法研究 (图 6-13)。在富集 ^{100}Mo 原料使用过程中, 将考虑用提拉法生长

富集的 $L^{100}MO$ 高纯籽晶，这样可利用提拉法所需籽晶较小的特点，减少原料使用。然后利用提拉法生长的籽晶，采用多坩埚下降法进行富集 $L^{100}MO$ 高纯晶体的生长。

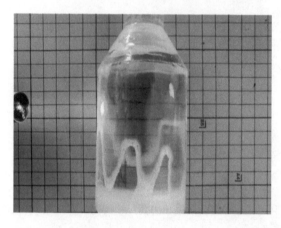

图 6-12　LMO 晶体在绿激光照射下内部无肉眼可见散射颗粒

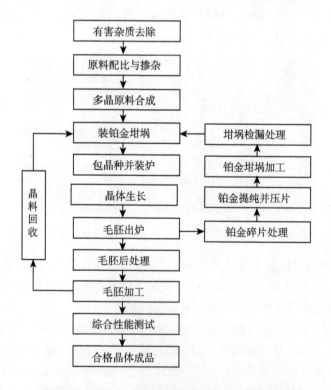

图 6-13　LMO 晶体的下降法制备技术路线图

6.3.3　应用于无中微子双贝塔衰变的 TeO_2 晶体的研究进展

自从 TeO_2 晶体成功实现人工生长以来，已经有 50 多年的发展历程[49]。四方晶系变形金红石结构所形成的各向异性，给 TeO_2 晶体的大尺寸生长制造了障碍，但同时也为该晶体带来了优异的声光性能[50-52]。在 20 世纪 90 年代以前，TeO_2 晶体的应用全部集中在声光器件方面[53]。1991 年，科学家们才开始关注 TeO_2 晶体的 ^{130}Te 的双贝塔衰变特性，并由此开拓了 TeO_2 晶体新的应用领域[54]。与其他双贝塔衰变源相比，^{130}Te 的自然丰度最高 (达到 34.5%)，这是目前 CUORE 实验使用 TeO_2 晶体的主要原因之一。

TeO_2 晶体的生长以前多用提拉法。中国科学院上海硅酸盐研究所是国际上最早研究下降法生长 TeO_2 晶体的单位。1989 年，蒲芝芬等[55] 公开了 TeO_2 晶体的坩埚下降生长方法，可以沿 ⟨100⟩、⟨001⟩、⟨110⟩ 任一方向生长方形、椭圆形、菱形、板状及圆柱形晶体，尺寸可达 (70~80)mm×(20~30)mm×100mm。2003 年，葛增伟等[56] 改进下降法生长工艺，克服了以前单一降温技术导致的易穿漏、成品率低和晶体厚度小的缺点，沿 ⟨110⟩ 方向生长出尺寸达 60mm×60mm×60mm、纯度较高、质量优等的 TeO_2 晶体[57](图 6-14)。

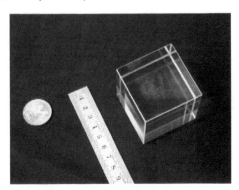

图 6-14　下降法生长的 TeO_2 晶体

2009 年，葛增伟等[58,59] 利用两次生长制备技术和溶解制粉的纯化过程实现了晶体的高纯度。该方法制备的 TeO_2 单晶纯度高，特别是 U、Th 等放射性杂质含量可降低至 10^{-14} g/g。2012 年，Cardani 等报道了用于晶体量热器研究的最大单块 TeO_2 单晶，质量达 2.13 kg[60]。该单晶由葛增伟等利用改进的下降炉和下降法生长工艺研制而成，其截面已达 54.0 mm×58.2 mm，长度为 111.3 mm。

国际大型晶体量热器无中微子双贝塔实验 CUORE 所采用的 TeO_2 晶体，正是中国科学院上海硅酸盐研究所独家研制生长的，具有 10^{-14}g/g 量级的 U、Th 纯度[29]。然而，纯 TeO_2 晶体的发光效率仅为 BGO 的 0.67%，无法直接利用闪烁光实现双读出。各种旨在提高发光效率的掺杂 TeO_2 晶体研制效果欠佳，发光效率提升非常有限, 无法达到实验要求 [61]。若要满足新一代实验 CUPID 的要求, 后续基于 TeO_2 晶体的研发工作分成了两类: 一是通过晶体表面镀铝膜或闪烁薄膜来减少表面粒子的干扰, 降低 α 粒子本底; 二是利用高质量 TeO_2 晶体的切连科夫光, 通过 "Luke effect" "TES" "MKID" "MMC" 等具有放大和更灵敏特性的读出技术相结合, 来实现粒子鉴别压低 α 粒子本底 [17,62,63]。

研制富集 $^{130}TeO_2$ 晶体也是近年来的研发重点之一。从 2013 年起, 中国科学院上海硅酸盐研究所和 CUORE 合作组合作, 开展了 $^{130}TeO_2$ 晶体的研制工作, 主要取得了以下进展。

1) 实现 $^{130}Te(92\%)$ 粉体向高纯 $^{130}TeO_2$ 粉体的化学转换与表征

化学转换分为两个阶段, 第一阶段为溶解制粉阶段, 第二阶段为提纯阶段。从表 6-3 可以看出, $^{130}TeO_2$ 原料粉体的 ^{130}Te 同位素丰度为 92.2%, 与起始的 ^{130}Te 粉体原料相同, 比自然丰度提高了近 3 倍。$^{130}Te(92\%)$ 粉体原料中 ^{130}Te、^{128}Te、^{126}Te、^{125}Te 的同位素丰度分别为 92.2%、7.77%、0.016% 和 0.006%, 由此计算该粉体的摩尔质量为 129.89 g/mol。

表 6-3　各种粉体的同位素 ICP-MS 测试结果

同位素	丰度/%				
	天然丰度	^{130}Te	$^{130}TeO_2(P2)$	$^{130}TeO_2$-M	$^{130}TeO_2$-2nd
^{120}Te	0.096	<0.001	<0.001	0.09	<0.001
^{122}Te	2.603	<0.001	<0.001	2.33	<0.001
^{123}Te	0.908	<0.001	<0.001	0.81	<0.001
^{124}Te	4.816	<0.001	<0.001	4.38	<0.001
^{125}Te	7.139	0.006	0.0058	6.53	0.006
^{126}Te	18.95	0.016	0.013	16.82	0.014
^{128}Te	31.69	7.77	7.82	29.24	7.80
^{125}Te	33.8	92.2	92.2	39.8	92.1

表 6-4 列出了各种粉体纯度的 ICP-MS 测试结果。从表中可以看出, 化学转换后的 $^{130}TeO_2$ 原料粉体 ($^{130}Te(P2)$) 具有更高的纯度, 其 U、Th 纯度分别为 4×10^{-11} g/g 和 6×10^{-11} g/g, 达到了 U、Th 含量 $<10^{-10}$ g/g 的预定目标。$^{130}Te(92\%)$ 粉体原料的主要杂质 Pb 含量从 115 ppb 降低到了 18 ppb, Fe 含量则从 15000 ppb 降低到了 1500 ppb 以下, 均得到了数量级上的提纯效果。

2) 低本底高富集 $^{130}TeO_2$ 晶体的下降法生长与性能研究

将 92.2% ^{130}Te 富集的 $^{130}TeO_2$ 粉体装入带高纯 TeO_2 籽晶的铂金坩埚中, 之后装入研制的大尺寸、多管下降炉中开始生长, 控制下降速率为 1 mm/h。

生长的高富集 $^{130}TeO_2$ 晶体毛坯参见图 6-15, 尺寸为 60 mm×41 mm×85 mm (不含籽晶部分)。然后按照图 6-16 的位置, 加工成两块晶体 (编号分别为 1# 和 2#,

表 6-4 各种粉体纯度的 ICP-MS 测试结果

元素	丰度/ppb			
	^{130}Te	^{130}TeO$_2$(P2)	^{130}TeO$_2$-M	^{130}TeO$_2$-2nd
U	0.65	0.04	0.03	0.04
Th	0.30	0.06	0.05	0.07
Bi	<0.4	1.10	1.05	50
Pb	115	18	15	900
Pt	13.7	3.96	4.58	<1.8
Fe	15000	<1500	<1000	22000

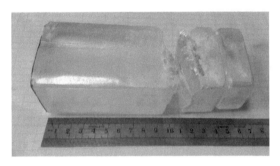

图 6-15 高富集 ^{130}TeO$_2$ 晶体毛坯照片

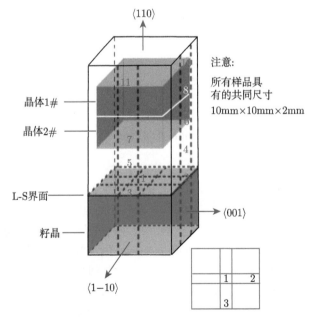

图 6-16 高富集 ^{130}TeO$_2$ 晶体毛坯取样位置示意图

参见图 6-17) 样品，尺寸均为 52mm×36mm× 38mm。取 10mm×10mm× 2mm 的晶体样品做 X 射线衍射 (XRD) 分析 (图 6-18)，对比 PDF 卡片 84-1777，仅能看到 001 晶向的一个谱峰，说明材料结晶完好。

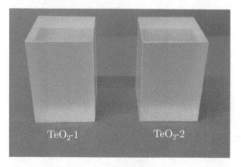

图 6-17　六面全抛光的两块高富集 ^{130}TeO$_2$ 晶体

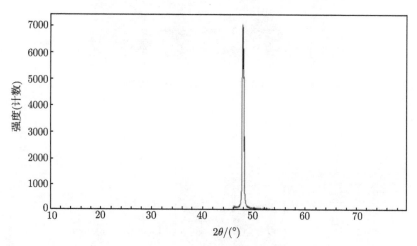

图 6-18　尺寸为 10mm×10mm× 2mm 的高富集 ^{130}TeO$_2$ 晶体样品的 XRD 图谱

　　高富集的 1# 和 2# 两块 ^{130}TeO$_2$ 晶体在意大利格兰萨索地下实验室内用铅屏蔽的几十毫开低温装置中，历经多月的测试，得到 2615 keV 处的能量分辨率分别为 (4.3±0.2) keV 和 (6.5±0.4) keV，信号强度分别为 95 μV/MeV 和 200 μV/MeV。此外，在两块高富集 ^{130}TeO$_2$ 晶体中探测到切连科夫光，这是在富集 ^{130}TeO$_2$ 晶体中首次探测到切连科夫光。通过 "Neganov Luke" 放大效应和低温量热技术相结合，实现了对 α 背景粒子的鉴别效果，α 粒子去除率分别高达 98.21% 和 99.99%[63]。

　　后续应用于无中微子双贝塔衰变的 TeO$_2$ 晶体研究，将主要集中在两个方面：一是开展更大尺寸 (60 mm×60 mm×60 mm) 的高纯 TeO$_2$ 晶体的批量化制备研究，以进一步减少比表面积，从而减少因表面污染带来的放射性本底。二是针对同位素富集晶体，开展区熔法等原料提纯工艺研究，并配合提拉法需要籽晶较小的特点，开展同位素富集 $^{130}TeO_2$ 晶体的提拉法制备工艺研究。最终根据提拉法的进展情况，考虑直接提拉法生长大尺寸的 $^{130}TeO_2$ 晶体，或者利用提拉法生长的 $^{130}TeO_2$ 籽晶，用下降法批量生长大尺寸的 $^{130}TeO_2$ 晶体，以满足下一代晶体量热器实验的要求。

6.4 晶体量热器实验的本底考虑

无中微子双贝塔衰变是极其稀有的事件，本底的大小是影响实验灵敏度的重要因素。为了获得较高的灵敏度，需要尽可能地压低在 $0\nu\beta\beta$ 敏感区间的本底。经过几十年的技术发展，$0\nu\beta\beta$ 晶体量热器的实验本底水平已经大幅度降低，例如，CUORE 实验本底在 $0\nu\beta\beta$ 测量敏感区间已经接近 0.01 计数/(keV·kg·a) 量级的设计目标。

现阶段，各种 $0\nu\beta\beta$ 实验的探测器技术研发目标都在围绕进一步降低本底水平展开。新一代 $0\nu\beta\beta$ 实验的最大挑战是在增加目标同位素至吨级质量的同时进一步压低本底，使本底再下降一至二个数量级。本底水平对所有深地稀有物理实验包括无中微子双贝塔衰变实验和各类暗物质直接探测实验的灵敏度都起着决定性作用。

6.4.1 主要本底来源与控制

CUORE 实验研究表明，来自实验室环境的放射性本底和探测器系统材料的放射性本底是 $0\nu\beta\beta$ 实验本底的主要来源 [64,65]。从本底的类型来看，主要包括：

(1) 宇宙射线。它与物质的反应可产生高能的次级中子、轫致辐射以及电磁簇射。同时，宇宙线活化材料能够产生放射性同位素，如在铜材料中生成 ^{60}Co，其衰变会产生 γ 射线，引起本底的贡献。

(2) 中子。中子有较强的穿透能力，可通过 (n,x) 反应生成放射性核素，尤其是中子与探测器物质的反应，这类能谱没有明显特征，使得本底较难排除。地下实验室环境中子的来源主要有两个：一是来自岩洞岩石的放射性核素衰变和 (α, n) 熔合反应，这样产生的中子能量一般小于 10 MeV，但是会呈现连续谱。二是宇宙线 μ 子与岩石物质反应产生的高能中子 (>1 GeV)，它可能穿透屏蔽层并在探测器周围产生本底信号。高能中子引起的核反应也间接贡献了一部分本底，例如，高能中子可与锗反应产生 ^{68}Ge 和 ^{60}Co，与铜反应产生 ^{60}Co，这些核素的衰变也将对实验本底产生贡献。

(3) 放射性核素衰变产生的 α、β 和 γ 粒子。尤其是放射性核素 ^{232}Th、^{238}U 链式衰变产生的连续谱，其中高能量的 γ 射线会导致多重康普顿散射事件，衰变产生的 α 粒子经材料表层的慢化后在 $0\nu\beta\beta$ 敏感区间造成本底贡献。^{238}U 和 ^{232}Th 在所有的探测器系统材料中都存在, 含量随材料种类和生产工艺而异。

(4) 双中微子双贝塔衰变 (2νββ) 背景。相比于其他可通过严格的控制而减小或消除的背景源, 2νββ 背景是 0νββ 实验测量不可压低的物理本底, 其末态能谱的高能量部分将延伸到 0νββ 测量敏感区间, 其对实验灵敏度的影响取决于探测器的能量分辨率。

针对不同的本底来源, 实验需要发展相应的本底压低方法。为了减少来自宇宙线的本底贡献, 实验需要在足够深的地下实验室开展。地下实验室通过上方较厚的岩体屏蔽, 能够实现宇宙线的有效隔离。例如, 意大利的 CUORE 实验所在的 LNGS, 上方有大约 1400 m 厚的岩石覆盖, 等效水深约 3800 m, 在这种深度的地下实验室, μ 子是唯一残留的宇宙射线粒子, 但通量已经大为降低 (3×10^{-8} 计数/(s·cm^2), 仅为地表的百万分之一, 对于现有的 0νββ 实验测量, 其本底贡献几乎可以忽略。

虽然宇宙射线在地下实验室直接带来的本底微乎其微, 但地下环境本身放射性的本底, 比如来自岩层、探测器系统外部材料中的放射性同位素, 实验室环境中的氡气等, 都是重要的本底来源。针对来自岩层、探测器外部材料中放射性杂质的 γ 射线以及穿过岩层屏蔽的高能宇宙线, 建设探测器系统的屏蔽装置是隔绝这部分放射性背景的有效手段。通过建设封闭的地下低本底实验室, 安装降氡设备, 可以有效地减少实验室中的氡气。将探测器系统的组装放在千级洁净室内进行, 通过氮气循环, 可以有效防止氡气对探测器系统的污染。针对探测器系统和实验室环境中的天然放射性本底 (如 γ 射线、中子等), 通过分析对 0νββ 敏感区间有主要贡献的本底来源, 优化设计本底屏蔽系统, 隔离环境本底也是实现本底压低的重要手段。

对于材料放射性杂质本底污染, 借助从低温晶体实验发展出来的本底模型和实验本底的实际测量结果, 利用蒙特卡罗模拟可以确定各类本底的贡献, 筛选出高纯低本底材料, 研究和建立针对特定本底的控制和降低方法, 能够有效控制材料中放射性核素带来的本底污染。同时, 提升晶体及铜支架结构的表面处理技术, 结合本底检测手段控制材料加工过程中引入的 ^{238}U 和 ^{232}Th 等主要污染物的含量, 优化阵列支架设计, 在保证热导性的同时减少铜、铅等材料的用量, 能够有效降低来自晶体、铜及支架表面的放射性核素本底贡献。

减少原材料受宇宙线活化产生的放射性同位素也是实现降低本底目标的重要途径。由于地面上宇宙线通量较高, 宇宙射线中的质子、电子、中子、μ 子、π 介子等通过散裂过程可以在原材料中生成放射性核素, 其中中子引起的宇生放射性占多数。目前探测器材料大部分在地面生产, 不可避免地产生宇生放射性污染。在进入地下实验室之前, 在设备制造、储存和运输过程中通过严格控制各个环节在宇宙线下的曝光时间, 可以有效限制活化本底。对于宇宙线产生的短寿命放射性核素, 可以在地下将装置或材料先储藏一段时间, 待核素充分衰变后开展后续探测器研制。

对于不可压低的双中微子双贝塔衰变本底, 只能采用能量分辨率高的探测器来减少信号区间的有效本底。由于 0νββ 测量窗口 (信号敏感区间) 越小, 其间可能的 2νββ 贡献也越小, 本底压低优势也越明显。由于液态闪烁体探测器或气体探测器的能量分辨率较低, 2νββ 是需要特别考虑的本底来源之一。低温晶体量热器的本征能量分辨率受限于声子的热力学涨落[66], 实际能量分辨率也受振动引入的热力学耗散影响。低温晶体量热器目前实验达到的能量分辨率接近于高纯锗探测器 (HPGe), 而建造成本却要低很多, 是极具竞争力的 0νββ 实验技术方案。

以 CUORE 为代表的 0νββ 晶体量热器实验近些年在本底控制方面取得了巨大发展。CUORE 对探测器晶体材料, 晶体周围的材料比如铜支架, 建造恒温器所用的各种材料等的放射性纯度都提出了很高的要求。探测器外部通过较厚的铅屏蔽和聚乙烯屏蔽, 来阻隔环境 γ 射线和中子, 最内部屏蔽使用的是古罗马铅, 内部放射性低于 4 mBq/kg, 用来屏蔽外部材料和低温系统材料中的放射性核素杂质带来的 γ 本底。CUORE 的建造过程对各个可能引入污染的环节都进行了严格的控制。对 TeO$_2$ 粉末原料生产线、晶体生长过程、表面处理等程序都严格把关, 将晶体生长原料中 ^{238}U 和 ^{232}Th 污染控制在 10^{-6} Bq/kg 量级, ^{210}Pb 污染控制在 10^{-6} Bq/kg 量级。通过表面处理技术, TeO$_2$ 表面 ^{238}U 和 ^{232}Th 污染控制在 10^{-9}Bq/cm 左右。CUORE 的低温系统除了 300 K 的顶盘和法兰用不锈钢材料, 其余主要结构材料都是由铜构成。在逆流热交换器以下的冷盘和容器内使用的都是 99.99% 纯度的无氧铜 (OFE), 其 ^{232}Th 和 ^{238}U 的活度分别控制在 6.5×10^{-5} Bq/kg 和 5.4×10^{-5} Bq/kg 以下。由于 PTFE 固定装置接触晶体, 放射性杂质含量要求更高, ^{232}Th 和 ^{238}U 的含量分别被控制在 1.5×10^{-12} g/g 和 1.8×10^{-12} g/g 以下。由于本底探测精度的限制, 这些本底控制的标度仅仅表明实验测量的灵敏度。

严格的本底控制不仅保证探测器阵列使用的晶体、支架等部件的放射性要达到规定标准, 同时要求从晶体组装成探测器阵列这个复杂的安装过程不引入额外的放射性污染。为了避免空气中氡气对材料表面的污染, CUORE 整个晶体塔的安装流水线都在由氮气循环的密闭容器中进行, 安装好的晶体塔也一直保存在特制的有氮气循环的密闭容器中, 从一开始 TeO$_2$ 晶体抛光至最终安装到低温器的真空环境, 整个过程中一直保持和普通空气隔绝。

图 6-19 显示了 CUORE 背景模型中各部分背景指数 (BI)。研究表明, CUORE 实验中大部分本底来源于晶体以及探测器阵列框架材料。晶体及晶体附近的临近区域 (near region), 包括晶体单元的 PTFE 固定装置、温度传感器芯片、环氧树脂胶水和阵列框架 (主要为铜材料), 放射性本底较大。晶体材料的本底可以来自内部及表面[64]。在高能区域 (>2.5 MeV), 主要本底来自表面本底源产生的 α 粒子。由于在表面附近的能量损失, 晶体探测到的能量并非 α 粒子的初始能量, 因此来

自表面的本底 α 粒子能谱平滑, 没有峰值结构。

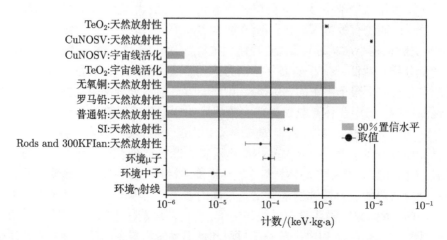

图 6-19　CUORE 背景模型中各部分背景指数 (BI)

灰色的数据条是在 90% 的置信水平下得出的数据, 黑色点是 1σ 下计算得到的结果, 所有的值只考虑了统计不确定性, 图取自文献 [78]

为了达到更低的本底水平, 下一代 0νββ 晶体量热器实验正围绕多个方面研究压低本底, 特别是压低高能 α 粒子区域的本底。目前的晶体量热器实验研发了本底粒子甄别技术, 其关键核心是同时读出粒子在晶体量热器中的热信号和闪烁光信号。由于较重粒子比如 α 粒子的光信号强的淬灭特性, 利用光产额和热信号能量的比值就可以清晰甄别 α 和 β/γ 信号。前期针对 ZnSe 晶体和 Li$_2$MoO$_4$ 晶体已经开展了大量的研究工作 [67]。对于 Li$_2$MoO$_4$ 晶体, 通过光-热双读出能够非常清晰地鉴别 α 粒子和 β/γ。由于 Li$_2$MoO$_4$ 晶体闪烁光产额不高, 光探测系统必须具有较好的灵敏度。对于 TeO$_2$ 晶体, 可利用粒子在晶体中产生的微弱的切连科夫光, 通过不同粒子相应切连科夫光产生阈值的差别, 实现对 α 本底的甄别 [68]。然而, 由于 TeO$_2$ 晶体切连科夫光的产额和收集效率偏低, 需要发展敏感的切连科夫光子探测器 [69]。最新的研究进展是应用 Neganov-Trofimov-Luke (NTL) 效应的锗量热器作为光子探测器, 基于 TeO$_2$ 的晶体量热器技术实现了 α/γ(β) 的甄别, 为 CUORE 实验的升级提供了可能的技术基础 [70]。

目前, 为保证良好的热导性, 低温晶体量热器实验的晶体阵列框架主要基于高纯铜材料, 在地面制备的铜由于受高通量宇宙线辐照, 难以避免地会携带一定数量的宇生本底。相比于地面铜制备, 在地下实验室制备高纯铜, 可以有效降低宇生放射性本底。建立地下高纯材料制备工厂, 发展地下高纯电解铜生长技术, 制备超低本底铜材料是未来开展超低本底实验的发展方向。

6.4.2 放射性检测与材料筛选

放射性同位素污染无处不在，材料放射性检测对于开展低本底实验研究至关重要。通过结合实验研究和蒙特卡罗模拟，确定各类本底来源，开展放射性检测，筛选低本底材料，是控制可能污染源、建立特定本底压低方案的必要手段。

材料放射性检测一般有以下几种方法：① 利用屏蔽的 HPGe 进行 γ 射线谱的测量，检测材料大块的污染；② 利用硅表面势垒探测器检测表面污染同位素的 α 衰变；③ 利用电感耦合等离子体质谱仪 (ICP-MS) 和中子活化法 (NAA) 进行小尺寸样本中痕量元素的含量检测。

对于 $0\nu\beta\beta$ 低温晶体量热器实验，不仅需要对实验直接用到的材料 (比如晶体粉末、铜材料) 进行放射性检测，而且也需要对探测器生产、组装环境及清洁过程中接触到的材料进行仔细筛选、检测，包括材料痕量污染元素检测和环境 γ 射线及中子本底检测。

我国在低本底检测技术上具有长期积累。中国科学院上海应用物理研究所承担了 CUORE 实验中晶体材料多批量痕量元素和低放射性检测工作。研究团队于 2008~2012 年期间开展了 TeO_2 原料、晶体及试剂等材料中痕量元素污染的独立第三方测量。利用 ICP-MS 完成了全部晶体生长材料 12 个批次共 90 余次的粉末、晶体及溶液样品的纯度检验工作。针对材料痕量元素检测的高要求，制定了 TeO_2，SiO_2，Teflon，以及硝酸、盐酸等产品及原材料的制样标准步骤及检测方法，测量结果与国际上 INFN，LBNL 一致，并用于 TeO_2 晶体生产的质量监控和测量结果对比，为 CUORE 合作组取得符合实验要求的高纯 TeO_2 晶体作出了贡献。

对于晶体合成，使用的原料纯度越高，晶体生长缺陷就越少。只有达到一定纯度的原材料才能保证晶体的有序生长。实验利用 ICP-MS 定性扫描原料或产品，确定其中含有的杂质种类，根据杂质的含量水平及质谱干扰情况，选择适当的 ICP-MS 分析方法。对比各原材料、产品间杂质含量变化规律，结合以往元素分析经验，发现某些元素水平偏高的可能原因，为产品质量提高提供了有效的改进线索[71]。

除了对材料所含痕量污染元素开展 ICP-MS 检测外，为了对 TeO_2 晶体生长过程中的原材料、环境中的 γ 射线及中子本底放射性开展测量，中国科学院上海应用物理研究所研究团队开展了针对地下实验室的低本底 γ 射线监测站、低本底中子探测器及低本底宇宙射线探测器三方面的探测器研制工作，利用 HPGe 谱仪和铜/铅屏蔽装置组建了临时的低本底 γ 测量系统 (检测灵敏度达 0.1 Bq/kg)，在 2010~2011 年测试了环氧树脂、超高分子量聚乙烯、聚四氟乙烯、光电倍增管 (PMT) 接口、线缆、起重机钢材、螺杆、不锈钢、铅块、锦屏山地下岩石等样品，为锦屏地下实验室早期实验研发工作提供了重要支持。研发的低本底 γ 检测站设计采用高纯锗探测器 +10 cm 无氧铜 + 20 cm 电解铅 + 10 cm 聚乙烯的屏蔽方案，在屏蔽体外面设计一个防止环境灰尘和氡气的样品检测平台。高纯锗采用 Canberra 的 p 型 BEGe 3830 宽能锗探测器，锗晶体表面积 30cm², 厚 31 mm, 相对效率大于 34%，能量范围为 3 keV 到 3 MeV, 2002C 前置放大器。杜瓦瓶采用 Canberra 的超低本底 7915-30 型，冷指延长至 305 mm, 用于放置屏蔽体材料。屏蔽体设计如图 6-20 所示，其中铜质量为 712 kg, 铅质量为 6140 kg, 聚乙烯 (PE) 质量为 620 kg, 屏蔽体材料质量即达到 7 t 以上，上盖采用推拉式，方便更换检测样品，安装完成后的实物如图 6-21 所示。

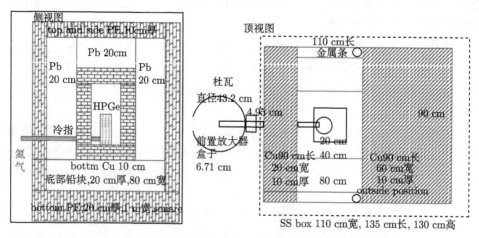

图 6-20　低本底 HPGe γ 检测站设计示意图

HPGe γ 检测站 2012 年 7 月运至锦屏地下实验室并重新组装，测量了锦屏地下实验室一期洞中 γ 能谱及和上海地面实验室的 γ 能谱。对比如图 6-22 所示。和上海相比，锦屏环境 γ 本底下降了 2 个数量级以上。γ 检测站为下一步实验所用的材料的筛选检测工作提供基础。

中子探测器采用美国 LND 公司的 25384 型号 ^{3}He 正比计数管，^{3}He 气压为 3 atm, 有效长度 812.7 mm, 最大直径 50.8 mm, 管壁厚 0.5 mm, 有效体积为 1581 cm³, 质量为 665 g, 工作温度范围为 50~100 ℃, 工作电压范围为 900~1500 V 。

为了提高快中子探测效率，可以在 ^{3}He 管外加聚乙烯体来慢化快中子。根据 MCNP5 和 GEANT4 模拟采用平均厚度 5.5 cm 的聚乙烯慢化体，数据获取采用 Mesytec MRS2000 前放 + 主放 +4096 多道的形式，利用 ^{252}Cf 源开展了测量，中子谱如图 6-23(a) 所示，中国科学院上海应用物理研究所采集的本底谱如图 6-23(b) 所示，利用这个裸 ^{3}He 管在北京和上海测得到的天然中子本底的计数率与已有数据相符合，通过对上海和北京地区的天然中子注量率计算得出这套 ^{3}He 中子正比计数器 + 5.5 cm 聚乙烯慢化体的监测器灵敏度为 91 计数/(n·cm²)。根据理论模拟计算得到地下实验室的中子注量率为 10^{-6} n/(cm²·s) 水平，此套中子探测器的

计数率水平估计在 7.6×10^{-5} cps，即在 6.6 计数/d 的计数率水平。

图 6-21 低本底 HPGe γ 检测组装及实物图

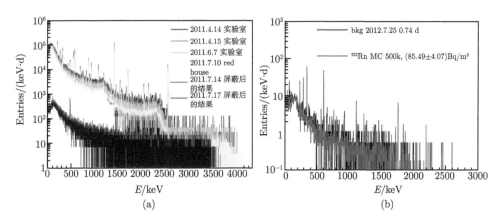

图 6-22 利用 HPGe γ 检测站测量得到的上海 (a) 和锦屏地下实验室一期洞中

(b) 的 γ 能谱

中子探测器于 2012 年移至锦屏地下实验室测量。测试过程中发现实验室电源的波动对低能部分计数影响很大。采用稳压器以后，低能噪声的贡献被显著抑制。此外发现 ^{3}He 管需要静置一段时间才能达到稳定工作状态，否则会引起很大的噪声。图 6-24 显示了从 2015 年 10 月底至 2015 年 12 月初测量得到的中子谱。通过对 191~765 keV 的计数进行积分和对 ^{3}He 管尺寸进行归一化之后得到本底中子计数率为 4.47×10^{-5} cm^{-2}·s^{-1}。为了进一步降低 α 本底，可以采用波形分析方法进行甄别，另外还可以考虑液闪或者塑闪 + 光电倍增管与 ^{3}He 正比计数器组成符合测量系统，以更加准确测量地下实验室的快中子通量。

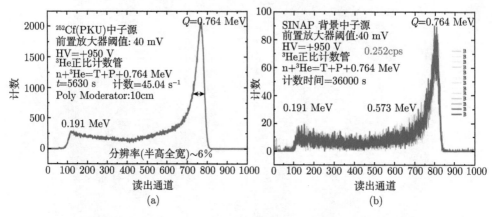

图 6-23　利用 ^{252}Cf 源 (a) 和中国科学院上海应用物理研究所实验室环境 (b) 的中子测到的中子谱

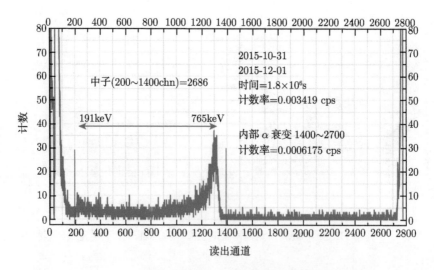

图 6-24　锦屏地下实验室一期洞中测量到的中子谱

宇宙射线构成地面测量的一个主要背景计数，中国科学院上海应用物理研究所核物理研究室利用两块 150 mm(长)×150 mm(宽)×50 mm(高)NE110 塑料闪烁体研制了宇宙射线探测器，两块探测器置于特制的可旋转支架两端，两者相距 550 mm，采用大尺寸、高灵敏 Photonics XP2020Q 光电管读出，通过两端两个探测器符合测量得到本底计数，也利用较小尺寸的两块 50 mm(直径)×50 mm(高度) EJ200 塑料闪烁体进行了测量，测到宇宙射线通量为 41.94 c/(cm^2·h)，与 CUORE 实验给出的 41.19 c/(cm^2·h) 符合得非常好。地下实验室的 μ 子通量比地表低数个甚至 10 多个数量级，可以采用大面积、高灵敏的多模块探测器组成阵列来提高计数率，比如采用 400 mm×50 mm×1000 mm 的 Bicron BC412 快塑料闪烁体，双端大尺寸光电倍增管读出的方法。

对离晶体量热器较远的材料一般用 SiSB 探测器进行检测即能满足要求，离晶体量热器较近的材料的放射性要求非常严格，一般需要用 ICP-MS 和 NAA 方法进行检测。由于 0νββ 实验对本底要求苛刻，ICP-MS 方法对痕量元素的检测所给出的上限值通常还不能满足实验本底的要求。要确认其 TeO$_2$ 中 ^{238}U、^{232}Th 等的含量是否满足要求只有通过晶体量热器实验本身。

低本底稀有物理实验本底控制的关键在于实验室建设和探测器建造的每一个环节控制本底水平，保持材料合格。由于实验探测性能的局限性，有些材料的检测上限尚不足以满足实验本底的要求，只有分析最终晶体量热器运行取得的实验数据才能确定实验的灵敏度。这是发展超低本底实验寻找超出标准模型新物理所面临的巨大挑战。国内无中微子双贝塔衰变晶体量热器实验团队已经在低本底研究领域耕耘多年，有望在中国锦屏实验室进一步推动新一代晶体量热器的发展，达到世界领先的本底水准。

6.5 晶体量热器温度传感系统和信号读出

传感器是低温量热器的关键部件，经典的量热器采用的温度传感器有热电偶、金属电阻型温度计等，当温度低于室温时，其灵敏度完全不能满足要求。自 20 世纪 80 年代以来，低温温度传感器的发展极大地推动低温量热器实验装置在天文、核物理和粒子物理以及许多应用科学领域的应用。对应于与温度相关的不同的可测量物理量，分别有相应的温度传感器，如 $R(T)$ 对应的阻性温度传感器、$L(T)/C(T)$ 对应的动态电感/电容温度传感器、$V(T)/M(T)$ 对应的热电/热磁温度传感器，以及正常态和超导态隧道结的 NISJ 温度传感器。以下将主要介绍已经广泛应用于 0νββ 稀有物理过程寻找的晶体量热器实验的半导体 NTD-Ge 温度传感器。

6.5.1 半导体温度传感器

半导体温度计是阻性温度计，可测量与温度相关的物理量 $R(T)$。在 1950 年前后，人们发现具有合适杂质 (Ga) 浓度的 Ge 半导体可以作为运行在 1K 附近的量热器的温度传感器。当时由于材料纯度不高、电接触噪声问题以及对器件的电导机制缺乏理解，器件性能的可重复性遇到困难。1961 年，Frank Low 研制出一种锗掺镓杂质的传感器，工作在液氦温度，等效噪声功率 (NEP) 低于 10^{-12} W/$\sqrt{\text{Hz}}$ [72]。这种半导体温度传感器被应用于天文上的红外观测。

材料和微电子科学技术发展到今天，20 世纪半导体温度传感器所遇到的难点逐步得到解决。随着所要求纯度的锗、硅晶片更容易得到，离子注入的掺杂技术不断改进，借助离子掺杂不难获得无噪声的触点。加上对低温半导体传感器的传导机制即描述可观测物理量 $R(T)$ 的物理模型 "hopping conduction" 认识的加深，使得制作批量规模的可期待物理性能的半导体温度传感器成为可能。由于传感器的性能优化离不开很多经验性的实验数据以及所选用的吸收体 (实验的目标晶体) 性能和运行参数，目前具有一定规模的实验计划都把适用于各自实验装置的温度传感器的研发和批量制作列为关键项目之一。

6.5.2　NTD-Ge 温度传感器

NTD-Ge 器件的制作依据的物理原理是 Ge 的不同同位素俘获热中子生成不稳定的 Ge 同位素，不稳定同位素衰变生成半导体 Ge 基片受主杂质和施主杂质。通过控制辐照热中子累积通量，可以精确控制净载流子的浓度和补偿系数，从而精确控制 Ge 半导体温度传感器的电阻-温度响应特性 (ρ_0, T_0)。中子的穿透性使得嬗变产生的杂质分布均匀性是其他方法如离子注入掺杂、热扩散掺杂等无法相比的。因此，利用中子核嬗变掺杂方法可以批量获得性能一致的 Ge 半导体温度传感器 NTD-Ge 器件，为大型优质的阵列晶体量热器的建造提供重要的技术基础。

表 6-5 给出天然锗同位素的丰度以及它们俘获热中子生成的核素及其衰变过程。

表 6-5　天然锗同位素的丰度以及它们俘获热中子生成的核素及其衰变过程

同位素	Nat.	丰度/%		(n, γ) 反应产物和衰变模式
		$\langle 111 \rangle$	$\langle 100 \rangle$	
^{70}Ge	20.6	21.5(0.2)	21.9(0.2)	^{70}Ge→^{71}Ge$\xrightarrow{\text{EC}(11.4\ d)}$^{71}Ga
^{72}Ge	27.4	26.8(0.2)	27.0(0.2)	^{72}Ge→^{73}Ge
^{73}Ge	7.8	10.8(0.1)	8.8(0.1)	^{73}Ge→^{74}Ge
^{74}Ge	36.5	34.1(0.2)	35.1(0.2)	^{74}Ge→^{75}Ge$\xrightarrow{\beta^-1(82.8\ min)}$^{75}As
^{76}Ge	7.7	6.8(0.1)	7.2(0.1)	^{76}Ge→^{77}Ge$\xrightarrow{\beta^-1(11.3\ h)}^{77}As\xrightarrow{\beta^-1(38.8\ h)}$^{77}Se

图 6-25 展示 ^{70}Ge 通过热中子俘获嬗变为 ^{71}Ge，然后 ^{71}Ge 经过轨道电子俘获，衰变为 ^{71}Ga 而成为受主杂质；^{74}Ge，^{76}Ge 通过热中子俘获嬗变为 ^{75}Ge 和 ^{77}Ge，

它们分别经过贝塔衰变为 ^{75}As 和 ^{77}Se, 成为施主杂质。根据相关核素的中子和超热中子的俘获截面, 核素嬗变和衰变的动力学理论, 以及实验反应堆的中子和超热中子通量的精确值, 可以计算出样品的净载流子的浓度:

$$N_{\text{carr}} = N_{\text{Ga}}^{71} - \left(N_{\text{As}}^{75} + 2N_{\text{Se}}^{77}\right)$$

$$= N_0 t_0 \left[\left(a_{\text{Ge}}^{70}\right) \sigma_{\text{T}}^{70} \left(1 + \frac{\sigma_{\text{R}}^{70}\varphi_{\text{R}}}{\sigma_{\text{T}}^{70}\varphi_{\text{T}}}\right) - \left(a_{\text{Ge}}^{74}\right) \sigma_{\text{T}}^{74} \left(1 + \frac{\sigma_{\text{R}}^{74}\varphi_{\text{R}}}{\sigma_{\text{T}}^{74}\varphi_{\text{T}}}\right)\right.$$

$$\left. -2\left(a_{\text{Ge}}^{76}\right) \left(1 + \frac{\sigma_{\text{R}}^{76}\varphi_{\text{R}}}{\sigma_{\text{T}}^{76}\varphi_{\text{T}}}\right) \sigma_{\text{T}}^{76}\right] \varphi_{\text{T}} \tag{6.9}$$

其中 N_0 为投入被均匀辐照的 Ge 样品单位体积的 Ge 原子数目; $a_{\text{Ge}}^{70}, a_{\text{Ge}}^{74}, a_{\text{Ge}}^{76}$ 分别是相关 Ge 同位素的丰度; $\sigma_{\text{T,R}}^{70}, \sigma_{\text{T,R}}^{74}, \sigma_{\text{T,R}}^{76}$ 分别是相关同位素对热中子 (T) 和共振中子 (R) 的俘获截面; $\varphi_{\text{T}}, \varphi_{\text{R}}$ 分别是反应堆的热中子和共振中子通量。图 6-26 显示了不同中子辐照量下的 NTD-Ge 温度传感器的实验响应关系 $\rho(T) = \rho_0 \exp\left(\frac{T}{T_0}\right)^{1/2}$。实验数据基本上和库仑能隙的 VRH 模型预期一致。

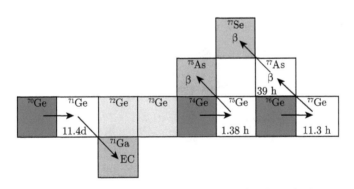

图 6-25　中子辐照下 Ge 同位素的核嬗变和核衰变过程

目前国际上 NTD-Ge 温度传感器的加工和制作还是以实验室为主, 按照实验或客户需求, 根据特定要求研制专用的 NTD-Ge 温度传感器, 使得量热器的吸收体和 NTD-Ge 的响应特性能实现最佳匹配。掌握 NTD-Ge 制作工艺, 实现大阵列的 LMO 晶体量热器 NTD-Ge 温度传感器器件制作, 填补我国生产此类器件的空白, 是今后开展低温量热实验重要的发展方向之一。

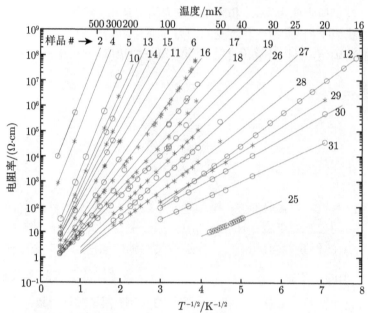

图 6-26　不同中子辐照量下 NTD-Ge 温度传感器的电阻率对温度的响应 [73]

6.5.3　NTD-Ge 温度传感器的读出

图 6-27 显示了 NTD-Ge 量热器阻性温度传感器的等效输出回路。

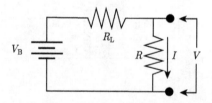

图 6-27　NTD-Ge 量热器阻性温度传感器的等效输出回路

图中的 R 代表 NTD-Ge 的等效电阻 $R(T)$, V 为传感器的输出信号电压, 输入前端读出电子学。偏置电压 V_B 通过负载电阻 R_L 为传感器 R 提供偏置电流 I

　　NTD-Ge 温度传感器在测量时与晶体或荧光吸收体紧密地热耦合, 通过与待测晶体和荧光吸收体之间的热量交换, 改变传感器自身的温度, 从而改变传感器本身的电阻值。由于量热器测量电路将主要测量这种电阻的改变 (几十千欧 ~ 几百兆欧量级), 它本质上是一种电阻测量电路。

　　相比于热敏电阻测量采用的电桥电路等传统的电阻测量电路, NTD-Ge 传感器测量电路具有一些独特的特点。NTD-Ge 传感器测量电路测量的物理量是由待测粒子的能量沉积引起的, 这些能量的沉积往往非常微弱; 但与此同时, 所有测量传感器电阻的电路, 都不可避免地在待测传感器上产生一定的电流, 由于传感器电阻的存在, 这个电流会在传感器上产生新的热量, 而这部分由测试电路引入的能量甚至有可能远大于由于晶体或荧光吸收体温度变化向 NTD-Ge 温度传感器传导的热量。同时, 整个测量过程中引入的噪声 (折算成能量) 往往也会与向 NTD-Ge 温度传感器传导的热量水平相当, 这将非常明显地影响到量热器测量电路的性能。因此 NTD-Ge 传感器测量电路不能采用直接测量电阻改变的方式, 而必须采用一种工作在热平衡态下的热量 (电阻) 测试方式 [73]。

在具体测量时, NTD-Ge 温度传感器总是工作在一定的直流偏置情况下, 此时测量电路产生的热量与传感器通过热导向周围热源散失的热量保持平衡, 传感器和晶体达到某个热平衡工作点。当有新的粒子打到晶体上时, 粒子沉积的能量绝大部分用来加热晶体, 小部分 (10%) 荧光光子发射, 被光收集器收集, 使与收集器和晶体分别耦合的 NTD-Ge 传感器升温, 从而引起传感器电阻的改变, 传感器电阻的变化又会反过来使得测量电路传输给传感器的电功率发生改变, 这样的电功率也会反过来影响传感器的温度和电阻, 其过程被称作量热器测量电路中的电–热反馈。一般来说, 在 NTD-Ge 温度传感器测量中, 需要调整工作点使得系统中的电–热反馈成为一种负反馈, 从而使得传感器的电阻最终恢复到平衡态。

不同于传统的热敏电阻的测量电路, 微量热器的实际测量电路不是直接测量传感器的电阻的绝对值, 而是通过传感器的电压/电流的变化关系间接测量传感器电阻的相对变化 (电阻的一阶差分)。由于要测试的热量变化非常微弱, 因此在电路的各个环节, 对于与外界的热交换稳定度、元器件噪声水平和温度稳定性, 都有着非常高的要求。在数据分析时, 也不是通过直接计算温度传感器的电阻的瞬时值, 而是主要通过幅度或功率谱估计的方式, 反向推算引起传感器电阻变化的外界能量沉积。具体的测试理论和数据分析等, 可以参见文献 [73,75,76] 等。

根据测量原理, 整个量热器测量电子学系统的功能框图如图 6-28 所示。从各个电路功能上看, 量热器测量电子学系统可以细分为以下 6 个模块。

1) 供电模块

整个读出电路系统, 特别是与传感器直接连接的模拟电路系统需要非常低的电子学噪声水平, 依赖于高性能的电源系统。整个电路需要通过多级 AC/DC 电源和 DC/DC 单元产生各级电路需要的 48 V, ±15 V, ±5 V 等电压, 并需要为与 NTD 传感器直接相连的传感器偏置、热–电反馈、信号放大和基线调整部分精心设计低噪声 (<50 nV/$\sqrt{\text{Hz}}$)、高稳定度 (~ 1 ppm/℃) 电源, 保证整个电路的噪声水平。

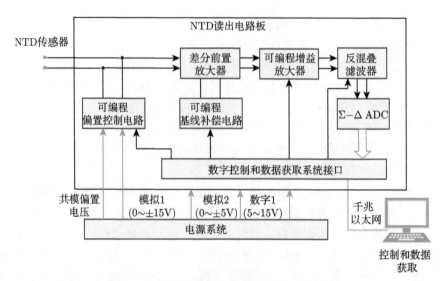

图 6-28 量热器测量电子学系统的功能框图

2) 传感器偏置及控制系统

根据量热器测量电路原理,为了让 NTD-Ge 温度传感器正常工作,需要使整个传感器工作在一个偏置电压下,并在此电压下达到热平衡。此时,偏置电压通过串联的负载电阻 R_L 被加到待测传感器上。由于 NTD-Ge 温度传感器的特性本身是需要使用读出电路进行测试的,其合适的工作点和偏置电压参数往往需要在调试阶段通过测试确定。因此,在实际设计中需要为传感器的偏置系统设计一个可以通过数字控制进行调整的、具有一定动态范围的可编程偏置电路。同时,按照热电子模型计算,为了保证负载电阻 R_L 的热噪声折算到 NTD-Ge 传感器电阻上产生的噪声功率远小于 NTD-Ge 传感器本身电阻 R 的热噪声水平,需要保证 R_L 远大于 R。典型的 NTD 传感器电阻为几十兆欧量级,因此要求在偏置电路中的负载电阻应为几十吉欧水平。同时,在偏置电路中需要引入可数字控制的开关,控制一个实际的电阻代替 NTD-Ge 传感器被接入整个测试电路中,以辅助完成系统功能测试和标定。

3) 带有可编程基线补偿的差分前置放大器电路

当使用传感器偏置电路后,由于高负载电阻的存在,偏置电路相对于 NTD-Ge 传感器主要起到了恒流源的作用,此时在 NTD-Ge 传感器上,外部的热量注入主要表现为在传感器两端的一个微小的电压差。由于这个电压差非常微弱,同时为了减少信号间的串扰,必须使用高增益、低噪声、高输入阻抗的差分放大器对其进行放大。

量热器测量电路性能的关键在于在测量微小的电流/电压变化的同时尽可能减少引入测试电路中的噪声,同时,测试电路的放大级应具有尽可能小的漏电流。此时,在最前端的放大电路中,可能采用的技术方案包括:

(1) 使用超低噪声 JFET 场效应管 (漏电流在 fA 量级),并结合多个运算放大器组成的镜像恒流源,完成初级的信号隔离和前置放大。其优势在于可以工作在室温下,但是满足需求的 JFET 场效应管往往需要国外定制,购货渠道难以保证。

(2) 基于高电迁移率晶体管 (high electron mobility transistors, HEMT) 的低噪声前置放大电路。其优势在于噪声水平低,供货渠道相对稳定。但 HEMT 必须工作在低温 (4 K) 下,给电路设计和制作工艺带来了更多的挑战。

(3) 其他可能的超低噪声、超低漏电路的精密放大器。随着前置放大部分技术路线的不同,还需要设计不同的外围电路。例如,在 JFET 方案中,放大电路的工作依赖于连接到 NTD-Ge 传感器两个差分通道的对偶性。考虑到器件的差异性、温漂和输入端的微小基线不平衡,这种对偶性往往很难保证。为此,在设计中还需要设计一个可编程的基线补偿电路,在测试中完成对以上因素的补偿,以保证电路的工作性能。可编程增益放大器经过前置放大器的输出信号还需要进一步的放大,以进一步提升对不同输入幅度的信号的放大水平。这一步往往需要通过后级的可编程增益放大器来实现。

4) 反混叠滤波器和 Σ-ΔADC

NTD-Ge 传感器的输出具有低噪声、低带宽的特点,非常适合使用高精度 Σ-ΔADC 完成最终信号的数字化。在实际测量中往往使用 24 bit 以上精度的 Σ-ΔADC 完成对最终信号的数字化。为了保证 ADC 的噪声性能,在电路中需要设计反混叠滤波器,以保证输入 ADC 的信号和噪声频带特性。由于 NTD-Ge 传感器信号处理环节对信号的形状保真度的需求,在抗混叠滤波器设计中不能采用具备相移的模拟滤波器方案,而应尽可能采用具备良好线性相位特性的贝塞尔滤波器。

5) 数字控制和数据获取系统及其接口模块

数字控制和数据获取系统及其接口模块直接与数据获取系统连接,完成系统各个环节的参数配置、工作方式控制和数据读出等工作。

除此之外,在 NTD-Ge 传感器测量电路系统中往往还需要外接一个有可编程脉冲发生器结合热电阻构成的可编程发热系统,完成对传感器电路系统的标定工作。

6.6　新一代无中微子双贝塔衰变晶体量热器实验

6.6.1　无中微子双贝塔衰变实验的灵敏度

无中微子双贝塔衰变 (0νββ) 实验的灵敏度依赖于对双贝塔衰变能谱的精确测量。普通双中微子双贝塔衰变 (2νββ) 过程是不可避免的物理本底，其由于伴随两个中微子的产生，末态双贝塔能谱呈现从低能区到高能区的连续分布。而对于可能的极稀有 0νββ 过程，由于没有中微子放出，末态电子和反冲核的总动能严格等于 0νββ 的衰变阈值 $Q_{\beta\beta}$。对于低温晶体量热器实验，如果发生 0νββ 过程，并且能量完全沉积在晶体内，考虑探测器的有限能量分辨率，能谱的 $Q_{\beta\beta}$ 处会形成一个高斯信号峰。实验结果表明，无中微子双贝塔衰变概率远小于普通双中微子双贝塔衰变，即便这种稀有过程能够发生，其半衰期也至少要比宇宙的寿命长一亿亿倍。要在连续本底谱上寻找这样一个罕见的峰是极具挑战性的工作，对实验测量的灵敏度有着极高的要求。

在有限本底情形下，如果没有测量到 0νββ 信号，可以根据探测器基本参数和本底大小计算 0νββ 半衰期 ($T_{1/2}^{0\nu}$) 下限：

$$T_{1/2}^{0\nu}(90\% \text{ 置信水平}) = \frac{\ln 2}{1.64} \times \frac{N_{\mathrm{avg}}}{m_{\mathrm{A}}} \times \varepsilon \times a \times \sqrt{\frac{M \times T}{B \times \Delta E}} \tag{6.10}$$

其中 M 是探测器总质量；N_{avg} 是阿伏伽德罗常量，m_{A} 是探测器有效同位素的摩尔质量；T 是测量时间 (同位素曝光时间)；ΔE 是探测器在 0νββ 敏感区间 (又称为感兴趣区间，ROI) 的能量分辨率 (FWHM)；ε 是探测效率；a 是同位素丰度；B 是敏感区间的本底事例率，单位为 counts/(keV·kg·a)。同位素的 0νββ 衰变速率正比于中微子马约拉纳有效质量 $m_{\beta\beta}$ 的平方：

$$r^{0\nu} = 1/T_{1/2}^{0\nu} = \frac{|m_{\beta\beta}|^2}{m_{\mathrm{e}}^2} \times G^{0\nu} \times |M^{0\nu}|^2 \tag{6.11}$$

其中 m_{e} 为电子质量，$G^{0\nu}$ 为两体相空间因子，$M^{0\nu}$ 为该同位素无中微子双贝塔衰变的核矩阵元 (NME)。式 (6.11) 对于同位素的选取具有重要的指导意义，可以看出，当中微子马约拉纳有效质量 $m_{\beta\beta}$ 一定的情况下，核矩阵元 $M^{0\nu}$ 和两体相空间因子 $G^{0\nu}$ 的乘积越大 (或 $T_{1/2}^{0\nu}|m_{\beta\beta}|^2$ 越小)，理论上 0νββ 衰变速率越大，实验测量的可行性越强。图 6-29 给出了不同双贝塔衰变同位素核和矩阵元 $T_{1/2}^{0\nu}|m_{\beta\beta}|^2$ 值与原子序数的关系，可以看出，^{100}Mo 同位素相比于其他双贝塔衰变同位素具有显著的优势 [19]。

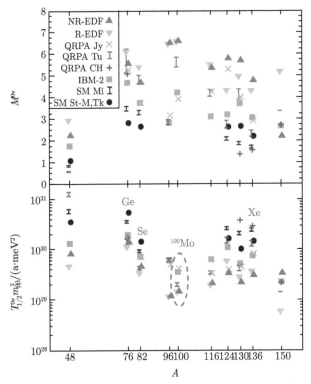

图 6-29 不同双贝塔衰变同位素核矩阵元和 $T_{1/2}^{0\nu}|m_{\beta\beta}|^2$ 与原子序数的关系

NR-EDF,R-EDF,QRPA,IBM-2 等为不同的核矩阵元计算模型

结合式 (6.10) 和式 (6.11)，通过变换可以得到中微子的马约拉纳有效质量和探测器基本参数的关系：

$$m_{\beta\beta} \propto \sqrt{1/\varepsilon} \times \left(\frac{B \times \Delta E}{M \times T} \right)^{1/4} \qquad (6.12)$$

通常可以用实验测量能够达到的 $m_{\beta\beta}$ 下限来表述实验的灵敏度。测量能够达到的有效质量下限越低，实验的灵敏度越高。从正比关系出发，实现高灵敏度测量的一个重要途径是采用探测效率高的实验方案。在目前众多可行的实验方案中，低温晶体量热器由于将晶体既作为信号源，又作为探测器，具备探测效率较高的技术优势。

对于灵敏度而言，另一个重要的因素是辐照量，即同位素总质量和总曝光时间的乘积。增大探测器质量，发展大型实验是提高 0νββ 实验灵敏度的趋势。如果存在长寿命的 0νββ，探测器的靶质量越大，含有效同位素质量越高，在有限曝光时间下产生事件的概率则越大。在有限探测空间内，通过同位素富集的方法，增加双贝塔衰变有效同位素的总质量，也是新一代实验的发展方向。

　　除了提高探测器质量, 能量分辨率是实现高灵敏度实验的关键因素。为了测量 0νββ 这种稀有事件, 需要把真实信号和本底足够地区分, 特别是在本底中识别微弱的信号峰的能力非常重要。探测器的能量分辨率直接决定了 0νββ 测量窗口 (敏感区间) 大小。探测器的分辨率越高, 测量窗口越小, 排除的赝计数越多, 信噪比越高, 测量精度也越高。以 2νββ 为例, 在实验测量中, 2νββ 是不可压低的物理本底。图 6-30 比较了不同实验方案中 2νββ 在 0νββ 测量区间的贡献, 包括基于同位素 ^{100}Mo 的低温晶体量热器实验方案 (FWHM 0.3%)、基于 ^{136}Xe 的液氙实验方案 (FWHM 2%~3%) 和基于 ^{82}Se 的高压 SeF$_6$ 气体实验方案 (FWHM 1.0%)。蒙特卡罗模拟结果可以发现, 在相同 2νββ 事例数情况下 (假设 0νββ 与 2νββ 衰变率之比为 10^{-6}), 相比于其他两种方案, ^{100}Mo 低温晶体量热器由于能量分辨率最高, 2νββ 能谱末端在 0νββ 敏感区间贡献最小。比较 2νββ 在 0νββ 敏感区间的贡献比例 $R(2νββ/0νββ)$ 可以发现, 不同能量分辨率的实验的 R 值可以达到两个数量级以上的差别。

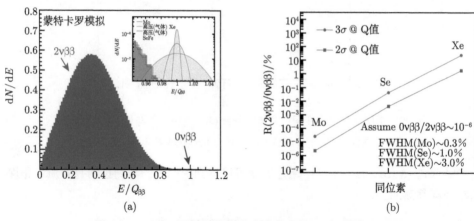

图 6-30　三种不同能量分辨率实验方案的 2νββ 本底贡献

(a) 2νββ 能谱和 0νββ 测量敏感区间; (b) 三种实验方案下 2νββ 在 0νββ 测量区间的贡献 (分支比), σ 为 $Q_{ββ}$ 附近能量分辨率

　　本底大小也是影响实验灵敏度的重要因素。探测器技术决定了能量分辨率, 在此情形下尽可能压低实验本底是提升测量灵敏度的有效途径。鉴于放射性 γ 本底绝大部分集中在低能区域 ($E < 2.615$ MeV), 一种有效的压低 γ 本底的方案是采用 $Q_{ββ}$ 值较大的双贝塔衰变核素。高 $Q_{ββ}$ 值核素能够将 0νββ 敏感区间置于绝大部分天然放射性 γ 本底的能量区间之上, 使信号敏感区间和高本底区间足够分开, 减小信号区间的本底大小。此外, 结合低本底检测技术筛选低本底材料建造探测器系统, 有效控制探测器组装过程中放射性核素杂质的引入, 也是减小本底、提升灵敏度需要考虑的重要方面。结合已有实验经验, 探测器技术的选择决定了实验灵敏度

的两大主要因素：① 探测器质量极限。增加有效同位素质量可以在单位时间达到更大的曝光量。对于晶体量热器实验，采用富集和提纯的晶体，在总体积一定的情况下，能够有效增加同位素质量。②能量分辨率。好的能量分辨率可以增加测量区间的信噪比并且减少 0νββ 敏感区间本底，包括 2νββ 的贡献。在确定探测器技术和相应的有效同位素质量极限后，降低 0νββ 测量区间本底的手段还包括：

(1) 选用高 $Q_{\beta\beta}$ 核素。远离 ^{208}Tl-2615 keV 特征 γ 线，将测量敏感区间置于大量自然放射性 γ 本底能区之上。

(2) 减少外部本底。建设低本底实验平台，采用除氡设备，减少来自环境中的氡气污染。优化和改进实验探测器的屏蔽设计，阻隔环境中的自然放射性本底。在地下实验室制备超净铜材料，减小宇生本底。

(3) 减少内部本底。采用低本底材料建造探测器系统，通过材料筛选，减少放射性杂质。对于晶体量热器实验，通过对晶体原料的纯化除杂，降低本底。

(4) 实现本底甄别。采用低温闪烁晶体量热器，通过光-热双读出实现本底中 α 粒子与 β/γ 粒子的区分，有效去除 α 本底。

在锦屏地下实验室发展无中微子双贝塔衰变晶体量热器实验，我们有条件系统地采用所列的主要本底压低技术，有望实现下一代实验的科学目标。

6.6.2　新一代无中微子双贝塔衰变实验的科学目标

近年来，国际上多种类型的 0νββ 实验技术发展迅速，在本底水平和运行稳定性方面均实现了数量级的飞跃，灵敏度得到了空前提升。目前，不同类型无中微子双贝塔衰变实验的灵敏度范围主要覆盖的中微子有效马约拉纳质量 ($m_{\beta\beta}$) 下限区间为 50~250 meV。

中微子振荡实验测量了中微子质量的平方差，建立了中微子之间的质量关联函数。中微子的双贝塔衰变有效质量可以用未知的最轻中微子质量的函数表述。无中微子双贝塔衰变实验灵敏度可以通过有效马约拉纳质量和最轻中微子质量的关系图来评估。图 6-31 显示了中微子有效马约拉纳质量 $m_{\beta\beta}$ 随最轻中微子质量 m_{lightest} 的变化关系，绿色部分对应中微子质量满足反常排序 (inverted hierarchy) 的区间，红色部分对应中微子质量满足正常排序 (normal hierarchy) 的区间。以 CUORE 为代表的低温晶体量热器实验近年来取得中微子有效马约拉纳质量上限 $m_{\beta\beta}<110$~520 meV (90% 置信水平)，通过 5 年的实验运行，预期可以达到 50 meV 有效质量上限。

新一代实验需要在现有探测灵敏度基础上提升一个数量级，达到中微子有效质量 10 meV，覆盖中微子马约拉纳有效质量反常排序区间 (15 meV$<m_{\beta\beta}<$50 meV)。如果中微子质量是反常排序或者最轻中微子质量大于 10 meV，新一代实验有望发现无中微子双贝塔衰变，从而确认中微子的马约拉纳属性。

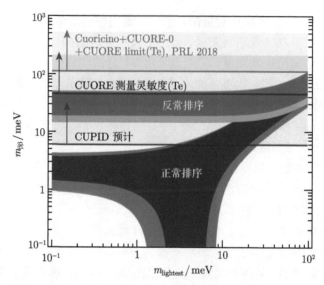

图 6-31　中微子有效马约拉纳质量 $m_{\beta\beta}$ 随最轻中微子质量 $m_{lightest}$ 的变化关系

区间宽度主要由相空间因子和衰变核矩阵计算结果的不确定度及中微子质量测量的误差造成

6.6.3　新一代晶体量热器无中微子双贝塔衰变实验方案 ——CUPID

基于以 CUORE 为代表的无中微子双贝塔晶体量热器实验在过去二十多年里取得的技术突破, 目前下一代晶体量热器实验研究方向集中在 CUORE 技术的升级版方案 CUPID。CUPID 采用 CUORE 现有低温器设计, 开展下一代大质量低本底无中微子双贝塔衰变晶体量热器实验研究, 达到 10 meV 中微子有效马约拉纳质量测量灵敏度, 实现对有效质量反序区间的覆盖。如果中微子质量是反常排序且中微子是马约拉纳粒子, CUPID 实验将有很大潜力发现无中微子双贝塔衰变过程, 取得革命性的成果。

CUPID 发展的重要趋势是在 CUORE 现有基础上进一步增大探测器有效质量和进一步压低放射性本底, 提高实验灵敏度。对于探测器有效质量, 综合考虑现阶段晶体能量分辨率, 新一代实验需要吨量级以上有效同位素, 以实现灵敏度的大幅提升。在有限空间条件下, 增加有效质量的最直接的方法是同位素富集。同位素富集的优势还体现在可广泛应用于多种双贝塔衰变同位素。在同位素富集过程中发展去除 ^{232}Th、^{238}U 等重要放射性杂质的技术也是是新一代实验追求的方向 [77,78]。

进一步压低实验本底也是 CUPID 实验为提高灵敏度的目标。新一代的实验需要开展细致的本底研究, 依靠高灵敏度的检测手段检测材料内部放射性, 进一步减少放射性杂质对实验的影响。CUORE 的长期研究经验告诉我们, 在放射性核素造成的背景中, 材料 γ 本底, 尤其是 ^{208}Tl-2615 keV 特征 γ 射线是重要的本底来源。采用 $Q_{\beta\beta}$ 值大于 2615 keV 的双贝塔衰变核素, 能够远离这些自然 γ 本底, 考虑天然丰度以及减少本底的可行性, 优势比较明显的候选双贝塔衰变同位素包括 ^{82}Se($Q_{\beta\beta}\sim$2997 keV)、^{100}Mo($Q_{\beta\beta}\sim$3034 keV) 和 ^{150}Nd($Q_{\beta\beta}\sim$3367 keV) 等。

通过双读出技术提供粒子鉴别在寻找暗物质的实验中已经广泛使用并日趋成熟[79]。晶体量热器实验近年来发展光–热双读出技术取得了极大进展。图 6-32 显示了光–热双读出量热器示意图和粒子甄别原理。方案主要基于具有发光特性的闪烁晶体, 通过读出粒子在晶体中产生的闪烁光 (或切连科夫光) 和热能量的相对大小, 来实现粒子的鉴别, 去除 α 本底粒子[80]。在闪烁晶体中, 衰变粒子在晶体中的能量沉积大部分转换为晶体的温升, 一小部分转化为闪烁光, 传播到达晶体表面, 热信号 (声子) 由 NTD 锗温度传感器测得, 光信号由置于晶体表面的光信号探测器测得。由于 α 粒子和 β/γ 粒子在晶体中产生的光–热信号比不同, 通过符合测量可以实现 α 粒子和 β/γ 粒子的区分。优化的光–热双读出方案能够消除 99.9% 以上的 α 本底, 大幅降低实验本底水平。近年来, 基于核素 Ca, Mo, Cd, Se 的闪烁晶体也应用在实验研发测试, 取得了一系列重要进展[81-84]。

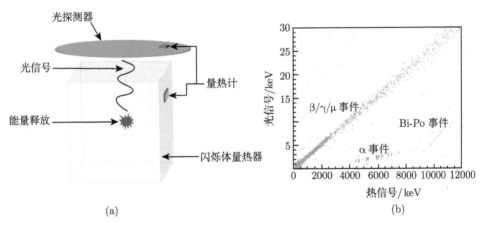

(a)   (b)

图 6-32 (a) 光–热双读出量热器示意图; (b) 粒子甄别原理

目前, 以 CUORE 合作组为主体的多个国际研究团队, 正在积极推动应用于下一代 $0\nu\beta\beta$ 实验的 CUPID 技术研发, 发展高灵敏度闪烁晶体量热器。CUORE 升级方案计划采用超过 1000 个高同位素富集度闪烁晶体, 建造吨量级晶体量热器, 通过先进的光–热双读出方案, 在目前 CUORE 基础上降低两个数量级以上的本底噪声, 争取实现本底水平接近 0.0001 计数/(keV·kg·a) 的目标, 在 CUORE 基础上提升一个数量级以上 $0\nu\beta\beta$ 测量灵敏度。

自 2017 年以来, 多个研究组相继开展小规模 CUPID 原型机实验。其中, 意大利的 CUPID-Italy 组是最早研发 CUPID 读出技术的研究组之一。开展的 Lucifer 实验采用 10.5 kg ZnSe 晶体, 含有效同位素 (^{82}Se) 质量 5.17 kg。Lucifer 于近期发表了初步结果, 验证了光-热双读出技术对于 α 本底的消除能力 [36,37]。位于法国的 CUPID-Mo 实验基于 LMO 晶体, 在法国 Modane 地下实验室开展, 晶体总质量 4.18 kg, 含有效同位素 (^{100}Mo) 质量 2.5 kg, 也取得了显著成果 [85]。除此之外, 韩国 Yangyang 实验室的 AMoRE 实验以及法国 Modane 地下实验室的 Super-Nemo 实验也都正在或计划开展原型机实验 [86]。

　　粒子鉴别技术的发展是新型晶体量热器的主要趋势, 有望突破能量分辨率和低本底技术, 获得信噪比数量级的飞跃, 从而实现寻找无中微子双贝塔衰变实验灵敏度的数量级提升。尽快在中国锦屏实验室研制新型的晶体量热器技术具有重要的科学意义。

6.7　基于锦屏地下实验室发展无中微子双贝塔衰变低温晶体量热器实验的前景

　　目前, 世界上多个国家的深地实验室正在积极开展无中微子双贝塔衰变实验。中国锦屏地下实验室具备世界最低宇宙线通量的极低辐射本底实验环境, 为开展无中微子双贝塔衰变前沿基础科学研究创造了极佳条件。

6.7.1　中国锦屏地下实验室

　　中国锦屏地下实验室设施于 2010 年投入试运行, 目前已作为国家重大科技基础设施进行进一步提升发展, 是当今世界上最深的地下实验室。锦屏实验室位于中国四川凉山州锦屏山区, 栖身于锦屏二级水电站内长 17.5 km 的锦屏山隧道中部, 最深处垂直岩石覆盖达到 2400 m, 有着开展低本底实验的绝佳环境——厚厚的岩层作为宇宙射线的天然屏障, 具有岩石埋深大、宇宙线通量极低、天然辐射本底低、配套设施完善等优点。

　　中国锦屏地下实验室一期于 2010 年 12 月正式建成启用, 主实验厅空间为 40 m×6.5 m×6.5 m(长 × 宽 × 高), 包括连接隧道在内, 实验室一期总容积达到了 4000 m³, 填补了我国深地实验室建设的空白。目前, 实验室正在开展二期建设, 建成后总容积将超过目前世界上空间最大的意大利的格兰萨索地下实验 (180000 m³), 成为世界上最大的地下实验室。

　　开展低本底实验, 宇宙线通量是需要考虑的主要因素之一。高能宇宙线除了会在探测器中直接沉积能量, 造成本底贡献外, 通常还会诱发材料活化, 引起一系列反应生成的放射性核素引起的本底。这些通过宇宙射线与材料相互作用产生的放射性核素带来的实验本底通常成为宇生放射性本底。通常, 深度越大的实验室, 宇宙线通量越低, 综合宇生放射性本底也越低。图 6-33 综合比较了世界上不同深地实验室的深度和宇宙线通量大小。通过比较可以发现, 中国锦屏地下实验室作为世界上最深的地下实验室, 宇宙线 μ 子通量仅为 2×10^{-10} 计数/$(s\cdot cm^2)$, 为地面水平的一亿分之一, 是世界上宇宙线辐射最低的地下实验室。

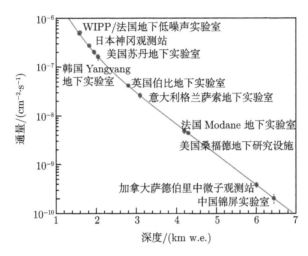

图 6-33 世界深地实验室的深度和宇宙线 (μ 子) 通量比较

锦屏地下实验室低本底天然优势为稀有事件实验测量创造了极佳条件。目前, 清华大学领导的 CDEX 暗物质探测实验、上海交通大学领导的 PandaX 暗物质探测实验均已在锦屏一期开展。CDEX 实验和 PandaX 实验经过多年努力, 基于锗和氙的暗物质直接探测成果已经达到世界先进水平。

作为我国 "十三五" 优先布局的十项重大科技基础设施之一, 锦屏地下实验室正在建设二期极深地下极低辐射本底前沿物理实验设施, 建成之后将为发展大型暗物质和中微子等前沿物理研究创造极佳条件。

6.7.2 基于锦屏地下实验室的无中微子双贝塔衰变低温晶体量热器实验

目前世界上正在运行的 0νββ 实验经历了几十年探测器技术的发展, 取得了相当可观的成果, 实验灵敏度范围达到中微子有效质量 $50\sim150$ meV/c^2 区间, 具体大小取决于无中微子双贝塔衰变核矩阵元的计算。新一代大型无中微子双贝塔衰变实验的科学目标是在现有基础上提升一个数量级, 达到 $5\sim15$ meV/c^2 的灵敏度, 实现对中微子有效质量在反序区间的覆盖。如果中微子是马约拉纳粒子并且有效质量处于反序区间或正序的质量简并区间, 新一代实验将极有可能发现 0νββ 过程。近年来, 美国和欧洲多国都在积极推动新一代无中微子双贝塔衰变实验技术研发。发展新一代无中微子双贝塔衰变实验已经成为国际上所有地下实验室粒子物理与核物理领域的重要科学目标。

低温晶体量热器是新一代无中微子双贝塔衰变实验可选方案中极具竞争力的探测器技术。其能量分辨率和探测本底水平已经满足或接近中微子双贝塔有效质量 $5\sim15\ \mathrm{meV}/c^2$ 的灵敏度的科学目标。中国合作组虽然在低温晶体量热器技术研制方面起步较晚，和其他国际合作组相比，在探测器研制和运行经验方面相对薄弱，但在高纯晶体生长技术方面具有国际一流水平。同时，锦屏地下实验室可以为高纯晶体的生长、低本底铜材料的制备和晶体量热器的建设与运行提供世界一流的低本底实验环境。低温晶体量热器是适合锦屏地下实验室发展的新一代无中微子双贝塔衰变实验技术。

1. 地下低温低本底实验平台

低温低本底实验平台是开展低温晶体量热器实验不可或缺的重要设施 (图 6-34)。平台总体可以划分为地下实验室系统、探测器系统、低温系统、本底屏蔽系统四个部分。主要科学功能是提供 mK 量级稳定极低温环境、超低放射性本底实验环境和实验空间。建设锦屏地下实验室低温低本底实验平台是开展新一代 $0\nu\beta\beta$ 晶体量热器实验的重要保障。

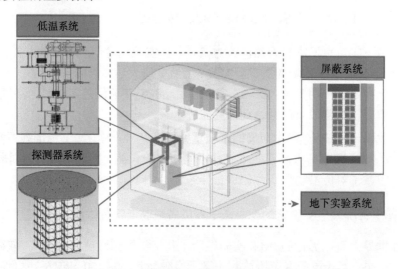

图 6-34　锦屏地下低温低本底晶体量热器实验平台示意图

地下实验室系统为 $0\nu\beta\beta$ 实验提供多项配套设施支持。低温系统、晶体探测器和屏蔽体在地下实验室完成组装，能够有效防止宇宙线对材料活化，减少材料中的宇生放射性杂质。除氡装置能够降低环境气体中氡气的含量，减少实验环境气体带来的辐射本底。常用的除氡方法包括活性炭吸附，在实验室中设置活性炭吸附装置。采用高效率微粒空气过滤器与活性炭过滤器结合的空气净化器，通过活性炭吸附的方法可以达到快速降氡的目的。除氡装置通过连续不断的运行，降低岩石中的 ^{226}Ra、^{232}Th 等放射性元素的衰变产生的氡气。屏蔽和通风也能有效降氡，其中探测器系统在地下洁净室的洁净环境中完成装配，通过不断吹拂洁净氮气，防止氡气污染。

地下实验室系统还包括在地下生产低本底电解铜的装置。晶体量热探测器阵列支架将主要通过极低本底铜材料建造。铜材料在地面上会受到宇宙射线的照射而产生宇生放射性。解决该问题的一个有效途径就是将电解铜的生产加工过程转移到地下实验室进行，从而降低无氧铜的宇生放射性杂质水平。地下低本底电解铜装置能够生产出放射性纯度极高 (μBq/kg 量级) 的用于极低本底探测的超纯铜，提供晶体探测器支撑结构的原材料。

除此之外，超低放射性本底测量平台也是地下实验室系统的另一个重要设施。目前国际上很多深地实验室建设有超低放射性本底测量平台，例如，意大利 LNGS 建设的当前国际上最好的超低本底放射性核素测量平台，可以达到 μBq/kg 的极高探测灵敏度，为极低本底实验提供超纯材料选择、本底分析等服务。

目前，锦屏地下实验室正在开展二期建设，建成之后将在宇宙线本底优势基础上进一步具备空间优势。将实验所需的无氧铜材料生产、晶体生长、表面处理等关键环节放在锦屏地下低本底实验室内完成，将能够在最大程度上压低实验本底，为新一代大型无中微子双贝塔晶体量热器实验建立基础。

2. 钼基晶体量热器无中微子双贝塔衰变实验

目前 CUORE 实验基于 TeO_2 晶体，其本底水平无法满足实现新一代无中微子双贝塔实验灵敏度的要求。选择高 $Q_{\beta\beta}$ 值无中微子双贝塔衰变核素的合适晶体是新一代实验的关键。近年来，通过对原料提纯、晶体生长、晶体综合性能等指标的筛选，主要研究已集中在 ^{82}Se、^{100}Mo、^{150}Nd 这几种高 $Q_{\beta\beta}$ 双贝塔衰变核素。其中基于 ^{100}Mo 的低温晶体量热器技术在近年来取得了较快的发展。^{100}Mo 具有以下优点：① $Q_{\beta\beta}$ 值高 (~3.034 MeV)。远高于低能区较高的天然放射性本底区间，能较好地避开 ^{208}Tl −2615 keV 本底伽马射线的干扰，有效控制本底贡献。② 能量分辨率高。钼酸盐晶体在低温下能够达到 5 keV(FWHM) 分辨率。由于分辨率高，0νββ 测量能量窗口小，因此 2νββ 的总贡献小。0νββ 测量灵敏区间内的本底将主要由放射性核素衰变产生的 α 粒子能量沉积造成。这一部分本底可以通过光–热双读出技术，实现有效扣除。③ 制备技术成熟。用提拉法和下降法均能生长出质量较好的钼酸锂 (Li_2MoO_4) 晶体。

中国锦屏地下实验室为发展闪烁晶体量热器原型机实验，开展新一代 0νββ 实验创造了有利条件。锦屏原型机实验将基于新一代低温晶体量热器实验方案，初始采用非富集原料生长的低本底钼酸锂闪烁晶体，通过原型机实验充分检验光 – 热双读出技术为主的低本底探测器技术。进一步研究富集 $Li_2^{100}MoO_4$ 晶体的制备和探测器建造，实现新一代大型无中微子双贝塔衰变实验的技术指标。

在锦屏地下实验室发展新一代低温晶体量热器无中微子双贝塔衰变原型机实验具体实施方案包括:

(1) 建立测试高纯晶体的低温冷却系统。稳定工作温度保持在 10 mK 左右，实现振动噪声的有效控制。

(2) 研制高纯 Li_2MoO_4 晶体, 实现晶体放射性本底率低于 5 µBq/kg , 能量分辨率在 3000 keV 附近达到 10 keV(FWHM)。

(3) 在量热器设计方面采用光–热双通道读出，通过同时采集声子信号和闪烁光信号并比较两种信号的相对强度区分 γ/β 和 α 本底，实现高能量区 α 本底压低。

(4) 模拟和优化设计晶体探测器阵列结构、本底屏蔽，压低来自探测系统外部的本底贡献。

(5) 在锦屏地下实验室建设和运行 10 kg 量级 ^{100}Mo 有效质量的 Li_2MoO_4 原型机实验。在 ^{100}Mo 同位素的无中微子双贝塔衰变的 $Q_{\beta\beta}$ 值区间达到优于 10^{-3} 计数/(keV·kg·a) 的本底水平。

原型机实验的一个重要目标是检验新一代吨量级无中微子双贝塔衰变晶体量热器实验技术，为发展吨量级实验建立基础。高能量分辨率的晶体量热器除了可以应用于多种双贝塔衰变核素的无中微子双贝塔衰变实验测量，还可以应用于低质量暗物质、轴子等稀有事件测量。例如, 低阈值的低温晶体量热器可以对质量小于 10 GeV/c^2 的暗物质粒子有很好的灵敏度，可以用于寻找低质量暗物质信号。在中国锦屏地下实验室建立实验平台，研发和掌握低温晶体量热器技术，开展新一代无中微子双贝塔衰变实验研究，对于发挥锦屏地下实验室优势，推动我国粒子物理与核物理前沿科学研究有着重要的意义。

6.8　小　　结

无中微子双贝塔衰变是实验检验中微子马约拉纳属性 (中微子和反中微子为同一粒子) 的唯一途径。这也是目前寻找超出粒子物理标准模型新物理的前沿课题。在中国锦屏地下实验室充分利用其优越的低宇宙线本底地理环境发展无中微子双贝塔实验研究具有重大的科学意义。如果存在无中微子双贝塔衰变过程，低温晶体量热器可以使用含不同有效同位素的晶体验证。这一探测器技术经过几十年的发展，在能量分辨率、本底水平和探测器成本方面具有竞争优势，是国际上目前发展新一代大型无中微子双贝塔衰变实验的成熟探测器技术之一。尤其是近年来高纯 Li_2MoO_4 (LMO) 闪烁晶体的研制和光–热双读出系统的发展，可以有效压低在双贝塔衰变 Q 值灵敏区间的本底，预期探测器性能可以达到新一代无中微子双贝塔衰变实验的技术指标。

国内低温晶体量热器研究团队包括许多国内核物理领域的主要研究单位：北京师范大学、复旦大学、宁波大学、上海硅酸盐研究所、上海高等研究院、上海应用物理研究所、上海交通大学、清华大学和中国科学技术大学等。团队成员掌握国际一流的高纯晶体生长工艺，曾为目前正在运行的 CUORE 无中微子衰变实验提供高纯的 TeO_2 晶体。团队成员在 CUORE 国际合作组工作多年，具有丰富的低本底实验经验。低温晶体量热器技术充分利用了中国在晶体生长工艺方面的优势，适合在中国锦屏地下实验室得到进一步发展。我们可以通过国际和国内的合作推动建设新一代的大型超低本底的低温晶体量热器实验，把锦屏实验室建设成国际无中微子双贝塔衰变物理的研究中心。

我们感谢张焕乔、沈文庆、马余刚、程建平、邢志忠、孟杰、季向东、许怒、岳骞、CUPID-China 合作组成员等关于在锦屏实验室发展无中微子双贝塔衰变物理实验规划的讨论。也感谢 CUORE 和 CUPID 国际合作组及其负责专家 Olivero Cremonesi，Andrea Giuliani，Ezio Previtali，Paolo Gorla 和 Yury Kolomensky 等对中国合作组的支持和帮助。

审稿：马余刚，冒亚军

参 考 文 献

[1] Fiorini E. Progress in Particle and Nuclear Physics, 2010, 64: 241-248.

[2] Lengley S P. Proc. AM. Acad. Arts Sci., 1881, 16: 342-358.

[3] Andrews D H, et al. Phys. Rev., 1949, 76(1): 154-155.

[4] Estermann I, et al. Phys. Rev., 1950, 79: 365.

[5] Low F J. J. Opt. Soc. Am., 1961, 51: 1300.

[6] Fiorini E, Niinikoski T. Nucl. Instrum. Meth., 1984, A224: 83.

[7] de Marcillac P, et al. Nature (London), 2003, 422: 876.

[8] Beeman J W, et al. Phys. Rev. Lett., 2012, 108: 062501.

[9] Casali N, et al. J. Phys. G Nucl. & Part. Phys., 2014, 41: 075101.

[10] Alfonso K, et al. Phys. Rev. Lett., 2015, 115: 102502.

[11] Arnaboldi C, et al. Nucl. Instrum. Meth. A, 2004, 518: 775-798.

[12] Redshaw M, et al. Physical Review Letters, 2009, 102: 212502.

[13] Alduino, et al. (CUORE Collaboration), arXiv:1801.05403v2.

[14] Ouellet J. The Coldest Cubic Meter in the Known Universe. arXiv:1410.1560.

[15] Nosengo Nicola. Roman ingots to shield particle detector. Nature News, doi:10.1038/news.2010.186.

[16] Arnaboldi C, et al. (CUORE Collaboration). Journal of Crystal Growth, 2010, 312(20): 2999-3008.

[17] Alduino C, et al. Physical Review Letters, 2018, 120: 132501.

[18] Kotila J, Iachello F. Phys. Rev. C, 2012, 85: 034316.

[19] Engel J, Menéndez J. Rept. Prog. Phys., 2017, 80: 046301.

[20] Barea J, Kotila J, Iachello F. Phys. Rev. C, 2015, 91: 034304.

[21] Simkovic F, Rodin V, Faessler A, et al. Phys. Rev. C, 2013, 87: 045501.

[22] Rodriguez T R, Martinez-Pinedo G. Phys. Rev. Lett., 2010, 105: 252503.

[23] Vaquero N L, Rodríguez T R, Egido J L. Phys. Rev. Lett., 2013, 111: 142501.

[24] Artusa D R, et al. (CUORE Collaboration). Advances in High Energy Physics, 2015: 1-13. arXiv:1402.6072.

[25] Bilenky S M, et al. Modern Physics Letters A, 2012, 27(13).

[26] Cardani L. arXiv:1810.12828.

[27] Barabash A S, et al. Physics Procedia, 2015, 74: 416-422.

[28] Pirro S. International Workshop on Neutrinoless Double Beta Decay Physics, Fudan Univ, Shanghai, 2017.

[29] Arnaboldi C, et al. Journal of Crystal Growth, 2010, 312: 2999-3008.

[30] Artusa D R, et al. Eur. Phys. J. C., 2016, 76: 364.

[31] Grigorieva V, et al. Journal of Materials Science and Engineering B, 2017, 7: 63-70.

[32] Fujiwara S, et al. Journal of Crystal Growth, 1998, 186: 60-66.

[33] Fang C S, et al. Journal of Crystal Growth, 2000, 209: 542-546.

[34] Barinova A V, et al. Doklady Chemistry, 2001, 376: 16-19.

[35] Bekker T B, et al. Astroparticle Physics, 2016, 72: 38-45.

[36] Azzolini O, et al. Eur. Phys. J. C., 2018, 78: 888.

[37] Azzolini O, et al. Phys. Rev. Lett., 2018, 120: 232502.

[38] Dafinei I, et al. Journal of Crystal Growth, 2017, 475: 158-170.

[39] Barinova O P, et al. Nuclear Instruments and Methods in Physics Research A, 2010, 613: 54-57.

[40] Cardani L, et al. J. Inst., 2013, 8: 10002.

[41] Chernyak D M, et al. Nuclear Instruments and Methods in Physics Research A, 2013, 729: 856.

[42] Bergé L, et al. JINST, 2014, 9: 06004.

[43] Barabash A S, et al. EPJC, 2014, 74: 3133.

[44] Armengaud E, et al. JINST, 2015, 10: 05007.

[45] Aemengaud E, et al. Eur. Phys. J. C, 2017, 77: 785.

[46] Beeman J W, et al. Phys. Lett. B, 2012, 710: 318.

[47] Beeman J W, et al. Astropart. Phys., 2012, 35: 813.

[48] Gileva O, et al. J. Rad. Nucl. Chem., 2017, 314: 1695.

[49] Liebertz J. Kristall und Technik, 1969, 4(2): 221-225.

[50] Miyazawa S, et al. Jpn. J. Appl. Phys., 1970, 9(5): 441-445.

[51] Verber P, et al. J. Cryst. Growth, 2004, 270(1-2): 77-84.

[52] Chu Y Q, et al. J. Cryst. Growth, 2006, 295(2): 158-161.

[53] Tran C D. Analytical Letters, 2005, 38: 735-752.

[54] Andreotti E, et al. Astropart. Phys., 2011, 34(11): 822-831.

[55] 蒲芝芬, 葛增伟. 二氧化碲单晶体的生长技术: 中国, C30B29/46, ZL85107803. 1989.09.13.

[56] 葛增伟, 吴国庆, 储耀卿, 等. 一种二氧化碲单晶体的坩埚下降生长方法: 中国, C30B29/16, ZL03141999.2. 2007.03.21.

[57] Chu Y Q, et al. J. Cryst. Growth, 2006, 295(2): 158-161.

[58] 葛增伟, 朱勇, 吴国庆, 等. 一种高纯二氧化碲单晶及制备方法: 中国, C30B15/00, ZL10048849. 2010.10.06.

[59] Ge Z, et al. High-purity Tellurium Dioxide Single Crystal and Manufacturing Method Thereof: US, C30B15/00, US008480996. 2012.03.22.

[60] Cardani L, et al. J. Inst., 2012, 7: 01020.

[61] Dafinei I, et al. Meth. Phys. Res. A, 2005, 554: 195-200.

[62] Wang G, et al. arXiv: 1504.03612v1.

[63] Artusa D R, et al. Phys. Lett. B, 2017, 767: 321-329.

[64] Alduino C, et al. (CUORE Collaboration). Eur. Phys. J. C, 2017, 77: 543.

[65] Artusa D R, et al. Eur. Phys. J. C, 2014, 74: 2956.

[66] Cremonesi O, Pavan M. Adv. High Energy Phys., 2013, 2014: 951432.

[67] Artusa D R, Balzoni A, Beeman J W, et al. Eur. Phys. J. C, 2016, 76: 364.

[68] de Fatis T. T. Eur. Phys. J. C, 2010, 65: 359.

[69] Bellini F, et al. J. Instrum., 2014, 9: 10014.

[70] Berge L, et al. Phys. Rev. C, 2018, 97: 032501.

[71] 王宏伟, 田文栋, 李玉兰, 等. 核技术, 2010, 33: 170-172.

[72] Low F J. J. Opt Soc. Am., 1961, 51: 1300.

[73] Enss C. Topics Appl. Phys., 2005, 99: 1-36.

[74] Universe 2019, 5, 10; doi:10.3390/universe5010010.

[75] Arnaboldi C, et al. Journal of Instrumentation, 2018, 13(02): 02026.

[76] Galeazz M, McCammon D. Journal of Applied Physics, 2003, 93(8): 4856-4869.

[77] The CUPID Interest Group. CUPID: CUORE (Cryogenic Underground Observatory for Rare Events) Upgrade with Particle IDentification. 2015. arXiv:1504.03599.

[78] The CUPID Interest Group. R&D towards CUPID (CUORE Upgrade with Particle IDentification). 2015. arXiv:1504.03612.

[79] Agnese R, et al. Phys. Rev. Lett., 2018, 121: 051301.

[80] Pirro S, et al. Phys. Atom. Nucl., 2006, 69: 2109-2116.

[81] Arnaboldi C, et al. Astropart. Phys., 2011, 34: 344.

[82]　Arnaboldi C, et al. Astropart. Phys., 2010, 34: 143.

[83]　Gironi L, et al. JINST, 2010, 5: 11007.

[84]　Beeman J, et al. Eur. Phys. J. C, 2012, 72: 1.

[85]　Poda D V. LUMINEU Collaborations. AIP Conference Proceedings, 2017, 1894: 020017.

[86]　Bhang H, et al. Journal of Physics: Conference Series, 2012, 375: 042023.

第7章 ^{136}Xe 时间投影室探测无中微子双贝塔衰变

韩　柯　　王少博　　林　横　　倪恺翔　　刘江来　　季向东

7.1 引　言

中微子是组成自然界的最基本粒子之一,有三种类型:e 中微子、μ 中微子和 τ 中微子。所有中微子都是中性的,不参与电磁和强相互作用,仅与其他物质发生十分微弱的弱相互作用和引力相互作用,所以探测十分困难,一直被称作宇宙间的 "幽灵粒子"。中微子是现今在粒子物理中唯一具有超出标准模型性质的基本粒子:标准理论认为中微子是精确的零质量粒子,但是在之后的研究中发现不同类型的中微子在传播过程中会相互转换,也就是所谓的中微子振荡,这间接证明了中微子是具有微小质量的。至今中微子仍有大量谜团尚未解开,比如说中微子的质量序,惰性中微子是否存在,以及本书主要关心的问题,即中微子是否是其自身的反粒子。

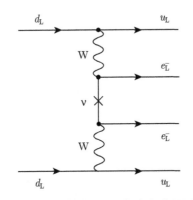

图 7-1　无中微子双贝塔衰变费曼图

中微子是自旋为 1/2 的费米子,通常情况下其场方程由狄拉克方程描述。但是意大利物理学家马约拉纳认为,狄拉克方程描述的电子和正电子之间的对称性不完美,他将正、反粒子的场组合成一个同时满足正、反粒子的对称性和狄拉克方程的场,满足这种场描述的粒子被定义为马约拉纳费米子[1],它们的最基本性质是为自身的反粒子。而中微子是基本粒子中唯一可能的马约拉纳费米子候选者。

在标准模型允许的范围内,某些原子核会发生双贝塔衰变 (double beta decay，DBD)，也就是核中两个中子同时衰变为两个质子，放出两个电子和两个电子反中微子。如果中微子是马约拉纳费米子，DBD 过程中放出的两个中微子会发生湮灭，这样衰变产物中只有两个电子释放，即无中微子双贝塔衰变 (NLDBD) 过程 (图 7-1)。在这个过程中衰变能量几乎完全由两个电子携带，即两个电子能量总和为定值，约等于衰变的 Q 值，如图 7-2 所示。相反，DBD 过程中中微子会随机带走一部分能量，所以衰变末态两个电子能量之和分布为连续谱。在实验探测过程中，我们通过探测两个电子的能量之来区分 NLDBD 过程和 DBD 过程。

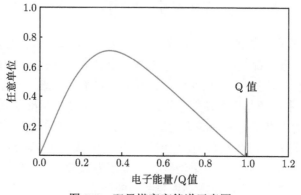

图 7-2　双贝塔衰变能谱示意图
单能峰来自 NLDBD

　　NLDBD 过程预示着超出标准模型的新物理，它的发现将直接验证中微子的马约拉纳特性。而且这个衰变过程前后的轻子数不守恒，因此其意义超出中微子物理的范畴。另外，马约拉纳粒子的存在，也可以很好地为宇宙中正反物质不对称性给出直观的解释 [2]。所以 NLDBD 的研究是当今粒子物理领域最热门的方向之一 [3]。

　　当前国际上多个寻找 NLDBD 过程的实验正如火如荼地开展。现在实验上已经探测到十多种可以发生 DBD 的核素，如氙 (^{136}Xe)、锗 (^{76}Ge)、碲 (^{130}Te) 和硒 (^{82}Se) 等。这些就是我们寻找 NLDBD 的目标核素。这是个极其稀有的过程，目前测量到的半衰期下限约在 10^{26}yr 量级。对于单个原子核来讲，要观测到这种现象需等到比现在宇宙的年龄还要长的时间，或者这种现象根本就不会发生。因此在实验上观测这个过程非常具有挑战性，需要大量的目标同位素和曝光时间来增加统计量，提高探测器能量分辨率，以及严格控制探测器建造材料和实验环境，来降低放射性实验本底 (如在深地实验室中来屏蔽宇宙线带来的本底)。现在运行中的比较领先的实验，有效核素质量都在百千克量级。例如，位于意大利格兰萨索 (Gran Sasso) 地下实验室的 CUORE 实验 [4]，利用包含 204 kg ^{130}Te 的 TeO$_2$ 晶体的低温量能器，并使用稀释制冷机将探测器冷却到 10 mK，测量 ^{130}Te 衰变后产生的微弱的温度变化。同样位于意大利格兰萨索实验室的 GERDA 实验 [5] 和美国 Sanford 深地实验室的马约拉纳实验 [6] 正在使用高纯锗探测器来搜寻 ^{76}Ge 的 NLDBD 过程。近些年，液氙探测技术被应用到 NLDBD 实验中来，如位于美国新墨西哥州的 EXO-200 [7]，使用富含 81% ^{136}Xe 的液氙时间投影室 (TPC) 技术。位于日本的掺氙的液体闪烁体探测器实验 KamLAND-Zen [8] 是目前最灵敏的 NLDBD 实验。西班牙的 NEXT 合作组 [9] 和中国的 PandaX-III [10] 合作组正在建造百千克级的 90% 丰度的 ^{136}Xe 高压气体时间投影室，希望利用重建探测事件的径迹来提高对目标事例的甄别能力。下面我们将着重介绍 ^{136}Xe 同位素的特性、基于 ^{136}Xe 的 NLDBD 实验的发展，并详细介绍由中国主导的 PandaX 系列实验在 NLDBD 方向的探索。

7.2 ^{136}Xe 同位素以及相关实验发展

氙 (Xe) 是一种惰性元素，物理化学性质稳定，原子核内包含 54 个质子。氙在自然界中存在多种同位素，理论上 ^{136}Xe 核素和 ^{134}Xe 核素都可以发生双贝塔衰变，其中 ^{136}Xe 原子核含有 82 个中子，其双中微子双贝塔衰变已经在实验上被探测到。如果无中微子双贝塔衰变发生，^{136}Xe 原子核内两个中子将转化成质子，衰变为 ^{136}Ba，同时释放出能量总和为 2.458 MeV 的两个电子。

$$^{136}_{54}\text{Xe} \rightarrow {}^{136}_{56}\text{Ba} + 2\beta^- (2.458 \text{ MeV})$$

无中微子双贝塔衰变的速率由如下公式给出：

$$(T^{0\nu}_{1/2})^{-1} = G^{0\nu}|M^{0\nu}|^2 \frac{m^2_{\beta\beta}}{m^2_e}$$

其中 $T^{0\nu}_{1/2}$ 为相应的半衰期；$G^{0\nu}$ 为相空间因子；$M^{0\nu}$ 为核结构矩阵元 (nuclear matrix elements)；m_e 为电子质量；$m_{\beta\beta}$ 为有效马约拉纳中微子质量。^{136}Xe 无中微子双贝塔衰变的 Q 值相对其他目标核素高，其对应的相空间因子相对较大，也意味着 ^{136}Xe 发生无中微子双贝塔衰变的可能性相对较大 (与之相比 ^{134}Xe 的双贝塔衰变 Q 值是 825.8 keV, 衰变速率小很多)，因此被用于多个不同的实验。

结合不同理论模型计算的核矩阵元以及 ^{136}Xe 原子核的相空间因子，我们可以根据测得的 ^{136}Xe 的半衰期计算中微子的有效马约拉纳质量，也就是给中微子"称重"。下一代无中微子双贝塔衰变的目标都锁定在 $m_{\beta\beta} < 20\text{meV}$ 的灵敏度，这就意味着观察到的 ^{136}Xe 衰变的半衰期要在 10^{27}yr 以上。

7.2.1 氙元素性质及特点

^{136}Xe 是用于寻找无中微子双贝塔衰变的最理想目标同位素之一。^{136}Xe 的自然丰度为 8.9%。其他的氙的主要同位素包括 ^{129}Xe, ^{131}Xe, ^{132}Xe 和 ^{134}Xe (表 7-1)。

自然氙中没有长衰变周期的放射性同位素,不会带来内禀的放射性本底。自然氙如果暴露在宇宙射线环境中,会产生极其微量的 ^{127}Xe,^{129}Xe,^{131}Xe,^{133}Xe 及 ^{137}Xe,但这些核素的半衰期都小于 36 天,会在地下实验室环境中快速衰变殆尽,不会对实验产生大的影响。从另外一方面说,富集 ^{136}Xe 主要组分为 ^{134}Xe 以及 ^{136}Xe,也大大减少了上述宇生同位素产生的可能性,进一步降低了宇宙线次生核素的影响。

表 7-1　氙同位素的自然丰度与半衰期 (下限)

Xe 同位素	自然丰度/%	半衰期/yr
124	0.09(1)	$> 1.6 \times 10^{14}$
126	0.09(1)	$5 \times 10^{25} \sim 12 \times 10^{25}$
128	1.92(3)	—
129	26.44(24)	—
130	4.08(2)	—
131	21.18(3)	—
132	26.89(6)	—
134	10.44(10)	$> 5.8 \times 10^{22}$
136	8.87(16)	2.165×10^{21}

半衰期标示为 "—" 的同位素为稳定核素

^{136}Xe 作为极其稳定的惰性气体,对比于其他无中微子双贝塔衰变目标核素,其同位素富集造价相对低,这是不容忽视的优势。为了更好地提高信号噪声比,多数无中微子双贝塔衰变实验都使用 90% 左右富集的同位素作为实验介质。一般商业富集过程利用多个离心机级联,利用离心力分离不同质量的同位素气态产物。^{136}Xe 的质量在氙的多种同位素中最大,富集过程简单直接。^{136}Xe 的富集不需经过任何预处理和后处理,作为气体直接经过离心机,减少了富集的工序。同时氙气作为惰性气体,对于离心机的腐蚀可以忽略不记,这进一步降低了 ^{136}Xe 富集的成本。

氙具有良好的电离和闪烁发光性质,可以用于建设多种形式的高性能探测器。对于无中微子双贝塔衰变来说,该过程放出的高能电子 (MeV 量级) 在氙中沉积能量,沿途电离氙原子,或者激发氙原子到激发态。激发态的氙原子以及电离的氙原子与电子再结合后的氙原子,可以与基态氙原子结合产生受激发的氙 "二聚体"(excimer)Xe_2^*,随后这些 "二聚体" 的氙退激发便可以产生直接的闪烁光。而电离逃逸出去的电子则可以形成电信号。这些相关的物理过程用图表的形式表示,如图 7-3 所示。氙产生的闪烁光为真空紫外光 (vacuum ultraviolet,VUV),其波长约为 178 nm,对应的闪烁光光子的能量大约为 7 eV。实际上闪烁光包含两部分:由单态退激发的快信号 (2.2 ns) 和由三重态退激发的慢信号 (27 ns)。现有探测器一般无法将它们区分开,可以将其视为一个信号,其时间宽度通常在 10 ～ 100 ns 的数量级。在氙气中，平均产生一个电离电子或者闪烁光子需要的能量为 13.7 eV，相对容易。氙的单位能量的光产额约为碘化钠晶体的 80%，可以用于精确测量能量，这是大多数无中微子双贝塔衰变目标同位素都不具备的性质。

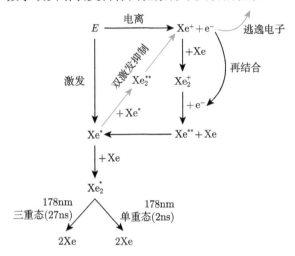

图 7-3 氙中能量的沉积过程

作为目标同位素，氙可以广泛用于不同探测器中。在常压下，氙的沸点为 −112℃，液化相对容易。因此我们可以利用氙建造气体或者低温液体探测器。前文提到的电离与闪烁信号，都可以用于精确测量能量。氙释放的闪烁光谱的峰值位于紫外光区的 178 nm。随着现代感光元器件的发展，紫外光区的光子探测技术已经较为成熟，这也促进了氙探测器的蓬勃发展。气体氙、液体氙可以用于制造量能器，或者位置灵敏的时间投影室。同时氙也可以稳定地溶解于液体闪烁体中，利用液闪探测器来寻找无中微子双贝塔衰变 (表 7-2)。

表 7-2　氙元素基本物理性质

物理性质	数值
原子数	54
平均原子量	131.293
气体密度 (常压)	5.89 g/L (273 K)
液体密度 (常压)	3.057 kg/L (165.06 K)
熔点 (常压)	161.40 K
沸点 (常压)	165.05 K
产生电子离子对或闪烁光子平均能量 W_q	13.7 eV
闪烁光典型波长	178 nm

7.2.2　^{136}Xe 的无中微子双贝塔衰变历史与现状

基于 ^{136}Xe 的 NLDBD 实验起步相对较晚，开始于 20 世纪 90 年代。最早一批实验主要利用高压气体探测器,包括莫斯科组的电离室 [11]、米兰组的多丝正比室 [12] 和 Gotthard 实验室的时间投影室 [13]。其中,Gotthard 实验结果最灵敏,测量得到的 ^{136}Xe 的 NLDBD 的下限为 2.5×10^{23}yr (90% 置信水平)。21 世纪中期,基于氙的 NLDBD 实验开始飞速发展,如在领域中著名的 EXO-200 和 KamLAND-Zen 实验都取得了令人瞩目的物理成果。EXO-200 实验利用低温液体氙时间投影室,第一次观察到了 ^{136}Xe 的 DBD 过程,并精确测量到了其半衰期。KamLAND-Zen 实验基于原有的非常成功的千吨液体闪烁体实验 KamLAND,在其中心的液体闪烁体中掺杂了几百千克的 ^{136}Xe,得到了对 ^{136}Xe 的 NLDBD 过程的半衰期最强的限制,也是整个 NLDBD 领域最强的限制。为了提高 NLDBD 的探测灵敏度,研发下一代探测器是必要的。如 KamLAND-Zen 和 EXO-200 等实验都提出了相应的下一代的宏伟计划。EXO-200 的后续实验 nEXO,计划利用 5t 富集 ^{136}Xe 来建造一个大型的液氙探测器。KamLAND-Zen 已经完成了探测器体量从 400 kg 到 800 kg 的升级。提高探测灵敏度的另一个方法是降低实验本底,近年来,物理学家又将目光转向了高压气氙探测器,如西班牙牵头研发的 NEXT-100 实验,希望利用含有 100 kg 氙气的高压气体时间投影室来寻找 NLDBD,并利用粒子在探测器中留下的径迹对待选信号进行有力甄别。到目前为止,下一代的 NLDBD 还都处于研发阶段,没有明确的建造时间表。在吨级实验阶段,大家的目标都是把实验半衰期的精度提高到 $10^{27} \sim 10^{28}$yr,从而把中微子的有效质量上限确定在 15 meV 以下。下面简单地介绍一下这里所提到的三个实验。

1. KamLAND-Zen 实验

KamLAND-Zen 实验 [8] 作为无中微子双贝塔衰变领域的领头羊,值得单独介绍。日本的 KamLAND 实验探测器是一个装有 1000t 超纯液体闪烁体的装置 (如图 7-4 外侧悬挂球体部分所示),主要用于探测来源于核反应堆的电子反中微子的流强和能谱。KamLAND-Zen 利用已有的运行非常稳定的 KamLAND 探测器,在其内部一个小型透明气球内部掺杂 400kg 90% 丰度的 ^{136}Xe (如图 7-4 内部紫色球体所示),开展对 NLDBD 的研究。在某种意义上,KamLAND-Zen 继承了 KamLAND 的基础设施、屏蔽体、数据采集系统、低本底控制流程等多个核心部件,大大加快了实验进度。到目前为止,^{136}Xe 无中微子双贝塔衰变的最佳限制是由 Kamland-Zen 400kg 级实验给出的:在 90% 确度下,^{136}Xe 的半衰期大于 1.07×10^{26}yr,即马约拉纳中微子有效质量小于 $61 \sim 165$ meV。现在 KamLAND-Zen 800kg 级实验已经升级完成,希望在未来给出更加令人振奋的结果。但从另外一方面说,KamLAND-Zen 也受限于液体闪烁体的能量分辨率,在发现并确认 ^{136}Xe 的 NLDBD 事件方面具有先天的不足。现阶段 KamLAND-Zen 在 Q 值附近的能量分辨率约为 $4\%\left(\dfrac{\sigma}{E}\right)$,

在与其他 NLDBD 实验的比较中处于下风。作为直接对比，基于液氙/气氙的时间投影室技术，可以达到 1% 甚至更低的能量分辨率，并且在发展衰变产生的 Ba 子核探测、径迹探测等先进技术手段，可以更加有效地发现并确认可能的微小信号。

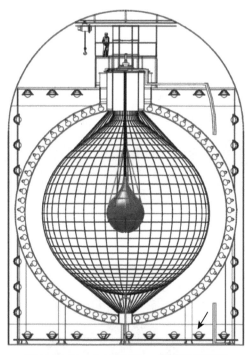

图 7-4   KamLAND-Zen 探测器示意图

外侧悬挂球体是 KamLAND 千吨液体闪烁体探测器，内部紫色球体内充满了丰度 90% 的 ^{136}Xe 气体，用来探测 ^{136}Xe 的 NLDBD 过程

2. EXO-200 和 nEXO 实验

EXO-200 实验[7] 是一个位于美国新墨西哥州的液体 ^{136}Xe 的实验，使用了约 175 kg 的含 81% 丰度 ^{136}Xe 的液氙作为探测目标。探测器实物如图 7-5 所示，探测器使用了时间漂移室技术，在液体中加上漂移电场让电离的电子从产生位置漂移到阳极，通过电子的漂移时间和在阳极上的分布对事件的顶点进行三维位置重建。为了提高能量分辨率，EXO-200 实验同时读出闪烁光信号和电离信号，采用极低本底的雪崩光二极管 (avalanche photodiode) 来测量光信号，用丝网状的阳极来搜集电离电子的信号。EXO-200 在 2019 年发表的无中微子双贝塔衰变的半衰期限制达到了 3.5×10^{25}yr 量级。目前 EXO-200 实验组正在筹划未来升级为 5t 级的 nEXO 实验。整个系统如图 7-6 所示，整个液氙 TPC 放在真空绝缘低温恒温器内部，这

部分也作为最内部 γ 放射本底的屏蔽层的一部分。外侧是一个水池作为探测器的主体屏蔽系统,可以通过切连科夫光信号来对宇宙线本底进行反符合。与 EXO-200 实验不同的是,nEXO 实验首选 SNOLAB 作为实验场地,图 7-6 是以 SNOLAB 为原型给出的概念设计。

图 7-5   EXO-200 实验探测器 TPC 外部与内部照片

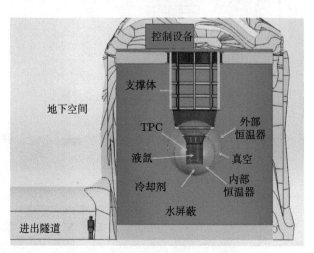

图 7-6   nEXO 实验概念设计示意图

假定将探测器放置在 SNOLAB 的 Cryopit 实验厅

3. NEXT 实验

西班牙的 NEXT 合作组 [9] 利用高压气氙时间漂移室对 ^{136}Xe 的双贝塔衰变进行探测。探测器内 ^{136}Xe 的富集度达 90%,工作在 15 bar 气压下。探测器两端分别为光电管倍增管 (PMT) 及硅光电倍增管 (SiPM) 组成的读出平面,分别记录粒子能量及径迹。在这样的探测器里, ^{136}Xe 无中微子双贝塔衰变产生的双电子的径迹长达 10 cm 量级, 这使重建双贝塔衰变事例粒子径迹变为可能。无中微子双贝塔衰变事例轨迹有别于本底事例轨迹 (如单光子事例), 因此探测器的径迹重建功能可以大大压低本底。另外, 气体探测器的内禀能量分辨率比液体更好[14], 也是气氙实验的一个优势。NEXT 实验现处于探测器研发阶段。

图 7-7 所示为 NEXT-100 探测器的工作原理图和设计图, 探测器主体为一个圆柱体, 盛放 100kg 高压气氙, 内壁为覆有 TPB(将光子转换为容易被光电倍增管探测到的蓝光) 涂层的特氟龙, 特氟龙外为铜屏蔽层, 用于屏蔽环境本底, 最外层为不锈钢。NEXT 探测器放置于地下实验室的铅室中, 进一步屏蔽环境本底。探测器内部可能的无中微子双贝塔衰变信号与气氙作用产生电离电子及闪烁光子。光子被一侧的 PMT 探测到用于能量重建。电子在电场的作用下漂向阳极, 在阳极区附近通过电致发光效应产生光子, 再被 SiPM 探测, 用于粒子径迹重建。

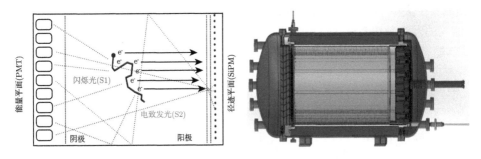

图 7-7   NEXT-100 探测器概念示意图

NEXT 合作组于 2009 ~ 2014 年建造运行 1 kg 级探测器, 进行探测器性能的研究, 于 2015 ~ 2018 年升级建造运行 5 kg 级探测器, 2019 年开始建造百千克级探测器, 计划最终升级为吨量级以用于无中微子双贝塔衰变的研究。

4. 氙时间投影室技术

前文提到的 EXO-200 与 NEXT 实验都使用时间投影室 (TPC) 技术。PandaX 系列实验, 包括高压气体 PandaX-III 实验与 PandaX-II 和 PandaX-4T 的双相型氙实验, 都采用 TPC 技术。下面我们简要概括一下基于氙的 TPC 技术。

TPC 是一种能同时测量带电粒子的三维空间坐标和能量的探测器, 1974 年由奈格林 (D.Nygren) 提出并研制成功。最初的模型是一个圆筒形容器, 中间放置加有负高压的电极板, 圆筒周边从阴极平面到两端加上逐渐增高的电势, 这样在其内部空间就建立了均匀的电场, 这种逐渐增加电势的装置我们现在称作场笼。容器中一般充以惰性工作气体, 如氩气和氙气, 形成灵敏探测空间。入射到探测区域的带电粒子会沿着运动径迹产生电离电子。这些电子在电场内向两端匀速漂移, 由漂移时间和漂移速度可确定粒子沿着圆筒方向的位置。另外，在容器两端加入探测装置，比如最开始使用平行的阳极丝，后接感应读出条等，这样可以精确测定漂移电子在半径 r 和轴向角 ϕ 上的位置。在 TPC 内信号的大小取决于电离损失，这样就可以精准表征粒子的能量，或者有磁场存在的情况下，根据粒子径迹的弧度可以确定其动量。现如今 TPC 技术快速发展，比如我们要讲到的大型粒子物理领域，通常情况下 TPC 是利用磁场偏转来测量动量，鉴别粒子的电荷和种类。

鉴于氙气独特的发光与电离特性，TPC 在地下低本底实验中有悠久并且广泛的应用。如前所述，气氙 TPC 很早就被用于寻找 ^{136}Xe 的 NLDBD。液氙 TPC 从 20 世纪 90 年代开始被用于暗物质直接探测，寻找可能的大质量弱相互作用重粒子 (weakly interacting massive particle, WIMP)，现在已经是 $10 \sim 1000$ GeV 区间最灵敏的探测方式。

基于氙的 TPC 用于无中微子双贝塔衰变的实验有如下几个优点：① TPC 可以做成一个大型的单一体积的探测器，满足无中微子双贝塔衰变需要的大质量。② 氙气的发光与电离性质优异，可以达到优异的能量分辨率。在高压气体探测器中，其能量分辨率在无中微子双贝塔衰变的 Q 值附近可以达到 0.5%，液体探测器的分辨率也可达到 1% 以下。这些特性对于无中微子双贝塔衰变的发现至关重要。③ 大体积的液体氙 TPC 提供额外的自屏蔽效应，这大大减小了 TPC 内部有效体积内的伽马本底水平。④ 气体探测器还可以提供额外的径迹信息。在高压气体氙 TPC 中，无中微子双贝塔衰变释放出的两个电子在 10 bar 气压的氙里的总行程为 $20 \sim 30$ cm。这种长度的径迹可以被 TPC 记录。我们可以利用粒子径迹来更好地甄别待选信号。

PandaX 系列实验充分利用氙 TPC 技术，来开展地下低本底实验。PandaX 项目是一个由上海交通大学主导的、基于氙探测器的暗物质和 NLDBD 实验。其中 PandaX-Ⅰ 和 PandaX-Ⅱ 实验通过液氙 TPC 对暗物质进行直接探测，无论从探测技术上还是实验结果上都已经达到了世界领先的水平，同时也积累了大量的关于低本底实验和 TPC 相关的技术和经验。除了上海交通大学，合作单位包括国内的北京大学、中国科学技术大学、复旦大学、中国原子能科学研究院、山东大学、中山大学、南开大学、北京航空航天大学、华中师范大学和雅砻江水电公司，西班牙的萨拉戈萨 (Zaragoza) 大学，法国原子能署 (CEA)，美国马里兰大学、劳伦斯伯克利国家实验室 (LBNL)，以及泰国的苏兰拉里科技大学。

PandaX-Ⅲ项目利用高压气体 TPC 技术，结合 Micromegas 气体微结构探测器 [15] 进行电荷读出，精确测量事件的径迹。PandaX-Ⅲ预期建设百千克级甚至吨级实验专门利用 90% 丰度的 ^{136}Xe 寻找 NLDBD。在液氙方面，我们已经利用 PandaX-Ⅱ [16] 积累的 400 天物理数据在自然氙中来寻找 NLDBD。正在建设中的 PandaX-4T 实验将兼顾暗物质探测和 NLDBD 两大物理目标。

7.3 PandaX-III高压气氙实验

PandaX-III实验拟建造一个百千克级 90％丰度的高压气体 ^{136}Xe 时间投影室，结合气体微结构探测器 (Micromegas) 技术来寻找 NLDBD 过程。PandaX-III实验与 PandaX 暗物质实验一样，位于中国四川凉山州的锦屏国家地下实验室 (CJPL)，其上 2400 m 的岩石层能有效地屏蔽来自宇宙中的射线。

7.3.1 探测器设计

PandaX-III实验中，探测器的核心部分为可以承载 10 bar 气压的氙气时间投影室。其设计如图 7-8 所示，探测器上端为电荷读出平面，下端为提供漂移电场的阴极平面。最外层是时间投影室的耐高压不锈钢腔体。侧壁上的场笼用来束缚电场线，使得腔室内部电场均匀稳定。当高能带电粒子在高压气体中运动的时候，其能量将不断地以电离的自由电子的形式沉积下来，之后这些电离电子在漂移电场的作用下漂移到探测器的电荷读出平面，被微结构放大器放大后由 X 和 Y 方向上的读出条收集。另外，漂移时间也会给我们 Z 方向的信息。因此，探测器可以同时重建入射粒子的三维径迹和能量。探测器的电荷放大和读出平面由 52 块 20cm×20cm 的 Microbulk Micromegas 微结构探测器组成。Microbulk 工艺使得 Micromegas 有很好的均匀性，经测试是现有 MPGD (micro-pattern gas detector) 中能量分辨率最好的 [17]，这种探测器的制作材料为铜和聚酰亚胺 (Kapton)，其放射性也符合要求。Micromegas 收集到的信号由穿过顶法兰的信号线输送到探测器外部，与电子学系统相连接，最终信号被处理和打包后储存在计算机中。

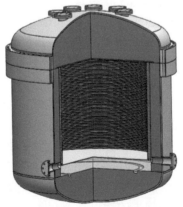

图 7-8 PandaX-III NLDBD 实验探测器时间投影室设计图

上端为电荷读出平面，下端为阴极平面。带电粒子在探测器工作气体中运动时，会沿着运动方向沉积能量电离电子，然后电离电子在漂移电场的作用下运动到电荷读出平面

　　PandaX-III选用的工作气体是 10 bar 气压氙气 −1%三甲胺混合气体。三甲胺是一种气体时间投影室实验中常用的抑制剂，可以使探测器更加稳定地工作，并且在相同的倍增电场的情况下，得到更高的增益和更好的能量分辨率。PandaX-III合作单位西班牙萨拉戈萨大学测试了这种混合气体的相关性质。这种掺杂气体可以有效地抑制自由电子在漂移过程中的扩散，如图 7-9 所示，NEXT 合作组模拟了在氙气 −1%三甲胺混合气体和纯氙气中，无中微子双贝塔衰变的径迹。可以看到，在加入三甲胺之后，横向和纵向的扩散现象都得到了抑制。另外，在该工作气体中，探测器达到高于 1000 倍的增益，在 ^{136}Xe 的 NLDBD 的 Q 值位置，能量分辨率约为 3%(半高全宽)[18]。

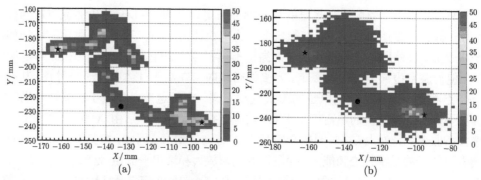

图 7-9　(a) NEXT 合作组在 10 bar 氙气 −1%三甲胺气体中模拟的 ^{136}Xe 的 NLDBD 事例的二维径迹；(b) 在 10 bar 纯氙气中的对应二维径迹

1. Micromegas 读出平面

　　Micromegas 被应用在许多实验中作为探测器的信号放大与读出系统。最近，一项被称为 Microbulk 的新兴工艺被应用到 Micromegas 的制造中，采用光刻技术来加工传统的印刷电路。Micromegas 的加工工序与流程如图 7-10 所示，图中最下方为加工完成后的 Micromegas 结构。浅色部分为聚酰亚胺层，深色部分为铜层，铜层的厚度远小于聚酰亚胺层。Micromegas 的上表面为一层铜薄膜，漂移电子将最先接触到这一层。铜薄膜之下由一层聚酰亚胺支撑。这两层中被刻蚀出许多等间距等大小的孔使得电子通过，小孔的另一端埋有电极用于收集电子。处于最外部的铜层在刻蚀后呈网格状，因此我们通常将其称为 Micromegas 的网格 (mesh)，而将收集电子的电极被称为读出条 (strip)。Micromegas 工作时，网格层被加上百伏量级的负高压，而读出条接地。电荷在小孔中发生倍增之后被收集，收集到的电荷信号被导向埋在底部聚酰亚胺层里的读出条上，读出条沿 X 与 Y 方向交错排列，同时在网格上也会感应出等大的信号，这个信号可以用来修正读出条上收集的信号，进而得到更好的能量分辨率。图 7-11(a) 展示了我们用显微镜拍摄到的小孔图像，而在图 7-11(b) 中可以更清晰地看到 Micromegas 的读出条分布，红色虚线为 X 方向读出条，黄色虚线为 Y 方向读出条，每个方向各有 64 条。与用于电荷倍增的小孔一样，这些读出条也是由光刻技术刻蚀而成的。如图 7-11 所示，小孔聚集成许多菱形，相邻读出条的距离，即菱形对角线的长度为 3 mm。处于同一块菱形中的倍增电荷将被一条读出条收集，当与图中菱形具有相同尺度的漂移电子团到达 Micromegas 时，其能量可以被 X 与 Y 方向上的读出条共享，从而使探测器获得该电子团的二维位置信息。

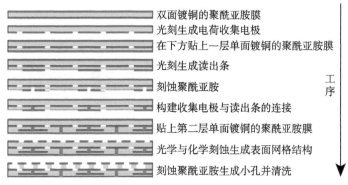

图 7-10 Microbulk Micromegas 的加工工序与流程 [17]

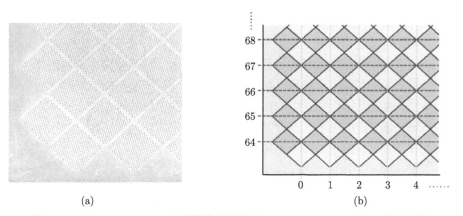

图 7-11 (a) Micromegas 在显微镜下的照片；(b) Micromegas 读出条分布图

我们使用的 Microbulk Micromegas 是由 CERN 的 Micro-Pattern Technology (MPT) 小组制作的。每个小孔的直径约为 50 μm，孔深为 50 μm。一块微网气体放大器的总厚度约为 0.2 mm，表面为 20cm×20cm 的正方形，而有效工作区域，即倍增小孔分布的区域比表面略小，设计上为 19.4cm×19.4cm 的正方形。

Mircomegas 对电荷的放大效应由小孔内倍增电场决定。Microbulk 工艺确保了小孔深度等几何参数在整个工作区域内的一致性，让倍增电场均匀分布。由于这个原因，Microbulk Micromegas 相对于传统制造工艺生产的 Micromegas 有着更好的能量分辨率。Microbulk Micromegas 的制造材料为放射性相对较低的铜与聚酰亚胺，且由于总厚度仅为 0.2 mm，其单位面积的放射性较低，这在极端稀有事件探测实验中具有很大优势。实际操作过程中，我们将 Micromegas 薄膜粘接在 20cm×20cm 的铜板上以方便拼接。如图 7-12 所示，在探测器中我们将使用 52 块 Micromegas 模块作为探测器读出平面。

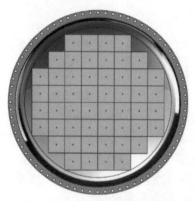

图 7-12　由 52 块 Micromegas 拼接而成的读出平面示意图

2. 低本底场笼

探测器的罐体是接地的，而读出平面固定板也直接与其相连，故探测器内的漂移电场线由读出平面指向阴极板并垂直于这两个平面。场笼束缚了这些电场线，使其内的电场更加均匀。现有的设计如图 7-13 所示，外圈透明部分为直径 1.6 m 的亚克力圆筒，内侧是由柔性 PCB 电路板制成的场笼主体结构。均匀的铜导电线层由等值电阻相连，使电场形状不会发生剧烈改变，形成均匀的压降。亚克力圆筒主要起到支撑的作用，另外也可以避免昂贵的 ^{136}Xe 气体落入探测灵敏区域之外。

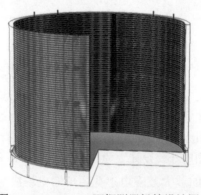

图 7-13　PandaX-III探测器场笼设计图

3. 外部被动屏蔽系统

PandaX-Ⅲ探测器将被安装在埋深 2400 m 的锦屏地下实验室中, 虽然山体可以阻挡绝大部分的宇宙射线, 但山体本身和实验室环境也具有一定的放射性, 会对实验探测造成影响。对于一期实验来讲, 我们将采用干式屏蔽的方式来进一步消除进入探测器中的放射性本底。如图 7-14 所示, 最外层是铅屏蔽体, 内侧是高密度聚乙烯屏蔽体, 用来阻挡环境中的放射性粒子。在罐体内部, 厚度为 15 cm 的无氧铜作为探测器内衬, 可以进一步防止粒子进入探测器灵敏探测空间。

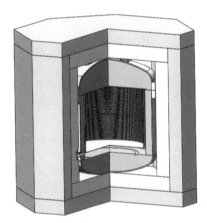

图 7-14 PandaX-Ⅲ屏蔽体分层示意图

4. 电子学系统

PandaX-Ⅲ项目探测器信号通道数目巨大, 52 块 Micromegas 读出模块, 共6656 路信号道, 这对电子学是个挑战。另外, PandaX-Ⅲ探测器要求高精度测量能量。这也要求电子学无论从噪声水平上, 还是从非线性上, 引入的影响应尽量小。PandaX-Ⅲ实验电子学主要由中国科学技术大学和法国原子能署研究所 (CEA)联合研发。由于要求读出通道数大, 因此需采用 ASIC 来对探测器输出信号进行处理。经课题组对国际上主流 ASIC 芯片进行调研, 最终选择了法国萨克雷 (Saclay)实验室的 AGET 芯片, 该芯片在电荷灵敏放大与成形后, 采用开关电容阵列记录信号的完整波形, 满足实验要求。

电子学系统框架如图 7-15 所示, 由 Micromegas 探测器输出的 strip 信号和mesh 信号经过转接板后分别接入前端读出板 (FEC) 和 Mesh 读出板 (MRC) 上,每块 FEC 利用 4 个 AGET 处理共 256 通道 strip 信号 (图 7-16 为前端读出板的实物图), 每块 MRC 上采用分立元件实现电荷灵敏放大电路, 单板可处理 52 通道mesh 信号。因此整个探测器上需要 26 块 FEC 和 1 块 MRC 对 Micromegas 探测器信号进行读出。FEC 和 MRC 通过光纤与后端的数据处理模块 (S-TDCM) 和时钟触发模块 (MTCM) 进行通信，由 S-TDCM 收到的实验数据通过千兆以太网传输至计算机进行分析。

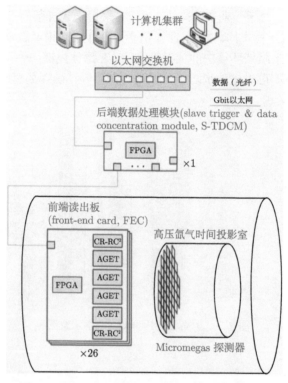

图 7-15　PandaX-III实验电子学系统设计框架图

图 7-16　PandaX-III电子学前端读出板实物图

由于 PandaX-III项目所探索的物理事件极其稀有，因此所用到的电子学需要具有较低的本底以减少对实验数据的影响。为此，课题组对各类电子学器件以及不同材料的电路板进行了本底测量，从而选出适用于实验的电子学材料。为了降低PCB 放射性含量，我们选用了制作过程不含玻璃纤维的柔性电路板来作为 PCB。由于工艺的限制，目前该柔性电路板的层数限制在 8 以内，因此我们先利用该工艺制作了一块用于测试功能以及放射性的电路板。相关的测试与优化工作正在进行中。

5. 刻度系统

在 PandaX-III高灵敏度低本底高压气体 TPC 的性能方面，如何准确地理解探测器在全能域上的响应，特别是在 Q 值附近的探测器响应，直接影响 NLDBD 事件的筛选范围和探测精度。其次，针对 TPC 的特点，事件以电离电子的形式在气体中沉积能量，电离电子在漂移电场的作用下被读出平面收集，所以电子寿命会直接影响探测器的能量分辨率。在 PandaX-III探测器中，工作气体的纯度与漂移电子的寿命密切相关，如何监测电子寿命进而对探测器工作气体的纯度给出反馈，也是我们研究的重点。最后，PandaX-III实验选用 52 块 Micromegas 模块作为探测器的电荷放大与读出系统，由于制造精度的限制，这些 Micromegas 的探测平面不可能做到严格均匀，这就会带来整个电荷读出平面增益的不一致，从而直接影响探测器的能量分辨能力。所以如何在实验运行过程中实时修正如此巨大的电荷读出平面的均匀性也是 PandaX-III实验面临的重大挑战。围绕以上 PandaX-III实验的迫切需求，我们设计了两套相辅相成的刻度系统。

1) 外刻度系统

针对 PandaX-III实验探测器的特点，借鉴国际上无中微子双贝塔衰变实验 (如EXO-200、GERDA 等) 和暗物质直接探测实验 (LUX、PandaX 等) 的刻度经验，选用外部刻度作为保底的设计。拟在探测器外罐外侧建造六根不锈钢导管来放置 ^{232}Th 放射源 (见图 7-17(a))，其放出多种 MeV 量级的 γ 射线，其中 2615 keV 的 γ 特征峰就在 NLDBD 的 Q 值附近。图 7-17(b) 为在六根刻度钢管中放入 ^{232}Th 刻度源后模拟的事例分布。为了研究外置刻度源的可行性，我们通过在 CJPL 内运行的 PandaX-II暗物质探测器进行了测试。这与 PandaX-III高压气体 TPC 外刻度方法在原理上是类似的，测试结果如图 7-18 所示，在液氙 TPC 中可以清晰地看到 ^{232}Th 放射源产生的 2615 keV 能峰。另外，刻度导管沿着漂移方向延伸，通过传输线和定位系统，可以控制放射源在导管中的位置。不同漂移距离的电子到达读出平面的损失不一样，此操作可以有效监测探测器中电子的寿命，从而估计探测器内部工作气体的纯度。最后我们将通过实际测试，与模拟结果进行对比，优化刻度参数与刻度源活度的使用。

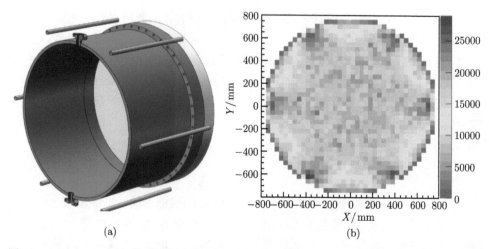

(a)　　　　　　　　　　　　　　　　(b)

图 7-17　(a) PandaX-Ⅲ外罐上的六根刻度导管；(b) 模拟 ^{232}Th 放射源放入刻度导管后探测器响应事例的分布图 [10]

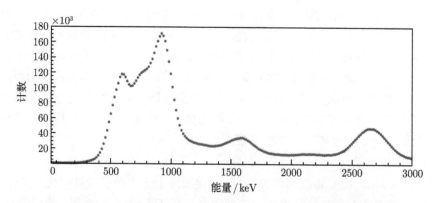

图 7-18　外置 ^{232}Th 放射源对 CJPL 内 PandaX-Ⅱ液氙探测器外刻度

能谱中 2615 keV 的全吸收峰及其在氙气中的逃逸峰可用来刻度探测器能量响应

2) 注入式刻度系统

传统气体微结构探测器均匀性的测试方式为利用 ^{55}Fe 放射源产生的 5.95 keV X 射线扫描整个平面。而 PandaX-Ⅲ探测器会在高气压密闭的条件下长期运行采数，若用此方法则无法精确控制内部 ^{55}Fe 的位置，扫描如此巨大的读出平面。我们拟采用内刻度的方式，注入 ^{83m}Kr 气体来快速刻度修正所有 Micromegas。借鉴国际上无中微子双贝塔衰变实验和暗物质直接探测实验的刻度经验，可选用沸石吸附的 ^{83}Rb 作为刻度源。^{83}Rb 的衰变产生的 ^{83m}Kr 放射性气体，其释放的 9.4 keV 和 32 keV 低能 γ，在高气压氙气中会将能量沉积在很小的区域内。气体注入后，可以一次性完成所有 Micromegas 的增益均匀性的刻度。我们也通过 PandaX-Ⅱ探测器完成了注入测试,验证了其可行性。我们现在已经将注入刻度系统接入 PandaX-III 原型探测器进行注入效率和刻度效率的测试。

7.3.2　PandaX-III原型探测器

1. 原型探测器设计

为了研究并刻度高压氙气时间投影室和气体微网探测器 Microbulk Micromegas 的性能、优化 PandaX-III一期实验 200 kg 级探测器的设计,理解 10 bar 气压气氙时间投影室对 ^{136}Xe 无中微子双贝塔衰变事例的能量和径迹响应,我们设计、建造并调试运行了一个在 10 bar 气压气体状态下可以容纳 20 kg 氙气的原型探测器,图 7-19 展示了探测器的设计图 [19]。原型探测器核心的时间投影室由以下几个部分构成:位于顶部的电荷读出平面、悬挂于电荷读出平面下的场笼、连接于场笼底部的阴极平面。场笼直径为 66 cm,有效体积是 270 L。从阴极平面到电荷读出平面的距离,也就是时间投影室的漂移距离为 78 cm。在 10 bar 气压氙气中,大部分 MeV 量级的电子可以将能量全部沉积在有效体积内。电荷读出平面由 7 个 20cm×20cm 的 Microbulk Micromegas 读出模块组成 (图 7-20),这是世界上的同类型探测器应用中最大的读出平面。Micromegas 信号经由信号线穿过这七个法兰传送给探测器外面的电子学系统。原型探测器外侧是一个容积约为 700 L,可以承受最高 15 bar 的高气压的不锈钢罐体。另外,罐体连接了必要的给阴极平面提供电压的高压源套件以及用于探测器抽气用的真空泵组。

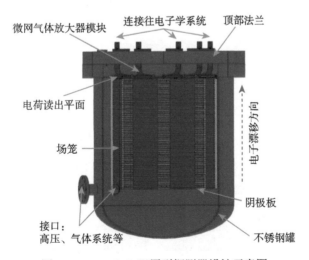

图 7-19　PandaX-III原型探测器设计示意图

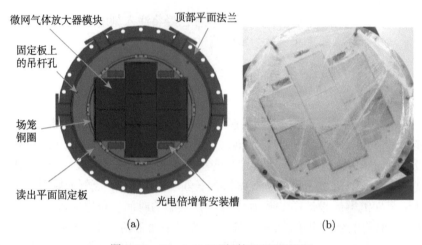

图 7-20   PandaX-Ⅲ原型探测器平面图

(a) 读出平面在探测器中的设计图；(b) 读出平面仰视实物图

　　场笼的结构如图 7-21 所示，外侧的八根聚四氟乙烯条提供了机械支撑，它们吊挂在读出平面的固定板上，而阴极板则连接在它们的下端。铜环嵌在四氟乙烯支撑条内部，形成场笼的主体结构。为了让场笼内的电场均匀且方向垂直于读出平面，我们需要提供相应的边界条件，即要求各个铜圈上的电势随位置线性变化，所以我们在每两个相邻的铜圈之间都连接了两个 1 GΩ 的电阻。这种场笼是沿用了 PandaX-Ⅱ暗物质实验的设计，作为 PandaX-Ⅲ实验探测器场笼的备用方案。

图 7-21   PandaX-Ⅲ原型探测器场笼安装

　　为了满足探测器操作的需要，我们设计了一套专门的气体系统 [19] 用于气体混合、罐体充气、气体回收以及气体循环。气体系统里的所有组件,包括阀门、流量计、气体纯化器、气压计、循环泵等都可以承受至少 15 bar 的气压,目前能完全满足探测器原型机的需求。在未来的计划中,我们将对气体系统进行优化和升级,添加实时监控系统,进行泄漏应急测试。最终以此为原型,建造 PandaX-III实验的气体系统。

2. 原型探测器运行现状与初步结果

为了验证探测器设计,我们建造了 10 kg 量级的原型探测器,并已于 2016 年开始试运行。利用多种不同放射源,我们测试了探测器里不同能量的粒子在氙气-异丁烷混合气体中的响应。熟悉探测器操作和性能后,我们开始转向使用最终的探测器工作气体:氙气 +1% 三甲胺混合气体。通过几轮实验,探测器每个子系统的稳定性、探测器核心部分 TPC 的关键性能,如径迹记录能力,得到了验证。我们还初步研究了探测器的噪声水平、漂移区域的电子传输效率以及不同条件下探测器的能量分辨率。下面我们以在 5bar 气压和 10bar 气压的氙气 +1% 三甲胺气体中,通过 ^{241}Am 和 ^{137}Cs 放射源得到的测试结果为例,简要介绍一下探测器的性能。

图 7-22 是我们探测器在 10 bar 气压氙气 +1% 三甲胺混合气体中测量到的各种径迹。图 (a) 是一个来源于 ^{241}Am 放射源的低能电子的事例,由于能量太低,在 10 bar 气压的氙气中,电子的径迹非常短。图 (b) 为高能电子径迹,其可以在探测器 10 bar 氙气中走很长的一段距离。由于在运动过程中电子与氙原子核的碰撞,其径迹变得弯曲。图 (c) 是一个高能的宇宙线粒子穿过了探测器。由于宇宙线粒子能量太高,其在氙中的散射变得不是那么明显,所以以一条直线的运动径迹横穿整个探测器。这种事例可以帮助我们研究电子在探测器里漂移的过程中的扩散和电子吸收。另外也有很多其他事例,如一些簇射事例 (图 (d))。这些径迹为我们的数据分析提供了强有力的判据。我们可以通过径迹的位置和长度,来筛选来源于放射源的事例,进而得到探测器对放射源的精确响应。另外,通过横穿探测器阴极和阳极平面的宇宙线事例,可以研究电子扩散、电子寿命和漂移速度。靠近读出平面的采样点漂移距离较短,散射效果不明显,靠近阴极平面的采样点由于扩散效应,信号会明显展宽。此外我们也正基于模拟数据和原型探测器的数据进行粒子径迹重建方法的研究。

图 7-23 为探测器在 5 bar 氙气 +1% 三甲胺混合气体中探测到的能谱 [19]。探测器中的 ^{241}Am 衰变为 ^{237}Np,放出能量分别为 59.5 keV (衰变道概率 35.9%) 和 26.3 keV (衰变道概率 2.3%) 的 γ 射线。^{237}Np 继续衰变将放出能量分别为 13.9 keV、16.8 keV、17.8 keV 和 20.6 keV 的 γ 射线。这些不同能量的射线被探测器记录后显示在能谱中。原型探测器的半高全宽能量分辨率在 59.5 keV 处为 14.1%,对应的 ^{136}Xe 无中微子双贝塔衰变 Q 值 2458 keV 处能量分辨率为 2.19% 半高全宽。

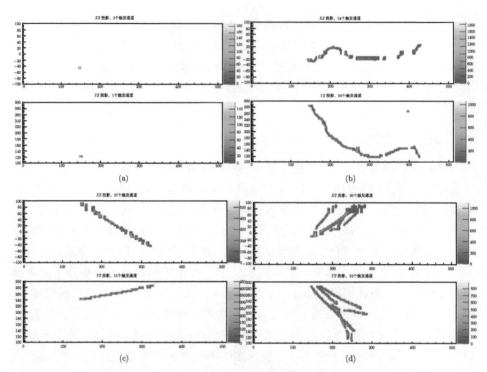

图 7-22　10 bar 氙气 +1%三甲胺混合气体中的粒子径迹

上下两张图片为三维径迹在 XZ 和 YZ 上的投影。横轴为采样时间 (Z 方向)，纵轴为 X/Y 读出条的位置。(a) 是来源于 ^{241}Am 放射源的低能电子的事例，在 10 bar 氙气中径迹非常短；(b) 是 10 MeV 能量量级的本底事例在探测器中的径迹，由于带电粒子跟原子核的散射，径迹变得弯曲；(c) 是宇宙线事例穿过探测器，由于能量非常高，散射作用不明显；(d) 是一些簇射事例

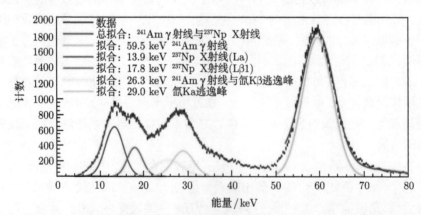

图 7-23　PandaX-Ⅲ原型探测器中 ^{241}Am 放射源在 5 bar 氙气 +1%三甲胺混合气体中探测到的能谱

我们已经将 7 块工作正常的 Micromegas 安装到了原型探测器。利用 ^{137}Cs 放射源, 我们首先测试了 7 块 Micromegas 的联合采数, 之后将详细研究探测器对更高能量粒子的响应。图 7-24(a) 给出了事件径迹中心在读出平面的 7 块 Micromegas 的成像。从图中我们可以看出 7 块探测器中的 4 块的边角处有事例缺失, 这是由探测器设计造成的。正如图 7-24(b) 展示的一样, 这 4 块 Micromegas 都有一个角在场笼的外面, 这样自由电子就不能沿着漂移电场集中于探测器平面。图 7-24 上亮点的位置是 ^{137}Cs 在读出平面的投影。到目前为止, 7 块 Microbulk Micromegas 组成的读出平面是世界范围内, 这种类型的探测器应用的最大的读出平面, 通过在 5 bar 气压氙中测试, 多块探测器采数的流程与相关的数据分析框架已经发展成熟。

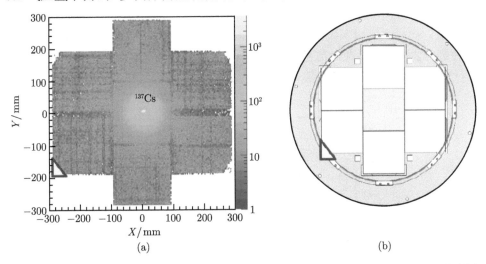

图 7-24 (a) 探测器探测事例在读出平面上的投影；(b) 7 块 Micromegas 读出平面设计图
边缘事例统计较低主要由于设计原因, 四个 Micromegas 的边角在场笼外侧

7.3.3 预期本底及物理灵敏度

PandaX-III实验本底主要来源于宇宙线、实验室及探测器自身辐射。锦屏地下实验室是世界上最深的地下实验室, 它接收到的宇宙射线率约为每周每立方米 1 个 μ 子。探测器将选用低放射性材料制作。放射性主要考量 ^{238}U、^{232}Th、^{60}Co 及其衰变链上子核素含量, 这些核素衰变释放的能量在目标 Q 值 (2458 keV) 附近。通过蒙特卡罗模拟, 我们研究了探测器以及实验室环境各个部分对本底噪声的贡献。对于不可忽略本底的无中微子双贝塔衰变实验, 其灵敏度可由下式评估:

$$T_{1/2} \propto \eta \cdot \varepsilon \sqrt{\frac{MT}{r\delta E}}$$

其中 η 为探测器的探测效率；ε 为目标同位素的丰度，M 为探测器质量，T 为有效实验时间，r 为本底水平，δE 为能量探测区间。也就是说，灵敏度直接与探测器的本底、体量、能量分辨率、探测效率和曝光时间相关。正如上文中提到的，PandaX-III探测器预期在 ^{136}Xe 无中微子双贝塔衰变 Q 值上的分辨率是 3%半高全宽。而 PandaX-III高压气体 TPC 的另一个优势是通过径迹来进一步甄别有效事例。如图 7-25 所示，我们可以很直观地从径迹上来判断出无中微子双贝塔衰变事例和单光子本底事例。我们通过机器学习 [20] 和传统径迹识别 [21] 等算法来研究径迹信息对实验的影响，结果显示径迹可以大幅度地压低实验本底事例，提高目标事例的甄别效率。利用蒙特卡罗模拟数据，我们验证了机器学习方法的本底去除的能力。在保留 48%的无中微子双贝塔衰变信号的前提下，机器学习方法可以去除 99%以上的本底。同时我们也系统地研究了传统径迹识别算法。利用端点能量、径迹长度、径迹弯曲程度等参数对信号和本底进行识别。综合筛选多种径迹参数后，35%的信号得以保留，而压力容器罐体和 Micromegas 引入的 U/Th 系列本底被压低了 $54 \sim 145$ 倍。

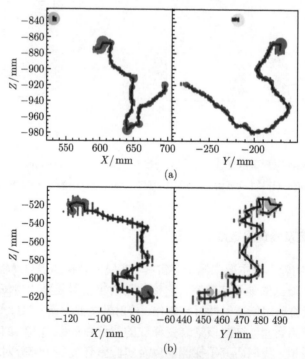

图 7-25　蒙特卡罗模拟电子的径迹

图中为三维径迹在 XZ 和 YZ 上的投影。(a) ^{214}Bi 产生的单光子事例，径迹只有一侧存在着布拉格峰；(b) 无中微子双贝塔衰变事例，双电子事例，径迹两端有能量沉积的极大值 (布拉格峰)

PandaX-III的概念设计报告 [10] 给出了探测器的本底模拟的详细信息。在不考虑用径迹分析筛选事例的情况下，PandaX-III探测器的本底在3.5×10^{-3}c/(keV·kg·yr)。假设相对保守的径迹分析效果，将本底进一步压低 35 倍，结果为 10^{-4} c/(keV·kg·yr)。基于此，PandaX-III首个百千克级探测器无中微子衰变探测灵敏度预测结果如图 7-26 所示。在探测器运行三年后，在 90% 置信度实验的半衰期灵敏度可以达到 8.5×10^{25}yr。相应的中微子有效马约拉纳质量下限为 $80 \sim 180$ meV。PandaX-III 吨级实验预期将选用 TopMetal 芯片作为读出平面，探测器的能量分辨率预期提高到 1% 量级，相应本底进一步降低 10 倍。其三年有效运行时间的灵敏度可达到 1×10^{27}yr，并将有效马约拉纳质量下限降低到 $20 \sim 50$ meV。

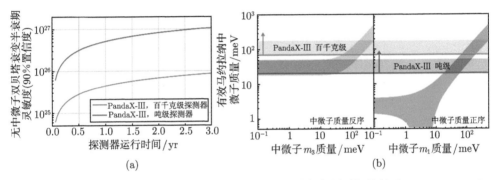

图 7-26　(a) PandaX-III实验对 ^{136}Xe 半衰期探测灵敏度与探测时间的关系；(b) PandaX-III 实验在三年有效探测时间后达到的中微子马约拉纳有效质量灵敏度

7.4　基于 PandaX 双相型氙探测器

7.4.1　双相型氙探测器技术以及发展历程

PandaX 实验组从 2009 年开始发展双相型氙探测器技术，主要用于暗物质直接探测。在过去二十年中，国际上双相型液氙探测器蓬勃发展。现阶段正在建设的 PandaX-4T [22]，XENONnT [23]，LZ [24] 暗物质实验的体量都在 $5 \sim 7$t。下一代的实验将会达到几十吨乃至上百吨的体量。考虑到 ^{136}Xe 的 8.9% 的自然丰度，暗物质直接探测实验中 ^{136}Xe 的质量已经达到甚至超过无中微子双贝塔衰变专有实验的体量。因此，结合无中微子双贝塔衰变与暗物质直接探测，进一步发展双相型液氙探测器技术，成为地下实验研究的重点方向之一。

气液双相型氙时间投影室中，气氙部分靠近顶部光电倍增管，剩下的部分都被液氙充斥着。无中微子双贝塔衰变产生的原初高能电子在投影室中运动时，能量的损失主要来自与液氙的电磁相互作用、轫致辐射、非弹性碰撞等。相互作用过程中产生 178 nm 波长的闪烁光子，我们通常把它叫做 S1。同时产生的部分电子–离子对的再结合形成进一步的 S1 信号。由于这两者的时间非常小，所以该过程产生的两个 S1 信号便结合在一起形成一个 S1 信号。S1 信号的宽度为 $10 \sim 100$ ns，如图 7-27 所示。

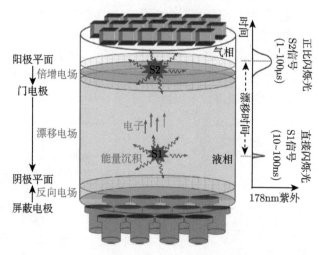

图 7-27　气液两相型探测器探测原理示意图

在时间漂移室内有两层沿底部光电倍增管方向的电场，分别称为漂移电场 (ε_{drfit}) 和萃取电场 (ε_{extra})。沉积的能量产生 S1 信号以后，未与离子复合的自由电子在漂移电场的作用下漂移到气液氙表面，然后自由电子被萃取电场拽到气氙中。最后这些电子在强的萃取电场下被加速与气氙原子碰撞产生所谓的正比闪烁光 (电致发光，强场作用下，注入气氙中的电子引起的发光效应)，被命名为 S2 信号。正常的一个事例通常都会产生 S1 和 S2，这两种信号会被顶部和底部的光电倍增管探测到。

对于 S2 来说，它的宽度主要取决于气氙层的厚度，因此为了更加有效地区分这两个信号，一般将它的宽度控制在 1 μs。更加重要的是，通过有效区分 S1 信号和 S2 信号，我们可以计算电子在液氙内漂移的时间，并通过漂移速度确定每一个事件发生的垂直位置。事件发生的水平位置可以通过对顶部和底部两个光电倍增管阵列不同位置处接收到的光子数量进行重建得出。因此，两相液氙探测器内碰撞发生的三维坐标可以被计算出来。此外，事例的能量越大，对应的 S1，S2 信号光子数越多，因此在后期数据处理中我们也是通过信号大小来重建能量，并且得到无中微子双贝塔衰变感兴趣区域的能谱。

意大利格兰萨索实验室运行的 XENON10 [25]，XENON100 [26]，XENON1T [23] 系列实验开创了双相型液氙探测器技术在暗物质探测方向的应用，直接带动了地

下暗物质直接探测最近 20 年的蓬勃发展。XENON10 实验的有效质量只有 15 kg,
其后续 XENON100, XENON1T 的有效质量则分别达到了 165 kg 和 1042 kg。其
中 XENON1T 是当今国际上同类实验中体量最大的探测器, 同时也给出了暗物质
与可见物质的碰撞截面的最强限制。现在 XENON 合作组正在紧锣密鼓地建设下
一代 XENONnT 实验, 预期灵敏体积内的质量将达到 5t。

美国的 Sanford 地下实验室的 LUX (Large Underground Xenon) 实验 [27] 是由
美国主导的双相型液氙探测器, 其有效探测质量大约在 300 kg。LUX 在探测器技
术上做出了很多原创性的工作, 例如, 利用氪化甲烷中的氪 β 衰变对探测器进行
电子反冲刻度 [28]、利用氘氘中子源进行核反冲刻度 [29]、高纯水屏蔽等。截至 2016
年, LUX 实验累积了 3.35×10^4 kg·d 的总曝光数据, 之后其正式停止取数。最近
LUX 合作组已经与英国 ZEPLIN 合作组合并成为新的 LZ 合作组, 将要建设一个
7 t 液氙探测器, 继续推进暗物质直接探测。

PandaX 也聚集国内多家单位的力量, 迅速掌握了双相型液氙探测器技术, 成
功建设了 PandaX-I [30], PandaX-II [31−37] 两个探测器, 成为国际上体量最大的
探测器之一, 走到了暗物质直接探测实验的前列。

PandaX-I 是实验组从无到有, 历经三年的研发, 建设的第一个双相型液氙探
测器, 它的核心为直径 60 cm、高 15 cm 的扁平状的时间投影室, 时间投影室内部
的有效体积内共有 120 kg 的液氙作为探测介质。时间投影室的信号读出由上下两
个光电倍增管阵列完成。顶部光电倍增管阵列位于气相区上方, 共由 143 个 1in 的
光电倍增管环形分布组成。底部光电倍增管阵列由 37 个直径 3in 的圆形光电倍增
管紧致排布而成。

PandaX-II 是在 PandaX-I 期实验的基础上的直接升级。和 PandaX-I 相比,
PandaX-II 总共使用 1.1t 的自然氙。PandaX-II 的物理取数从 2016 年上半年开始,
并于 2016 年 7 月发布了第一个物理分析结果, 并随后正式发表在《物理学评论
快报》上。目前为止, PandaX-II 已经发表了多篇关于重要的暗物质直接探测结果
的论文, 包括五篇《物理学评论快报》论文 [31−35], 两篇《物理学评论 D》论文
[36,37]。PandaX-II 已于 2019 年夏天结束物理运行。

PandaX 合作组正在建设下一代双相型液氙探测器 PandaX-4T。除了体量将达
到 4t 有效质量, PandaX-4T 也将启用全新的高纯水屏蔽体结构, 并且进驻即将投
入使用的锦屏地下实验室二期 B2 实验厅。PandaX-4T 的预计暗物质与普通核子
自旋无关相互作用截面的测量灵敏度达到 $10^{-47} \mathrm{cm}^2$ [22]。此外, PandaX 合作组也
在探索百吨级氙探测器技术。

暗物质实验与无中微子双贝塔衰变探测分享很多共有的技术以及挑战。两类
都在地下实验室进行, 从而最大限度地减少宇宙线的影响。两者都对实验室环境以
及探测器本身的本底有极高的要求。大体量暗物质液氙探测器的迅猛发展也给寻

找 ^{136}Xe 的无中微子双贝塔衰变带来新的机遇。PandaX-II 以及 PandaX-4T 都包含大量的 ^{136}Xe 同位素。在有效体积内,两个探测器分别包含约 50kg 与 350kg 的 ^{136}Xe 目标同位素。下面分别介绍我们利用 PandaX-II 进行的无中微子双贝塔衰变物理分析以及对 PandaX-4T 的灵敏度研究,并简要对未来百吨级双相型氙探测器进行展望。

7.4.2　PandaX-II实验

1. 探测器与屏蔽体

PandaX-II 是世界上最大的暗物质探测器之一。探测器 2014 年入驻锦屏,2016 年初正式开始物理取数至 2018 年 8 月。在随后的约 1 年的时间中,PandaX-II 进行了探测器的各种性能的测试、研发工作。探测器于 2019 年 7 月 12 日正式结束运行。PandaX-II 的核心组成部分包括时间投影室、被动屏蔽体、冷却系统、电子学数据获取和处理系统、慢控制系统、在线数据监测系统及离线精馏与气体分析系统等。其中冷却系统主要用于维持探测器的正常运行和氙的循环提纯;电子学数据获取和处理系统用于信号的放大、数模转换和读出;慢控制服务器与在线数据监测系统用于探测系统状态的监测,包括磁盘空间、数据质量等;离线精馏与气体分析系统用于氙实际组分的测定及氙的精馏。我们下面具体讲解时间投影室与屏蔽体部分。

PandaX-II 探测器的核心部分是一个直径为 650mm,高为 714mm 的圆柱体,采用气液两相氙时间投影室的结构。基本结构主要包括上下两部分光电倍增管阵列、外部反符合光电倍增管阵列、场笼、PTFE 反射板以及多个电极平面,如图 7-28 所示。光电倍增管阵列的主要作用是收集和放大来自场笼内的光子,并将收集到的光子以电信号的形式经由电子学系统读出。PandaX-II 的上下光电倍增管阵列分别为 55 个 3in 的滨松 R11410-MOD 型光电倍增管,呈六边形紧致排列。多个高纯无氧铜电极环由等值电阻连接,形成场笼,保证其包围的 580kg 液氙所在体积内的电场足够均匀。场笼的柱面采用 PTFE 材料,用以增加光子反射率,提高光子的采集率。反符合光电倍增管阵列位于场笼外侧,由 24 个 1in 的 R8520-406 型光电倍增管组成。当反符合光电倍增管探测到信号时,意味着内部光电倍增管探测到的信号属于本底事件,将不能用于物理分析。氙气释放的光的波段在 178nm 左右,R8520-406 和 R11410-MOD 都对该波段的光子具有很高的量子效率。

在中国锦屏这个世界上最深的地下实验室,2400m 的山体屏蔽了绝大多数的宇宙射线,其影响已经可以忽略不记。PandaX-II 实验设计时主要考虑探测器本身以及实验室环境带来的本底。前者主要依靠系统地对探测器的各个部件进行放射性筛查,选用尽可能干净的材料。实验室本底主要依靠 PandaX-II 的屏蔽体结构来抑制,如图 7-29 所示。从内到外,PandaX-II 的屏蔽体结构包括 50mm 的铜,200mm

的内部聚乙烯板，200mm 的铅砖，以及 400mm 的外部聚乙烯板。屏蔽体有效地阻挡了外部的 γ 射线与中子进入探测器。相比于探测器本身放射性带来的本底，实验室环境的影响已经可以忽略。

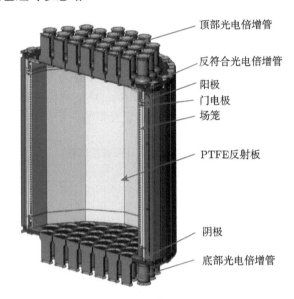

顶部光电倍增管
反符合光电倍增管
阳极
门电极
场笼
PTFE反射板
阴极
底部光电倍增管

图 7-28   PandaX-II探测器结构图

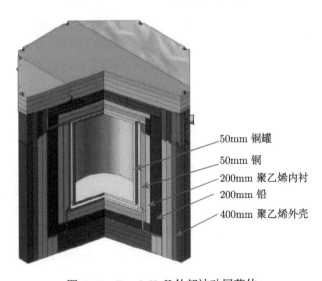

50mm 铜罐
50mm 铜
200mm 聚乙烯内衬
200mm 铅
400mm 聚乙烯外壳

图 7-29   PandaX-II外部被动屏蔽体

探测器材料本身带来的本底信号主要来自两个方面：首先是光电倍增管、时间投影室等探测器元件中的放射性元素；其次是液氙中混入的杂质，例如，^{85}Kr、^{222}Rn、

^{220}Rn 和 Xe 的其他一些同位素, 如 ^{127}Xe、^{129m}Xe、^{131m}Xe 等。我们在后续分析部分会详细描述各个部分的影响。

　　PandaX-II 从 2014 年开始安装, 经历了多个周期的调试, 于 2016 年 3 月 9 日开始物理取数, 见表 7-3。数据集的命名顺序包含前期多次调试运行的数据集, 并不是从 1 开始。利用 Run 9 数据 (以及之前一段时间的调试数据), PandaX-II 发表了当时 WIMP 暗物质截面约束的世界领先结果。在经历了几乎一年的能量标定与再提纯后, PandaX-II 从 2017 年 4 月 22 日开始稳定运行直至 2018 年 8 月 16 日。这个期间的数据分为两个数据集 (Run 10 和 Run 11)。我们总共积累了 403.1 天的物理数据。全部数据都被用于无中微子双贝塔衰变的分析 [38]。

表 7-3　　PandaX-II 实验数据集

数据集	开始时间	结束时间	运行时间/d
Run 9	2016 年 3 月 9 日	2016 年 6 月 30 日	79.6
Run 10	2017 年 4 月 22 日	2017 年 7 月 16 日	77.1
Run 11	2017 年 7 月 17 日	2018 年 8 月 16 日	246.4

2. 高能区数据处理流程

　　和暗物质直接探测不同, 无中微子双贝塔衰变关注的能区集中在 MeV 量级。^{136}Xe 的无中微子双贝塔衰变的 Q 值在 2.458 MeV, 也就是衰变放出的 2 个电子的能量之和为 2.458MeV。通常情况下, 电子会把所有的能量都释放在液体氙内部。PandaX-II 在 MeV 区间的数据分析和低能 keV 区间暗物质分析的工作流程类似, 但我们额外开发了新的能量重建算法和新的事件选择标准 (cuts)。在本小节中, 我们简要描述一下 PandaX-II 的无中微子双贝塔衰变的分析工作流程。

　　从单个光电倍增管的波形数据开始, 我们要经过单光电子 (SPE) 校正、S1 与 S2 鉴别、位置重建、能量随位置的修正等与暗物质分析类似的过程。在能量标定方面, 我们使用外部 ^{232}Th 放射源来标定 MeV 区间探测器的响应。通过时间漂移室外罐内预留的标定回路, 我们放入标定源, 在信号中可以看到来自 ^{208}Tl 的 2615keV 的 γ 全吸收峰, 从而确定无中微子双贝塔衰变 Q 值附近的能标。MeV 量级的信号对于 PandaX-II 来说是很大的信号。大的 S2 信号发生在顶部光电倍增管阵列的正下方, 正对着的光电倍增管收集的光子数可能远远超出光电倍增管的线性响应区域, 从而发生光电倍增管的饱和 (图 7-30)。饱和现象会降低能量分辨率, 对我们的物理灵敏度造成影响。

　　为了尽量减小饱和光电倍增管的影响, 我们使用来自底部光电倍增管阵列的脉冲来重建 S2 信号的能量。因为 S2 信号发生在探测器的气液交界处, 远离底部光电倍增管, 因此底部光电倍增管阵列不受饱和的影响。另外 S1 信号通常也远小于 S2 信号，不会造成底部 (或顶部) 光电倍增管的饱和。

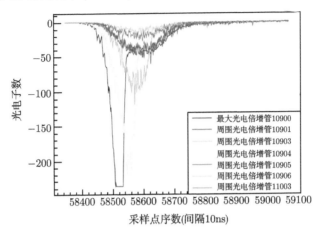

图 7-30   光电倍增管的饱和波形的示例

不同的迹线显示来自高能量事件的不同顶部光电倍增管的波形。饱和光电倍增管 (黑色和黄色线) 的波形具

有不对称峰值，其中上升沿与其他波峰相比更陡峭。光电倍增管 10900 的信号极大，也造成了数字化仪

(digitizer) 的饱和现象

信号筛选使用的选择条件 (cuts) 基本沿用暗物质分析的 cuts，但是 cuts 的阈值经过调整来尽量提高高能区域的信噪比。这些条件包括单次散射 cuts、能量区间 cuts、反符合 cuts 和有效体积 cuts，可以去掉大多数背景事件。同时我们也利用信号质量 cuts 去掉非物理事件，这其中包括波形 cuts、S1/S2 比例 cut、顶部/底部光接收不对称性 cut 和位置重建质量 cut。

如果入射粒子与液氙碰撞后能量还比较高，它很有可能走一段距离再次发生碰撞，这就是多次散射。但绝大部分无中微子双贝塔衰变都属于单次散射事例，这是因为两个电子在很小体积内沉积其全部能量，在 S2 波形中呈现出单个脉冲。因此我们用单次散射 cut 来去除包含多个 S2 信号的所有事件。蒙特卡罗模拟得出这种 cut 的信号接收效率可达 93.4%。另一方面，来自 γ 的本底事件主要是多次散射事件。例如，在 Run 10 的数据中，1840 万个触发事件中的 690 万个被标记为单次散射事件。

我们仅选取无中微子双贝塔衰变 Q 值左右各 400 keV (即 2058 ～ 2858 keV) 作为高能区数据分析的感兴趣能量区间 (ROI)，进行最终的能谱拟合，这也同样减少了本底的影响。

我们关注的单次散射无中微子双贝塔衰变的所有能量沉积都在场笼内部，因此没有任何能量会落到场笼外面的反符合区域。相反，诸如 μ 子等外来粒子可能在反符合区域中沉积能量。我们离线利用反符合信号和 S1 信号之间的耦合分析来去除外来粒子。

　　无中微子双贝塔衰变的有效体积大小同样经过优化。越靠近时间漂移室中心的地方，位置、能量重建越好，且因为远离外罐，有外层液氙作为屏蔽，本底也更低。图 7-31 显示了 ROI 高能事件的空间分布。由于氙自屏蔽效果对高能事件不那么明显，因此有效体积内的事件数仍然比较多。在敏感体积的边缘处，我们可以看到事件的数密度异常低，这是由于在探测器边缘处的光电倍增管受饱和脉冲的影响，位置重建算法不够精确。保守起见，我们强制 $r^2 < 80000\ \mathrm{mm}^2$ 作为水平方向的 cut 条件。由于顶部光电倍增管阵列、不锈钢法兰和管道等的影响，上部事例数明显更多。因此，在垂直方向上的 cut 不是对称的。我们选择在 $-233\ \mathrm{mm}$ 和 -533 mm 之间的体积作为有效体积，如图中红色矩形所示。图中标出区域对应的有效质量为 219 kg。

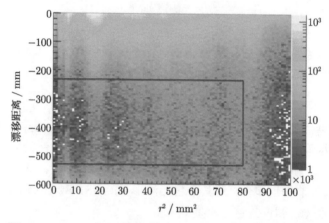

图 7-31　PandaX-II 时间漂移室中 ROI 高能事件的空间分布

X 轴显示事件半径的平方。Y 轴是负漂移距离，相当于空间中的相对垂直坐标，液体和气体界面为 0mm。数据已经经过单次散射 cuts、信号质量 cuts、反符合 cuts。无中微子双贝塔衰变分析中使用的有效体积为红色矩形内部体积

3. 无中微子双贝塔衰变区域能谱

　　对于 PandaX-II 探测器来说，无中微子双贝塔衰变信号能量高，光信号大，远高于探测器的探测阈值，因此探测效率被认为是 100%。同时因为 PandaX 的信号触发率在 Hz 量级，死时间可以忽略不计。从另外一方面说，各类信号处理的 cut 会消减事例数，相当于降低了探测效率。因此，对筛选效率要有一个合理的计算。表 7-4 是各个 cut 后剩余的事例数比例。结合单次散射的比例 (93.4%) 和信号质量 cut 的比例 (96.7%)，最终我们得出的无中微子双贝塔衰变探测效率为 91.6%±0.8%。图 7-32 展现的是加 cuts 后能谱的变化。

表 7-4 各个 cut 后剩余的事例数比例

选择条件	剩余事件数	信号效率
单次散射	38070871	93.4%
能量区间	771356	~100%
反符合	433482	——
有效体积	32132	——
波形信息	31900	99.3%±0.8%
S1/S2 对比	31837	99.8%±0.1%
位置重建	31511	99%±0.1%
综合	——	91.6%±0.8%

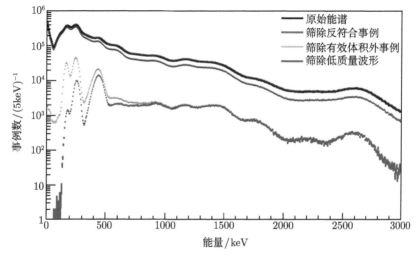

图 7-32 3000keV 以下的能谱

红线是信号质量筛选之后的能谱

4. 无中微子双贝塔衰变拟合结果

整个无中微子双贝塔衰变分析过程最核心的就是 Q 值附近的 ROI 的拟合,拟合的最终目标是计算在 Q 值处存在的可能信号的大小。根据蒙特卡罗模拟给出的本底能谱的形状与预拟合给出的各个放射性本底的事件率,我们对于 ROI 的主要本底构成有很直观的了解。我们最终的 ROI 拟合函数包括

$$f_{\text{ROI}}(E) = N_{\text{Th}}F_{\text{th}}(E) + N_{\text{U}}F_{\text{U}}(E) + N_{\text{Co}}F_{\text{Co}}(E)$$
$$+ N_{\text{Rn}}F_{\text{Rn}}(E) + N_{0\nu\beta\beta}F_{0\nu\beta\beta}(E)$$

在 $2058 \sim 2858$ keV 的 ROI 拟合中,能量分辨率固定为预拟合中得出的值。我们忽略了预拟合中给出的贡献较小的 ^{40}K 和普通 DBD 的部分。其他同位素贡献

的事件数都从拟合中得出，其高斯先验概率的中值和 σ 都继承自预拟合。不同本底的事例率在每次 Run 中是独立的，而 NLDBD 的事例率强制为一个参数。总共有 $3 \times 4 + 1 = 13$ 个 (3 次 Run, 4 个不同的同位素贡献) 拟合模型的参数。

利用从拟合得出的无中微子双贝塔衰变事例数，我们就能算出 0νββ 的衰变速率 Γ_{0v}。如下所示：

$$N_{0v\beta\beta} = \Gamma_{0v} \frac{N_A}{m_a} \cdot a_I \cdot \varepsilon_{tot} \cdot m_d \cdot t$$

拟合的 ROI 能谱结果如图 7-33 所示。所有自由参数的拟合结果列于表 7-5，拟合的 NLDBD 速率为 $(-0.25 \pm 0.21) \times 10^{-23} \mathrm{yr}^{-1}$，等效事例率为 $(-0.93 \pm 0.79) \mathrm{kg}^{-1} \cdot \mathrm{yr}^{-1}$。

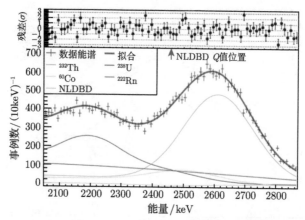

图 7-33　2000 ~ 3000 keV 能谱的拟合结果

拟合最佳值为 $(-0.25 \pm 0.21) \times 10^{-23} \mathrm{yr}^{-1}$

表 7-5　ROI 无中微子双贝塔衰变拟合结果　　　　(单位: kg^{-1} · yr^{-1})

	Run9	Run10	Run11
^{60}Co	14.5 ± 1.0	13.3 ± 1.0	11.6 ± 0.6
^{222}Rn	33.4 ± 6.3	31.9 ± 5.2	22.9 ± 3.3
^{232}Th	63.6 ± 2.4	55.8 ± 2.0	67.6 ± 1.3
^{238}U	36.6 ± 4.2	34.8 ± 3.4	41.0 ± 2.1
NLDBD		-0.93 ± 0.79	

我们还利用蒙特卡罗产生的一系列赝实验来研究不同参数引起的系统误差。根据前面拟合得到的本底模型，我们改变一些系统参数，生成蒙特卡罗能谱，并与不同衰变速率的 NLDBD 事件混合。然后我们重新拟合 NLDBD 和本底，得出衰变速率。最后将得到的衰变速率与混入的 NLDBD 事件的衰变速率进行比较。简单来说，我们利用蒙特卡罗方法重复我们的实验 N 次，并在 N 次实验中人为改变系

统条件, 研究这些改变对物理结果的影响, 从而得到系统误差。

我们最终得到的 NLDBD 衰变速率 $\Gamma_{0\nu}$ 是 $(-0.25 \pm 0.21\,(\text{stat.}) \pm 0.14\,(\text{sys.})) \times 10^{-23}\text{yr}^{-1}$。结果与零一致, 我们在 PandaX-II 数据中没有找到无中微子双贝塔衰变的证据。在 90% 置信水平下, 无中微子双贝塔衰变速率 $\Gamma_{0\nu} < 0.33 \times 10^{-23}\text{yr}^{-1}$, 相应的半衰期 $T_{1/2}^{0\nu} > 2.1 \times 10^{23}\text{yr}$。如果我们只考虑统计误差, 则半衰期限制为 $2.9 \times 10^{23}\text{yr}$, 与 Gotthard 的实验结果相当。利用文献中的相空间因子和模型计算的核矩阵元数值, 我们可以计算有效的马约拉纳质量上限在 $1.4 \sim 3.7$ eV 的范围内 (90% 置信水平)。

利用赝实验方法, 我们还可以计算 PandaX-II 实验对 ^{136}Xe 无中微子双贝塔衰变搜索的灵敏度。我们利用蒙特卡罗模拟生成了共 12000 个能谱, 并对每个能谱重复我们的无中微子双贝塔衰变拟合, 得出相应的 90% 置信水平的半衰期限制。这些半衰期限制的中值 $T_{1/2}^{0\nu} > 1.6 \times 10^{23}\text{yr}$ 即为我们实验的灵敏度。

据我们所知, 这项工作是利用双相型氙探测器给出的第一个无中微子双贝塔衰变结果。我们开发了能量重建和事件选择的新方法, 并系统地研究了 PandaX-II 探测器中 MeV 级事件的响应。我们也第一次展示了 PandaX-II 在高能区的本底情况, 对未来液氙探测器的设计和建造有指导意义。

7.4.3 PandaX-4T 实验

1. 探测器设计

PandaX-4T 实验是 PandaX-II 的直接升级。其探测器位于中国锦屏地下实验室二期 (CJPL-II) 的 B2 实验大厅内, 放置于一个直径 10 m、高 13 m 的高纯去离子水屏蔽体中。水屏蔽体可以有效地将来自实验室环境中的 γ 射线和中子本底去除。同时, 为了确保 PandaX-4T 实验的超低本底, 探测器的各个部件都选用具有极低放射性水平的材料来建造。在超净水屏蔽层内是一个直径 1.3 m、高 1.8 m 的低温恒温器, 如图 7-34 所示。它由内罐 (inner vessel) 和外罐 (outer vessel) 两部分组成, 其材料都选用了低本底的不锈钢 (stainless steel, SS)。内罐内提供了约 $-100°C$ 的低温, 盛有总计约 6t 液氙。外罐与内罐之间有约 12.5 cm 的真空绝热层, 确保仪器中的氙可以维持在液态。内罐的总质量约为 1t, 外罐的总质量约为 2t。对于无中微子双贝塔衰变来说, 内外罐产生的本底信号是实验中本底信号的主要来源。

TPC 由上下 PMT 阵列和侧面 24 块 6 mm 厚的聚四氟乙烯 (PTFE) 板组成, 它们通过互锁结构形成了一个直径约为 1.2 m 的圆柱体。提高了对于液氙发出的真空紫外光 S1 信号的反射率, 因而可以提高光信号的收集效率。我们在顶部和底部分别安放了 169 个和 199 个 3 in 口径的 PMT, 用于收集光信号。值得一提的是, 探测器的上下各 7 个 PMT 将采用双打拿极读出的分压电路, 同时兼顾暗物质的 keV 量级和无中微子双贝塔衰变 MeV 量级的信号。

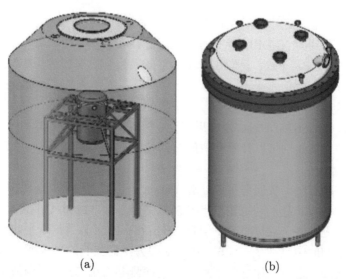

(a)　　　　　　　　　　　　　　(b)

图 7-34　(a) PandaX-4T 探测器外围的超净水屏蔽层；(b) 低温恒温器

在 TPC 内部设置有四个高度透明的电极，从上到下分别为阳极 (anode)、栅极 (gate)、阴极 (cathode) 和屏蔽电极 (screening)，以产生我们所需的电场。电极由不锈钢环制成，其上固定有线径约 0.2 mm 的不锈钢丝网。屏蔽电极直接位于底部铜板的上侧，接地；阴极设置在底部铜板上方 10 cm 处；阳极和栅极间隔 1 cm，处在氙液面的上下两侧各 0.5 cm 的位置。栅极和阴极距离 1.2 m，之间加有 400 V/cm 的漂移电场 (drift field)；阳极和栅极之间是 6000 V/cm 的放大电场 (amplification field)。此外，围绕 TPC 设计了大约 60 个铜条制成的成形环 (shaping ring)，以保持 TPC 内部尤其是靠近 PTFE 壁附近的漂移电场尽量均匀和垂直。

在 TPC 外部，有 24 根 PTFE 柱用于连接顶部和底部铜板以及固定电极和成形环。此外，在内罐壁上还附着一层 PTFE，它和 TPC 之间的区域中也含有液氙，这个区域称为反符合区域。为了探测此区域的光信号，其上下两侧也安放了共 2×72 个 1 in 口径的 PMT。

PandaX-4T 实验的无中微子双贝塔衰变灵敏度分析沿用与 PandaX-II 类似的方法。我们先根据实验探测器设计的几何结构，结合前期低本底材料筛选给出的放射性参数，通过 Geant4 程序模拟了各个部件对探测器的影响。紧接着我们结合预期探测器响应，给出探测器预期测量得到的无中微子双贝塔衰变能量窗口内的本底能谱。然后我们利用蒙特卡罗赝实验模拟方式，给出最终的实验灵敏度。在现有 PandaX-4T 设计框架下，我们预期的无中微子双贝塔衰变的灵敏度可以达到 10^{25}yr 量级。

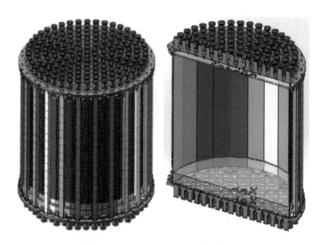

图 7-35 PandaX-4T 的 TPC

2. 实验现状

PandaX-4T 实验正在紧锣密鼓地进行。锦屏二期实验室内的水屏蔽罐体已经基本完工，配套的高纯水系统也已安装完成，正在验收的过程中。同时，探测器的设计与建设也进展良好。低本底不锈钢内外罐体已经建设完成，运至锦屏。PMT的购买与测试也在有条不紊地开展。实验最核心的 TPC 部分的设计也已完成，原型 TPC 试装成功 (图 7-36)。制冷部分的关键 —— 多冷头制冷总线也已完成。另外，气体系统、精馏系统、电子学系统、标定系统也在稳步推进中。同时，我们也在积极开展低本底材料的筛选与探测器关键部件的清洗工作。PandaX-4T 预期在2019 年年底开始组装调试，2020 年开始取数。

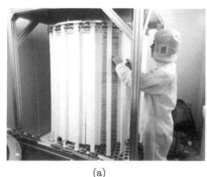

(a)   (b)

图 7-36 PandaX-4T 实验进展

(a) 原型探测器的 TPC 的试安装; (b) 已经完工的制冷总线

7.4.4　双相型氙探测器发展展望

由于我们利用已有的自然氙而不是 ^{136}Xe 富集氙气, 同时受能量分辨率和本底事件率的限制, PandaX-II 以及 PandaX-4T 还不能和专业的无中微子双贝塔衰变实验 (如 KamLAND-Zen) 竞争。然而, 我们利用 PandaX-II 的数据以及 PandaX-4T 的灵敏度研究, 将 PandaX 双相型氙探测器的物理目标扩展到无中微子双贝塔衰变的探测, 大大提高了实验的竞争力。

PandaX 双相型氙探测器一直专注于 keV 范围内的信号和本底, 远低于无中微子双贝塔衰变的 2.5 MeV 的感兴趣区间。PandaX-II 的 PMT 饱和问题显著降低了分辨率。PandaX-4T 致力于解决饱和问题, 正在大力研发双打拿极的读出基板。同时, 我们的竞争者 XENON1T 实验近期给出了非常优异的能量分辨率, 与其他液体氙 TPC 相当。近期 XENON1T 的会议报告甚至报告了比 EXO-200 实验还要好的高能能量分辨率。

双相型氙探测器中特有的核反冲和电子反冲辨别的技术是 WIMP 物理所特有的, 无法应用于高能区域。同时, 对于低能区间极其有效的自屏蔽效应在高能区的效果减弱。因此, PandaX-II 以及 PandaX-4T 实验在无中微子双贝塔衰变的感兴趣能量区间的本底相比于专业的双贝塔衰变实验偏高。但在未来的 30t 探测器如 DARWIN 和后续 PandaX 实验中, 探测器核心的有效体积内将包含吨级的 ^{136}Xe 同位素, 也将得到更有效的屏蔽。我们认为, 利用自然氙的屏蔽远比利用富集氙的屏蔽更加经济、实际。自然氙实验可以兼顾无中微子双贝塔衰变与暗物质直接探测两大物理目标, 并且可以探测有效中微子质量相空间中的反中微子质量序区间, 参与无中微子双贝塔衰变的直接竞争。

7.5　小结与展望

基于 ^{136}Xe 的无中微子双贝塔衰变实验在最近二三十年蓬勃发展, 取得了长足的进步。KamLAND-Zen 得益于其大体量、低本底, 在最近一段时间一直占据无中微子双贝塔衰变的领头羊位置。基于液体、气体的时间投影室技术也得到大力推动, 在探测器技术和低本底控制等方面都成效显著。

PandaX-III 实验基于高压氙气时间投影室来探测 ^{136}Xe 无中微子双贝塔衰变过程。初期实验拟建造一个百千克级的高气压氙气的探测器, 之后将升级成吨量级实验来提高探测精度。探测器选用 Microbulk Micromegas 作为电荷读出平面。相较现在运行的固体和液体探测器, 优势在于, 可以利用粒子在气体中的径迹来分辨事例类型进而降低本底噪声。Microbulk Micromegas 基于其优质的均匀性和低本底特性, 成为我们 PandaX-III 实验读出平面的首选。目前我们已经购买了 145 kg 90%

富集的 ^{136}Xe 气体,探测器的罐体、电子学系统、刻度系统、屏蔽系统、时间漂移室零部件基本设计完成。相应的测试工作正在进行中,预计 2020 年下半年在锦屏地下实验室进行预安装,并在两年内取得首个物理结果。

同时得益于暗物质直接探测等物理的大力推动,双相型氙探测器发展势头迅猛。利用大体量的自然氙暗物质探测器来寻找无中微子双贝塔衰变,可以最大限度地利用已有技术、设备与基础设施,充分发掘探测器的功能。我们已经利用 PandaX-II 暗物质探测数据寻找了无中微子双贝塔衰变,并取得了同类型探测器的第一个相关物理结果。正在建设的 PandaX-4T 实验将比 PandaX-II 的有效质量大 8 倍左右,本底控制与自屏蔽效应也将更加有效。同时我们专门研究了针对无中微子双贝塔衰变的高能信号的双读出 PMT 分压电路,将有效提高探测器在无中微子双贝塔衰变区间的能量分辨率,为未来 PandaX-4T 的无中微子双贝塔衰变物理打下坚实的基础。

在不久的将来,我们将开始百吨级液相探测器的研究,其在无中微子双贝塔衰变方面的物理目标将与现在国际上正在策划的吨级目标同位素实验相当。

审稿: 曹　俊, 温良剑

参 考 文 献

[1] Majorana E. Teoria simmetrica dell'elettrone e del positrone. Il Nuovo Cimento (1924-1942), 1937, 14: 171-184.

[2] Luty M A. Baryogenesis via leptogenesis. Phys. Rev. D, 1992, 45: 455-465.

[3] Avignone F T, Elliott S R, Engel J. Double beta decay, Majorana neutrinos, and neutrino mass. Rev. Mod. Phys., 2008, 80: 481-516.

[4] Artusa D R, et al. Searching for neutrinoless double-beta decay of ^{130}Te with CUORE. Adv. High Energy Phys., 2015, (2015): 879871.

[5] Agostini M, Allardt M, Bakalyarov A M, et al. Search of neutrinoless double beta decay with the GERDA experiment. Nucl. Part. Phys. Proc., 2016, 273-275: 1876-1882.

[6] Abgrall N, Aguayo E, Avignone F T, et al. The Majorana demonstrator neutrinoless double-beta decay experiment. Adv. High Energy Phys., 2014, 2014: 365432.

[7] Albert J B, Auty D J, Barbeau P, et al. Search for Majorana neutrinos with the rst two years of EXO-200 data. Nature, 2014, 510: 229-234.

[8] Gando A, Gando Y, Hachiya T, et al. Search for Majorana neutrinos near the inverted mass hierarchy region with KamLAND-Zen. Phys. Rev. Lett., 2016, 117: 082503.

[9] Martin-Albo J, Munoz Vidal J, Ferrario P, et al. Sensitivity of NEXT-100 to neutrinoless double beta decay. JHEP, 2016, (05): 159.

[10] Chen X, Fu C B, Galan J, et al. PandaX-III: Searching for Neutrinoless Double Beta Decay with High Pressure ^{136}Xe Gas Time Projection Chambers. Sci. China Phys. Mech. Astron., 2017, 60: 061011.

[11] Barabash A S, Kuzminov V V, Lobashev V M, et al. Results of the experiment on the search for double beta decay of ^{136}Xe, ^{134}Xe and ^{124}Xe. Physics Letters B, 1989, 223: 273-276.

[12] Bellotti E, Szarka J, Cvemonesi O, et al. A search for lepton number non-conservation in double beta decay of ^{136}Xe. Physics Letters B, 1989, 221: 209-215.

[13] Wong H T, Boehm F, Fisher P, et al. New limit on neutrinoless double beta decay in ^{136}Xe with a time projection chamber. Phys. Rev. Lett., 1991, 67: 1218-1221.

[14] Bolotnikov A, Ramsey B. The spectroscopic properties of high-pressure xenon. Nucl. Instrum. Meth. A, 1997, 396(3): 360-370.

[15] Giomataris Y, Rebourgeard P, Robert J P, et al. MICROMEGAS: A high granularity position sensitive gaseous detector for high particle flux environments. Nucl. Instrum. Meth. A, 1996, 376: 29-35.

[16] Tan A, Xian M, Cui X, et al. Dark Matter Results from First 98.7 Days of Data from the PandaX-II Experiment. Phys. Rev. Lett., 2016, 117(12): 121303.

[17] Andriamonje S, Attié D, Berthoumieux E, et al. Development and performance of Microbulk Micromegas detectors. JINST, 2010, 5: 02001.

[18] Gonzalez-Diaz D, Alvarez V, Borges F I G, et al. Accurate γ and MeV-electron track reconstruction with an ultra-low diffusion Xenon/TMA TPC at 10 atm. Nucl. Instrum. Meth. A, 2015, 804: 8-24.

[19] Lin H, Calvet D, Chen L, et al. Design and commissioning of a 600 L Time Projection Chamber with Microbulk Micromegas. JINST, 2018, 13: 06012.

[20] Qiao H, Lu C Y, Chen X, et al. Signal-background discrimination with convolutional neural networks in the PandaX-III experiment using MC simulation. SCIENCE CHINA Physics, Mechanics & Astronomy, 2018, 61: 55-63.

[21] Galan J, Chen X, Du H, et al. Topological background discrimination in the PandaX-III neutrinoless double beta decay experiment. arXiv: 1903. 03979 [hep-ex, physics: physics] (2019).

[22] Zhang H, Abdukerim A, Chen W, et al. Dark matter direct search sensitivity of the PandaX-4T experiment. Sci. China Phys. Mech. Astron., 2019, 62: 31011.

[23] http://www.xenon1t.org/

[24] Mount B J, Hans S, Rosero R, et al. LUX-ZEPLIN (LZ) Technical Design Report. arXiv: 1703. 09144 [astro-ph, physics: hep-ex, physics: physics] (2017).

[25] Angle J, Aprile E, Arneodo F, et al. First results from the XENON10 dark matter experiment at the Gran Sasso National Laboratory. Phys. Rev. Lett., 2008, 100: 021303.

[26] Aprile E, Arisaka K, Arneodo F, et al. The XENON100 dark matter experiment. Astroparticle Physics, 2012, 35: 573-590.

[27] Akerib D S, Alsum S, Araùjo H M, et al. Results from a search for dark matter in the complete LUX exposure. Phys. Rev. Lett., 2017, 118: 021303.

[28] Akerib D S, Araújo H M, Bai X, et al. Tritium calibration of the LUX dark matter experiment. Phys. Rev. D, 2016, 93: 072009.

[29] Akerib D S, Alsum S, Araújo H M, et al. Low-energy (0.7-74 keV) nuclear recoil calibration of the LUX dark matter experiment using D-D neutron scattering kinematics. arXiv:1608.05381 [astro-ph, physics: hep-ex, physics: physics] (2016).

[30] Xian X, Chen X, Tan A D, et al. Low-mass dark matter search results from full exposure of the PandaX-I experiment. Phys. Rev. D, 2015, 92: 052004.

[31] Cui X, Abdukerim A, Chen W, et al. Dark Matter Results from 54-Ton-Day Exposure of PandaX-II Experiment. Phys. Rev. Lett., 2017, 119: 181302.

[32] Fu C, Cui X, Zhou X, et al. Spin-dependent weakly-interacting-massive-particle-nucleon cross section limits from first data of PandaX-II experiment. Phys. Rev. Lett., 2017, 118: 071301.

[33] Fu C, Zhou X, Chen X, et al. Limits on axion couplings from the first 80 days of data of the PandaX-II experiment. Phys. Rev. Lett., 2017, 119: 181806.

[34] Ren X X, Zhan L, Abdukerim A, et al. Constraining dark matter models with a light mediator at the PandaX-II experiment. Phys. Rev. Lett., 2018, 121: 021304.

[35] Tan A, Xian M, Cui X, et al. Dark matter results from first 98.7 days of data from the PandaX-II experiment. Phys. Rev. Lett., 2016, 117: 121303.

[36] Tan A, Xiao X, Cui X, et al. Dark matter search results from the commissioning run of PandaX-II. Phys. Rev. D, 2016, 93: 122009.

[37] Chen X, Abdukerim A, Chen W, et al. Exploring the dark matter inelastic frontier with 79.6 days of PandaX-II data. Phys. Rev. D, 2017, 96: 102007.

[38] Ni K, Lai Y H, Abdukerim A, et al. Searching for neutrino-less double beta decay of ^{136}Xe with PandaX-II liquid xenon detector. arXiv: 1906. 11457 [hep-ex, physics:nucl-ex, physics: physics] (2019).

第8章 双贝塔衰变实验用同位素制备

谢全新　　年　宏

8.1 引　　言

中微子是构成物质世界最基本的单元之一。对中微子问题的研究,将完善我们对物质世界最基本规律的认识。中微子研究领域有两个基本问题尚待解决:

(1) 中微子有无质量? 如果有,绝对质量值是多少?

(2) 中微子的反粒子是不是它本身?

无中微子双贝塔衰变 ($0\nu\beta\beta$) 实验是学术界公认的探索中微子质量这一前沿问题的理想途径,是判断中微子是否是其本身反粒子的唯一方法。它将证实中微子是一种非零质量的粒子,并推算出无中微子双贝塔衰变的有效质量,揭示中微子的性质,进而了解人类如何由碳、水分子和基于原子的化学反应组成,了解生命的起源,以及宇宙的组成和演变。

国内在 20 世纪 80 年代,著名物理学家叶铭汉先生曾尝试测量 ^{48}Ca 的 $0\nu\beta\beta$,但精度不够。目前国内清华大学、上海交通大学、复旦大学、中国科学技术大学、华中师范大学、中国科学院近代物理研究所、中国科学院高能物理研究所、中国科学院上海应用物理研究所等单位正在利用不同的核素准备开展无中微子双贝塔衰变实验研究。国际上的 $0\nu\beta\beta$ 实验项目竞争也非常激烈,有十多家,大都是十多年前开始预研的。

自然界存在的双贝塔衰变同位素有 ^{136}Xe、^{76}Ge、^{130}Te、^{82}Se、^{48}Ca、^{100}Mo 等 [1]。同位素丰度的高低影响探测器的灵敏度和精度,因此如何获取高丰度的上述同位素是从事无中微子双贝塔衰变科研人员最为关心的问题之一,该问题属于同位素分离范畴。

所谓同位素分离就是把某一元素的同位素混合物相互分开,使其中一种或两种以上同位素的丰度提高到一定程度 (即高于天然丰度)。常用的同位素分离方法有电磁法、气体扩散法、热扩散法、蒸馏法、化学交换法、激光法以及气体离心法。

电磁法的优点是普适性强,对于不同质量的轻、重同位素,原则上都可以应用此方法分离,而且一次分离就可以得到很高丰度的同位素产品。这种分离方法的主要缺点是同位素产能极低。因此该方法主要用于制备纯度高、需求量小的金属元素的稳定同位素。气体扩散法能大规模生产同位素,但设备占地面积大,厂房庞大,耗电量惊人，曾经是规模化生产铀同位素分离的主要方法，现在已经逐步退出历史舞台。热扩散法产能低、能耗大，不适于工业规模生产，主要用于稀有气体同位素分离。蒸馏法是分离液体混合物的经典方法，可分为简单蒸馏和精馏两种，根据操作压力不同，又可分为常压蒸馏、加压蒸馏和真空精馏。蒸馏法简单可靠，至今仍是生产轻同位素数量最多的方法。化学交换法分离系数大、能耗低，所以同位素生产成本较低，跟蒸馏法一样，是分离轻同位素的主要方法之一。激光法是激光技术和核技术结合而产生的一种分离同位素的方法，具有分离系数高、耗电小、成本低等特点，俄罗斯用激光法已实现分离的稳定同位素达十几种，但产量不大，没有形成规模化生产。离心法具有能耗低、经济性好、能灵活实现规模化生产等特点，但主要用来分离中等或重同位素，对于碳、氮、氧等轻同位素的分离，经济性上不具竞争优势[2]。

常用的无中微子双贝塔衰变实验用的同位素除了 ^{48}Ca 同位素外，^{136}Xe、^{76}Ge、^{130}Te、^{82}Se、^{100}Mo 等同位素都能用离心法进行有效分离，且相对于其他分离方法具有明显的优越性。本章主要论述离心法分离同位素的基本原理及技术特点，并对本项目感兴趣的 ^{136}Xe、^{76}Ge、^{82}Se、^{100}Mo 四种同位素的分离难易程度进行对比分析。

8.2 离心分离基本原理

8.2.1 离心力场中的气体压强分布

离心法分离同位素的基本原理是通过转子的高速旋转，在转子内部产生离心力场，同位素轻重组分在离心力场中沿转子的径向压强分布存在差异，使轴线附近轻组分相对富集，而边壁处重组分相对富集，如图 8-1 所示。

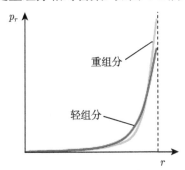

图 8-1 同位素轻重组分沿转子径向的压强分布

气体在离心力场中的势能是

$$u(r) = -\frac{1}{2}M\left(\Omega r\right)^2 \tag{8.1}$$

式中 M 为气体摩尔质量，kg/mol；Ω 为旋转角速度，rad/s；r 为圆柱坐标。

气体在转子内的压强分布为

$$p(r) = p(0)\exp\left(\frac{M\Omega^2 r^2}{2RT}\right) \tag{8.2}$$

式中 R 为普适气体常量，等于 8.314J/(mol·K)；T 为气体温度，K。

如果给定的压强是侧壁压强 p_w，则

$$p(r) = p_w\exp\left[\frac{M\Omega^2 r_a^2}{2RT}\left(\frac{r^2}{r_a^2}-1\right)\right] \tag{8.3}$$

式中 r_a 是转子侧壁的内半径。

同理，气体密度沿径向分布

$$\rho(r) = \rho(0)\exp\left(\frac{M\Omega^2 r^2}{2RT}\right) \tag{8.4}$$

或者

$$\rho(r) = \rho_w\exp\left[\frac{M\Omega^2 r_a^2}{2RT}\left(\frac{r^2}{r_a^2}-1\right)\right] \tag{8.5}$$

在离心分离理论中，为表征离心力场的特性，通常采用无量纲速度参量 A^2。它的定义是

$$A^2 \equiv \frac{M\Omega^2 r_a^2}{2RT} \tag{8.6}$$

A^2 在数值上等于转子圆周速度与按麦克斯韦分布的气体最可几分子速度比值的平方。式 (8.6) 也可以改写成

$$A^2 = \frac{\gamma}{2}\left(\frac{\Omega r_a}{\sqrt{\gamma RT/M}}\right)^2 = \frac{\gamma}{2}M_a^2 \tag{8.7}$$

式中 γ 是气体的绝热指数，M_a 是侧壁处气体的马赫数。

由 A^2 的定义可知，离心力场中的最大压强比取决于三个因素。一是气体的摩尔质量。摩尔质量不同，压强分布也不同，这就是离心法分离同位素的基础。二是转子的圆周速度。圆周速度越高，压强分布就越陡。三是气体温度。降低温度可以使压强差异更显著，有利于同位素分离。但是整体降温的成本很高，而且通常工作气体是确定的，温度变化的范围也是有限的。因此，对转子中压强分布起支配作用的主要是圆周速度。

8.2.2 离心力场中的径向分离效应

假设同位素混合物为双组分气体, 把轻组分称为第一组分, 其相应的物理量用下标 1 表示; 把重组分称为第二个组分, 其相应的物理量用下标 2 表示。若用 C 表示轻组分丰度, 则轻组分的丰度为

$$C(r) = \frac{p_1(r)}{p_1(r) + p_2(r)} \tag{8.8}$$

其中 p_1、p_2 分别为轻、重组分气体的压强, 即

$$p_1(r) = p_1(0) \exp\left(\frac{M_1 \Omega^2 r^2}{2RT}\right) \tag{8.9}$$

$$p_2(r) = p_2(0) \exp\left(\frac{M_2 \Omega^2 r^2}{2RT}\right) \tag{8.10}$$

由式 (8.8)~式 (8.10) 可以导出

$$\frac{C(r)}{1 - C(r)} = \frac{C(0)}{1 - C(0)} \exp\left(-\frac{\Delta M \Omega^2 r^2}{2RT}\right) \tag{8.11}$$

在 r 处的径向分离系数

$$q(r) = \frac{C(0)}{1 - C(0)} \Big/ \frac{C(r)}{1 - C(r)} = \exp\left(\frac{\Delta M \Omega^2 r^2}{2RT}\right) \tag{8.12}$$

离心机的径向平衡分离系数

$$q_0 = q(r_a) = \frac{C(0)}{1 - C(0)} \Big/ \frac{C(r_a)}{1 - C(r_a)} = \exp\left(\frac{\Delta M \Omega^2 r_a^2}{2RT}\right) \tag{8.13}$$

在逆流离心机中, 除了径向分离效应外, 还有轴向倍增效应。所以也把 q_0 称为离心机的一次平衡分离系数。

若定义参数 a^2 为

$$a^2 \equiv \frac{\Delta M \Omega^2}{2RT} \tag{8.14}$$

则可以得到

$$q_0 = \exp\left(a^2 r_a^2\right) \tag{8.15}$$

对于圆周速度较低的离心机, $a^2 r_a^2 \ll 1$。若将式 (8.15) 右端作级数展开, 仅保留一阶小量, 就可以得到离心机的径向平衡浓缩系数 ε_0 的近似公式

$$\varepsilon_0 = q_0 - 1 \approx a^2 r_a^2 \tag{8.16}$$

根据上述表达式, 可以对影响离心机径向分离效应的各项因素作出判断。尤其值得注意的是, 在上述近似条件下, 离心机的径向平衡浓缩系数与两种组分的摩尔

质量差 ΔM 以及圆周速度 Ωr_a 的平方成正比。离心机的浓缩系数正比于两种组分的摩尔质量差，而非相对摩尔质量差 (即摩尔质量差与平均摩尔质量的比值)，对于分离较重同位素尤为有利。同时随着圆周速度的提高，浓缩系数呈平方关系递增。在高速情况下甚至是超平方关系，浓缩系数的增速更大。这就表明离心法具有很大的技术潜力。

8.2.3 离心机的倍增效应

离心机的径向平衡分离系数 q_0 数值较小，无法直接应用于同位素分离。为了进一步改善离心机的分离效果，根据化工技术中的精馏塔和同位素分离技术中的热扩散柱等相关理论，很自然地想到在离心机转子内部再附加一个沿轴向的逆向气体环流，使径向分离效应得以倍增，这就是逆流离心机。

逆流离心机的倍增原理可以解释如下：在离心力场的作用下，轻组分气体在转子轴线附近被浓缩，重组分气体在侧壁附近被浓缩。假设转子内存在逆向流动，轴线附近的气体向上流，侧壁附近的气体向下流，因此，在转子上端，轻组分越来越多，在下端重组分越来越多，产生了沿轴向的丰度梯度。与此同时，由于存在反扩散，轻组分又向下扩散，重组分向上扩散。当对流和反扩散所产生的轴向输运量达到动态平衡时，丰度不再变化，实现了丰度沿轴向的倍增分离效应。倍增效应的具体行程过程如图 8-2 所示 [3]。

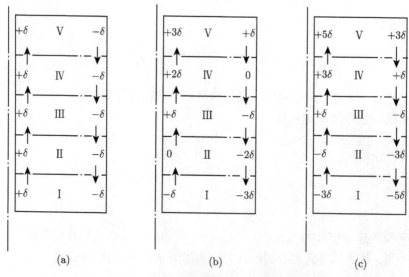

图 8-2 逆流离心机分离效应倍增原理图

假设在转子中用平行隔板将其分成五个小室，见图 8-2(a)。在离心力的作用下，每个小室沿径向产生分离效应。设轴线附近的轻组分丰度增加了 δ，侧壁附近的轻

组分丰度减少了 δ。此时各小室丰度的径向分布相同，在轴向没有差异。若此时在转子轴向产生逆向流动，轴线处气体向上流，侧壁处气体向下流，对中间的几个小室而言 (图中 II、III 和 IV 室)，流入室中的两股流的丰度分别为 $-\delta$ 和 $+\delta$，流出两股流的丰度也分别是 $-\delta$ 和 $+\delta$，因此这些小室内的丰度仍保持不变。对端部两个小室 I 和 V 来说，I 室中流入的是一股 $-\delta$ 流，流出的是一股 $+\delta$ 流，所以 I 室中的丰度会不断下降。V 室中流入的是一股 $+\delta$ 流，流出的是一股 $-\delta$ 流，所以 V 室中的丰度会不断升高。端部两小室中的丰度变化，势必又使中间各小室中的丰度随之相应变化，如图 8-2(b) 所示。此时，I 室和 V 室中流进和流出气流中的丰度仍未达到平衡，I 室中丰度将继续下降，V 室中丰度将继续升高。当达到图 8-2(c) 所示状态时，各小室中流进和流出的丰度达到平衡，小室中的丰度便不再变化。这时，转子两端部室中的丰度差最大达到 10δ，是单个小室径向丰度差 (2δ) 的 5 倍。这就形成了轴向分离倍增效应。从这个定性解释可知，小室数量越多，倍增效应越大，即要求离心机转子应又细又长。其次，逆流是产生倍增效应的决定因素，为了得到最佳分离效果，对逆流的大小和形状都有最佳化要求。

8.2.4 离心机的基本结构

离心机的基本结构如图 8-3 所示 [4]。主要包括供料管 (1)、贫取料管 (2)、精料管 (3)、贫取料器 (4)、外套筒 (5)、磁轴承 (6)、分子泵 (7)、转子 (8)、供料箱 (9)、精料挡板 (10)、精取料器 (11)、电机定子 (12) 和下轴承 (13)。

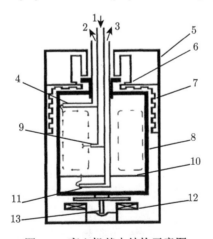

图 8-3　离心机基本结构示意图

1-供料管；2-贫取料管；3-精料管；4-贫取料器；5-外套筒；6-磁轴承；7-分子泵；8-转子；9-供料箱；10-精料挡板；11-精取料器；12-电机定子；13-下轴承

转子是一个柱状圆筒，有上下端盖和挡板，转子属于离心机的关键部件。在电机的带动下,转子在高真空的外套筒内高速旋转,从而在转子内部产生强大的离心力场。

　　轴承包括上轴承和下轴承,上轴承采用非接触式的磁性轴承,由于磁力的作用,这种轴承既有利于实现转子的对中和稳定运转,又提供了减小下轴承所负荷的轴向力,延长了下轴承的寿命。下轴承采用针尖式的枢轴承,轴和轴窝只有很小的接触面积。在选用合适的材料和工艺措施后,能满足低功耗、长寿命的要求。

　　供料装置及精、贫取料器是静止的,供料管和取料管由上端伸入转子。供料由中心管送入,取料由设在转子两端的取料器完成。精、贫取料器的入口位于高速旋转的气流里,在气流的冲击下,能自动把气体取出。

8.3　稳定同位素分离特性参数

8.3.1　两组分间全分离系数

　　虽然铀同位素二元分离理论已经非常成熟,但是大多数稳定同位素含有 3 个或 3 个以上组分。例如,硅有 3 个同位素组分,锗有 5 个同位素组分,而氙多达 9 个同位素组分。假如工作介质中还含有其他同位素,那么组分将会更多。因此二元分离理论对于多组分稳定同位素分离不再适用,必须建立起多组分同位素分离理论。同时,必须找到可以判定多组分同位素分离性能优劣的特性参数,建立起多组分分离性能评价体系。由此定义任意 i、j 组分间的全分离系数:

$$\gamma_{ij} \equiv \frac{C_i^+/C_j^+}{C_i^-/C_j^-} \tag{8.17}$$

式中 C_i^+、C_j^+ 分别为精料 (轻流分) 中 i、j 组分的摩尔分数 (或质量分数);C_i^-、C_j^- 分别为贫料 (重流分) 中 i、j 组分的摩尔分数 (或质量分数)。

　　通常取第 i 种组分的相对分子质量小于第 j 种的,故只要存在同位素分离效应,γ_{ij} 的值必定大于 1。γ_{ij} 与二元分离理论中的全分离系数类似,表示某一分离效应产生的相对摩尔分数的变化情况。γ_{ij} 的大小与分离器的内外参量有关,也取决于两组分间相对分子质量之差 ΔM。ΔM 越大,γ_{ij} 的绝对值就越大。在多组分同位素分离中,通常把摩尔分数较高的两种组分间的全分离系数作为目标函数,可以减小由丰度分析数据引起的误差。另外,在选择这两种关键组分时,ΔM 不能太小,否则精贫料中组分摩尔分数的变化不明显,通常取 $\Delta M \geqslant 2$。

8.3.2　基本全分离系数

　　基本全分离系数 γ_0 的定义式为

$$\gamma_0 \equiv \sqrt[\Delta M]{\gamma_{ij}} \tag{8.18}$$

γ_0 的物理意义是：相对分子质量相差 1 的同位素组分之间的全分离系数，所以亦称为 "单位质量差的全分离系数"。它在特定条件下能够反映一个分离装置分离能力的大小。当供料流量 F 和分流比 θ 都相同时，γ_0 越大说明同位素分离效应越明显。γ_0 反映的是所有组分间平均的分离效应，当计算 γ_0 时，通常要考虑全部的组分，取其算术平均值或者用函数拟合的方法求得。所以相对于 γ_{ij} 而言，γ_0 用到的质谱分析原始数据更多，因而能更加全面地反映多组分分离的性能。但它也有缺点：对于亚临界离心机而言，由于 γ_0 是接近于 1 的数，故它随离心机参数的变化幅度非常小。一旦质谱分析误差较大，γ_0 的变化规律往往会被实验误差所淹没。

8.3.3 基本分离功率

γ_{ij} 和 γ_0 都可以作为离心机内参量优化的目标函数。但是，当供料流量和分流比也需要进行优化的时候，它们就无能为力了。举一个极端的例子加以说明：当 $F \to 0$ 时，离心机的 γ_{ij} 和 γ_0 会变得很大，但与此同时，精料流量 P 也趋于 0。也就是说得不到产品。这样的工况显然是没有实用价值的。此时，必须寻找其他合适的目标函数。

Borisevich 给出了表征多组分同位素混合物分离性能的基本分离功率表达式 [5]：

$$\delta U_0 \equiv \frac{F}{2} \theta (1 - \theta) \varepsilon_0^2 \tag{8.19}$$

式中 ε_0 为单位质量差的浓缩系数，也叫基本浓缩系数。

$$\varepsilon_0 = \gamma_0 - 1 \tag{8.20}$$

分离功率是一个分离装置或一个分离级联在单位时间内所能提供的分离能力的量度。它等于在定常态下一定量的同位素混合物通过一个分离系统（分离装置或分离级联）时输出流相对于输入流的价值增率，即在单位时间内输出的同位素混合物的价值总和与输入的同位素混合物的价值总和之差。δU_0 的量纲与质量流量相同，它的单位可以取千克分离功单位/年 (kg SWU/a) 或克分离功单位/年 (g SWU/a)。质量流量既可以是化合物的流量，也可以折合成同位素的流量。一个分离单元的 δU_0 是由这单元的分离性能所决定的，因此它应当由表征这分离单元性能的物理参数来确定。

式 (8.19) 包含了供料流量、分流比以及单位质量差的浓缩系数，是对一个分离装置分离多组分同位素混合物能力的综合评价。它的适用条件是弱分离，即混合物中任意 $\gamma_{ij} \approx 1$。但是在级联设计中却不能完全按照式 (8.19) 及由它导出的多组分价值函数，来计算取得一定丰度同位素产品所需要的最少装机量。这是因为要在一股物流中匹配一种以上的同位素丰度，通常情况下是无法做到的。所以不论级联采用何种连接形式，丰度混合损失不可避免。级联所有分离装置的分离功率之和，必然大于混合物通过级联时输出流相对于输入流的价值增率 (即级联分离功率)。在多组分同位素分离领域，至今无法找到一种与二元分离理想级联相类似的级联。尽管如此，以 δU_0 作为离心机参数优化的目标函数还是有一定积极意义的，可以作为级联设计的一个重要参考。

8.4 稳定同位素分离技术问题

8.4.1   工作介质选择

通常除了 Xe 等惰性气体外，能使用气体离心法分离的单质元素极少。所以，采用离心法分离稳定同位素的首要任务是找到一种适用的工作介质。离心法的设备和工艺系统对工作介质有近乎苛刻的要求 [6]。

1. 蒸气压

分离工质常温下必须是气体，或饱和蒸气压高于 700 Pa 的液体或固体 (单质和化合物均可)。这是工质具备离心分离可行性的最基本要求。如果工质的饱和蒸气压太低，首先，气体极容易冷凝到工艺管道上，造成气体输运困难；其次，气体冷凝到离心机转子侧壁上，会造成机器损坏；再次，工质气体压强过低将导致离心机内滞留量过小，不利于分离。假如工质的饱和蒸气压太高或在常温下是高压气体，对分离基本上没有任何影响。但是，高压会增加工质转移、储存和运输的成本，对经济性有一定的影响。

2. 分子质量

离心机要求分离工质的相对分子质量通常不小于 100。假如工质的分子质量过小，直接导致转子中心压强升高，分子泵动密封性能下降，会造成：① 离心机功耗急剧增加，稳定性和安全性下降；② 供料流量降到很低，分离性能和产量受影响；③ 精、贫取料器压强过低，工质在级联级间输运困难。

3. 腐蚀性

分离工质的化学性质必须与设备材料相容，保证不与接触的材料发生化学反应或腐蚀材料，特别是与工质发生直接接触的离心机部件材料。因为外部工艺设备、管道的材料可以更换，仪器仪表也可以换成耐腐蚀的，但是离心机内部的材料却因为高速旋转，是不能轻易更换的。离心机对工质的纯度和系统的真空度要求极高，如果工质的腐蚀性太强，将会损坏工作设备和系统，无法保证离心机长期运行的安全性和可靠性。必要时应针对某种工作介质做专门的腐蚀性试验研究。

4. 热稳定性

分离工质要有一定的热稳定性，即在受热时仍能维持分子原来的结构，保证化学键不会断裂。离心法要求工质至少在 200℃时不发生分解。因为一旦工质发生分解，会产生许多轻杂质，导致分离无法进行；即便离心机仍能运行，也无法得到所需的产品。

5. 熔沸点

要求工质的沸点和熔点必须远高于液氮温度 ($-196℃$)，使得工质在液氮温度下饱和蒸气压低到可以忽略。这并不是离心机对工作介质的要求，主要是因为在实验或生产过程中，一般都采用廉价的液氮作为冷媒对分离工质进行回收和转移。假如工质的熔沸点过低，那么其回收和转移工艺将很难实现。即使用一些特殊方法可以实现，其回收成本也会很高。所以，在选择工质的时候，应尽可能避免熔沸点很低的化合物或单质。

一般来说，满足以上五项要求的化合物或单质都可以成为离心法的工作介质。

在自然界存在的 82 种稳定化学元素中，有 61 种元素具有天然同位素，其中有近 40 种已实现离心分离或具备离心分离的可行性，实现分离的关键在于找到合适的分离工质。对离心法而言，最理想的分离工质是单质或者单核素元素与待分离元素的化合物，最常见的是氟化物。这是因为氟元素或其他单核素元素没有天然同位素，不参与分离过程，不会增加分离的难度。同时，目标元素在化合物中所占质量分数越高越好，可以有效提高同位素流量和产能。但是，并非所有元素都能找到这样的分离工质。若要实现离心分离过程，必须寻求其他类型的化合物。国内外研究经验表明，适用于离心分离的工作介质主要有氟化物和氟氧化物、有机金属化合物和络合物、π-络合物和硼氢化物等，见表 8-1。

表 8-1　适于离心分离的工作介质

氟化物/氟氧化物	BF_3, NF_3, ClF_3, BrF_3, CF_4, SiF_4, GeF_4, VF_5, SbF_5, C_7F_{14}, OF_2, SF_6, MoF_6, WF_6, OsF_6, SeF_6, TeF_6, PtF_6, NeF_6, CrO_2F_2, POF_3
有机金属化合物和络合物	$Hg(CH_3)_2$, $Cd(CH_3)_2$, $Zn(CH_3)_2$, $Zn(C_2H_5)_2$, $Ga(CH_3)_3$, $In(CH_3)_3$, $Tl(CH_3)_3$, $Ge(CH_3)_4$, $Sn(CH_3)_4$, $Pb(CH_3)_4$
π-络合物	$Fe(CO)_5$, $Ni(CO)_4$, $Ni(PF_3)_4$, $N_2Ru(PF_3)_4$, $HIr(PF_3)_4$, $HRe(PF_3)_5$
硼氢化物	$Zr(BH_4)_4$, $Hf(BH_4)_4$
惰性气体	Xe, Kr, Ar
其他工质	N_2, CO_2, OsO_4, $TiCl_4$, $SiHCl_3$, $(CBrF_2)_2$

8.4.2　专用机型设计

铀同位素分离离心机中所有基本的零部件，在稳定同位素离心机的结构里同样都含有。稳定同位素分离的离心机的结构特点主要由分离工质的物理化学性质来决定。根据具体的分离任务，分离工质的摩尔质量可由最小的 28 到最大的 410(从氮分子 N_2 到 $Ni(PF_3)_4$)。稳定同位素分离的大部分工质，其侧壁压强都低于六氟化铀的侧壁压强，而气体离心机的滞留量主要是由转子的侧壁压强决定的。这种情形决定了分离稳定同位素离心机内的环流参量不同于分离铀同位素离心机。在工质所处的工作区间，这些环流参量能保障径向分离效应在轴向上得到最大的倍增。最佳环流的建立必须通过正确选择离心机部件的结构参量来实现。这些结构参量能对环流的强度及其在工作腔中的轴向分布产生影响 [7]。

当离心机工作气体的摩尔质量小于六氟化铀的摩尔质量时，在转子的轴心区域有可能缺少真空区。在这种情况下，为了保持转子中的滞留量以及外套筒必要的真空度，必须安装大功率的分子泵。工作气体的分子量越小，其在转子内沿径向的密度梯度也越小，使工作气体保持在转子内也就越难。同时必须保证级联级间管道所必需的输送能力，在离心机取料管与供料管之间的压差较小的情况下，尽量使级间精料管中气体的体积流量更大些。

当离心机工作气体的摩尔质量大于六氟化铀的摩尔质量时，对离心机的结构也有新的要求，主要是由于工作物质的分子量大，且结构复杂，其分子热力学不稳定。在取料器的边缘，工作气体会因激波而产生分解，形成不具有挥发性的化合物，最终导致无法从离心机中取出精、贫料。

俄罗斯从 20 世纪 70 年代初到 21 世纪初的 30 年时间内，研发了 15 种专用于稳定同位素分离的离心机型，分离工质的分子量区间涵盖 28 到 410 的范围 (从氮分子 N_2 到 $Ni(PF_3)_4$)，且离心机的分离效率得到了成倍提高。俄罗斯在不同时期稳定同位素离心机的分离效率与分离工质分子量的关系如图 8-4 所示 [8]。

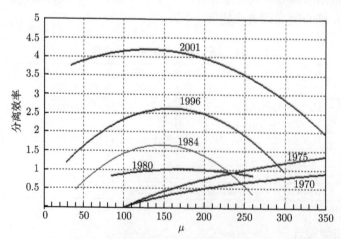

图 8-4　不同时期稳定同位素离心机的分离效率与分离工质分子量的关系

8.4.3 级联设计

稳定同位素生产跟铀同位素产品生产一样, 由于单台离心机分离能力有限, 必须借助一定规模的级联才能生产出符合丰度要求的同位素产品。稳定同位素分离大多属于多元分离, 它不同于二元铀同位素分离。二元铀同位素分离时目标同位素为一种 (^{235}U), 且产品丰度基本固定, 因此, 可以设计出针对目标同位素效率最高的级联, 一般设计成接近理想级联的层架级联, 通过一遍分离得到同位素产品。但是稳定同位素的目标同位素有多种, 比如氙元素, 一共有九种同位素, 每种同位素都有不同的应用领域, 这意味着在一个级联中要生产九种目标同位素。同时, 由于目标同位素的丰度要求都比较高 (一般都在 90% 以上), 必须采用多遍分离。基于上述稳定同位素分离的特殊性, 级联设计时通常适当牺牲级联的效率, 以追求级联对不同同位素的普适性。因此, 国际上稳定同位素的生产级联绝大部分采用如图 8-5 所示的矩形级联的形式。

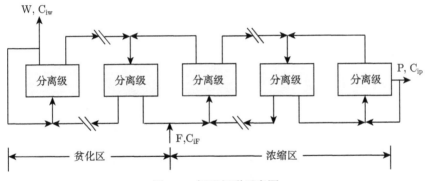

图 8-5 矩形级联示意图

级联包括三股流, 即供料流 F, 精料流 P 和贫料流 W。除了两个端部分离级, 级联中的其他每一级的供料由其上一级的精料和下一级的贫料汇合而成。供料级到精料端的级联区域叫浓缩区, 而供料级到贫料端的级联区域叫贫化区。对铀同位素分离而言, 同位素产品从精料端取出, 而尾料 (或贫料) 从贫料端取出, 但对稳定同位素来说, 精料端和贫料端是相对的, 根据分离任务的不同, 同位素产品可能从精料端获取, 也可能从贫料端获取。

稳定同位素分离级联规模比铀同位素级联要小得多, 铀浓缩工厂的级联的装机量在十几万台或几十万台的规模, 而稳定同位素根据同位素需求情况, 级联的装机量在几百台或几千台, 万台规模的稳定同位素级联很少。图 8-6 和图 8-7 分别是俄罗斯的铀同位素分离级联和氙同位素分离级联, 可以看出铀同位素分离级联厂房规模和装机量要比氙同位素分离级联大得多。

图 8-6　俄罗斯的铀同位素分离级联 [9]

图 8-7　俄罗斯的氙同位素分离级联 [4]

8.4.4　工质转化及储存

从最初的原料合成到最终消费者拿到他们所需要的同位素产品，同位素浓缩固然是最重要的，但也只是其中的一个环节。考察全部工艺环节的经济性，还有几个问题值得注意。

1. 原料合成

分离工质应首选常见的化工原料，能不合成尽量不合成。假如为用离心法而专门去花费昂贵的成本来合成所需的工质，最终可能导致分离的经济性很差。若非特殊需求，这样做将毫无经济价值可言。另外，工质的价格越便宜越好。因为，所需同位素产品的丰度往往很高，这样会消耗大量的原料，产生大量的贫料，这部分成本通常是无法收回的。当然，贫料可以充当天然料出售的除外，例如，氙气、正辛烷和三氯氢硅等。

2. 贫料储存和处理

上面提到，在分离过程中会产生大量的贫料，这些贫料需要临时储存和最终处理。如果贫料可以充当天然料出售，像氙气、正辛烷和三氯氢硅等是最理想的，应当优先选择这一类工质。假如找不到这样的工质，就选择常温下饱和蒸气压不太高 (0.4 MPa 以下)、腐蚀性和毒性小一些、易燃易爆级别较低的工质，这样对储存容器和环境的要求低一些，储存成本就可以降低。另外，贫料最终需要处理和回收，处理和回收的工艺越简单越好，应当优先选择成熟的工艺和技术，以节约成本。

3. 产品转化

假如客户需要的产品与分离工质的化学式恰好一致，如惰性气体、三氯氢硅和四氟化硅等，那是最好不过。但是通常情况下，由离心法得到的同位素产品，都需要经过还原、化合或取代等一系列化学反应，才能变成客户所需的化学形式。因此，与贫料处理情况类似，在挑选工质的时候，应当首选那些容易转化、转化技术成熟、转化成本较低的化合物或单质，除非分离经济性差别很大。

8.4.5　产品净化及质谱分析

在大部分稳定同位素应用领域，对同位素产品的丰度和纯度有非常严格的要求，产品的丰度可以通过级联结构设计和运行方案设计，并准确调节与控制级联工况来实现。高化学纯度必须通过物料与产品的净化技术来保障。由于工作介质本身或多或少含有微量杂质，同时整个级联系统复杂而庞大，系统放气、渗漏等情况不可避免，使得级联在运行过程中必然会产生一些轻杂质，影响同位素产品的化学纯度。因此，必须设计、建立可靠的工作介质过程净化与产品净化的工艺和方法。

离心法分离稳定同位素，必须有切实可行的质谱分析手段。对于某一种稳定同位素分离，可选用的分离工质可能有好几种，但并不是每一种工质都能很方便地进行质谱分析，在这种情况下，要选择质谱分析最简单、最有效的工质，这样才能使稳定同位素分离的中间产品以及最终产品得到及时、准确的质谱信息。

8.5　^{136}Xe、^{82}Se、^{76}Ge、^{100}Mo 同位素生产

8.5.1　国内外研发及生产情况

俄罗斯用离心法分离氙同位素生产技术研究始于 20 世纪 80 年代初，90 年代初已经形成规模化生产，目前已把氙的所有同位素都浓缩到了 99% 以上。早期生

产的氙同位素非常昂贵，尤其是天然含量极低的 ^{124}Xe 和 ^{126}Xe 同位素。随着俄罗斯离心技术的不断发展，以及专门针对稳定同位素分离的不同机型的问世，离心机的单机分离功率逐步提升，同时级联运行工艺也不断改进，现在俄罗斯的氙同位素的分离成本已大幅度降低，因此其氙同位素产品在国际市场具有绝对的竞争优势。无中微子双贝塔项目 EXO-200 使用的 200kg 丰度为 85% 的 ^{136}Xe 同位素，就是由俄罗斯提供的 [10]。俄罗斯 ^{136}Xe 同位素的现有生产能力在 100kg/a 的水平，要满足吨级以上的 85% 的 ^{136}Xe 同位素需求，需新建更大规模的级联系统。除了俄罗斯，国外另一氙同位素生产厂家为 Urenco 公司，但其产量有限，国际市场占有份额较小。

　　国内氙同位素生产主要集中在核工业理化工程研究院，该研究院的氙同位素分离技术研究起步于 20 世纪 90 年代末，相继开展了氙同位素分离理论与试验研究，系统掌握了稳定同位素分离级联的设计技术及运行技术。2001 年建成试验性级联系统，2002 年至 2004 年与清华大学合作，进行了氙同位素的试生产，成功将 ^{124}Xe 同位素从 0.096% 浓缩到了 99%[11]。为扩大生产规模，2008 年底新建了小批量生产级联系统，并于 2009 年投入运行。经过十多年的技术开发，核工业理化工程研究院已经掌握了高丰度氙同位素浓缩技术以及产品净化技术等一系列关键技术，并实现了氙同位素产品的小批量化与系列化生产，^{136}Xe 同位素的产品丰度到达 99% 以上。因此，国内大规模生产 ^{136}Xe 技术成熟，只要需求明确，资金投入到位，很快就可以形成规模化生产能力。

　　俄罗斯在其他三个同位素 ^{82}Se、^{76}Ge 和 ^{100}Mo 的生产技术与能力上占有绝对优势，形成了从工质合成、专用机型设计、级联设计、同位素生产以及产品净化等完整的技术链，国际上双贝塔衰变用同位素几乎都由俄罗斯提供。国内清华大学开展过锗同位素单机分离技术研究 [12]，核工业理化工程研究院在 2006 年进行过硒同位素单机与级联试验研究 [13]，但目前都没有形成生产能力。

8.5.2　天然同位素组成及分离工质特性

　　氙有 9 个稳定同位素，各同位素及其天然含量分别为：^{124}Xe(0.09%)、^{126}Xe(0.09%)、^{128}Xe(1.88%)、^{129}Xe(26.07%)、^{130}Xe(4.01%)、^{131}Xe(21.21%)、^{132}Xe(27.11%)、^{134}Xe(10.45%)、^{136}Xe(9.09%)。氙气可以直接作为离心分离的工作物质。氙单质在常温下是无色无味的气体，分子以单原子构成，相对分子质量为 131.30。氙属于惰性气体，化学性质极不活泼，主要存在于空气中，但含量极低，每 100mL 空气中含氙约 0.0087mL。天然氙一般从液态空气中与氪一起被分离得到。20℃下的饱和蒸气压为 6.244×10^6Pa。

　　硒含有 6 个同位素，各同位素及其天然含量分别为：^{74}Se(0.89%)、^{76}Se(9.37%)、^{77}Se(7.63%)、^{78}Se(23.77%)、^{80}Se(49.61%)、^{82}Se(8.37%)。分离工质为六氟化硒

(SeF$_6$)。六氟化硒为无色气体,相对分子质量为 192.95,稳定性高且不溶于水,属于有毒有害气体。对人体黏膜有刺激作用,吸入会引起呼吸困难,过量会导致肺水肿。20℃下 (级联运行时的环境温度) 六氟化硒的饱和蒸气压为 $2.605×10^6$Pa。

锗含有 5 个同位素, 各同位素及其天然含量分别为: ^{70}Ge(20.84%)、^{72}Ge(27.54%)、^{73}Ge(7.73%)、^{74}Ge(36.28%)、^{76}Ge(7.61%)。分离工质为四氟化锗 (GeF$_4$)。四氟化锗为无色气体,相对分子质量为 148.61。具有良好的热稳定性,在 1000℃以下不分解。溶于水,水解生成氧化锗。四氟化锗具有强腐蚀性,且对眼、皮肤、上呼吸道黏膜和肺有刺激作用。20℃下四氟化锗的饱和蒸气压为 $1.019×10^6$Pa。

钼含有7个同位素,各同位素及其天然含量分别为: ^{92}Mo(14.84%)、^{94}Mo(9.52%)、^{95}Mo(15.92%)、^{96}Mo(16.68%)、^{97}Mo(9.55%)、^{98}Mo(24.13%)、^{100}Mo(9.63%)。分离工质为六氟化钼 (MoF$_6$)。六氟化钼为白色块状晶体,相对分子质量为 209.94,熔点为 17.5℃,沸点为 35℃。不与氧、干燥空气反应,但对湿气特别敏感,激烈水解生成蓝色的氧化钼和有毒气体氟化氢。六氟化钼是很强的氧化剂,室温下能腐蚀很多金属。20℃下六氟化钼的饱和蒸气压为 $5.599×10^4$Pa。

上述四种分离工质,都满足离心法分离同位素对分离工质的要求。其中氙气是最为友好的分离工质,属于惰性气体,稳定性高,不与离心机结构材料及级联管道和设备反应,而且无需进行分离前的工质合成和分离后的工质还原。其次是四氟化锗,具有良好的热稳定性。六氟化钼腐蚀性最强,会严重影响离心机的使用寿命。除了六氟化钼,其他三种分离工质常温下属于高压气体,原料的运输和储存必须用特制的高压容器,供入级联系统时必须进行减压处理。

8.5.3 四种同位素分离的技术共性

氙、硒、锗、钼四种元素的同位素分离,从技术角度分析,具有以下共同点。

1. 四种元素都具有多组分同位素特征

氙、硒、锗、钼分别含有 9 个、6 个、5 个、7 个同位素,其分离属于多组分同位素分离。组分越多,分离难度越大,因此相对于两个组分的铀同位素 (^{235}U 和 ^{238}U) 来说,氙、硒、锗、钼四种元素的同位素分离难度要大得多。

2. 相邻两组分间摩尔质量差较小

四种元素相邻两组分间摩尔质量差为 1 或 2,而离心机的径向平衡浓缩系数与两种组分的摩尔质量差成正比,铀同位素分离两组分的摩尔质量差为 3,所以用离心法分离上述四种元素的同位素,单机的分离效率要小于铀同位素分离。

3. 目标同位素都为最重同位素

离心法分离多组分同位素,目标同位素是否为边缘组分,即最轻的或最重的组分，直接决定分离的难易程度。根据多组分同位素分离级联理论，最轻的同位素在级联精料端得到浓缩，而最重的同位素在级联贫料端得到浓缩。如果目标同位素是中间某组分，比如 ^{129}Xe、^{131}Xe，在分离过程中会受到其前后相邻同位素的"挤压"，最高丰度出现在级联中的某一级，而不是在级联端部，这会增加分离难度。而 ^{136}Xe、^{82}Se、^{76}Ge、^{100}Mo 都是各自元素中最重的同位素，可以直接在级联贫料端得到浓缩，属于对分离有利的因素。

4. 目标同位素天然含量较高

无论是何种同位素分离方法，目标同位素的天然含量的高低是影响其浓缩难度及同位素产量的重要因素。天然含量越低，浓缩难度越大，产量越低。而 ^{136}Xe、^{82}Se、^{76}Ge、^{100}Mo 四种目标同位素的天然含量分别为 9.09%、8.37%、7.61% 和 9.63%，相对于天然含量低的 ^{124}Xe(0.09%)、^{74}Se(0.89%) 等同位素来说比较高，将它们浓缩到较高丰度相对容易。

5. 获取高丰度的同位素产品都必须经过多遍分离

无中微子双贝塔衰变实验对同位素丰度要求比较高，一般在 85% 以上。由于 ^{136}Xe、^{82}Se、^{76}Ge、^{100}Mo 同位素属于最重的边缘组分，根据级联理论，只要级联级足够长 (级联级数足够多)，可以通过一遍分离将上述同位素从天然丰度浓缩到所需的目标丰度。但这会大大增加级联建设成本，同时长级联一遍分离所获得的同位素产品产率低，原料需求量大，导致单位同位素产品的成本很高。所以国际上通用的做法是根据目标同位素的需求量和所需丰度，设计建设规模适中的级联系统，通过多遍分离逐步将同位素浓缩到所需丰度，从而提高同位素产品产率和原料利用率，进而提高同位素产品的经济性。所谓多遍分离，就是将上一遍分离得到的中间产品 (丰度得到一定程度浓缩的物料) 作为下一遍分离的级联供料进行再浓缩，直到同位素达到所需的目标丰度。

8.5.4　同位素生产实例

除了氙同位素分离外，锗、硒、钼同位素的生产过程类似，下面以离心法生产 ^{82}Se 同位素为例，介绍其生产过程的关键环节。

1. 分离工质 SeF_6 的合成

SeF_6 可通过硒元素直接氟化得到，即

$$Se + 3F_2 \longrightarrow SeF_6 + 1029 \text{ kJ/mol}$$

合成装置如图 8-8 所示 [14]，主要包括：① 反应室，② 环状冷却套，③ 蘑菇状挡板，④ 收料容器，⑤ 压缩机，⑥ 真空阀，⑦ 真空闸。

　　先在带有环形冷却套的反应室中装入 Se，并将反应室抽空至 66Pa 左右，然后将反应室加热至约 150℃，并通入 F_2，开启压缩机使气体循环。反应得到的 SeF_6 以及未完全反应的 F_2 的气体混合物进入温度保持在 −150℃ 的收料容器中，SeF_6 被冷凝收料，而 F_2 在该温度下不能被冷凝，通过压缩泵返回至反应室重复利用。当初始装入的 Se 消耗后，可以通过真空闸进行补充，补充的 Se 通过蘑菇状挡板均匀散落于反应室内，使其充分反应。反应得到的 SeF_6 需进行进一步净化，方可作为离心分离工质。

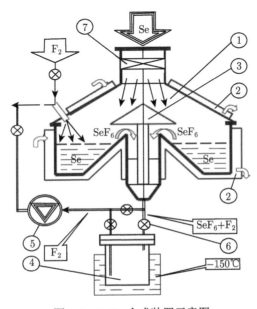

图 8-8　SeF_6 合成装置示意图

2. 级联系统设计

　　稳定同位素分离级联一般包括主工艺系统、供收料系统、供电系统、循环水系统、抽空系统、监控系统等主辅系统。其中主工艺系统是级联的核心系统，完成同位素分离过程。级联设计主要是指对上述主辅系统的设计，设计时必须考虑分离工质 SeF_6 的物化性质，尤其是对离心机结构材料以及级联管道、设备和仪器仪表的腐蚀性，尽量选择耐腐的材料、设备和仪器仪表。俄罗斯 Se 同位素分离级联主工艺系统如图 8-9 所示 [14]。

3. 分离方案设计及同位素生产

　　分离方案设计主要是根据已建级联的具体情况，通过理论计算和优化，确定合理的级联分离工艺和分离遍数。针对每一遍分离过程，选取合适的级联供料流量、级联分流比和供料位置等主要级联运行参量，尽可能提高目标组分的产率，缩短级联运行时间，提高级联的经济性。基于图 8-7 所示的 Se 同位素分离级联所设计的级联方案见表 8-2。

图 8-9　俄罗斯 Se 同位素分离级联主工艺系统

表 8-2　^{74}Se 同位素分离方案

分离遍数	同位素丰度/%					
	^{74}Se	^{76}Se	^{77}Se	^{78}Se	^{80}Se	^{82}Se
0	0.89	9.37	7.63	23.77	49.61	8.37
1	—	1.6	7.2	25.6	55.3	10.2
2	—	—	—	0.3	75.4	24.3
3	—	—	—	—	4.0	96.0

表 8-2 中分离遍数中的 "0" 表示尚未进行分离，其所对应的 Se 同位素丰度为天然丰度。"1" "2" "3" 分别表示第一遍、第二遍和第三遍分离。"—" 表示丰度很低可以忽略不计。根据级联分离理论，轻同位素在级联精料端得到浓缩，而重同位素在级联贫料端得到浓缩。对于多组分稳定同位素分离，所谓的精料和贫料只是表明其在级联两端的收料位置，并不像铀同位素分离那样，精料是有用物料，贫料是无用物料。对于浓缩 ^{82}Se 同位素而言，每一遍的贫料都是有用物料。

第一遍分离后，由于最轻的 ^{74}Se 同位素被浓缩到了精料端，因此在所收集的贫料里，该同位素含量极低，可以忽略。而 ^{78}Se、^{80}Se、^{82}Se 三种同位素在贫料端得到了不同程度的浓缩，越重的同位素浓缩程度越高。^{78}Se、^{80}Se、^{82}Se 经第一遍分离，其丰度相对于天然丰度分别提高了 7.7%、11.5% 和 21.9%。第一遍分离结束后，将所获得的贫料作为第二遍分离的供料供入级联进行再分离，经第二遍分离后，目标同位素 ^{82}Se 被浓缩到了 24.3%，此时贫料中还含有 75.4% 的 ^{80}Se 和 0.3% 的 ^{78}Se。然后再进行第三遍分离，最终将目标同位素 ^{82}Se 浓缩到 96%。

同位素生产是根据所设计的分离方案来进行的。在实际生产过程中，由于受级联流体状态波动和环境温度变化等因素的影响，级联实际工作参数与设计参数之间会有一定偏差，因此需要及时取样并进行质谱分析，以判断所得到的同位素丰度(特别是所需的目标同位素丰度) 偏差是否在设计的允许范围内，如果不满足要求，需及时调整级联运行参数。此外，由于各遍分离的级联运行参数不同，上遍分离任务结束后，需要对下遍分离的级联运行工况进行重新调整。

4. 分离工质还原

经过上述分离过程所得到的同位素产品的化学形态为 ^{82}SeF$_6$，而双贝塔衰变试验所使用的为硒金属，因此需将 ^{82}SeF$_6$ 还原为 ^{82}Se 同位素。SeF$_6$ 转化为 Se 金属可通过下面反应来实现：

$$2NH_3 + SeF_6 \longrightarrow Se + 6HF + N_2$$

反应装置如图 8-10 所示 [14]，包括：① 反应室，② 环状冷却套，③ 喷嘴，④ 密封舱，⑤ 排气口，⑥ 容器，⑦ 真空阀，⑧ 容器。SeF$_6$ 和 NH$_3$ 预热到约 250℃后通过内外喷嘴进入反应室，反应所生成的液态 Se 金属收集在反应室下部密封舱中。反应过程中，从反应室下部供入高纯 Ar 气，防止发生逆反应。反应结束后，反应室中所含有的 NH$_3$、HF、N$_2$ 和 Ar 的混合气体由排气口先后经过容器 ⑥ 和 ⑧，其中 HF 气体与容器 ⑥ 中的 NaF 反应，而 NH$_3$ 与容器 ⑧ 中的 H$_2$SO$_4$ 反应，先后被去除，剩下的惰性气体 N$_2$ 和 Ar 直接排放到大气中。

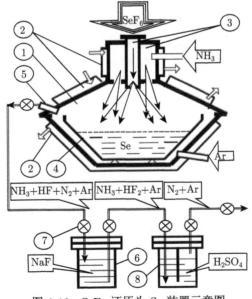

图 8-10 SeF$_6$ 还原为 Se 装置示意图

从上述 ^{82}Se 同位素生产过程来看，最终得到 ^{82}Se 同位素产品，需要经过分离工质合成、级联设计及建设、分离方案设计与优化、同位素生产以及分离工质还原与净化等诸多关键技术。由于锗、钼同位素的分离工质与硒同位素分离工质类似，都属于氟化物，因此其分离过程也包括上述技术环节。

目前本项目研究团队正探寻采用 ^{82}SeF$_6$ 高压气体时间投影室探测器进行无中微子双贝塔衰变实验，这样可直接用离心分离制得 ^{82}SeF$_6$ 气体，无需转化还原为金属硒。

8.5.5　四种同位素规模化生产对比

^{136}Xe、^{76}Ge、^{82}Se、^{100}Mo 四种同位素在未来双贝塔衰变实验中的需求量，相比于稳定同位素在其他领域的应用要大得多，四种同位素的需求规模都可能达到吨级，而且同位素产品的丰度一般要求在 90% 左右。为了对四种同位素规模化生产难易程度进行对比，先设定以下初始条件：

(1) 假设四种同位素所有关键技术问题已经解决，具备规模化生产条件。

(2) 所需原料来源充足，能满足生产需求。

(3) 级联规模相同，生产四种同位素的级联装机量都为一万台。级联形式为矩形级联，采用单遍分离方案。

(4) 产品量相同，四种同位素的产品量都为 1t，产品化学形态分别为 ^{136}Xe、^{76}GeF$_4$、^{82}SeF$_6$、^{100}MoF$_6$，即氙为单质，其他三种产品为氟化物。

(5) 产品丰度相同，四种同位素的产品丰度都为 90%。

在上述初始条件下，对 ^{136}Xe、^{76}GeF$_4$、^{82}SeF$_6$、^{100}MoF$_6$ 四种同位素产品进行级联理论计算，并对具体同位素的分离方案进行优化设计。也就是说，虽然已设定四种同位素的级联规模都为一万台，但生产每种同位素的级联级数、每级的装机量、供料位置以及级联分流比都不一样。优化目标为在最短的时间内生产出 1t 同位素产品。最终得到的优化结果见表 8-3。

表 8-3　四种同位素规模化生产数据对比

同位素产品	天然丰度/%	产品丰度/%	产品量/t	所需原料/t	所需时间/d
^{136}Xe	9.09	90	1	10	320
^{76}GeF$_4$	7.61	90	1	25	1563
^{82}SeF$_6$	8.37	90	1	25	1157
^{100}MoF$_6$	9.63	90	1	20	768

下面对表 8-3 中的数据进行对比分析。

从分离工质上看，Xe 分离工质为单质氙，其他三种分离工质都是该元素的氟化物。由于四种核素在无中微子双贝塔衰变中均以单质形态使用，Xe 分离后可以直接使用，而 Ge、Se、Mo 的分离需对分离工质进行合成和还原 (如采用 ^{82}SeF$_6$ 高压气体时间投影室探测器, Se 同位素工质无需还原), 因此 Xe 同位素分生产比其他三种同位素更为简单。

从生产周期来看, 生产 1t 丰度为 90% 的 ^{136}Xe 同位素仅需 320d, 而生产 1t 丰度为 90% 的 ^{76}GeF$_4$、^{82}SeF$_6$、^{100}MoF$_6$ 同位素产品所需时间分别为 1563d、1157d 和 768d。生产时间越长, 所需的级联运行成本和人力成本就高, 同位素产品成本也就越高。此外, 由于分离工质 GeF$_4$、SeF$_6$ 和 MoF$_6$ 都为氟化物, 对级联具有腐蚀性, 生产时间越长, 腐蚀导致的损机现象越严重, 极端情况下需停止生产, 更换损坏的机器。通常需要针对具体分离工质, 对离心机、级联以及相关设备进行耐腐处理。

从原料利用率来看, 生产 1t ^{136}Xe、^{76}GeF$_4$、^{82}SeF$_6$、^{100}MoF$_6$ 所需的原料分别为 10t、25t、25t 和 20t, 对应的原料利用率分别为 10%、4%、4% 和 5%, 而同位素提取率分别为 99.%、47.3%、43% 和 46.7%。其中 Xe 的原料利用率最高。原料利用率越高, 同位素产品所分摊的原料成本越低, 产品的经济性越高。

从可能含有的杂质上看, 离心法分离 Ge、Se、Mo 同位素时, 可能引入的杂质有 HF、H$_2$、CO$_2$、N$_2$、O$_2$。其中 HF 主要是因氟化物与生产过程中从空气中渗入级联内的水反应生成的。H$_2$、CO$_2$、N$_2$、O$_2$ 等杂质主要来源于级联长期运行过程中渗入的空气。Xe 同位素分离过程不会引入 HF, 但同样含有 H$_2$、CO$_2$、N$_2$、O$_2$ 等杂质, 不过目前对于 Xe 同位素, 有成熟的净化手段去除这些杂质。

综合以上因素, ^{136}Xe 同位素的规模化生产要比其他三种同位素容易得多。需要指出的是, 同位素产品的价格与前期技术研发成本、级联建设成本、运行成本(包括人员工资、水电、系统维护等) 以及原料成本等诸多因素有关。但无论使用哪种同位素开展双贝塔衰变实验, 同位素生产成本在整个项目总投资中占有很大的比重。在 EXO-200 项目中, 购买氙同位素的费用几乎占到项目总投资的一半[10]。

从国内目前研发现状来看, ^{136}Xe 同位素浓缩技术已经完全掌握, 只要资金投入到位, 可以短期内实现规模化生产。^{76}Ge、^{82}Se 及 ^{100}Mo 三种同位素目前尚不具备规模化生产条件, 但基于已有的研究基础, 如有项目牵引或经费支持, 有望在不久的将来突破相关关键技术, 最终实现规模化生产。

审稿: 王黎明, 周明胜

参 考 文 献

[1] 张勇康, 张东海, 张永刚. 双 β 衰变研究现状及展望. 山西师范大学学报, 2004, 18(2): 47-57.

[2] 谢全新, 王黎明. 离心法制备稳定同位素综述. 同位素, 2019, 32(3): 54-62.

[3]　张存镇. 离心分离理论. 北京: 原子能出版社, 1987.

[4]　Cheltsoy A N, Yu S L. Separation of isotope at Russian Federation. The 11th International Workshop on Separatation Phenomena in Liquids and Gases, St. Petersburg, June 12-20, 2010.

[5]　Borisevich V D, Sulaberidze G A Wood H. The theory of isotope separation in cascades: Problems and solutions. Ars Separatoria Acta, 2003, 2: 107-124.

[6]　肖华先. 特气在离心法分离民用同位素中的应用. 低温与特气, 1992(3): 200-203.

[7]　Borisevich V D. Physical Foundation of Isotope Separation by Gas Centrifuge. Moscow: IzDAT, 2011.

[8]　Yu B V. Isotopes: Properties, Production, Application. 2nd ed. Moscow: IzDAT, 2005: 155-167 .

[9]　Filimonov S V, Skorynin G M, Goldobin D N. Mathematical models and methods in managing industrial cascades of gas centrifuges. The 11th International Workshop on Separatation Phenomena in Liquids and Gases, St. Petersburg, June 12-20, 2010.

[10]　Pavlov A V, Borisevich V D. Market of stable isotopes produced by gas centrifuges: Status and Prospects. The 9th International Workshop on Separation Phenomena in Liquids and Gases, Beijing, 2006: 54-59.

[11]　周明胜, 徐燕博, 程维娜. 离心法分离锗同位素实验研究. 同位素, 2010, 23(3): 134-138.

[13]　李大勇, 牟宏, 李文泊, ^{74}Se 同位素分离研究. 同位素, 2006, 19(1): 4-6.

[14]　Cheltsoy A N, Yu S L. Centrifugal enrichment of selenium isotopes and their application to the development of new technologies and to the experiments on physics of weak interaction. Nuclear Instruments and Methods in Physics Research A, 2004, 521: 156-160.